普通高等教育"十四五"规划教材 "互联网+"创新系列教材

机械设计基础

（修订版）

◎主　编：王先安　陈玲萍　杨文敏

◎副主编：易定秋　丁超义　戴　娟

　　　　　康辉民　吴艳英　吴　茵

JIXIE SHEJI JICHU

U0742973

中南大学出版社

www.csupress.com.cn

·长沙·

内容摘要

本教材内容分为五大部分。第一部分共性基础知识，包括第1章、第2章、第14章，主要讲述机械设计的一般原则、平面机构结构分析的方法、机械的调速及机械平衡；第二部分常用机构，包括第3章、第4章、第5章，主要从传递运动的角度讲述一些常用机构（如连杆机构、凸轮机构及其他常用机构）的工作原理、应用和运动设计方法；第三部分机械传动，包括第6章、第7章、第8章，主要从传递动力的角度讲述一些常见的机械传动（如带传动、链传动、齿轮传动和轮系及蜗杆传动等）的工作原理、受力分析和设计计算方法；第四部分轴系零部件，包括第9章、第10章，主要讲述轴系零部件（包括滑动轴承、滚动轴承、轴）的工作原理、强度计算、结构设计方法；第五部分机械连接，包括第11章、第12章、第13章，主要介绍常用机械连接（包括螺纹、键和销连接）和弹性连接（弹簧）及轴连接（联轴器、离合器）的工作原理、标准规范和计算方法。

本教材可作为高等学校近机类及非机类专业机械设计基础课程的教学用书，参考学时为60~80学时，也可作为其他类型高校、高职高专院校相关专业的教学用书，亦可供有关工程技术人员参考。

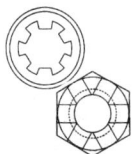

普通高等教育机械工程学科"十四五"规划教材编委会
"互联网+"创新系列教材

主　任

（以姓氏笔画为序）

王艾伦　刘　欢　刘　滔　刘舜尧　孙兴武

李孟仁　尚建忠　唐进元　潘存云　黄梅芳

委　员

丁敬平	万贤杞	王剑彬	王菊槐	王湘江	尹喜云
龙春光	叶久新	母福生	朱石沙	伍利群	刘　滔
刘吉兆	刘忠伟	刘金华	安伟科	李　岚	李　岳
李必文	孙发智	杨舜洲	何国旗	何哲明	何竞飞
汪大鹏	张敬坚	陈召国	陈志刚	林国湘	罗烈雷
周里群	周知进	赵又红	胡成武	胡仲勋	胡争光
胡忠举	胡泽豪	钟丽萍	侯苗苗	贺尚红	莫亚武
夏宏玉	夏卿坤	夏毅敏	高为国	高英武	郭克希
龚曙光	彭如恕	彭佑多	蒋寿生	蒋崇德	曾周亮
谭　蓬	谭援强	谭晶莹			

总序 F❀REWORD.

机械工程学科作为联结自然科学与工程行为的桥梁，它是支撑物质社会的重要基础，在国家经济发展与科学技术发展布局中占有重要的地位，21 世纪的机械工程学科面临诸多重大挑战，其突破将催生社会重大经济变革。当前机械工程学科进入了一个全新的发展阶段，总的发展趋势是：以提升人类生活品质为目标，发展新概念产品、高效高功能制造技术、功能极端化装备设计制造理论与技术、制造过程智能化和精准化理论与技术、人造系统与自然世界和谐发展的可持续制造技术等。这对担负机械工程人才培养任务的高等学校提出了新挑战：高校必须突破传统思维束缚，培养能适应国家高速发展需求的具有机械学科新知识结构和创新能力的高素质人才。

为了顺应机械工程学科高等教育发展的新形势，湖南省机械工程学会、湖南省机械原理教学研究会、湖南省机械设计教学研究会、湖南省工程图学教学研究会、湖南省金工教学研究会与中南大学出版社一起积极组织了高等学校机械类专业系列教材的建设规划工作。成立了规划教材编委会。编委会由各高等学校机电学院院长及具有较高理论水平和教学经验的教授、学者和专家组成。编委会组织国内近20所高等学校长期在教学、教改第一线工作的骨干教师召开了多次教材建设研讨会和提纲讨论会，充分交流教学成果、教改经验、教材建设经验，把教学研究成果与教材建设结合起来，并对教材编写的指导思想、特色、内容等进行了充分的论证，统一认识，明确思路。在此基础上，经编委会推荐和遴选，近百名具有丰富教学实践经验的教师参加了这套教材的编写工作。历经两年多的努力，这套教材终于与读者见面了，它凝结了全体编写者与组织者的心血，是他们集体智慧的结晶，也是他们教学教改成果的总结，体现了编写者对教育部"质量工程"精神的深刻领悟和对本学科教育规律的把握。

这套教材包括了高等学校机械类专业的基础课和部分专业基础课教材。整体看来，这套教材具有以下特色：

（1）根据教育部高等学校教学指导委员会相关课程的教学基本要求编写。遵循"重基础、宽口径、强能力、强应用"的原则，注重科学性、系统性、实践性。

（2）注重创新。本套教材不但反映了机械学科新知识、新技术、新方法的发展趋势和研究成果，还反映了其他相关学科在与机械学科的融合与渗透中产生的新前沿，体现了学科交叉对本学科的促进；教材与工程实践联系密切，应用实例丰富，体现了机械学科应用领域在不断扩大。

（3）注重质量。本套教材编写组对教材内容进行了严格的审定与把关，教材力求概念准确、叙述精练、案例典型、深入浅出、用词规范，采用最新国家标准及技术规范，确保了教材的高质量与权威性。

（4）教材体系立体化。为了方便教师教学与学生学习，本套教材还提供了电子课件、教学指导、教学大纲、考试大纲、题库、案例素材等教学资源支持服务平台。

教材要出精品，而精品不是一蹴而就的，我将这套书推荐给大家，请广大读者对它提出意见与建议，以利进一步提高。也希望教材编委会及出版社能做到与时俱进，根据高等教育改革发展形势、机械工程学科发展趋势和使用中的新体验，不断对教材进行修改、创新、完善，精益求精，使之更好地适应高等教育人才培养的需要。

衷心祝愿这套教材能在我国机械工程学科高等教育中充分发挥它的作用，也期待着这套教材能哺育新一代学子茁壮成长。

中国工程院院士　钟　掘

前言 PREFACE.

　　《机械设计基础》是根据高等教育机械类专业人才培养目标及教育部对普通高等学校机械设计基础课程教学基本要求，结合最新颁布的有关国家标准及编者多年的教学实践经验而组织编写的。

　　本教材内容分为五大部分：第一部分：共性基础知识，包括第1章、第2章、第14章，主要讲述机械设计的一般原则、平面机构结构分析的方法、机械的调速及机械平衡；第二部分：常用机构，包括第3章、第4章、第5章，主要从传递运动的角度讲述一些常用机构（如连杆机构、凸轮机构及其他常用机构）的工作原理、应用和运动设计方法；第三部分：机械传动，包括第6章、第7章、第8章，主要从传递动力的角度讲述一些常见的机械传动（如带传动、链传动、齿轮传动和轮系及蜗杆传动等）的工作原理、受力分析和设计计算方法；第四部分：轴系零部件，包括第9章、第10章，主要讲述轴系零部件（包括滑动轴承、滚动轴承、轴）的工作原理、强度计算、结构设计方法；第五部分：机械连接，包括第11章、第12章、第13章，主要介绍常用机械连接（包括螺纹、键和销连接）和弹性连接（弹簧）及轴连接（联轴器、离合器）的工作原理、标准规范和计算方法。

　　在本教材编写过程中，重点注意了以下几个方面。

　　1. 教材体系结构力求符合高等院校机械类及近机类相关专业的教学特点和学生的认知规律。以必需够用为度，编写过程中力求条理清晰、层次分明、循序渐进、言简意明。

　　2. 贯切以培养工程应用能力为目标，以设计为主线的思想。内容取舍上，着重讲清有关机械设计基础的基本概念、基本理论和基本方法。合理安排顺序，突出工程应用，重视设计过程。

　　3. 各章前面有内容简介及学习要求，包括本章需了解、掌握及熟悉的基础知识，便于学生掌握和巩固教学内容。

　　4. 为更好地联系工程实际，设计性章节内含有工程计算应用实例，例题的编写力求条理性、设计过程完整性；力求做到概念准确、叙述精炼、案例典型、术语规范。

5. 符合《高等学校机械工程类规划教材编写基本要求》，采用最新国家标准。部分打"＊"号的内容是为了拓宽和延伸与该课程密切相关的知识面。

6. 结合"互联网＋"技术，将书中的部分插图、动画、案例制作成二维码，微信扫描二维码可阅读丰富的演示动画、操作视频、三维模型等，进一步拓宽专业视野，增加感性认识。

7. 配套有制作精良、经过多年使用、较为成熟的授课电子课件 ppt。

本教材可作为高等学校近机类及非机类专业机械设计基础课程的教学用书，参考学时数为 60～80 学时，也可作为其他类型高校、高职高专院校相关专业的教学用书，亦可供有关工程技术人员参考。

本教材由王先安、陈玲萍、杨文敏任主编，具体参加编写工作的有：湖南工程学院王先安(第 7 章、第 11 章)，湖南工程学院陈玲萍(第 14 章)，湖南农业大学杨文敏(第 8 章、第 9 章)，湖南科技大学康辉民(第 6 章、第 13 章)，长沙学院戴娟(第 3 章、第 4 章、第 5 章)，邵阳学院易定秋(第 10 章、第 12 章)，湖南理工学院丁超义(第 1 章、第 2 章)，中南林业科技大学孙发智制作了本书的二维码资源，长沙理工大学吴茵负责了全书的文字修改及校对工作。

由于编者水平有限，所编本教材中难免有不妥之处，敬请读者予以批评指正。

编　者

2020 年 12 月

CONTENTS. 目录

第 1 章　机械设计概论

【概述】　本章主要介绍机械设计基础课程概论；机械设计的基本要求与一般设计程序；零件主要失效形式与强度；机械设计准则和一般设计步骤；机械设计常用材料及其热处理；机械中的摩擦、磨损。要求：了解一些基本概念及术语；了解本课程研究对象和内容；了解机械设计的基本要求和设计程序；掌握零件主要失效形式、强度、设计准则和步骤；熟悉零件常用材料以及热处理；了解摩擦和磨损基础知识。

1.1　课程概论

1.1.1　本课程的研究对象与内容

机械设计基础是一门以机器和机构为研究对象的学科。

内燃机

1. 机器

人类通过长期生产实践创造了机器，并使其不断发展形成当今多种多样的类型。在现代生产和人们日常生活中，机器已成为代替或减轻人类劳动、提高劳动生产率的主要手段。使用机器的水平是衡量一个国家现代化程度的重要标志。

在日常生活和生产中，我们都接触过许多机器，例如缝纫机、洗衣机、复印机、各种机床、汽车、拖拉机、起重机等。各种不同的机器，具有不同的形式、构造和用途，它们又具有什么相同的特点呢？

图 1.1 所示为单缸四冲程内燃机，它是由汽缸体 11、活塞 10、进气阀 17、排气阀 12、连杆 3、曲轴 4、凸轮 7、顶杆 8、齿轮 1 和 18 等组成。燃气推动活塞做往复移动，经连杆转变成曲轴的连续转动。凸轮和顶杆是用来启闭进气阀和排气阀的。为了确保曲轴每转两周进、排气阀各启闭一次，曲轴和凸轮轴之间安装了齿数比为 1:2 的齿轮。进而，当燃气推动活塞运动时，各构件协调

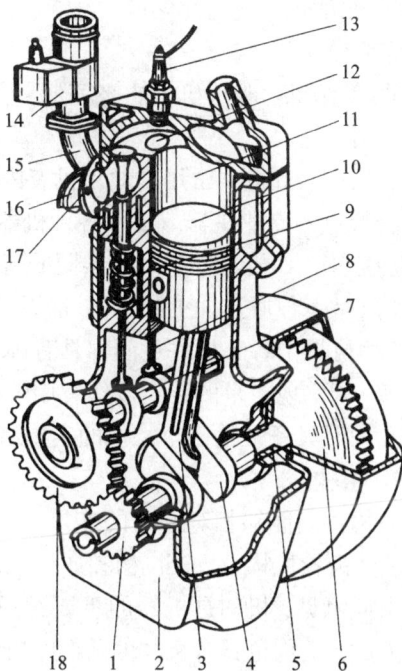

图 1.1　内燃机

的动作，进、排气阀有规律地启闭，加上汽化点火等装置的配合，就把热能转化为曲轴回转的机械能。

1

图1.2所示为一工业机器人，它由铰接臂机械手1、计算机控制器2、液压装置3和电力装置4构成。当机械手的大臂、小臂和手按指令有规律地运动时，手端夹持器（图中未示出）便将物料搬运到预定位置。在这部机器中，机械手是传递运动和执行任务的装置，是机器的主体部分，电力装置和液压装置提供动力，计算机实施控制。

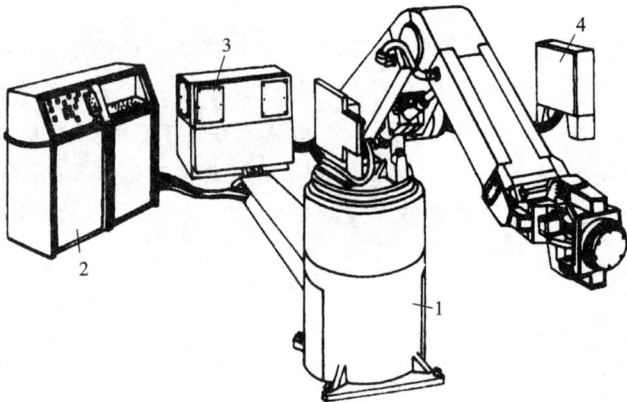

图1.2 工业机器人

机器种类很多，大致可分为以下两大类：

A）原动机。能将化学能、电能、水力、风力等能量转换为机械能的机器，如内燃机、电动机、涡轮机等。

B）工作机。利用机械能来完成有用功的机器，如各种机床、轧钢机、纺织机、印刷机、包装机等。

在实际应用中，常用的原动机有内燃机和电动机两种。工作机则很多，各行各业都有符合自身特点的专业机器。虽然各种机器的构造、性能及用途均不相同，但从它们的组成、运动和功能来看，机器都有以下共同的特征：

（1）是一种通过加工制造而成的机件组合体。

（2）机器中各个机件之间都具有确定的相对运动。

（3）能实现能量的转换或作有用的机械功。

凡同时具备上述三个特征的实物组合体就称为机器。

2. 机构

用构件间能够相对运动的连接方式组成的构件系统称为机构。由上述内燃机经分解可知，它由齿轮机构、凸轮机构和连杆机构所组成。

由此可见，机构是机器的重要组成部分，它的主要功能是实现运动和动力的传递和变换。因此，机构也具有机器的前两个特性，即：

（1）是一种通过加工制造而成的机件组合体。

（2）机器中各个机件之间都具有确定的相对运动。

由上可知，机器是由一个或多个不同机构所组成。它可以完成能量的转换或作有用的机械功，而机构则仅起着运动和动力的传递和变换的作用。也就是说，机构是实现预期的机械运动的机件组合体, 而机器则是由各种机构组成的, 能实现预期机械运动并完成有用机械功或转换机械能的机构系统。

由于机构与机器都具有两个共同的特性, 所以从结构和运动的角度去看, 两者并无差别。因此, 人们常用"机械"作为机器和机构的总称。

就功能而言, 一般机器由四个部分组成: 动力部分、传动部分、控制部分、执行部分。动力部分可采用人力、畜力、液力、电力、热力、磁力、压缩空气等作动力源, 其中利用电力和热力的原动机(电动机和内燃机)使用最广。传动部分和执行部分由各种机构组成, 是机器的主体。控制部分包括各种控制机构(如内燃机中的凸轮机构)、电气装置、计算机和液压系统、气压系统等。

构件是运动的单元。它可以是单一的整体, 也可以是由若干个零件组成的刚性结构。图1.3所示的连杆就是由连杆体1、连杆盖4、螺栓2及螺母3等几个零件组成。这些零件没有相对运动, 构成一个运动单元, 成为一个构件。零件是制造的单元。在本课程中将构件作为研究的基本单元。

本课程主要阐述一般机械中的常用机构和通用零件的工作原理、结构特点、基本的设计理论和计算方法。同时还简要地介绍与本课程有关的国家标准和规范, 以及某些标准零件的选用原则和方法。

图1.3 连杆

1.1.2 本课程的性质和学习本课程的目的

机械工业的生产水平是一个国家现代化建设水平的重要标志之一, 因为工业、农业、国防和科学技术的现代化程度, 都会通过机械工业的发展程度反映出来。机械工业肩负着为国民经济各个部门提供技术装备和促进技术改造的重要任务, 在现代化建设的进程中起着主导和决定性的作用。

机械设计基础课程以高等数学、机械制图、金属材料及热处理、公差与技术测量以及工程力学等课程为基础。它主要研究各种机械的共性问题, 为以后学习相关专业课程打下理论基础, 也为培养机械设计专业人才提供必要的知识。随着科学技术的发展, "机械"这一概念也不断发展, 各种新机构、新思路、新设计层出不穷, 尤其计算机的迅速发展, 对机械设计基础学科的发展产生了深远的影响。借助计算机这一工具, 人们可以进行各种复杂机构的设计计算, 甚至可以对机构实行计算机模拟仿真, 检验设计的有效性和正确性, 大大缩短了机械产品的设计周期。

机械设计基础是一门重要的技术基础课程, 有承上启下的作用。它的主要任务是使学生掌握机构学和机械动力学的基本理论、基础知识和基本技能, 并初步具有拟定机械运动方案、分析机构和设计机械的能力, 为培养高级工程技术人才和创新人才打下基础。

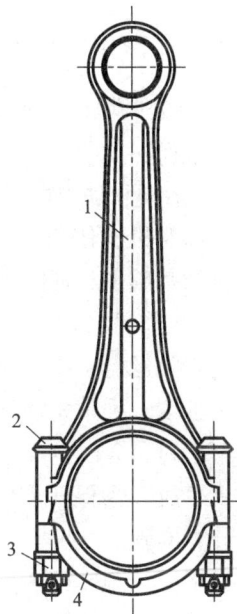

1.2 机械设计的基本要求与一般设计程序

1.2.1 机械设计的基本要求

机械的种类虽然很多,但设计时所考虑的基本要求却往往是相同的。这些基本要求有以下几个方面。

(1)运动和动力性能的要求。根据预定的使用要求确定机械的工作原理,并据此选择机构类型以及机械传动方式,达到以合理的机构组合来协调运动,实现预定动作的目的。在运动分析的基础上,对机构进行动力分析,从而确定作用在各零件上的功率、扭矩和作用力。

(2)工作可靠性要求就是为了使机械在预定的工作寿命内可靠地工作,防止因零件失效而影响正常运行。零件应满足下列要求。

①强度。强度是衡量零件抵抗破坏的能力,是保证零件工作能力的最基本要求。当零件强度不足时,会发生不允许的塑性变形,甚至造成断裂破坏,轻则使机器停止工作,重则发生严重事故。为保证零件有足够的强度,零件的工作应力不得超过许用应力,这就是零件的强度计算准则。

②刚度。刚度是衡量零件抵抗弹性变形的能力。当零件的刚度不足时,就会产生不允许的弹性变形,形成载荷集中等,影响机械的正常工作。例如,造纸机的辊子、机床的主轴,如果没有足够的刚度,就会导致产品质量的严重恶化。刚度计算准则要求零件工作时的弹性变形量(弯曲挠度或扭转角)不能超过机械工作性能所允许的极限值(即许用变形量)。

③耐磨性。耐磨性是指零件抵抗磨损的能力。例如当齿轮的轮齿表面磨损量超过一定限度后,齿轮齿形有较大的改变,使齿轮转速不均匀、产生噪声和动载荷,严重时因齿根厚度减薄而导致轮齿折断。因而在磨损严重的条件下,以限制与磨损有关的参数(如两件接触表面间的压强和相对滑动速度)作为磨损计算的准则。

④耐热性。耐热性包括抗氧化、抗热变形和抗蠕变的能力。零件在高温(一般钢件在 $300 \sim 400℃$,轻合金和塑料件在 $100 \sim 150℃$)下工作时,将会因强度削弱而降低承载能力,同时会出现蠕变,增加塑性变形甚至发生氧化现象,从而大大影响机械的精度进而使零件失效。另外,高温下润滑油膜容易破裂,导致润滑能力降低甚至完全丧失。

对于不同用途的机械还可能提出一些特殊要求,比如:对机床要求能长期保持其精度;工程机械(如钻探机、塔式起重机等)要便于安装、拆卸和运输;医药、食品、印刷、纺织和造纸等机械要求能保持清洁、不得污染产品。

1.2.2 机械设计一般设计程序

机械设计一般可分为以下几个阶段。

(1)设计任务的提出,主要是根据社会和市场的需求,一定要有明确的目的。无论是设计新的机械产品还是进行技术改造,总是要达到某种技术经济目的,如提高劳动生产率,提高产品质量与使用寿命,节约原材料,降低能耗或减轻劳动强度等。

(2)调查研究、分析对比、确定设计模型与方案,设计人员要了解所设计对象的工作条件、环境、预计的生产能力、技术经济指标以及是否具有特殊的技术要求等。例如耐热性、耐腐蚀性，材料、尺寸及质量的限制等，以作为设计的依据。同时要根据国家的标准和规范做到产品系列化、部件通用化、零件标准化。

根据调查、分析和研究，拟定所设计的机器方案。这是设计中的重要阶段，应力求做到所设计的方案技术先进、使用可靠、经济、合理。

（3）结构设计在方案确定后，必须经过计算和分析来确定数学模型以及计算公式。

在进行校验之后，即可着手进行结构设计，绘制装配草图、装配图和部装图，最后根据装配图与结构设计绘制零件图。

（4）试验分析图纸设计完成后，需要编制必要的技术文件，并进行产品试制。经过试验获得预期的结果方可，否则需要反复进行修改，直至完善。

（5）使用与考核产品在成批制造与投放市场后，需广泛征求用户意见，以求不断地提高和完善。

1.3　机械零件的主要失效形式与零件的强度

1.3.1　机械零件的主要失效形式

机械零件最常见的失效形式大致有以下几种。

1. 断裂

机械零件的断裂一般有以下两种情况：

①零件在外载荷的作用下，某一危险截面上的应力超过零件的强度极限时将发生断裂（如螺栓的折断）；

②零件在循环变应力的作用下，危险截面上的应力超过零件的疲劳强度而发生疲劳断裂。

2. 过量变形

当零件上的应力超过材料的屈服极限时，零件就会发生塑性变形。当零件的弹性变形量过大时，也会使机器无法正常工作，如机床主轴的过量弹性变形会降低机床的加工精度。

3. 表面失效

表面失效主要有疲劳点蚀、磨损、压溃以及腐蚀等形式。表面失效后通常会增加零件的摩擦，使零件尺寸发生变化，最终造成零件的报废。

4. 破坏正常工作条件引起的失效

有些零件只有在一定的工作条件下才能正常工作，否则就会引起失效，如带传动因过载发生打滑，使传动不能正常地进行。

1.3.2　零件的强度

1. 载荷和应力

1）载荷的分类

机械零件所受的载荷包括力 F、转矩 T、弯矩 M 和功率 P 等。

载荷按其大小和方向是否随时间变化，可分为两类：

①静载荷：不随时间变化（或变化缓慢）的载荷。

②变载荷：随时间变化的载荷。

在设计计算中，一般把载荷分为名义载荷和计算载荷：

①名义载荷：根据额定功率用力学公式计算出作用在零件上的载荷。

②计算载荷：设计计算时所用的载荷，其值为载荷系数与名义载荷的乘积。载荷系数是考虑冲击、振动或载荷分布不均匀等因素的影响而添加的系数。

2）应力的分类

应力分为静应力与变应力两大类：

①静应力：大小和方向不随时间变化或变化缓慢的应力。静应力只能在静载荷作用下产生。

②变应力：大小和方向随时间显著变化的应力。变应力由变载荷产生，也可由静载荷产生。受静载荷作用而产生变应力的零部件有齿轮、带、滚动轴承等。大多数零件都处于变应力状态下工作。

2. 机械零件的静强度

静应力作用下的零件，其主要失效形式是塑性变形或断裂。

为了保证零件能够正常工作，对于塑性材料零件，应按照不发生塑性变形的条件进行强度计算，取材料的屈服极限（σ_s 或 τ_s）作为极限应力，零件的强度条件为

$$\sigma \leqslant [\sigma] = \frac{\sigma_s}{s} \text{ 或 } \tau \leqslant [\tau] = \frac{\tau_s}{s} \qquad (1-1)$$

式中：σ（或 τ）为零件的最大工作应力；$[\sigma]$（或 $[\tau]$）为许用应力；s 为安全系数，可用查表法确定。

对于脆性材料零件，通常取材料的强度极限（σ_b 或 τ_b）作为极限应力。零件的强度条件为

$$\sigma \leqslant [\sigma] = \frac{\sigma_b}{s} \text{ 或 } \tau \leqslant [\tau] = \frac{\tau_b}{s} \qquad (1-2)$$

3. 机械零件的疲劳强度

绝大多数机械零件在变应力下工作，其失效形式主要是疲劳断裂。表面无宏观缺陷的金属材料，其疲劳过程可分为3个阶段：①在变应力作用下形成初始裂纹；②裂纹尖端在切应力作用下发生反复塑性变形，使裂纹扩展；③当裂纹达到临界尺寸后，发生瞬时断裂。

4. 机械零件的接触强度

机器中，一些零件靠表面接触传递动力，如齿轮副、凸轮机构、滚动轴承等。工作时，在零件接触处会产生很大的接触应力。一般情况下，接触应力是随时间变化的。由于接触应力的多次反复作用，零件表面产生疲劳裂纹，并逐渐扩展。且润滑油渗入裂纹内，受挤压时产生高压，又加速裂纹扩展，最终使零件表层金属呈小片状剥落，形成小坑，这种破坏称为疲劳点蚀，简称点蚀。点蚀破坏零件的工作表面，降低承载能力，引起振动和噪声，是齿轮、滚动轴承常见的失效形式。

1.4　机械零件的设计准则和一般设计步骤

1.4.1　机械零件的设计准则

根据零件的失效形式，设计时为防止零件失效，保证其工作能力所依据的基本原则称为设计准则。零件设计时的主要设计准则包括六个方面。

1. 强度准则

零件因强度不足而失效，将会破坏机械的正常工作，甚至可能造成设备、人身事故；整体静强度不足，将会使零件发生断裂和塑性变形；表面静强度不足，将会使零件表面压碎或产生塑性变形；整体或表面疲劳强度不足，将会使零件发生疲劳断裂或表面疲劳点蚀。机械零件设计的强度准则是：零件在外载荷作用下所产生的最大应力 σ 不超过零件的许用应力 $[\sigma]$。其表达式为

$$\sigma \leqslant [\sigma] \tag{1-3}$$

考虑到各种偶然性及难以确定的因素影响，许用应力为

$$[\sigma] = \frac{\sigma_{lim}}{s} \tag{1-4}$$

式中：σ_{lim} 是材料的极限应力，MPa；s 是安全系数。

强度是零件必须首先满足的基本计算准则。

2. 刚度准则

零件在载荷作用下将产生弹性变形。限制某些零件(并非所有零件)受载后产生的弹性变形量 y 不超过机器正常工作所允许的弹性变形量 $[y]$，就是零件设计的刚度准则。其表达式为

$$y \leqslant [y] \tag{1-5}$$

弹性变形量 y 可按理论计算或实验方法确定，而许用变形量 $[y]$ 则应随不同使用场合，按理论或经验确定其合理数值。

3. 寿命准则

影响零件寿命的主要因素是磨损、腐蚀和疲劳。

耐磨性是指零件抗磨损的能力。为了使保证零件具有良好的耐磨性，应按照摩擦学原理设计零件的结构，选定摩擦副材料和热处理方式，同时注意合理润滑，以延长零件的使用寿命。零件寿命一般是以满足使用寿命时的疲劳极限作为计算的依据。迄今为止，还没有提出关于腐蚀寿命的计算方法。

4. 振动稳定性准则

机器在运转过程中的轻微振动并不妨碍机器正常工作，但剧烈的振动会影响机器的工作质量以及旋转精度。如果某一零件的固有频率与机器的激振频率重合或成整数倍关系时，零件就会产生共振，致使零件失效，甚至整个机器损坏。因此，设计时要使机器中受激振作用的各零件的固有频率与激振频率错开。

5. 热平衡准则

在工作中发生摩擦的零件会产生热量。如果散热不良，会使零件温度升高，从而改变零

件的结合性质,破坏正常润滑的条件,甚至导致金属局部熔融而产生胶合,为满足热平衡准则,应对发热量较大的零件进行热平衡计算。

6. 可靠性准则

产品在规定的条件下和规定的时间内,完成规定功能的概率称为可靠度。一般用可靠度作为可靠性指标来衡量机器在寿命方面的质量。由许多零部件组成的机器的可靠度取决于零部件的可靠度以及它们的组合关系。同一种零件也可能有几种不同的失效形式,对应于各种失效形式就有不同的工作能力,设计时,应比较满足零件上述准则的各种工作能力,取其较小者作为设计依据。

1.4.2 机械零件的一般设计步骤

(1)根据零件的使用要求,选择零件的类型并设计零件的结构;

(2)根据零件的工作条件以及对零件的特殊要求,选择合适的材料及必要的热处理方式;

(3)根据零件的工作情况建立力学模型,进行载荷分析,考虑影响载荷的各种因素,确定零件的计算载荷;

(4)分析零件工作时可能出现的失效形式,进而得出满足零件工作能力的计算准则,并计算出零件的基本尺寸;

(5)必要时应对零件的工作能力进行精确校核,并拟定出多种方案,选择最优方案;

(6)根据计算得出的主要尺寸,结合结构和工艺要求,设计并绘制出零件工作图。

1.5 机械零件的常用材料及其热处理

1.5.1 机械零件的常用材料

当前用于制造机械零件的材料有金属材料(如钢铁和有色金属)、高分子材料(如工程塑料、橡胶、合成纤维)、陶瓷材料和复合材料(如纤维增强塑料),而以金属材料使用最为广泛。随着材料科学技术的发展,各种新材料不断涌现,材料的品种及规格也越来越多。但目前制造机械零件的基础材料仍主要是金属材料,其中钢铁材料占90%以上。钢铁材料之所以被大量使用,不仅因为它们具有较好的力学性能,还因为价格相对低廉和容易获得,以及能满足多方面的性能和用途的要求。下面仅对金属材料进行简单介绍。

1. 钢

钢是一种含碳量(质量分数)低于2%的铁碳合金。它具有高的强度、塑性和韧性。钢制零件的毛坯可用锻造、辗轧、冲压、焊接、铸造等方法来获得,应用非常广泛。

按照用途的不同,钢分为结构钢(用于制造各种机械零件和工程构件)、工具钢(用于制造刀具、量具和模具等)和特殊钢(如不锈钢、耐热钢等,用于一些特殊场合)。零件制造中常用的结构钢按照化学成分的不同,又分为碳素钢和合金钢。按含碳量的高低分为低碳钢($w_c < 0.25\%$)、中碳钢($w_c = 0.25\% \sim 0.5\%$)与高碳钢($w_c > 0.5\%$)。此外,用浇注法所得到的碳钢或合金钢铸件毛坯又称为铸钢。

2. 铸铁

含碳量(质量分数)高于2%的铁碳合金称为铸铁。铸铁的抗拉强度、塑性和韧性比钢差,无法进行锻造加工。但铸铁具有优良的铸造性能和减磨性能,成本也较低,因此通常用于制造形状复杂的零件或用作机架和机座。常用的铸铁有灰铸铁、球墨铸铁、可锻铸铁等,其中灰铸铁应用最多。球墨铸铁因其力学性能较好,也常用于制造承受较大载荷或力学性能要求较高的零件。

3. 有色金属

有色金属及其合金种类很多,由于具有某些特殊的性能,故在一些特殊场合中应用广泛。机械制造中应用较多的有色金属是铜、铝及其合金。

常用的铜合金分为黄铜和青铜两类。黄铜具有良好的塑性和流动性;青铜具有较好的耐磨性和减磨性。铜合金可以通过铸造或压力加工来制造要求减磨的零件。

铝合金分为铸造铝合金和变形铝合金两类,通常用于制造质量轻、强度高的零件。

1.5.2　金属材料的热处理

热处理是通过对工件加热、保温和冷却的操作方法,来改变其内部组织结构,以获得所需性能的一种加工工艺。在机械零件的加工制造过程中,热处理通常是必不可少的中间工序或最终工序,已成为提高机械零件性能和质量、降低成本的一种重要手段。

热处理工艺种类繁多。大致可以分为普通热处理和表面热处理。普通热处理按加热和冷却方式的不同又分为退火、正火、淬火和回火;表面热处理则分为表面淬火和化学热处理。

1. 退火和正火

退火和正火是应用最为广泛的热处理工艺。在机械零件的加工过程中,退火和正火是必不可少的先行工序,对于一些性能要求不高的机械零件,退火和正火也可作为最终热处理。

退火是将工件加热到适当温度,经过一段时间保温后缓慢冷却,以达到改善组织、提高加工性能的一种热处理工艺,其目的是降低材料的硬度,提高塑性,细化结晶组织结构,消除内应力,以及为淬火做好组织准备。

正火和退火的工艺过程类似,其主要区别在于冷却速度不同。正火是将工件放置于空气中冷却的,所以冷却速度较快,获得的结晶组织较细,强度和硬度也较高。

正火和退火的目的相似,但正火工艺的生产效率高、成本低。经正火处理的工件,其力学性能也较高。因此在机械零件热处理中,应尽可能采用正火代替退火。

2. 淬火、回火和调质

把工件加热到临界温度以上,并保温一定时间,然后置于水或油中迅速冷却的过程称为淬火。淬火后的材料,因其内部组织结构的变化,硬度提高,耐磨性增大,但同时材料的脆性也增加,塑性和韧性降低,并在材料内部形成较大的淬火应力,会导致零件变形或开裂。淬火后的零件需经回火处理,以获得零件所要求的强度、硬度、塑性和韧性的良好配合,并保证在使用过程中形状和尺寸的稳定性。

回火按回火温度范围不同分为低温回火(150~250℃)、中温回火(350~500℃)和高温回火(500~650℃)。低温回火的目的是为了降低材料的淬火应力和脆性,以及保持较高的硬度和耐磨性,常用于耐磨零件和刀具模具的处理。中温回火使材料具有较高的弹性极限和屈服极限,并具有一定的塑性和韧性,多用于各种弹簧的处理。高温回火后的材料既保持了较高的强度,又具有良好的塑性和韧性,综合力学性能较好。中碳钢的淬火加高温回火的热处理工艺称为调质处理，广泛用于处理各种重要的结构零件，如在变载荷下工作的连杆、螺栓和齿轮等零件。

3. 表面淬火和化学热处理

表面淬火是采用快速加热的方法使零件表面奥氏体化，然后快速冷却获得表层淬火组织的一种热处理工艺，常用于表面要求高硬度以提高耐磨性、而心部要求高韧性以提高其抗冲击能力的零件。

化学热处理是将零件放入化学介质中加热并保温，使介质原子渗入零件表层中，改变表面的化学成分和组织，从而达到改进表层性能的热处理方法。化学热处理不仅可以显著提高零件表层的硬度、耐磨性、疲劳强度和耐腐蚀性能，而且能够保证零件心部具有良好的韧性。

化学热处理种类很多，根据渗入元素的不同，分为渗碳、渗氮（氮化）、碳氮共渗等处理工艺。钢的渗碳、渗氮和碳氮共渗是机械制造业中最常用的化学热处理工艺。

1.5.3 材料选择原则

机械零件的使用性能、工作可靠性和经济性和材料的选择有很大关系。因此，合理地选用材料是一项重要的工作。由于钢铁仍是机械零件制造中应用最广的材料，所以下面仅就金属材料（主要是钢铁）的一般选择原则作简单介绍。

1. 满足机械零件的使用要求

选用材料首先应满足零件工作上的需求，故应考虑：①零件所承受载荷的大小、性质以及应力状态；②零件的几何条件；③零件的尺寸及质量限制；④零件的重要程度；⑤零件在导电性、抗磁性等方面的特殊要求。设计零件时，需要根据具体的要求选择材料及热处理方法。例如，以承受拉伸为主的零件，宜选用钢材，不宜采用抗拉强度差的铸铁；在高温环境下工作的零件，宜选用高温力学性能好的材料；受力大、又要求质量轻的零件，宜采用高强度的合金钢材料；要求精度高的零件，宜采用尺寸稳定性好的合金钢材料。

2. 满足工艺性的要求

选择材料时还应保证零件能方便地制造出来，即应考虑零件结构复杂程度、尺寸大小和毛坯制造等方面的因素。例如，结构复杂、外形尺寸较大的零件，若考虑用铸造毛坯，则应选用适合铸造的材料；若考虑用焊接毛坯，则应选用焊接性能好的材料；尺寸小、外形简单、批量大的零件适用冲压或模锻，所选材料的塑性就应较好。

3. 满足经济性要求

选择材料应尽可能使零件经济地制造出来，因此需要考虑材料的价格、加工和热处理的成本以及材料供应等问题。例如，为了节约合金钢和有色金属，零件常采用组合结构。像蜗轮轮缘用铜合金制造，轮芯用铸铁或碳钢制造，以节约贵重金属；再比如，铸铁虽然比钢材价格低，但当单件生产尺寸较大的机座时，采用型材焊接往往比用铸铁铸造快且成本低，这是因为铸造需要制作价格高且费时的木模。

总之，选用材料时应结合零件的使用情况、材料的性能以及毛坯制造方法等因素加以综合考虑，同时还应注意本单位对材料使用的规定和经验、同类机械中各零件材料成功应用的经验，正确合理地做好零件材料的选择。

1.6　摩擦和磨损基础

相互接触的两个物体当发生相对运动或有相对运动趋势时，在接触表面上将会产生抵抗相对运动的现象，这种现象称为摩擦。摩擦过程必然伴随能量的损耗和摩擦表面物质的丧失或迁移，即发生磨损。通常情况下，摩擦和磨损是有害的。而润滑是降低摩擦与磨损最有效的方法。

一般将研究摩擦、磨损和润滑的科学总称为摩擦学。它是研究在摩擦、磨损过程中两个相对运动表面之间相互作用、变化及其有关的理论与实践的一门学科。将摩擦学知识和技术正确应用于机械设计的过程称为摩擦学设计，它是机械设计的一个组成部分。本节将概略介绍机械设计中有关摩擦学的一些基本知识。

1.6.1　摩擦

摩擦可以分为两大类：一类是发生在物质内部、阻碍分子间相对运动的内摩擦；另一类是在物体接触表面上产生的阻碍其相对运动的外摩擦。对于外摩擦，根据摩擦副的运动状态分为静摩擦和动摩擦。根据摩擦副的位移形式，动摩擦分为滑动摩擦和滚动摩擦。根据摩擦面间存在润滑剂的情况，滑动摩擦分为干摩擦、边界摩擦、流体摩擦和混合摩擦，其分类如图 1.4 所示。

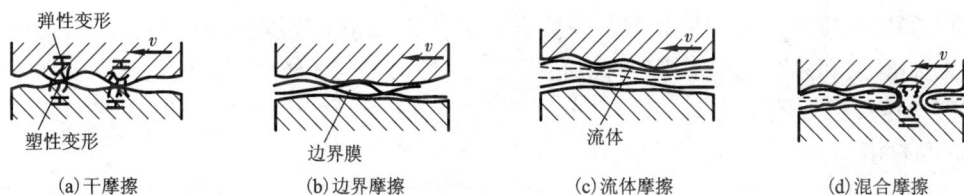

（a）干摩擦　　　　（b）边界摩擦　　　　（c）流体摩擦　　　　（d）混合摩擦

图 1.4　摩擦状态

干摩擦是两相对运动表面直接接触，未经人为润滑的摩擦状态。

边界摩擦是摩擦副表面被吸附在表面的边界膜隔开，摩擦性质取决于边界膜以及表面吸附性能的摩擦状态。

流体摩擦是两相对运动表面被流体膜（液体或气体）所隔开，其摩擦性质取决于流体内部分子间黏性阻力的摩擦状态。

混合摩擦是干摩擦、边界摩擦、流体摩擦处于混合共存状态下的摩擦状态。

边界摩擦、混合摩擦和流体摩擦是在一定的润滑状态下实现的，因此也常称为边界润滑、混合润滑和流体润滑。两运动表面所处的摩擦（润滑）状态通常可采用膜厚比 λ 来大致判断，即

$$\lambda = \frac{h_{\min}}{\sqrt{R_{q1}^2 + R_{q2}^2}} \qquad (1-6)$$

式中：$h_{\min}$ 为两滑动表面间的最小油膜厚度，μm；R_{q1} 和 R_{q2} 为两表面轮廓的均方根偏差，μm。

通常认为，$\lambda \leqslant 1$ 时为边界摩擦（润滑）状态；$\lambda > 3$ 时为流体摩擦（润滑）状态；$1 \leqslant \lambda \leqslant 3$

时为混合摩擦(润滑)状态。

机械设备中广泛应用着各种摩擦副零件。而摩擦在大多数情况下是有害的。为了降低摩擦，除了采用润滑手段外，也可以使用减磨材料来降低摩擦。我们将摩擦过程中使用的具有低摩擦系数的材料称为减磨材料。例如在滑动轴承中使用的轴承合金，就是一种典型的减磨材料。另外还应注意的是，摩擦也并不是总是有害的，像制动器、摩擦式离合器和摩擦传动等机械零件正是靠摩擦来工作的。这类零件在制造时要使用具有高且稳定的摩擦系数、耐磨且耐热的材料，这样的材料称为磨阻材料。

1.6.2　磨损

磨损是相互接触物体在相对运动中表层材料不断发生损耗的过程。磨损会影响机械设备的性能与效率，消耗材料并降低机械设备的使用寿命。因此，在设计时应考虑避免和减轻磨损的危害，保证机械达到设计寿命的要求。但磨损也有可以利用的一面。例如机械设备"磨合"阶段的磨损，以及利用磨损原理的诸如磨削、抛光等机械加工方法，都是有益的磨损实例。研究磨损，就是要认识磨损的机理和规律，掌握控制磨损的技术，从而在设计中达到减小磨损的目的。

将磨损进行分类，以便将各种各样的磨损现象归纳为几个基本类型。合理的分类有助于更好地分析、认识和掌握磨损机理和规律。关于磨损分类也有不同的见解，大体上可概括为两种：一种是根据磨损结果着重对磨损表面外观的描述而做的分类，如点蚀磨损、胶合磨损、擦伤磨损等；另一种是根据磨损机理和特征进行分类，如黏着磨损、磨粒磨损、疲劳磨损、腐蚀磨损和微动磨损等。后一种分类方法被学术界认为在一定程度上揭示了磨损的过程和本质，对控制磨损和采取抗磨损措施都有指导意义，因而得到了较为广泛的认同。下面按这种分类对几种磨损类型作简单说明。

1. 黏着磨损

黏着磨损就是当摩擦表面的粗糙峰在相互作用的各点处发生"冷焊"后，相对滑动时材料从一个表面转移到另一个表面形成的磨损。这种被迁移的材料，有时也会脱离所黏附的表面而形成磨屑。严重的黏着磨损会造成运动副咬死。黏着磨损是金属摩擦副间普遍的一种磨损形式。

2. 磨粒磨损

外部进入摩擦副表面间的游离硬颗粒(比如空气中的尘土或磨损造成的磨屑等)或硬材料表面的粗糙峰尖在较软材料表面上因摩擦而引起的材料脱落现象，称为磨粒磨损。磨粒磨损也是一种普遍的磨损形式。据统计，工业生产中因磨粒磨损而造成的损失，约占全部磨损损失的一半。

3. 疲劳磨损

当两摩擦表面作相对滚动或滚动伴随滑动时，因周期性载荷作用使表面产生循环接触应力和变形，从而造成材料剥落而形成凹坑，这种磨损叫疲劳磨损。疲劳磨损是齿轮、滚动轴承这类承受周期性变应力作用的机械零件的主要失效形式之一。

4. 腐蚀磨损

腐蚀磨损是指在摩擦过程中，材料表面与周围介质(比如空气中的氧或润滑剂中的酸等)发生化学或电化学反应，在表面上生成化学反应物。这些化学反应物一般和表面黏附不牢，继续摩擦就会脱落或被磨掉，这一过程重复进行，引起材料的损失，从而造成磨损。

5. 微动磨损

微动磨损是两个接触表面间经受振幅很小（振幅小于 1 mm）的相对振动，造成材料损失的一种磨损形式。

机械零件的磨损量和其工作时间的关系如图 1.5 所示。磨损过程可以分为磨合阶段、稳定磨损阶段和急剧磨损阶段。大量的统计资料显示，磨损是引起机械零件失效的主要原因之一。为了提高机械零件的使用寿命，在设计和使用机械设备时，应力求获得良好的磨合性，以缩短磨合期，延长稳定磨损阶段，推迟急剧磨损阶段的到来。

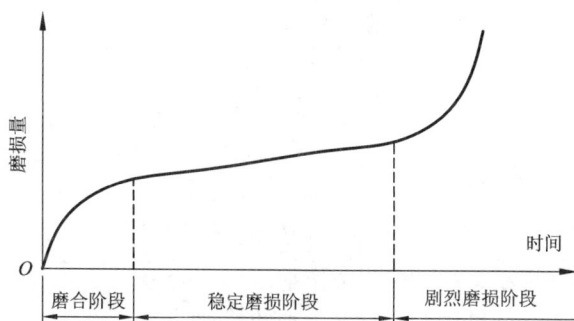

图 1.5　磨损程度和工作时间的关系

磨损是影响机械设备使用可靠性的重要因素之一。为了减小磨损，可以采用一些必要的措施。例如，通过合理选用摩擦副材料、采用硬度较高的耐磨材料以及采用表面耐磨强化处理方法来提高零件抵抗磨损的能力；也可以通过合理选择润滑剂和添加剂来减少磨损发生的可能性或减轻磨损程度；另外，还可以通过控制摩擦副的工作条件，如接触压力、滑动速度、表面温升等来减轻磨损的危害。

思考题及习题

1.1　机器和机构之间的关系？

1.2　机械设计的基本要求是什么？

1.3　机械零件的主要失效形式有哪些？

1.4　机械零件的设计准则有哪些？

第2章　平面机构的结构分析

【概述】　本章主要介绍机构的组成；平面机构运动简图；平面机构的自由度。要求：了解机构的组成、运动副、运动链、约束和自由度等基本概念；掌握绘制机构运动简图的方法；能计算平面机构的自由度。

2.1　机构的组成

2.1.1　构件的自由度与约束

构件相对参考系所具有的独立运动称为构件的自由度。如图2.1所示，在平面坐标系 xOy 中，一个作平面运动的自由构件具有3个独立运动，分别为沿 x 轴和 y 轴的移动及绕某点 A 的转动，则作平面运动的自由构件具有3个自由度。当一个构件与其他构件产生可动连接时，其某些方向的相对运动就会受到限制，对构件的独立运动所加的限制称为约束。受约束后构件的自由度便相应减少。

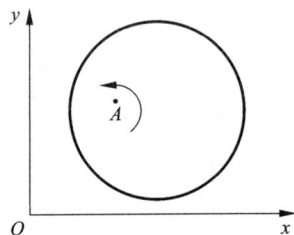

图2.1　构件的自由度

2.1.2　运动副

组成机构的每一个构件都是以一定的方式与其他构件相互连接的，这种连接既使两个构件直接接触，又保证两构件能产生一定的相对运动。两个构件间形成的这种可动连接就称为运动副；两构件上参与接触而构成运动副的接触表面称为运动副元素。如果构成运动副的两构件之间的相对运动是平面运动，这种运动副称为平面运动副；若两构件之间的相对运动是空间运动，那么这种运动副称为空间运动副。本章所讨论的运动副主要是指平面运动副。

两构件相互连接构成运动副后，构件的某些独立运动将受到约束，自由度将随之减少。根据运动副对构件相对运动约束情况和运动副元素接触情况的不同，运动副可以分为以下几类。

（1）低副。两构件通过面接触形成的运动副称为低副。根据运动副允许两构件相对运动的形成方式，低副又可分为转动副和移动副。只允许两构件在平面内作相对转动的运动副称为转动副，也称为铰链，如图2.2（a）所示。两构件之一固定的铰链称为固定铰链，两构件均为活动件则称为活动铰链。只能允许两构件沿某一直线作相对移动的运动副称为移动副，如图2.2（b）所示。

（2）高副。两构件通过点或线接触构成的运动副称为高副。如图2.3所示的凸轮1与从动杆2，图2.4所示的齿轮1与齿轮2的接触分别是点接触和线接触，因而所形成的运动副都是高副。

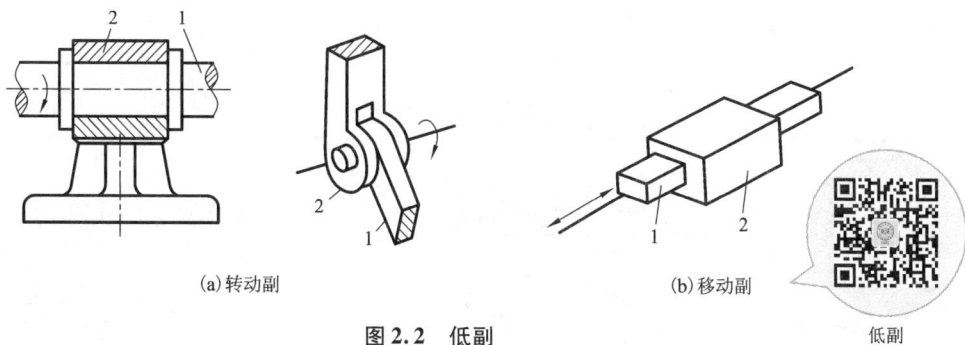

(a)转动副   (b)移动副

图 2.2 低副

1,2—构件

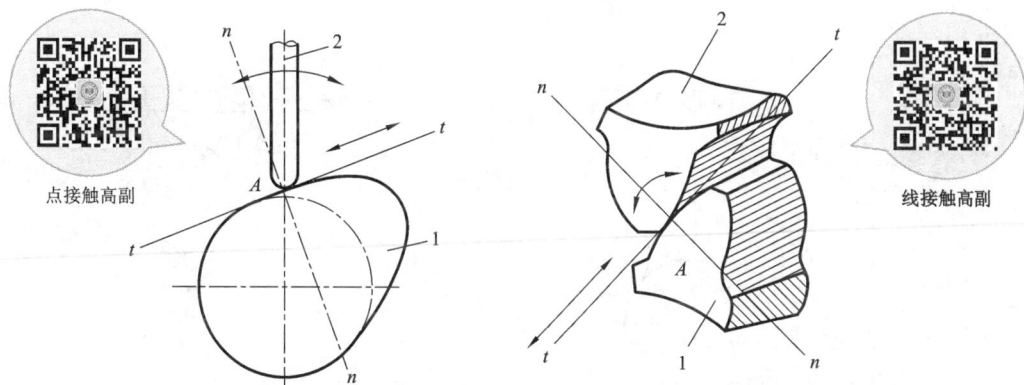

点接触高副   线接触高副

图 2.3 点接触高副

1—凸轮;2—从动杆;

$n-n$—接触点公法线;$t-t$—接触点公切线

图 2.4 线接触高副

1,2—齿轮;

$n-n$—接触点公法线;$t-t$—接触点公切线

另外,常用的运动副还有圆柱副[图 2.5(a)]、螺旋副[图 2.5(b)]和球面副[图 2.5(c)]等空间运动副。含有空间运动副的机构多属于空间机构,本章不予讨论。

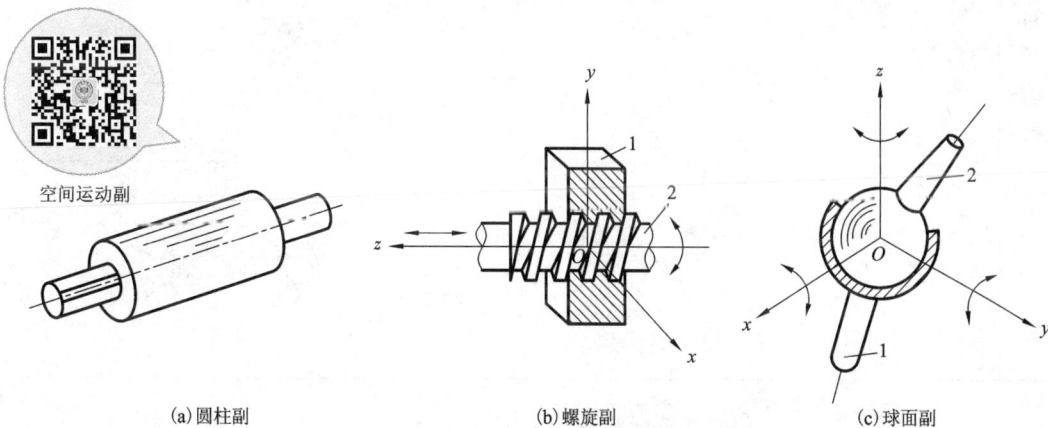

空间运动副

(a)圆柱副   (b)螺旋副   (c)球面副

图 2.5 空间运动副

为便于绘制机构运动简图，运动副一般用简单的符号来表示（见 GB/T 4460—1984）。表 2.1 所示为常用运动副的符号，表 2.2 所示为机械运动简图的常用符号。

表 2.1 常用运动副的符号

名 称		符 号	
		两运动构件的连接	运动构件与固定构件的连接
平面运动副	转动副	 平行运动平面 垂直运动平面	 平行运动平面 垂直运动平面
	移动副		
	平面高副		
空间运动副	螺旋副		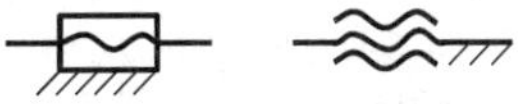 固定螺母 固定螺杆
	球面副		
	球销副		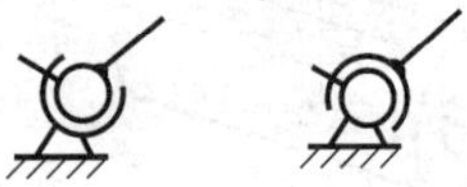

表 2.2　机构运动简图常用符号

名　称	符　号	名　称	符　号
固定构件	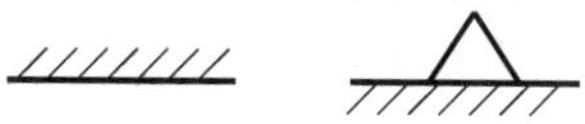	外啮合圆柱齿轮机构	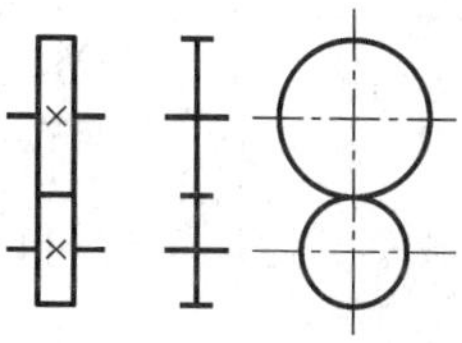
两副元素构件	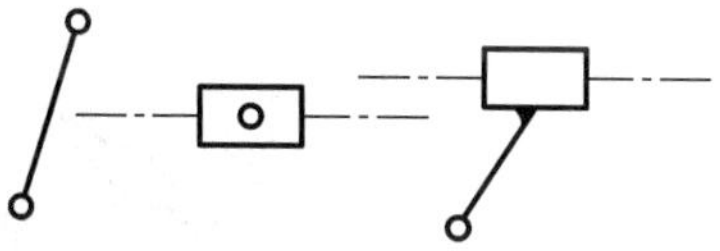	内啮合圆柱齿轮机构	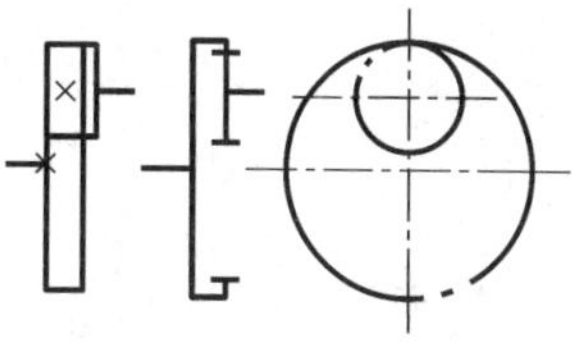
三副元素构件	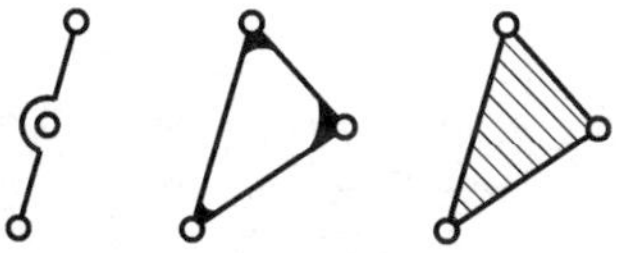	齿轮齿条机构	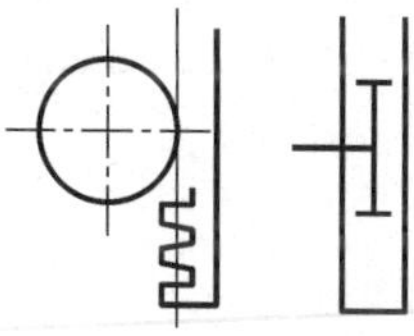
转动副	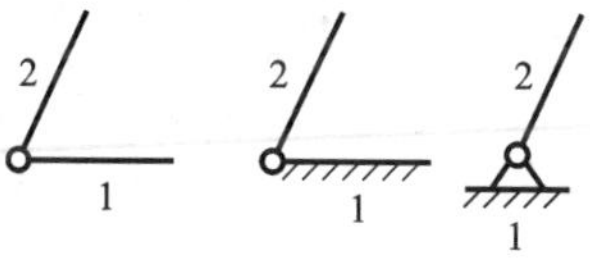	圆锥齿轮机构	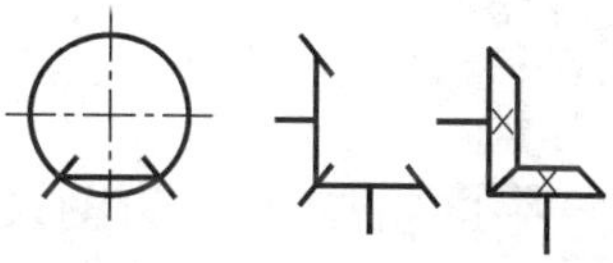
移动副	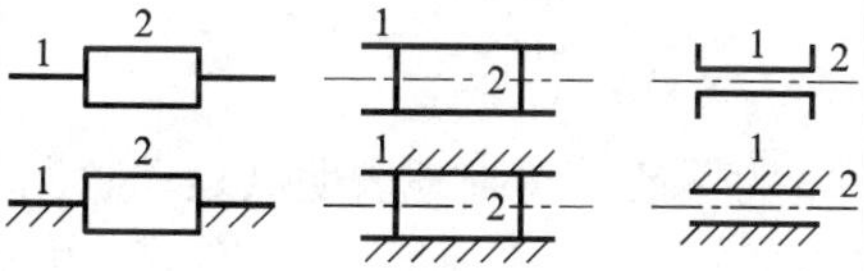	蜗杆蜗轮机构	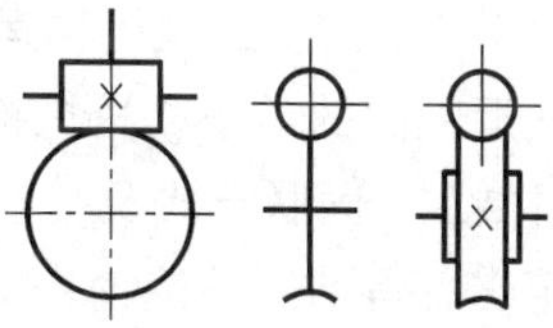
平面高副	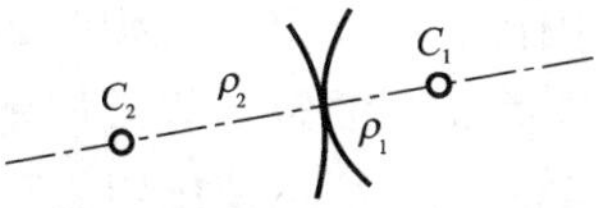	带传动	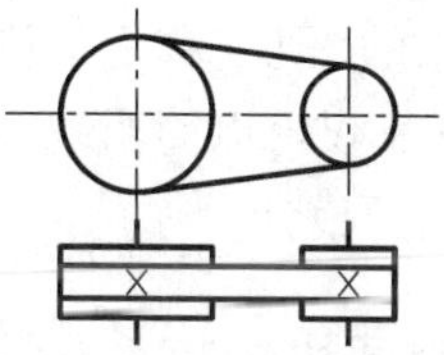
凸轮机构	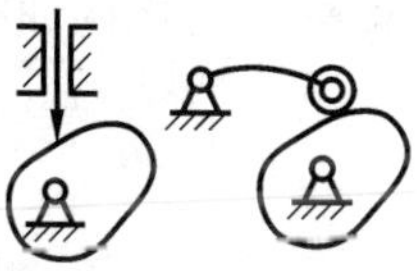	链传动	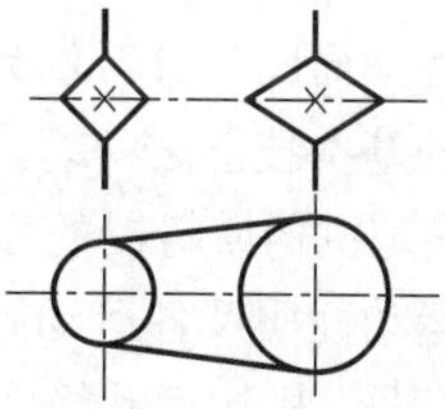
棘轮机构	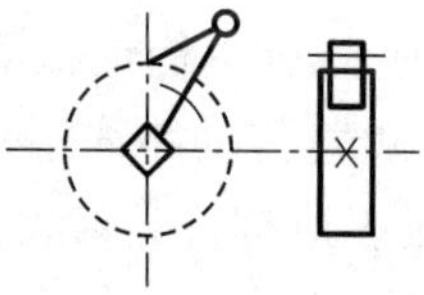		

17

2.1.3　运动链

两个以上的构件通过运动副连接而构成的系统称为运动链。根据运动链中首尾两构件是否相连接，运动链分为闭式链［图 2.6(a)］和开式链［图 2.6(b)］。闭式链是一个封闭可动的运动链系统，一般机械中采用较多，而开式链是一个非封闭的可动运动链系统，多用于机器人和仿生机械中。运动链也可以分为平面运动链和空间运动链。

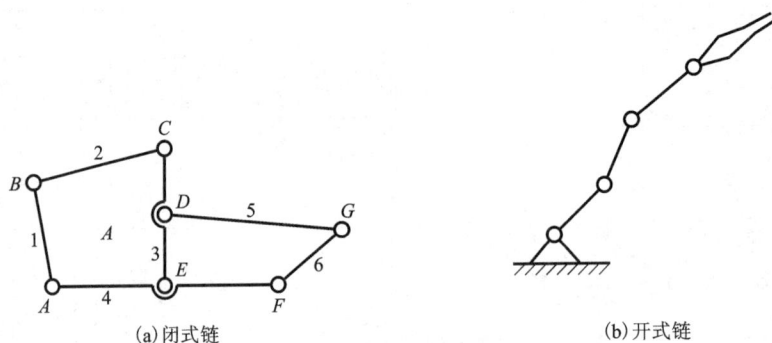

(a)闭式链　　　　　　　　　　　　　(b)开式链

图 2.6　平面运动链

平面运动链

2.2　平面机构运动简图

2.2.1　平面机构运动简图及其作用

对现有的机器进行分析或者设计新的机器时，为了能够清晰地表明其运动状况和基本机构的组成关系，需要绘制机构运动简图。机构各部分运动状态，是由其原动件的运动规律、机构中各运动副的类型以及机构的运动尺寸来决定的，而与构件的外形、截面尺寸、组成构件的零件数目、固联方式及运动副的具体结构无关。因此，只要根据机构的运动尺寸，按一定比例定出各运动副的位置，并用运动副、常用机构运动简图的符号以及简单线条，便可把机构的运动关系表示出来。这种用简单的线条和规定的符号，按一定比例关系表示出来的机构运动关系的图形，称之为机构运动简图。机构运动简图与机器中的机构具有完全相同的运动特性，它不仅可以简明地表达出机构的运动情况，还可以据此对机构和机器进行运动学和动力学分析及设计。

2.2.2　平面机构运动简图的绘制

机构运动简图是分析设计机构的有力工具。正确、迅速地绘制机构运动简图是机械工程技术人员的基本技能之一。绘制机构运动简图时，首先应分析机构或机器的构造和运动状况；其次确定机构或机器的原动件、从动件和机架；然后顺着传动路线逐一分析每两个构件间的相互运动性质及各运动副的类型和数目；最后选择能表达构件运动关系的视图平面，用运动副的符号、机构运动简图符号和简单线条，以适当的比例绘出机构运动简图，并标出各构件的编号和运动副的代号。

例 2 -1　颚式破碎机如图 2.7(a) 所示，当曲轴 1 绕轴作连续回转时，颚板 5 绕轴心作往复摆动，从而将矿石粉碎，试绘制其机构运动简图。

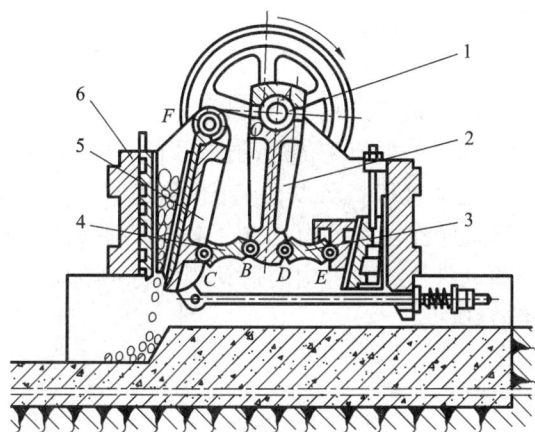

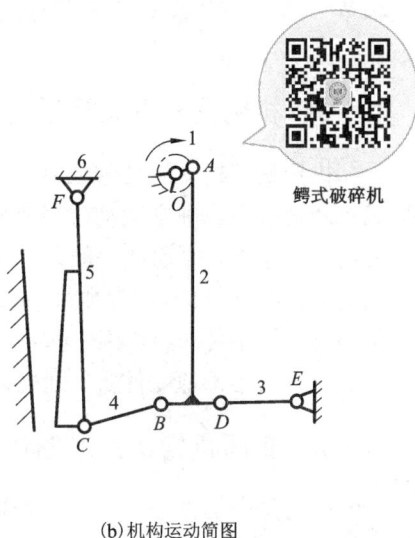

(a) 颚式破碎机　　　　　　　　　　(b) 机构运动简图

图 2.7　颚式破碎机

1—曲轴；2、3、4—构件；5—动颚板；6—机架

解：通过分析，我们可以知道颚式破碎机由曲轴 1、构件 2、3、4 以及动颚板 5 和机架 6 共 6 个构件组成，其中曲轴为机构的原动件，动颚板为工作部分；传动路线为从曲轴 1 到构件 2 和 3，再到构件 4，最后到动颚板 5，各构件均以转动副相连接；选择图 2.7(a) 所示平面为视图平面，绘制出的颚式破碎机机构运动简图如图 2.7(b) 所示。

例 2 -2　试画出图 2.8(a) 所示摆缸式液压泵机构的运动简图。

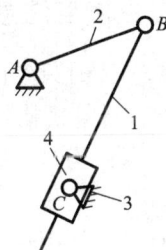

解：通过分析，可知液压泵的原动件为曲柄 2。曲柄 2 与机架 3 在 A 点构成转动副，与构件 1 在 B 点也构成转动副，构件 1 在构件 4 的槽中移动，因此形成移动副；最后，构件 4 与构件(机架)3 在 C 点形成转动副；将该机构的组成情况分析清楚后，以图 2.8(a) 所示平面为视图平面，并定出各转动副的中心位置，绘制出摆缸式液压泵机构运动简图如图 2.8(b) 所示。

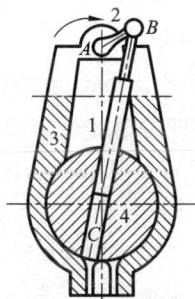

(a) 摆缸式液压泵　　　　　　(b) 机构运动简图

图 2.8　摆缸式液压泵

1、3、4—构件；2—曲轴

2.3 平面机构的自由度

2.3.1 机构具有确定运动的条件

机构具有独立运动的数目称为机构的自由度。机构的自由度可以是一个，也可以是两个或者两个以上。独立运动规律是由原动件提供的。一般机构的原动件通常以低副形式与机架相连接，这样的原动件一般只能提供一个独立运动规律。所以，一个机构的原动件数应等于机构的自由度数(自由度数最少应等于1)，该条件称之为机构具有确定运动的条件。当机构不满足这一条件时，若机构的自由度数大于原动件数，则机构的运动规律将不确定；若机构的自由度数小于原动件数，则机构可能发生破坏。

2.3.2 平面机构自由度的计算

机构是由构件通过运动副连接而形成的，故运动副的基本类型和构件的连接方式是形成机构自由度的重要因素。

作平面运动的构件有3个自由度，当通过运动副将其与其他构件连接之后，由于运动副引入了约束，因而构件将失去某些自由度。一个平面低副引入2个约束，构件将失去2个自由度，保留1个自由度；一个平面高副引入1个约束，将使构件失去1个自由度，保留2个自由度。

设一个平面机构共有 n 个活动构件，在没有用运动副连接前，全部活动构件共有 $3n$ 个自由度。构件用运动副连接后，自由度减少了，若机构中有 P_L 个低副，P_H 个高副，则机构中全部运动副引入的约束数目为 $2P_L + P_H$ 个，故机构保留的自由度数目 F 为

$$F = 3n - 2P_L - P_H \qquad\qquad (2-1)$$

上式即为平面机构自由度计算公式，它表明机构的自由度数等于所有活动构件总自由度数减去所有运动副的约束数。

若机构的自由度 $F = 0$，则说明各构件相对于机架的位置固定，没有运动的可能性，即形成一个刚性的桁架。若 $F < 0$，表示约束过多，成为超静定桁架。

2.3.3 计算平面机构自由度应注意的事项

前面在推导自由度计算公式时只考虑了各运动副引入的约束数，但有些应当注意的事项并没有提及，这样就有可能在计算机构自由度时出现按公式计算出的自由度与机构实际的自由度不相符的情况。现将计算机构自由度时应注意的主要事项简述如下。

1. 复合铰链

若两个以上的构件同时在一处用转动副连接，则构成复合铰链。

图2.9所示为三个构件在 A 点用铰链相连接，从侧面看[图2.9(b)]，每两个构件组成一对转动副，故在 A 点实际上有两个转动副，因此这是一个复合铰链。一般来讲，若 m 个构件在某处形成复合铰链，则转动副数目应是 $(m-1)$ 个。

例2-3 计算图2.10所示机构的自由度。

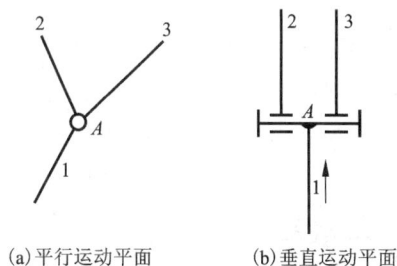

(a)平行运动平面　　(b)垂直运动平面

图 2.9　复合铰链

1，2，3—构件

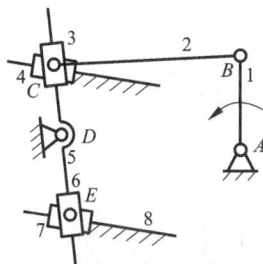

图 2.10　复合铰链自由度计算

解： 图 2.10 表明，在 C 处两滑块 3、4 与杆 BC 构成复合铰链，故 C 处有 2 个转动副和 2 个移动副。E 处只有两滑块 6、7 构成铰链，并不是复合铰链，故 E 处有 1 个转动副和 2 个移动副。根据分析可知，在该机构中，活动构件数 $n=7$，低副数 $P_L=10$，高副数 $P_H=0$，故其自由度为

$$F = 3n - 2P_L - P_H = 3 \times 7 - 2 \times 10 - 0 = 1$$

2. 局部自由度

某些机构中会出现一种与输出构件运动无关的自由度，称为局部自由度。在进行机构自由度计算时，应将局部自由度除去不计。

例 2-4　试计算图 2.11(a)所示滚子从动件凸轮机构自由度。

解： 当原动件凸轮 1 转动时，滚子 2 带动推杆 3 按一定规律作往复直线运动。该机构活动构件数 $n=3$，低副数 $P_L=3$，高副数 $P_H=1$，其自由度为

$$F = 3n - 2P_L - P_H = 3 \times 3 - 2 \times 3 - 1 = 2$$

计算结果明显与实际情况不符，因为滚子的转动并不影响推杆的运动，是一个局部自由度。为此将滚子与推杆假想地焊在一起 [图 2.11(b)]，此时机构活动构件数 $n=2$，低副数 $P_L=2$，高副数 $P_H=1$，机构的自由度为

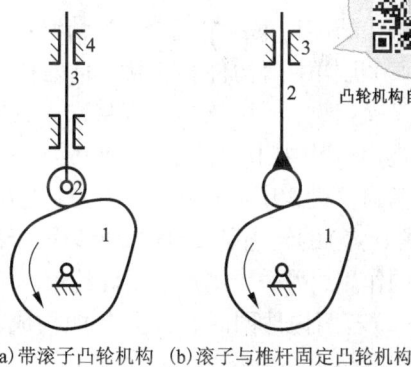

凸轮机构自由度计算

(a)带滚子凸轮机构　(b)滚子与推杆固定凸轮机构

图 2.11　凸轮机构的自由度计算

$$F = 3n - 2P_L - P_H = 3 \times 2 - 2 \times 2 - 1 = 1$$

局部自由度虽然不影响机构的运动规律，但在多数情况下，增加局部自由度能够改善机构工作状况的。例如图 2.11(a)所示的凸轮机构中加上一个滚子，可以将滑动摩擦转化为滚动摩擦，以提高运动副的寿命。

3. 虚约束

在机构中，有些运动副所引入的约束与其他运动副引入的约束对机构运动的限制作用是重复的，这种重复作用的约束称为虚约束。计算自由度时，应将虚约束去掉不计。

例如图 2.12(a)所示平行四边形机构，连杆 3 作平动，其上各点的轨迹均为圆心在 AD 线上而半径等于 AB 的圆周，该机构的自由度为

$$F = 3n - 2P_L - P_H = 3 \times 3 - 2 \times 4 - 0 = 1$$

如果在该机构中再加一个与构件2和4相互平行且长度相等的构件5[图2.12(b)]，显然对机构的运动并不会产生任何影响，但此时机构的自由度却为

$$F = 3n - 2P_L - P_H = 3 \times 4 - 2 \times 6 - 0 = 0$$

平行四边形机构

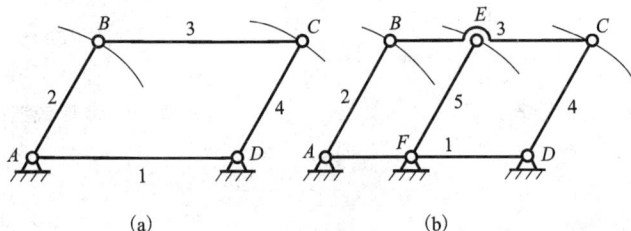

(a)　　　　　　(b)

图2.12　平行四边形机构

上面的计算是错误的。原因在于引入构件5后，虽然引入了3个自由度，但却因增加了两个运动副而引入了4个约束，即多引入一个约束，而这个约束对机构的运动并不起作用，是一个虚约束，因此，在计算这一机构自由度时应将此虚约束除去不计，该机构的自由度仍为1。

虚约束虽然对机构的运动不起约束作用，但设置虚约束能够提高构件的强度和刚度，对于保证机构运动的顺利进行等是有利的。

机构的虚约束常出现于下列情况：

（1）机构中两构件相连接，且两构件上连接点的运动轨迹又互相重合，则该连接点将带入一个虚约束。上述平行四边形机构中出现的虚约束就是该种情况。图2.13所示的椭圆仪机构中，滑块上的 C 点（或 D 点）和连杆上的 C 点（或 D 点）的轨迹是重合的，所以两个滑块中只有一个起约束的作用，另一个则形成了虚约束。

椭圆仪机构

图2.13　椭圆仪机构

（2）若两构件同时在几处接触构成几个移动副，且各移动副导路中心线互相平行，那么仅有一个移动副起约束作用，其余移动副引入的约束均为虚约束。如图2.14所示的移动副 A 和 B 中，有一个引入的约束是虚约束。两构件同时在多处构成多个转动副，且各转动副轴线重合，则仅有一个转动副起约束作用，其余转动副引入的约束都是虚约束。如图2.15所示的两个转动副中，只有一个转动副起约束作用，另一个转动副引入的约束为虚约束。

（3）机构中的某些对称部位往往引入虚约束。如图2.16所示行星轮系采用了两个完全相同的齿轮2和2′，目的在于受力均衡及提高零部件的机械强度。实际上从机构运动传递的要求来说，仅有一个齿轮就可以了，因此，另一个齿轮带入的约束为虚约束。

（4）在机构的运动过程中，如果两构件上某两点之间的距离始终保持不变，此时如果用一个构件和两个转动副将此两点相联，也将带入一个虚约束。如图2.17所示机构，构件1上的 E 点与构件3上的 F 点在运动过程中距离始终保持不变，若将这两点以构件5相联，则因

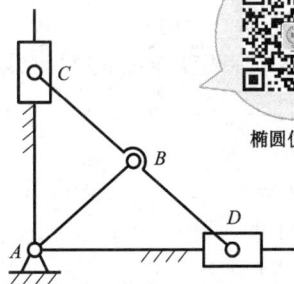

此而引入的约束是虚约束。

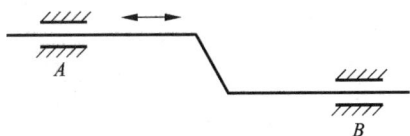

图 2.14　移动副引入的虚约束

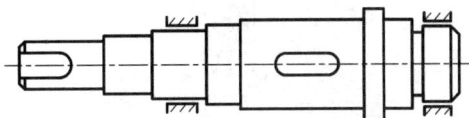

图 2.15　转动副引入的虚约束

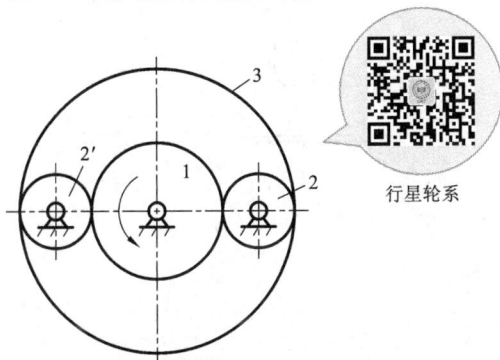

图 2.16　行星轮系

1，3—太阳轮；2、2′—行星轮

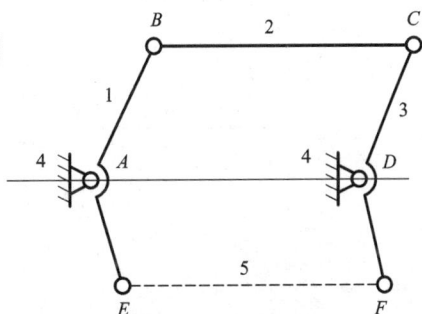

图 2.17　平行四边形机构

1、2、3、4、5—构件

　　机构中的虚约束都是在一些特定的几何条件才下出现的，若这些几何条件不能满足，则原认为是虚约束的约束，将变为实际有效的约束，并对机构的运动产生影响。例如图 2.15 所示的两个转动副，当其轴线相重合时是虚约束，但当轴线不重合时将成为实际约束。

思考题及习题

2.1　运动副在机构中有何作用？

2.2　平面高副与平面低副有什么区别？在机构中为什么广泛用到的是低副？

2.3　何谓机构自由度？计算自由度时应注意哪些问题？

2.4　机构具有确定运动的条件是什么？

2.5　计算自由度对于机构设计有什么作用？

2.6　机构上的虚约束是否真的无用？

2.7　机构上形成局部自由度的构件起什么作用？

2.8　何谓运动链？

2.9　绘制如图 2.18(a)和图 2.18(b)所示机构的运动简图，并计算其自由度及判断机构是否有确定运动。

2.10　计算如图 2.19 所示机构自由度并判断机构是否有确定运动。如有复合铰链、虚约束和局部自由度，请指出。

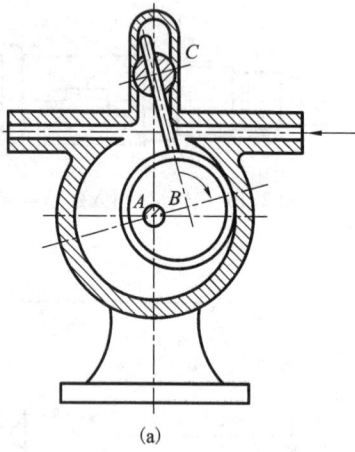

(a)

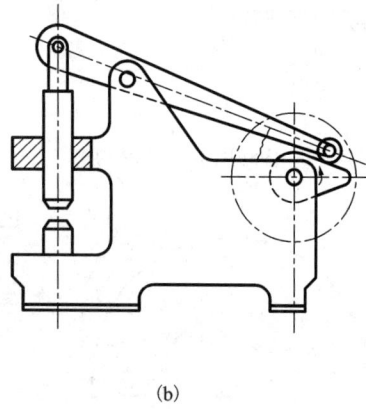

(b)

图 2.18

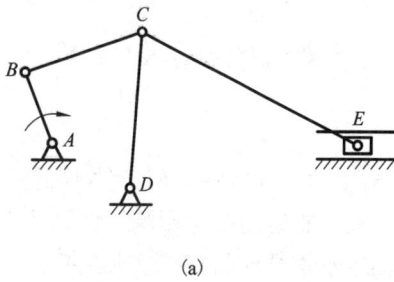

(a)

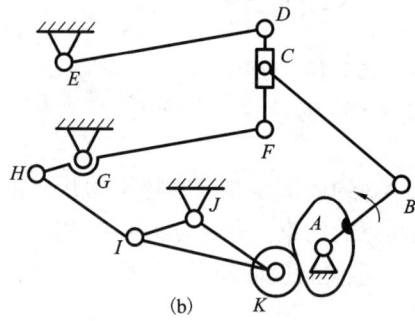

(b)

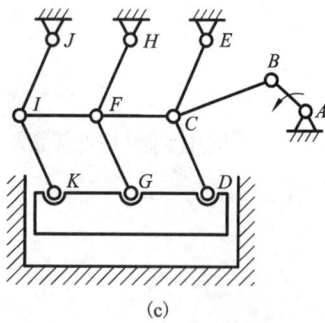

(c)

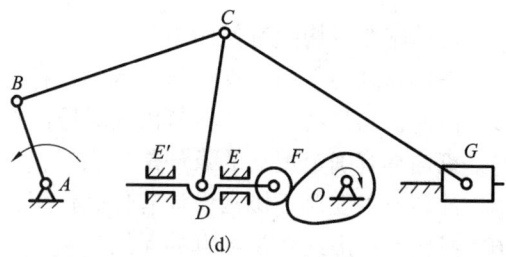

(d)

图 2.19

24

第 3 章 平面连杆机构

【概述】 本章主要介绍平面连杆机构的类型、特点、演化形式及应用；铰链四杆机构的基本特性及设计方法。要求：了解平面四杆机构的类型及演化，熟悉铰链四杆机构的基本特性及设计方法，掌握四杆机构有曲柄的条件、四杆机构的急回特性、传动角及压力角、死点等基本概念，能对简单四杆机构进行设计。

3.1 连杆机构类型及传动特点

连杆机构的类型

1. 连杆机构类型

连杆机构根据各构件间的相对运动是平面运动还是空间运动分为平面连杆机构和空间连杆机构。

平面连杆机构的类型很多，单从组成机构的杆件数来看有四杆机构、五杆机构、六杆机构等，一般将五杆及五杆以上的连杆机构称为多杆机构。

2. 连杆机构传动特点

平面连杆机构具有以下特点：

（1）由于运动副都为低副，构件之间连接采用的是面接触，单位面积上的压力较小，磨损较慢，可以承受较大载荷。

（2）运动副元素几何形状简单，多是简单的圆柱面或平面，便于加工制造。

（3）当原动件规律不变时，若改变各构件的相对长度关系，可以改变从动件的运动规律。

（4）连杆上的各点轨迹（简称连杆曲线）形状各异，可以利用这些曲线来满足不同的轨迹要求。

（5）能实现增力、扩大行程和实现远距离传动。

（6）连杆机构运动链较长，构件尺寸误差和运动副间隙将产生较大积累误差，同时会使机械效率降低。

（7）连杆机构的总质心作变速运动，用一般方法难以平衡及消除其产生的惯性力，故不宜用于精密及高速运动。

（8）要准确实现运动规律或轨迹，其设计十分繁难，一般只能近似满足。

连杆机构是一种应用十分广泛的机构，它几乎涉及我们所从事的每一个行业中的机械设备，如内燃机、鹤式吊、火车轮、牛头刨床、机械手爪、椭圆仪、开窗机构、车门机构、汽车刮雨器、折叠雨伞、折叠桌椅、自行车等，都用到了连杆机构。

图 3.1 所示为一搅拌器，电动机驱使曲柄 AB 转动，搅拌爪与连杆一起作往复的摆动，爪端点 E 作轨迹为椭圆的运动，实现搅拌功能。

图 3.2 所示为雨伞的支撑机构，滑块 1 上下运动,通过支撑杆 2 带动伞面骨架 3 作开伞及收伞运动。

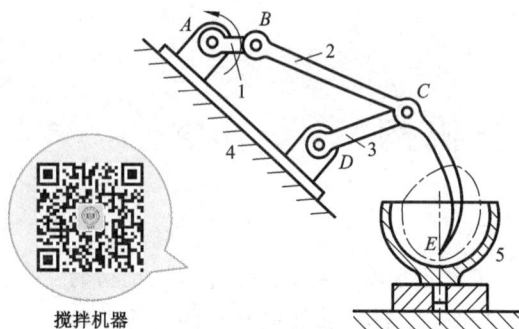

图 3.1　搅拌器

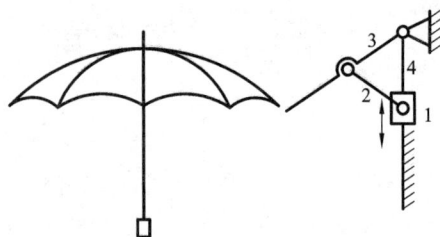

图 3.2　雨伞的支撑机构

　　最简单的平面连杆机构是由四个构件组成的，称为平面四杆机构。它的应用非常广泛，而且是组成多杆机构的基础。一般的多杆机构可以看成是由四杆机构扩展后所得。故本章将予重点讨论四杆机构。

3.2　平面四杆机构的类型及演化

3.2.1　铰链四杆机构的类型

　　全部由回转副组成的平面四杆机构称为铰链四杆机构，如图 3.3(a)所示。在图 3.3(b)所示机构中，固定件 4 称为机架；与机架用回转副相连接的杆 1 和杆 3 称为连架杆；不与机架直接连接的杆 2 称为连杆。若连架杆能绕轴线作 360°的回转运动，则称为曲柄；若只能在某一角度(小于 360°)内摆动，则称为摇杆。

(a)

(b)

图 3.3　铰链四杆机构及其组成

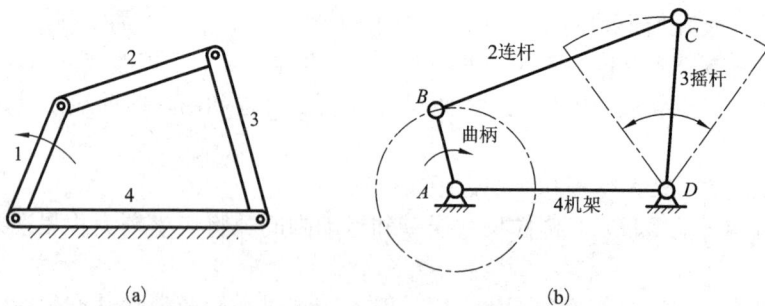

　　对于铰链四杆机构来说，机架和连杆总是存在的，因此可按照连架杆是曲柄还是摇杆，将铰链四杆机构分为三种基本型式：曲柄摇杆机构、双曲柄机构和双摇杆机构。

1. 曲柄摇杆机构

　　在铰链四杆机构中，若两连架杆之一为曲柄，另一个是摇杆，此机构称为曲柄摇杆机构。

　　在曲柄摇杆机构中，当曲柄为主动件时，可将曲柄的连续回转运动转换成摇杆的往复摆动。如雷达天线俯仰角调整机构，如图 3.4 所示。机构由构件 AB、BC、固连有天线的 CD 及机架 DA 组成，构件 AB 可作整圈的转动，是曲柄；天线 3 作为机构的另一连架杆可作一定范围的摆动,是摇杆;随着曲柄的缓缓转动,天线仰角得到改变。

当摇杆为主动件时,可将摇杆的往复摆动转换成曲柄的连续回转运动,如缝纫机踏板机构,如图 3.5 所示。

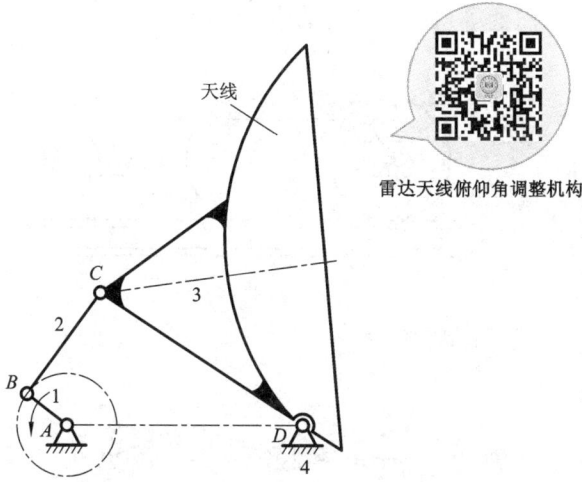

雷达天线俯仰角调整机构

图 3.4 雷达天线俯仰角调整机构

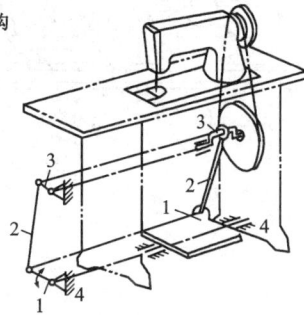

图 3.5 缝纫机踏板机构

2. 双曲柄机构

铰链四杆机构中,若两连架杆均为曲柄时,此机构称为双曲柄机构(图 3.6)。双曲柄机构中,两曲柄可分别为主动件。

在双曲机构中,如果两曲柄的长度不相等,当主动曲柄等速回转一周时,从动曲柄将变速回转一周,机构两曲柄的角速度始终不相等,如此,工作时容易产生惯性力,有些机器则利用了这一原理,如惯性筛机构(图 3.7)。由于从动曲柄 3 与主动曲柄 1 的长度不同,故当主动曲柄 1 匀速回转一周时,从动曲柄 3 作变速回转一周,惯性筛机构利用这一特点使筛子 6 作加速往复运动,提高了工作性能。

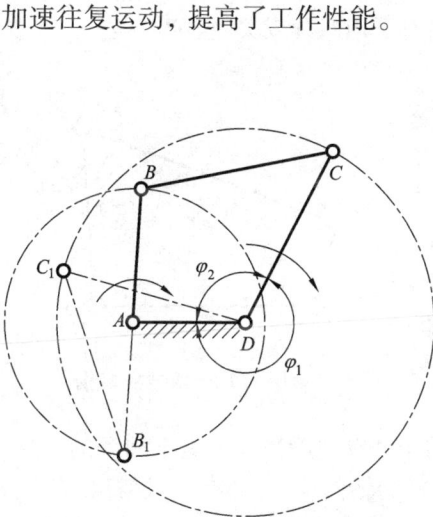

双曲柄机构

惯性筛工作机构

图 3.6 双曲柄机构

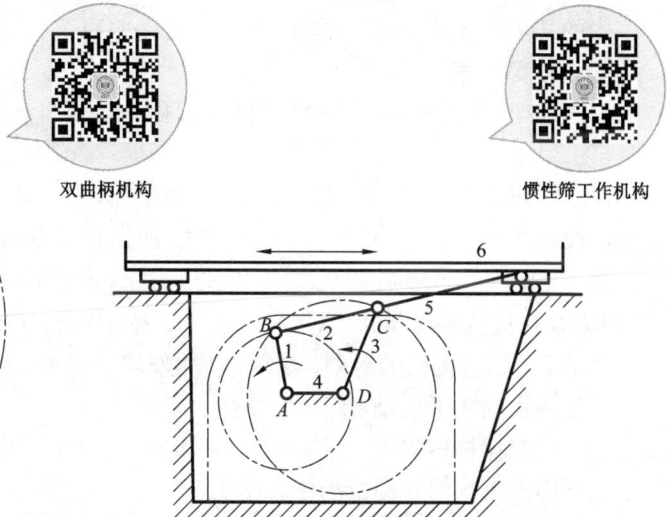

图 3.7 惯性筛工作机构

双曲柄机构中，常见的还有平行双曲柄机构和反向双曲柄机构。如果两曲柄的长度相等，且连杆与机架的长度也相等，那么就称为平行双曲柄机构或称平行四边形机构。由于这种机构两曲柄的角速度始终保持相等，且连杆始终作平动，故应用较广。如机车车轮联动机构(图3.8)就是利用了其两曲柄等速同向转动的。

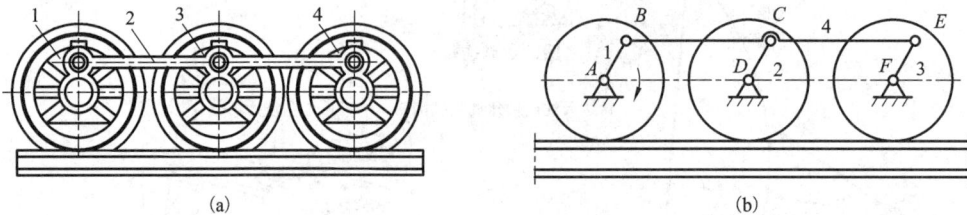

机车车轮联动机构

图3.8　机车车轮联动机构

双折车门启闭机构
(反向双曲柄机构)

反向双曲柄机构
(汽车车门机构)

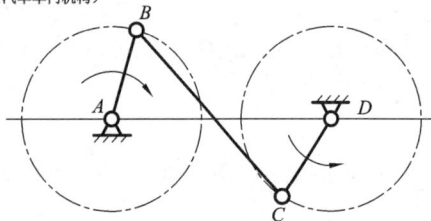

图3.9　反向双曲柄机构

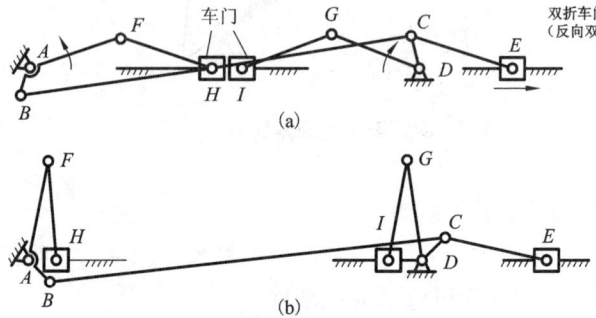

图3.10　双折车门启闭机构

若相对两杆长相等，但彼此不平行，则称为反向双曲柄机构，如图3.9所示。该机构的特点是两曲柄的转向相反，且角速度不相等。在图3.10所示的公共汽车双折车门启闭机构中的 *ABCD* 就是反向双曲柄机构，它可使两扇车门同时反向对开或关闭。

3. 双摇杆机构

连架杆均为摇杆的铰链四杆机构称为双摇杆机构(图3.11)。

在双摇杆机构中，两摇杆可分别为主动件，当主动摇杆摆动时，通过连杆带动从动摇杆作摆动运动。图3.12所示为港口用鹤式起重机吊臂结构。其中，*ABCD* 构成双摇杆机构，*AD* 为机架，在主动摇杆 *AB* 的驱动下，随着机构的运动，连杆 *BC* 的外伸端点 *M* 获得近似直线的水平运动，使吊重块作水平移动。

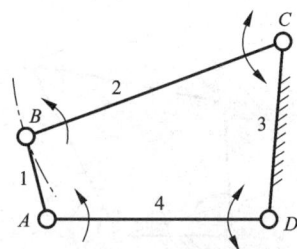

双摇杆机构

图3.11　双摇杆机构

在双摇杆机构中，两摇杆在同一时间内所摆过的角度在一般情况下是不相等的。这一特点被用于汽车的转向机构中。图3.13所示为汽车前轮的转向机构。它是两摇杆(*AB* 与 *CD*)长度相等的双摇杆机构(又称等腰梯形机构)。在该机构的作用下，转弯时，与前轮轴固联的两个摇杆的摆角 β 和 δ 不等，可使两前轮轴线与后轮轴线近似汇交于 *O* 点，以保证各轮相对于路面近似为纯滚动，以便减小轮胎与路面之间的摩擦损伤。

28

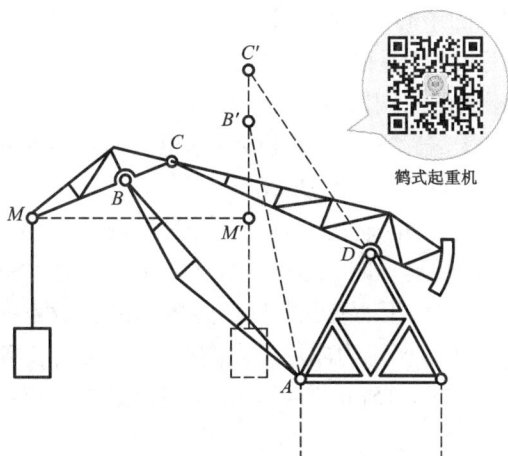

图 3.12　鹤式起重机

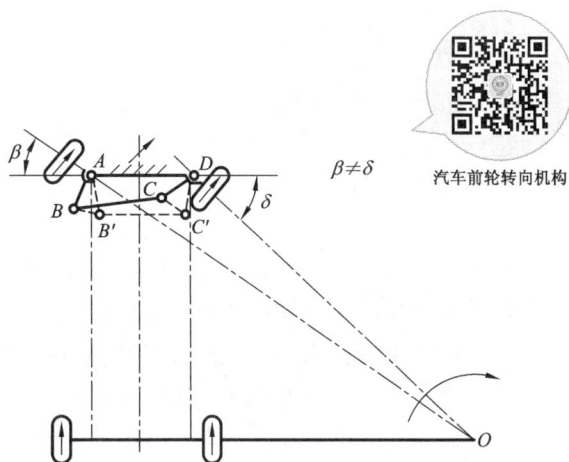

图 3.13　汽车前轮转向机构

3.2.2　平面四杆机构的演化型式

在实际中，除上述三种基本类型的铰链四杆机构外，还广泛地使用着许多其他类型的四杆机构。其中绝大多数是在铰链四杆机构的基础上，通过改变构件的形状和长度，将转动副转化为移动副，扩大转动副，选取不同构件作为机架等途径进行发展演化，继而变成新机构，用于生产实践中。

1. 曲柄滑块机构

如图 3.14(a)所示的曲柄摇杆机构中，摇杆 3 上 C 点的轨迹是以 D 为圆心、杆 3 的长度 L_3 为半径的圆弧。如将转动副 D 扩大，使其半径等于 L_3，并在机架上按 C 点的近似轨迹做成一弧形槽，摇杆 3 做成与弧形槽相配的弧形块，如图 3.14(b)所示。此时虽然转动副 D 的外形改变，但机构的运动特性并没有改变，这样曲柄摇杆机构便演化成曲线导轨的曲柄滑块机

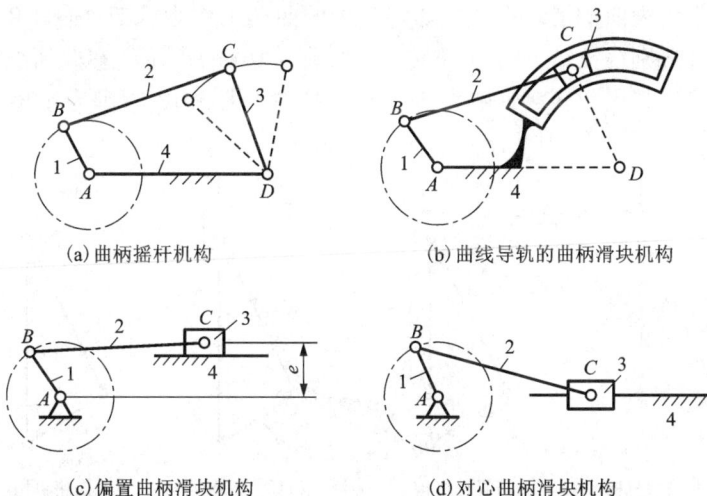

(a)曲柄摇杆机构　　　　　(b)曲线导轨的曲柄滑块机构

(c)偏置曲柄滑块机构　　　　(d)对心曲柄滑块机构

图 3.14　曲柄滑块机构的演化

29

构。若将弧形槽的半径增至无穷大,则转动副 D 的中心移至无穷远处,弧形槽变为直槽,转动副 D 则转化为移动副,构件 3 由摇杆变成了滑块,于是曲柄摇杆机构就演化为曲柄滑块机构,如图 3.14(c)所示。此时 C 点移动方位线不通过曲柄回转中心,故称为偏置曲柄滑块机构。曲柄转动中心至其移动方位线的垂直距离称为偏距 e,当 C 点移动方位线通过曲柄转动中心 A 时(即 $e=0$),则称为对心曲柄滑块机构,如图 3.14(d)所示。

在曲柄滑块机构中,若曲柄为主动件,当曲柄连续回转时,通过连杆带动滑块作往复直线运动;反之,若滑块为主动件,当滑块作往复直线运动时,通过连杆带动曲柄作连续回转运动。曲柄滑块机构广泛应用于内燃机、蒸汽机、空气压缩机及曲柄压力机(冲床)设备中。

图 3.15 所示为曲柄滑块机构的应用。图 3.15(a)所示为应用于内燃机、空压机、蒸汽机的活塞 - 连杆 - 曲柄机构,其中活塞相当于滑块。图 3.15(b)所示为用于自动送料装置的曲柄滑块机构,曲柄每转一圈滑块送出一个工件。

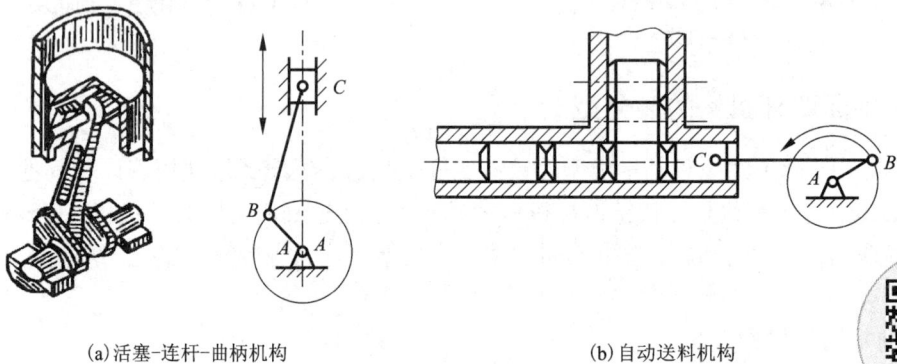

(a)活塞-连杆-曲柄机构   (b)自动送料机构

图 3.15　曲柄滑块机构的应用

曲柄滑块机构的应用

2. 导杆机构

导杆机构可以看作是在曲柄滑块机构中选取不同构件为机架演化而成。

图 3.16(a)所示为曲柄滑块机构,如将其中的曲柄 1 作为机架,连杆 2 作为主动件,则连杆 2 和构件 4 将分别绕铰链 B 和 A 作转动,如图 3.16(b)所示。在此情况下,若 $AB<BC$,则杆 2 和杆 4 均可做整周回转,故称为转动导杆机构。图 3.17 所示为小型牛头刨床的转动

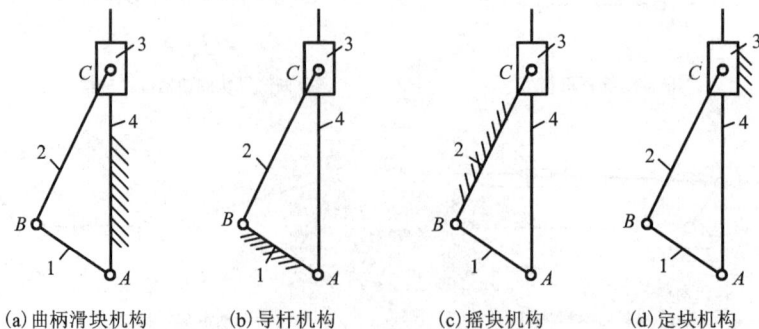

(a)曲柄滑块机构　　(b)导杆机构　　(c)摇块机构　　(d)定块机构

图 3.16　曲柄滑块机构的演化

曲柄滑块机构的演化

30

导杆机构，当 BC 杆绕 B 点作等速转动时，AD 杆绕 A 点作变速转动，DE 杆驱动刨刀作变速往返运动。若 $AB > BC$，则杆 4 只能作往复摆动，故称为摆动导杆机构。摆动导杆机构常用作回转式油泵、插床等的传动机构。图 3.18 所示为大型牛头刨床的摆动导杆机构。

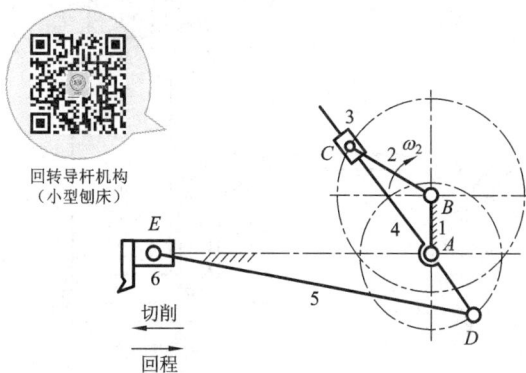

图 3.17　回转导杆机构

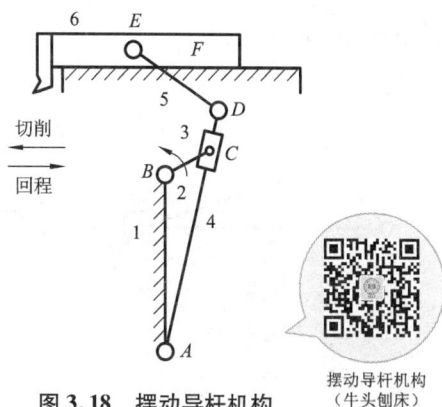

图 3.18　摆动导杆机构

3. 摇块机构和定块机构

在图 3.16(a) 所示的曲柄滑块机构中，若取杆 2 为固定件，即可得图 3.16(c) 所示的摇块机构。这种机构广泛应用于摆动式内燃机和液压驱动装置内。如图 3.19 所示是自卸卡车的翻斗机构。在该机构中，因为液压油缸 3 绕铰链 C 摆动，故称为摇块。其中摇块 3 做成绕铰链 C 摆动的液压油缸，导杆 2 的一端固结着活塞。油缸下端进油，推动活塞 2 上移，从而推动与车斗固结的构件 1，使之绕点 A 转动，达到自动卸料的目的。这种油缸式的摇块机构，在各种建筑机械、农业机械以及许多机床中得到了广泛的应用。

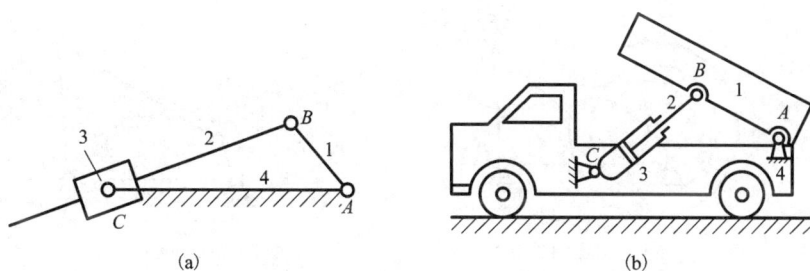

(a)　　　　　　　　　　　　(b)

图 3.19　自卸卡车翻斗机构及其运动简图

在图 3.16(a) 所示曲柄滑块机构中，若取杆 3 为固定件，即可得图 3.16(d) 所示的定块机构。图 3.20(b) 中所示的抽水唧筒中就使用了这种机构。固定滑块 3 成为唧筒外壳，移动导杆 4 的下端固结着汲水活塞，在唧筒 3 的内部上下移动，实现汲水的目的。定块机构也在液压千斤顶[图 3.20(c)]和抽油泵等机械中得到应用。

4. 偏心轮机构

图 3.21(a) 所示为偏心轮摇杆机构。杆 1 为圆盘，其几何中心为 B。因运动时该圆盘绕偏心 A 转动，故称偏心轮。A 和 B 之间的距离 e 称为偏心距。按照相对运动关系，可画出该

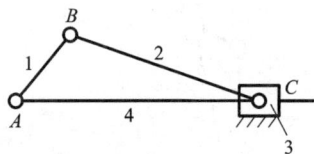

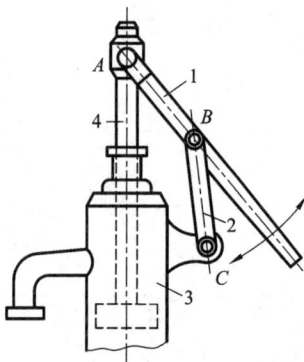

(a)定块机构　　　　　(b)抽水唧筒机构　　　　　(c)液压千斤顶

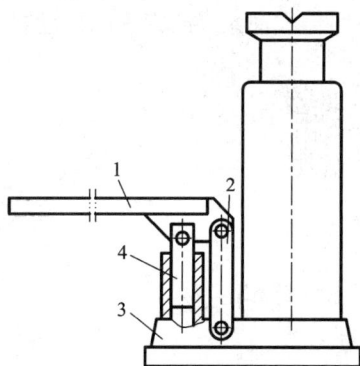

图3.20　定块机构及应用

机构的运动简图,如图3.21(b)所示曲柄摇杆机构。即偏心轮摇杆机构可看成是由曲柄摇杆机构演化而来。同理,图3.21(c)所示偏心轮滑块机构可看成是图3.21(d)所示曲柄滑块机构演化而来。由此可知,偏心轮可以看作是回转副 B 扩大到包括回转副 A 而形成的,偏心距 e 即是曲柄的长度。当曲柄长度很小时,通常都把曲柄做成偏心轮,这样不仅增大了轴颈的尺寸,有利于提高偏心轴的强度和刚度,而且当轴颈位于中部时,还可以安装整体式连杆,使结构简化。因此,偏心轮广泛应用于传力较大的剪床、冲床、颚式破碎机、内燃机等机械中。由于在这些机械中,偏心距 e 一般都很小,故常把偏心轮与轴做成一体,形成偏心轴,如图3.22所示。

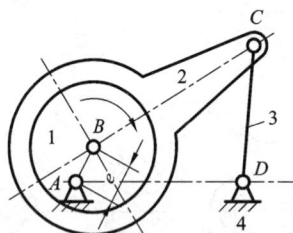

(a)偏心轮摇杆机构　　　　　　　　　　(b)曲柄摇杆机构

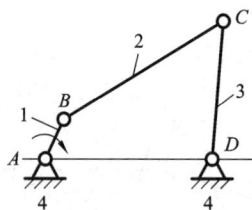

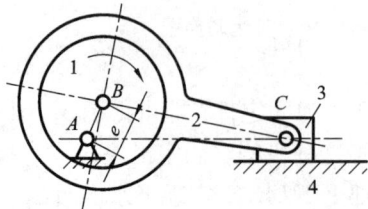

(c)偏心轮滑块机构　　　　　　　　　　(d)曲柄滑块机构

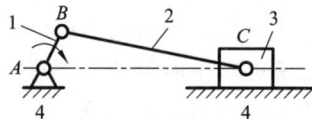

图3.21　偏心轮机构

32

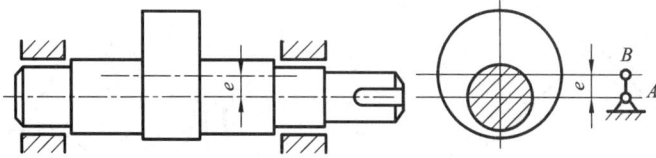

图 3.22 偏心轴机构

5. 双滑块机构

在图 3.23(a)所示的曲柄滑块机构中,将转动副 C 扩大,则可等效为图 3.23(b)所示的曲线导轨的双滑块机构。若将圆弧槽 nn 的半径逐渐增加至无穷大,则图 3.23(b)所示机构就演化为图 3.23(c)所示的直线导轨的双滑块机构。此时连杆 2 转化为沿直线 nn 移动的滑块 2;转动副 C 则变成为移动副,滑块 3 转化为移动导杆。

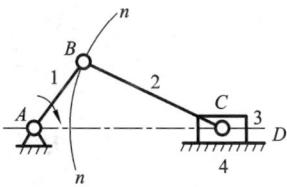

柄滑块机构演变
双滑块机构

(a)曲柄滑块机构   (b)曲线导轨双滑块机构   (c)直线导轨双滑块机构

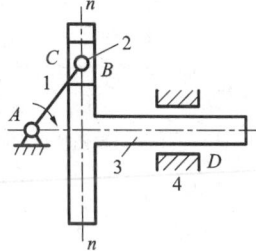

图 3.23 曲柄滑块机构演变双滑块机构

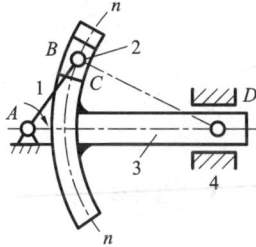

如缝纫机中跳针机构(图 3.24),滑块联轴器(图 3.25)、椭圆仪(图 3.26)、机床变速箱操纵机构以及仪表和计算装置中(如印刷机械、机床、纺织机械等)就用到了以上此类机构。

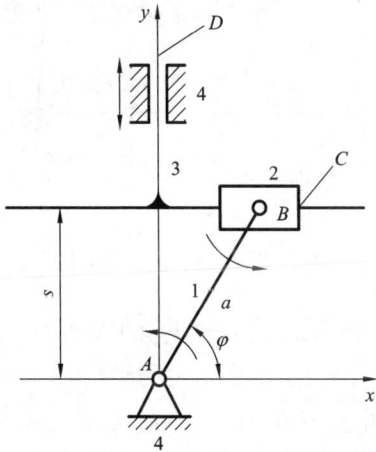

缝纫机中跳针机构
及其运动简图

(a)跳针机构运动简图   (b)跳针机构

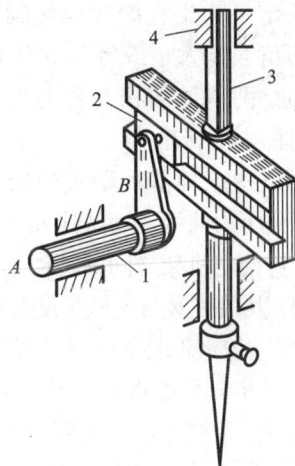

图 3.24 缝纫机中跳针机构及其运动简图

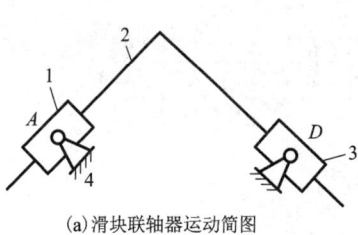
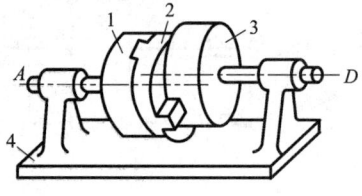

(a)滑块联轴器运动简图   (b)滑块联轴器机构   滑块联轴器

图 3.25 滑块联轴器

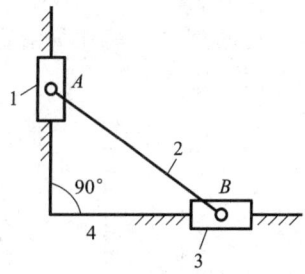
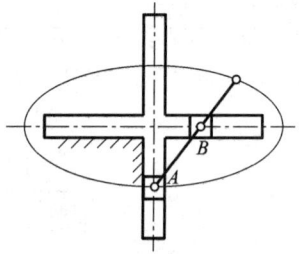

(a)椭圆仪运动简图   (b)椭圆仪机构   椭圆仪

图 3.26 椭圆仪

3.3 平面四杆机构的基本特性

3.3.1 平面四杆机构有曲柄的条件

1. 铰链四杆机构有曲柄的条件

根据相对运动的实际情况,两构件构成的转动副又可细分为整转副和摆转副。两构件的相对转动角度能大于或等于 360° 的转动副称为整转副,两构件的相对转动角度小于 360° 的转动副称为摆转副。

铰链四杆机构三种基本型式的根本区别在于两连架杆是否为曲柄。而两连架杆是否为曲柄则取决于连架与机架之间的转动副是整转副还是摆转副,其最终又与各杆长度有关。

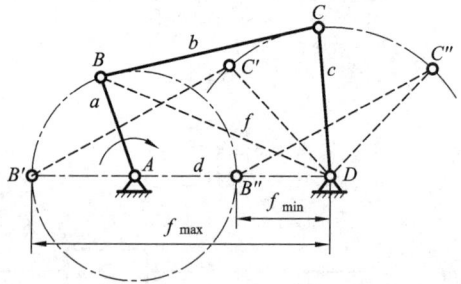

图 3.27 铰链四杆机构曲柄存在条件

图 3.27 所示铰链四杆机构中,设各杆长度分别为 a, b, c 和 d, AD 为机架。由图 3.27 可知:机构运动时 B 点只能以 A 为中心,作以 a 为半径的圆周或圆弧运动,在运动中, B 和 D 两点连线的长度 f 是变化的,其中 $B'D = a + d = f_{max}$, $B''D = d - a = f_{min}$。若连架杆 AB 能作整周转动,则机构在运动过程中 $\triangle BCD$ 的形状是变化的,且必定存在 $\triangle B'C'D$ 和 $\triangle B''C''D$ 两种形态。

根据三角形任意两边之和必大于(极限情况等于)第三边,在 $\triangle B'C'D$ 中应有

$$b + c \geqslant f_{max}$$

即
$$b + c \geqslant a + d \qquad (3-1)$$

在 △$B''C''D$ 中应有

$$b + f_{min} \geqslant c$$
$$c + f_{min} \geqslant b$$

即
$$b + d \geqslant c + a \qquad (3-2)$$
$$c + d \geqslant b + a \qquad (3-3)$$

将式(3-1)，式(3-2)和式(3-3)两两相加并简化可得

$$\left. \begin{array}{l} a \leqslant b \\ a \leqslant c \\ a \leqslant d \end{array} \right\} \qquad (3-4)$$

由式(3-4)可知：欲使连架杆 AB 成为曲柄，则连架杆 AB 应为最短杆。亦即只有最短杆的两端才有可能具有整转副。又根据式(3-1)~式(3-3)可知：最短杆 AB 与其他三杆中最长杆的长度之和必小于或等于其余两杆长度之和，这一关系称为杆长之和条件。

从上述分析可得知铰链四杆机构有整转副的条件是：

(1)最短杆与最长杆长度之和小于或等于其余两杆长度之和；

(2)整转副是由最短杆与其邻边组成的。

曲柄是连架杆，整转副处于机架上才能形成曲柄。因此，具有整转副的铰链四杆机构是否存在曲柄，还应根据选择何杆为机架来判断。由于铰链四杆机构的自由度为 1，故无论哪杆为机架，只要已知其中一个可动构件的位置，则其余可动构件的位置必相应确定。因此，我们可以选任一杆为机架，都能实现完全相同的相对运动关系，这称为运动的可逆性。利用它，我们可在一个铰链四杆机构中，选取不同的构件作机架，以获得输出构件与输入构件间不同的运动特性。这一方法称为连杆机构的倒置。

当一个铰链四杆机构满足有整转副的条件时：

(1)取最短杆的邻边为机架时，机架上只有一个整转副，故得曲柄摇杆机构，如图 3.28(a)和图 3.28(b)所示。

(2)取最短杆为机架时，机架上有两个整转副，故得双曲柄机构，如图 3.28(c)所示。

(3)取最短杆的对边为机架时，机架上没有整转副，故得双摇杆机构，如图 3.28(d)所示。

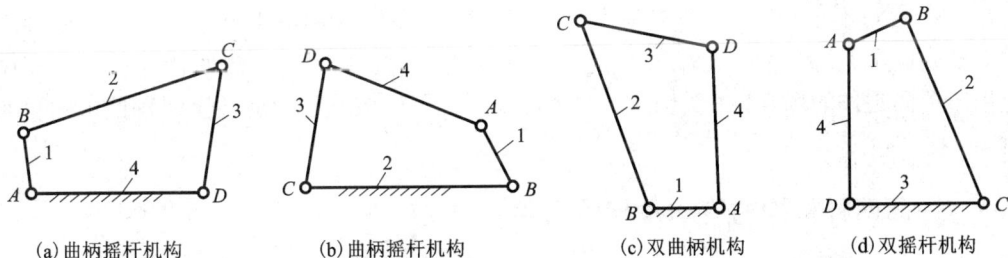

(a)曲柄摇杆机构　　(b)曲柄摇杆机构　　(c)双曲柄机构　　(d)双摇杆机构

图 3.28　连杆机构的倒置

如果铰链四杆机构中的最短杆与最长杆长度之和大于其余两杆长度之和，则该机构中不存在整转副，无论取哪个构件作机架都只能得到双摇杆机构。

3.3.2 平面四杆机构的急回特性和行程速比系数

图 3.29 所示的曲柄摇杆机构，设曲柄 AB 为主动件，其曲柄 AB 在转动一周的过程中，有两次与连杆 BC 共线。在这两个位置，铰链中心 A 与 C 之间的距离 AC_1 和 AC_2 分别为最短和最长，因而摇杆 CD 的位置 C_1D 和 C_2D 分别为其左、右极限位置，简称极位。C_1D 与 C_2D 的夹角 φ 称为最大摆角。曲柄在旋转过程中每周有两次与连杆重叠，如图 3.29 中的 B_1AC_1 和 AB_2C_2 两位置。此时曲柄两位置 AB_1 和 AB_2 构成的两夹角分别为 $180° + \theta$ 及 $180° - \theta$，其较少夹角 $180° - \theta$ 的补角 θ 称为极位夹角。

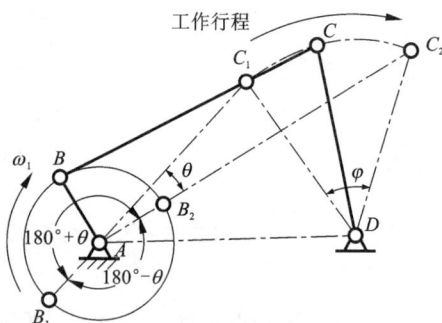

图 3.29　曲柄摇杆机构的运动特性

设曲柄以等角速度 ω_1 顺时针转动，从 AB_1 转到 AB_2 和从 AB_2 转到 AB_1 所经过的角度分别为 $(180° + \theta)$ 和 $(180° - \theta)$，两者所需的时间分别为 t_1 和 t_2，相应的摇杆上 C 点经过的路线为 $\overset{\frown}{C_1C_2}$ 和 $\overset{\frown}{C_2C_1}$，C 点的平均速度为 v_1 和 v_2。令摇杆自 C_1D 摆至 C_2D 为工作行程，这时铰链 C 的平均速度是 $v_1 = \overset{\frown}{C_1C_2}/t_1$，摇杆自 C_2D 摆回至 C_1D 是其空回行程，这时 C 点的平均速度是 $v_2 = \overset{\frown}{C_1C_2}/t_2$。虽然摇杆来回摆动的摆角 φ 相同，但对应的曲柄转角不等，当曲柄匀速转动时，对应的时间也不等($t_1 > t_2$)，从而反映了摇杆往复摆动的快慢不同。显然有 $v_1 < v_2$。这种返回行程速度大于工作行程速度的现象称为急回特性，通常用 v_2 与 v_1 的比值 K 来描述急回特性的程度，K 称为行程速度变化系数（或称行程速比系数），即

$$K = \frac{v_2}{v_1} = \frac{\overset{\frown}{C_2C_1}/t_2}{\overset{\frown}{C_1C_2}/t_1} = \frac{t_1}{t_2} = \frac{\varphi_1}{\varphi_2} = \frac{180° + \theta}{180° - \theta} \qquad (3-5)$$

将上式整理后，可得极位夹角的计算公式为

$$\theta = 180° \frac{K-1}{K+1} \qquad (3-6)$$

从式(3-5)不难看出：极位夹角 θ 越大，K 越大，急回特性也越显著。在机械设计时可根据需要先设定 K，然后算出 θ，再由此计算得各构件的长度尺寸。急回特性在实际应用中广泛用于单向工作的场合，牛头刨床、往复式输送机等机械就利用这种急回特性来缩短非生产时间，提高生产率。

3.3.3 平面四杆机构的传动角与压力角

在工程应用中连杆机构除了要满足运动要求外，还应具有良好的传力性能，以减小结构尺寸和提高机械效率。下面在不计重力、惯性力和摩擦作用的前提下，分析曲柄摇杆机构的传力特性。

图 3.30 所示的曲柄摇杆机构，主动曲柄的动力通过连杆作用于摇杆上的 C 点，驱动力 F 必然沿 BC 方向，将 F 分解为切线方向和法线方向两个分力 F_t 和 F_n，切向分力 F_t 与 C 点的运动方向 v_c 同向。我们把作用在从动件上的驱动力 F 与该力作用点绝对速度 v_c 之间所夹的锐角 α 称为压力角，而压力角 α 的余角 γ 则称为传动角。由此可见，力 F 在 v_c 方向的有效分力为 $F_t = F\cos\alpha = F\sin\gamma$，$F_n$ 只能使铰链 C 和 D 产生径向压力，而 F_t 才是推动从动件 CD 运动的有效分力。显然，压力角 α 越小，或者传动角 γ 越大，从动件运动的有效分力就越大，对机构传动越有利。

α 和 γ 是反映机构传动性能的重要指标，由于 γ 便于测量，工程上通常以 γ 来作为衡量指标。由于机构运动时传动角 γ 是变化的，为了保证机构传动性能良好，设计时一般应使 $\gamma_{min} \geqslant 40°$。对于颚式破碎机、冲床等大功率机械，最小传动角应当取大一些，可取 $\gamma_{min} > 50°$；对于小功率的控制机构和仪表，γ_{min} 可略小于 $40°$。

因 $\gamma = 90° - \alpha$，所以 α 越小，γ 越大，机构传力性能越好；反之，α 越大，γ 越小，机构传力越费劲，传动效率越低。

曲柄摇杆机构的最小传动角出现在曲柄与机架共线的两个位置之一，如图 3.30 所示的 B_1 点或 B_2 点位置。设计时只要校核其中的较小值即可。

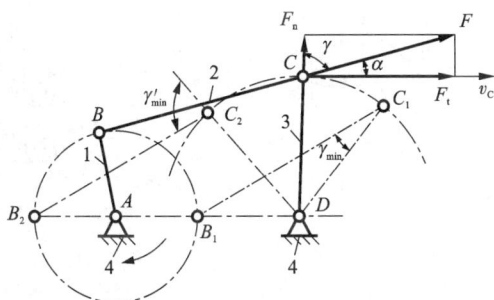

图 3.30　曲柄摇杆机构的传动角和压力角　　图 3.31　曲柄摇杆机构的死点位置

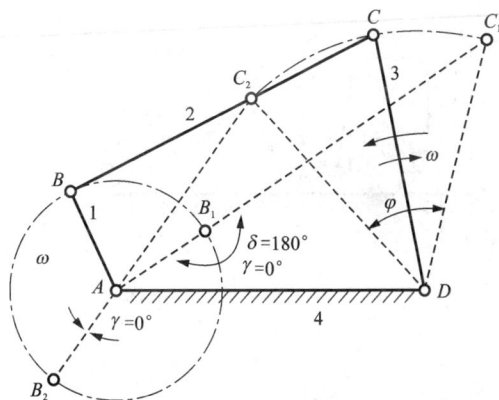

3.3.4　死点位置

如图 3.31 所示的曲柄摇杆机构，若以摇杆 3 为原动件，而曲柄 1 为从动件，则当摇杆摆到极限位置 C_1D 和 C_2D 时，连杆与曲柄在一条直线上，出现了传动角 $\gamma = 0°$ 的情况。若不计各杆的质量，这时主动件 CD 通过连杆作用于从动件 AB 上的力恰好通过其回转中心，所以将不能使构件 AB 转动而出现"顶死"现象。机构的此种传动角 $\gamma = 0°$ 时的位置称为死点位置。

死点位置会使机构的从动件出现卡死或运动不确定现象。为了消除死点位置的不良影响，可以对从动曲柄施加外力，或利用飞轮及构件自身的惯性作用，使机构通过死点位置。如图 3.5 所示的缝纫机踏板机构，在实际使用中，缝纫机有时会出现踏不动或倒车现象，这就是由于机构处于死点位置引起的。在正常运转时，借助安装在机头主轴上的飞轮(即上带轮)的惯性作用，可以使缝纫机踏板机构的曲柄冲过死点位置。

死点位置对传动虽然不利，但在实际工程应用中，有许多场合是利用死点位置来实现一定工作要求的。图 3.32 所示为一种快速夹具，要求夹紧工件后夹紧反力不能自动松开夹具，在连杆 2 上的手柄处施以压力 F，使连杆 BC 与连架杆 CD 成一直线，这时构件 1 的左端夹紧工件；撤去外力 F 之后，构件 1 在工件反弹力 T 的作用下要顺时针转动，但是这时由于从动件 3 上的传动角 $\gamma = 0°$ 而处于死点位置，即使此时反弹力很大，也不会使工件松脱。放松工件时，只要在手柄上加一个向上的外力 F，就可使机构脱出死点位置，从而放松工件。

图 3.33 中实线位置所示为飞机起落架处于放下机轮的位置，地面反力作用于机轮上使 AB 件为主动件，从动件 CD 与连杆 BC 成一直线，机构处于死点，使机轮着地时产生的巨大冲击力不致使从动构件 CD 转动，从而有效地保持着支撑状态。当飞机升空离地要收起机轮时，如图 3.33 中虚线位置所示，只要用较小力量推动 CD，因主动件改为 CD 破坏了死点位置而轻易地收起机轮。此外，还有汽车发动机盖、折叠椅等也都用到了这一原理。

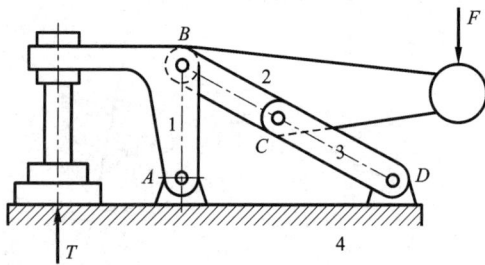

图 3.32　夹具的夹紧机构

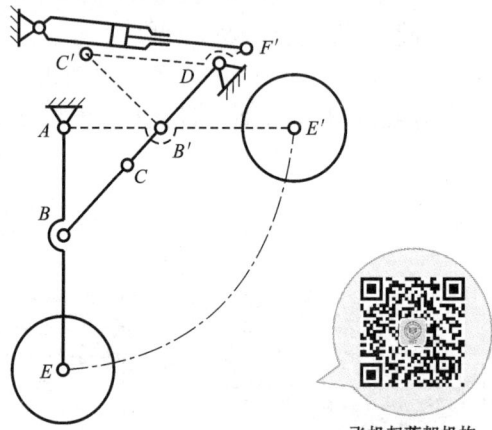

飞机起落架机构

图 3.33　飞机起落架机构

3.4　平面连杆机构的运动设计

3.4.1　连杆机构设计的基本问题

平面四杆机构设计，主要是根据给定的运动条件，确定机构运动简图的尺寸参数。有时为了使机构设计得可靠、合理，还应考虑几何条件和动力条件（如最小传动角 γ_{min}）等。

生产实践中的要求是多种多样的，给定的条件也各不相同，归纳起来，主要有两类问题：

（1）按照给定从动件的运动规律（位置、速度、加速度）设计四杆机构。在这类设计问题中，要求所设计机构的主、从动连架杆之间的运动关系能满足某种给定的函数关系。如车门启闭机构（图 3.10），工作要求两连架杆的转角满足大小相等而转向相反的运动关系，以实现车门的开启和关闭；又如汽车前轮转向机构（图 3.13），工作要求两连架杆的转角满足某种函数关系，以保证汽车顺利转弯；再比如，在工程实际的许多应用中，要求在主动连架杆匀速运动的情况下，从动连架杆的运动具有急回特性，以提高生产效率。

（2）按照给定点的运动轨迹设计四杆机构。在这类设计问题中，要求所设计机构的连杆上一点的轨迹，能与给定的曲线相一致，或者能依次通过给定曲线上的若干有序列的点。例如鹤式起重机（图 3.12），工作要求连杆上吊钩滑轮中心 M 点的轨迹为一直线，以避免被吊运的物体上下起伏。

3.4.2 四杆机构的设计方法

四杆机构设计的方法有解析法、图解法和实验法。解析法精确，图解法直观，实验法简便。

1. 图解法设计四杆机构

1）按照给定的行程速度变化系数设计四杆机构

在设计具有急回运动特性的四杆机构时，通常按实际需要先给定行程速度变化系数 K 的数值，然后根据机构在极限位置的几何关系，结合有关辅助条件来确定机构运动简图的尺寸参数。

（1）曲柄摇杆机构设计。

已知：摇杆长度 l_3、摆角 ψ 和行程速度变化系数 K。试确定铰链中心 A 点的位置，并确定其他三杆 l_1、l_2 和 l_4 的尺寸。

其设计步骤如下：

①由给定的行程速度变化系数 K，求出极位夹角 θ：

$$\theta = 180° \frac{K-1}{K+1}$$

②如图 3.34 所示，任选固定铰链中心 D 的位置，由摇杆长度 l_3 和摆角 ψ，作出摇杆两个极限位置 C_1D 和 C_2D。

③连接 C_1 和 C_2，并作 C_2M 垂直于 C_1C_2。

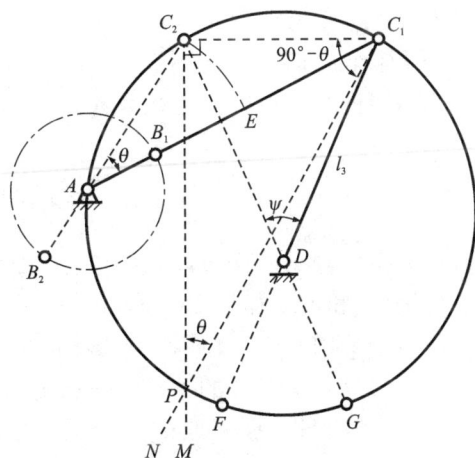

图 3.34 按照给定的行程速度变化系数设计曲柄摇杆机构

④作 $\angle C_2C_1N = 90° - \theta$，$C_2M$ 与 C_1N 相交于 P 点，由图 3.34 可见，$\angle C_1PC_2 = \theta$。

⑤作 $\triangle PC_1C_2$ 的外接圆，在此圆周（$\overparen{C_1C_2}$ 和 $\overparen{FG}$ 除外）上任取一点 A 作为曲柄的固定铰链中心。连接 AC_1 和 AC_2，因同一圆弧的圆周角相等，故 $\angle C_1AC_2 = \angle C_1PC_2 = \theta$。

⑥因极限位置处曲柄与连杆共线，故 $AC_1 = l_2 + l_1$，$AC_2 = l_2 - l_1$，从而得曲柄长度 $l_1 = 1/2(AC_1 - AC_2)$。再以 A 为圆心和 l_1 为半径作圆，交 C_2A 的延线于 B_2，交 C_1A 于 B_1，即得 $B_1C_1 = B_2C_2 = l_2$ 及 $AD = l_4$。

由于 A 点是 $\triangle PC_1C_2$ 外接圆上任选的点，所以若仅按行程速度变化系数 K 设计，可得无穷多的解。A 点位置不同，机构传动角的大小也不同。如欲获得良好的传动质量，可按照最小传动角最优或其他辅助条件来确定 A 点的位置。

（2）导杆机构设计。

已知：机架长度 l_4、行程速度变化系数 K，试确定曲柄的长度 l_1。

其设计步骤如下：

①由已知行程速度变化系数 K，求得极位夹角 θ（也即是导杆的摆角 φ）为

$$\varphi = \theta = 180°\frac{K-1}{K+1}$$

②如图 3.35 所示，任选固定铰链中心 C，以夹角 φ 作出导杆两极限位置 CB_1 和 CB_2。

③作摆角 φ 的平分线 AC，并在线上取 $AC = l_4$，得固定铰链中心 A 的位置。

④过 A 点作导杆极限位置的垂线 AB_1（或 AB_2），即得曲柄长度 $l_1 = AB_1$。

例 3-1 已知一偏置曲柄滑块机构，滑块行程 H、偏距 e 和行程速度变化系数 K。试确定曲柄和连杆尺寸 l_{AB} 和 l_{BC}。

解： 具体作图步骤如下：

①由给定的行程速度变化系数 K，求出极位夹角 θ。

$$\theta = 180°\frac{K-1}{K+1}$$

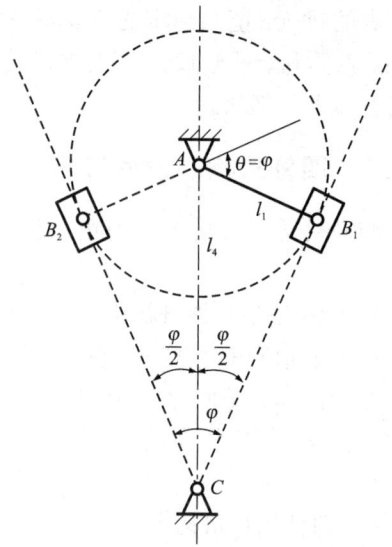

图 3.35 按照给定的 K 值设计导杆机构

②如图 3.36 所示，任选 C 点的位置，作出滑块两个极限位置 C_1 和 C_2，使 $C_1C_2 = H$。

③连接 C_1 和 C_2，作 $\angle C_1C_2O = \angle C_2C_1O = 90° - \theta$，使 C_1O，C_2O 两者交于 O 点。

④以 O 点为圆心，C_1O 或 C_2O 为半径，作圆弧 C_1C_2A。则 $\angle C_1OC_2 = 2\theta$。

⑤根据偏距 e 作 C_1C_2 的平行线交圆弧 C_1C_2A 于 A 点。连 AC_1 和 AC_2，因同一圆弧的圆周角等于圆心角的一半，故 $\angle C_1AC_2 = \angle C_1OC_2/2 = \theta$。

⑥因极限位置处曲柄与连杆共线，故 $AC_1 = l_{BC} + l_{AB}$，$AC_2 = l_{BC} - l_{AB}$，从而得曲柄长度 $l_{AB} = (AC_1 - AC_2)/2$，连杆长度 $l_{BC} = (AC_1 + AC_2)/2$。

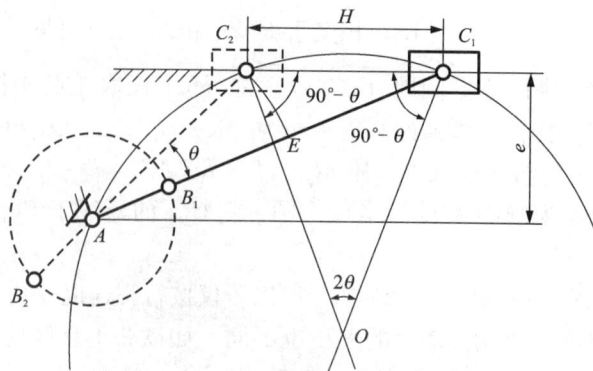

图 3.36 按照给定的 K 设计曲柄滑块机构

2）按给定连杆位置设计四杆机构

已知连杆 BC 的长度和依次占据的三个位置 B_1C_1，B_2C_2 和 B_3C_3，如图 3.37 所示。求确定满足上述条件的铰链四杆机构的其他各杆件的长度和位置。

显然 B 点的运动轨迹是由 B_1、B_2 和 B_3 三点所确定的圆弧，C 点的运动轨迹是由 C_1，C_2 和 C_3 三点所确定的圆弧，分别找出这两段圆弧的圆心 A 和 D，也就完成了本四杆机构的设计。因为此时机架 AD 已定，连架杆 CD 和 AB 也已定。具体作法如下。

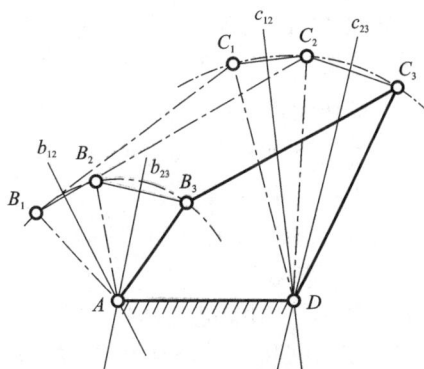

（1）确定比例尺，画出给定连杆的三个位置。实际机构往往要通过缩小或放大比例后才便于作图设计，应根据实际情况选择适当的比例尺 μ_l。

图 3.37　按连杆的三个预定位置设计四杆机构

（2）如图 3.37 所示，连接 B_1B_2 和 B_2B_3，分别作直线段 B_1B_2 和 B_2B_3 的垂直平分线 b_{12} 和 b_{23}（图 3.37 中细实线），此两垂直平分线的交点 A 即为 B_1、B_2 和 B_3 三点所确定圆弧的圆心。

（3）连接 C_1C_2 和 C_2C_3，分别作直线段 C_1C_2 和 C_2C_3 的垂直平分线 c_{12} 和 c_{23}（图 3.37 中细实线），其交点 D，即为 C_1、C_2 和 C_3 三点所确定圆弧的圆心。

（4）以 A 点和 D 点作为连架杆铰链中心，分别连接 AB_3，B_3C_3 和 C_3D（图 3.37 中粗实线）即得所求四杆机构。从图 3.37 中量得各杆的长度再乘以比例尺，就得到实际结构长度尺寸。

在实际工程中，有时只对连杆的两个极限位置提出要求。这样一来，要设计满足条件的四杆机构就会有很多种结果，这时应该根据实际情况提出附加条件。

例 3 - 2　图 3.38 所示为铸工车间翻台振实式造型机的翻转机构。它是应用一个铰链四杆机构来实现翻台的两个工作位置的。在图中实线位置 I，砂箱 7 与翻台 8 固联，并在振实台 9 上振实造型。当压力油推动活塞 6 时，通过连杆 5 使摇杆 4 摆动，从而将翻台与砂箱转到虚线位置 II。然后托台 10 上升接触砂箱，解除砂箱与翻台间的紧固连接并起模。现给定与翻台固联的连杆 3 的长度 $l_3 = BC$ 及其两个位置 B_1C_1 和 B_2C_2，要求确定连架杆与机架组成

振实式造型机翻转机构设计翻箱机

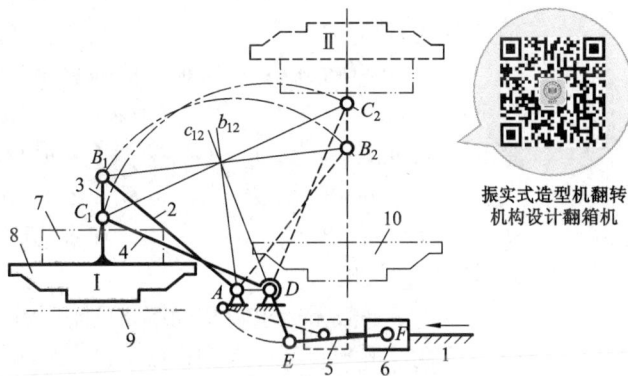

图 3.38　振实式造型机翻转机构的设计

的固定铰链中心 A 和 D 的位置，并求出其余三杆的长度 l_1，l_2 和 l_4。

分析：由于连杆 3 上 B 和 C 两点的轨迹分别为以 A 和 D 为圆心的圆弧，所以 A 和 D 必分别位于 B_1B_2 和 C_1C_2 的垂直平分线 b_{12} 及 c_{12} 上。

故可得设计步骤如下。

（1）根据给定条件，绘出连杆 3 的两个位置 B_1C_1 和 B_2C_2。

（2）分别连接 B_1 和 B_2，C_1 和 C_2，并作 B_1B_2 和 C_1C_2 的垂直平分线 b_{12} 和 c_{12}。

（3）由于 A 和 D 两点可在 b_{12} 和 c_{12} 两直线上任意选取，故有无穷多解。在实际设计时还可以考虑其他辅助条件，例如最小传动角、各杆尺寸所允许的范围或其他结构上的要求等。本机构要求 A 和 D 两点在同一水平线上，且 $AD = BC$。根据这一附加条件，即可唯一地确定 A 和 D 的位置，并作出所求的四杆机构 AB_1C_1D。

*2. 解析法设计四杆机构

解析法设计四杆机构的主要思路是：首先建立包含机构的各尺度参数和运动变量在内的解析关系式，然后根据已知的运动变量求解所需的机构尺度参数。

图 3.39 所示的铰链四杆机构中，已知连架杆 AB 和 CD 满足以下位置关系：$\theta_{3i} = f(\theta_{1i})$，$i = 1, 2, 3, \cdots, n$，要求现以解析法求解各杆的长度 a，b，c 和 d。

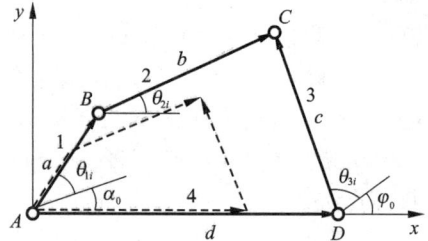

图 3.39 四杆机构的连架杆对应位置

建立坐标系，设构件长度为 a，b，c，d，θ_1 和 θ_3 的起始角为 α_0 和 φ_0

$$a + b = c + d \tag{3-7}$$

在 x 和 y 轴上投影可得：

$$a\cos(\theta_{1i} + \alpha_0) + b\cos\theta_{2i} = d + c\cos(\theta_{3i} + \varphi_0) \tag{3-8}$$

$$a\sin(\theta_{1i} + \alpha_0) + b\sin\theta_{2i} = c\sin(\theta_{3i} + \varphi_0) \tag{3-9}$$

因为机构尺寸比例放大时，不影响各构件相对转角，故只需确定各杆的相对长度。取 $a = 1$，则该机构的待求参数只有三个。

令：$a/a = 1$，$b/a = m$，$c/a = n$，$d/a = l$，代入移项得：

$$m\cos\theta_{2i} = l + n\cos(\theta_{3i} + \varphi_0) - \cos(\theta_{1i} + \alpha_0)$$

$$m\sin\theta_{2i} = n\sin(\theta_{3i} + \varphi_0) - \sin(\theta_{1i} + \alpha_0)$$

消去 θ_{2i} 整理得：

$$\cos(\theta_{1i} + \alpha_0) = n\cos(\theta_{3i} + \varphi_0) - (n/l)\cos(\theta_{3i} + \varphi_0 - \theta_{1i} - \alpha_0) + \\ (l^2 + n^2 + 1 - m^2)/(2l) \tag{3-10}$$

令 $p_0 = n$，$p_1 = -n/l$，$p_2 = (l^2 + n^2 + 1 - m^2)/(2l)$，则式（3-10）简化为

$$\cos(\theta_{1i} + \alpha_0) = p_0\cos(\theta_{3i} + \varphi_0) + p_1\cos(\theta_{3i} + \varphi_0 - \theta_{1i} - \alpha_0) + p_2 \tag{3-11}$$

式（3-11）中包含有 p_0，p_1，p_2，α_0 和 φ_0 五个待定参数，故四杆机构最多可按两连架杆的五组对应未知精确求解。

当 $i > 5$ 时，一般不能求得精确解，只能用最小二乘法近似求解。

当 $i < 5$ 时，可预定部分参数，有无穷多组解。

例 3-3 设计一四杆机构满足连架杆三组对应位置（图 3.40）。

θ_{11}	θ_{31}	θ_{12}	θ_{32}	θ_{13}	θ_{33}
45°	50°	90°	80°	135°	110°

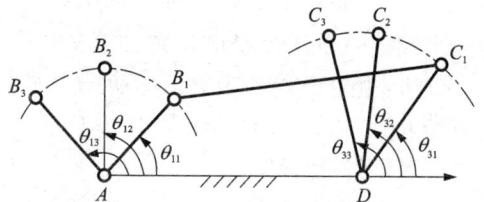

图 3.40 已知连架杆三组对应位置

设预选参数 $\alpha_0 = 0$，$\varphi_0 = 0$，代入方程得：

$$\cos 45° = p_0 \cos 50° + p_1 \cos(50° - 45°) + p_2$$

$$\cos 90° = p_0 \cos 80° + p_1 \cos(80° - 90°) + p_2$$

$$\cos 135° = p_0 \cos 110° + p_1 \cos(110° - 135°) + p_2$$

解得相对长度：$p_0 = 1.4787$，$p_1 = -0.7092$，$p_2 = 0.4413$

各杆相对长度为：$n = p_0 = 1.4787$，$l = \dfrac{-n}{p_1} = 1.1787$，$m = (l^2 + n^2 + 1 - 2lp_2)^{1/2} = 1.88$

选定构件 a 的长度之后，可求得其余杆的绝对长度。

*3. 实验法设计四杆机构

1）几何法

如图 3.41 所示，已知两连架杆 1
和 3 之间的四对对应转角为 φ_{12}，φ_{23}，
φ_{34}，φ_{45}，ψ_{12}，ψ_{23}，ψ_{34} 和 ψ_{45}，试设计近
似实现这一要求的四杆机构。

（1）如图 3.42（a）所示，在图纸上
选取一点作为连架杆 1 的转动中心 A，
并任选 AB_1 作为连架杆的长度 l_1，根据
给定的 φ_{12}，φ_{23}，φ_{34} 和 φ_{45} 作出 AB_2，
AB_3，AB_4 和 AB_5。

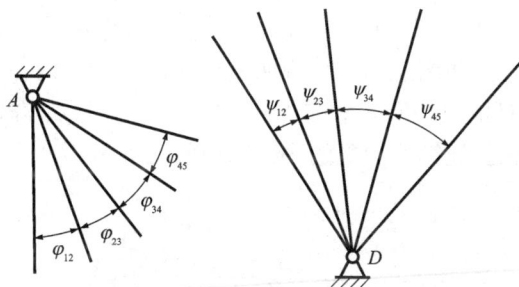

图 3.41　给定连杆四位置

（2）选取连杆 2 的适当长度 l_2，以 B_1，B_2，B_3，B_4 和 B_5 各点为圆心，l_2 为半径，作圆弧
K_1，K_2，K_3，K_4 和 K_5。

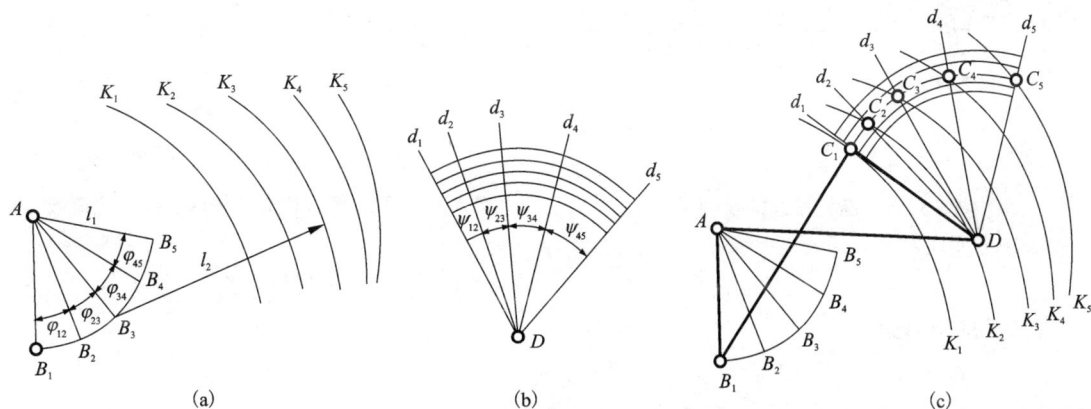

图 3.42　采用实验法设计连杆机构

（3）另如图 3.42（b）所示，在透明纸上选取一点作为连架杆 3 的转动中心 D，并任选 Dd_1
作为连架杆 3 的第一位置，根据给定的 ψ_{12}，ψ_{23}，ψ_{34} 和 ψ_{45} 作出 Dd_2，Dd_3，Dd_4 和 Dd_5。再以
D 为圆心、用连架杆 3 可能的不同长度为半径作许多同心圆弧。

（4）将画在透明纸上的图 3.42（b）覆盖在图 3.42（a）上［图 3.42（c）］进行试凑。使圆弧
K_1，K_2，K_3，K_4 和 K_5 分别与连架杆 3 的对应位置 Dd_1，Dd_2，Dd_3，Dd_4 和 Dd_5 的交点 C_1，C_2，
C_3，C_4 和 C_5，均落在以 D 为圆心的同一圆弧上，则图形 AB_1C_1D 即为所要求的四杆机构。

如果移动透明纸，不能使交点 C_1，C_2，C_3，C_4 和 C_5 落在同一圆弧上，那就需要改变连杆 2 的长度，然后重复以上步骤，直到这些交点正好落在或近似落在透明纸的同一圆弧上为止。

应当指出，由上法求出的图形 AB_1C_1D 只表达所求机构各杆的相对长度。各杆的实际尺寸只要与 AB_1C_1D 保持同样比例，都能满足设计要求。

这种几何实验法方便、实用，并相当精确，故在机械设计中被广泛采用。这种方法同样适用于曲柄滑块机构的设计，使之实现曲柄与滑块的多对位置。

2）图谱法

由于连杆机构不易实现精确的运动规律，因此，对于运动要求比较复杂的四杆机构的设计，特别是对于按照给定轨迹设计四杆机构的问题，用图谱法设计有时显得更为简便易行。

如图 3.43 所示为一描述连杆曲线的仪器模型。运用图谱设计实现已知轨迹的四杆机构，可按以下步骤进行：首先，从图谱中查出形状与要求实现的轨迹相似的连杆曲线（图 3.44）；其次，按照图上的文字说明得出所求四杆机构各杆长度的比值；再次，用缩放仪求出图谱中的连杆曲线和所要求的轨迹之间相差的倍数，并由此确定所求四杆机构各杆的真实尺寸；最后，根据连杆曲线上的小圆圈与铰链 B 和 C 的相对位置，即可确定描绘轨迹之点在连杆上的位置。

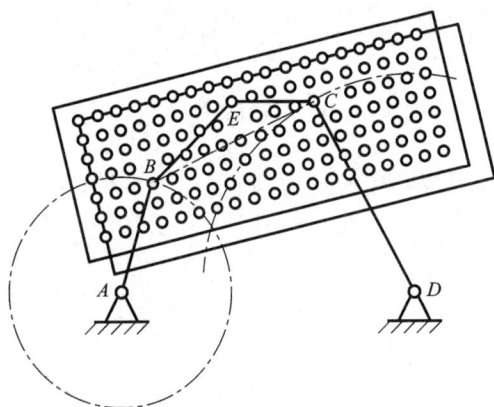

图 3.43　连杆曲线的绘制

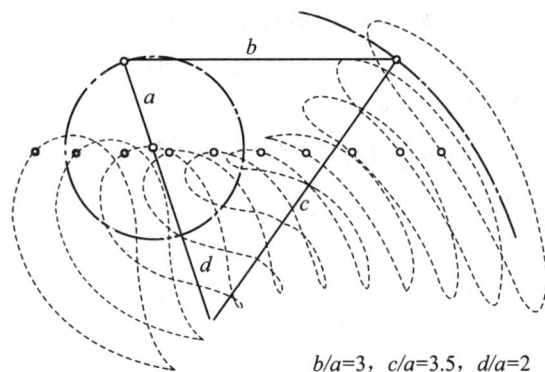

$b/a=3$，$c/a=3.5$，$d/a=2$

图 3.44　四连杆机构分析图谱中的连杆曲线

思考题及习题

3.1　铰链四杆机构有哪几种基本形式？各有什么特点？

3.2　铰链四杆机构可以通过哪几种方式演变成其他型式的四杆机构？试说明曲柄滑块机构是如何演化而来的。

3.3　试根据图 3.45 所示中注明的尺寸判断各铰链四杆机构的类型。

3.4　什么是偏心轮机构？它主要用于什么场合？

3.5　在铰链四杆机构中，当曲柄作主动件时，机构是否一定存在急回特性？为什么？机构的急回特性可以用什么参数来描述？它与机构的极位夹角有何关系？

3.6　压力角（或传动角）的大小对机构的传力性能有什么影响？四杆机构在什么条件下有死点？死点在机构中有什么利弊？

44

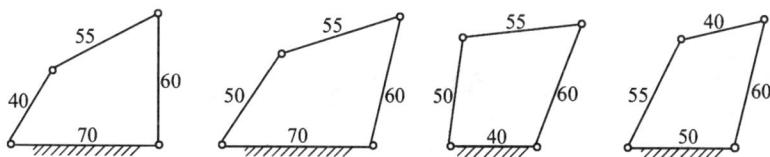

图 3.45

3.7 在图 3.46 所示铰链四杆机构中，已知：$l_{BC} = 50$ mm，$l_{CD} = 35$ mm，$l_{AD} = 30$ mm，AD 为机架，

（1）若此机构为曲柄摇杆机构，且 AB 为曲柄，求 l_{AB} 的最大值；

（2）若此机构为双曲柄机构，求 l_{AB} 的范围；

（3）若此机构为双摇杆机构，求 l_{AB} 的范围。

3.8 在图 3.46 所示的铰链四杆机构中，若各杆的长度为 $a = 28$ mm，$b = 52$ mm，$c = 50$ mm，$d = 72$ mm。试问此为何种机构？请用作图法求出此机构的极位夹角 θ，杆 CD 的最大摆角 φ，机构的最小传动角 $\gamma_{\min}$ 和行程速度变化系数 K。

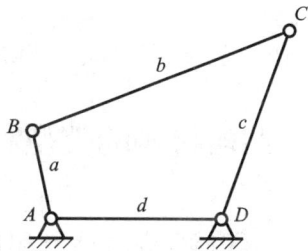

图 3.46

3.9 现欲设计一铰链四杆机构，已知其摇杆 CD 的长 $l_{CD} = 75$ mm，行程速比系数 $K = 1.5$，机架 AD 的长度为 $l_{AD} = 100$ mm，又知摇杆的一个极限位置与机架间的夹角为 $\psi = 45°$，试求其曲柄的长度 l_{AB} 和连杆的长 l_{BC}。（有两个解）

第4章 凸轮机构

【概述】 本章主要介绍凸轮机构的类型和应用；凸轮机构从动件常用运动规律；平面盘形凸轮机构的设计等内容。要求：了解凸轮机构的组成、分类及工作原理，掌握凸轮机构的基本名词术语，掌握凸轮机构从动件常用运动规律的特点及冲击情况，了解凸轮机构基本尺寸的确定，能对简单凸轮机构运行设计。

4.1 凸轮机构的类型和应用

4.1.1 凸轮机构的特点和应用

1. 凸轮机构的特点

在很多机器中，特别是一些自动化机器，为实现各种复杂的运动要求，常采用凸轮机构，其设计比较简便。只要将凸轮的轮廓曲线按照从动件的运动规律设计出来，从动件就能准确地实现预定的运动规律。它具有以下特点：

(1)可以通过设计凸轮轮廓来实现复杂的从动件运动规律，而且设计很简单。

(2)结构简单紧凑、构件少，传动累积误差很小，因此，能够准确地实现从动件要求的运动规律。

(3)能实现从动件的转动、移动、摆动等多种运动要求，也可以实现间歇运动要求。

(4)工作可靠，非常适合于自动控制。

(5)凸轮与从动件以点或线接触，易磨损，只能用于传力不大的场合。

(6)与圆柱面和平面相比，凸轮加工要困难得多。

2. 凸轮机构的应用

图 4.1 所示为内燃机中利用凸轮机构实现进排气控制的配气机构，当具有一定曲线轮廓的凸轮 1 等速转动时，它的轮廓迫使从动件 2(气门推杆)上下移动，以便按内燃机的工作循环要求启闭阀门，实现进气和排气。

图 4.2 所示为绕线机中用于排线的凸轮机构。当绕线轴 3 快速转动时，经蜗杆 4 带动蜗轮 5 及凸轮 1 缓慢地转动，通过凸轮轮廓与尖顶 *A* 之间的作用，驱使从动件 2 往复摆动，因而使线均匀地缠绕在绕线轴上。

图 4.3 所示为自动机床上控制刀架运动的凸轮机构。当圆柱凸轮 1 回转时，凸轮凹槽侧面迫使杆 2 运动，以驱使刀架运动。凹槽的形状将决定刀架的运动规律。

图 4.4 所示为利用靠模法车削手柄的移动凸轮机构。凸轮 1 作为靠模被固定在床身上，带滚轮的从动件 2 在弹簧作用下与凸轮轮廓紧密接触，当拖板 3 横向运动时，和从动件 2 相连的刀头便走出与凸轮轮廓相同的轨迹，因而切削出工件 4 的复杂形面。

凸轮机构

内燃机

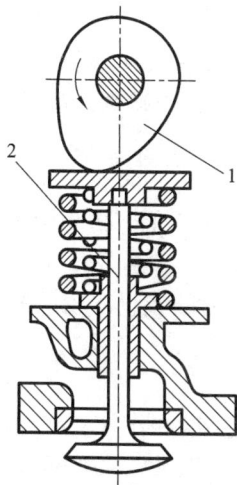

图 4.1　内燃机配气机构

内燃机配气机构

绕线机构

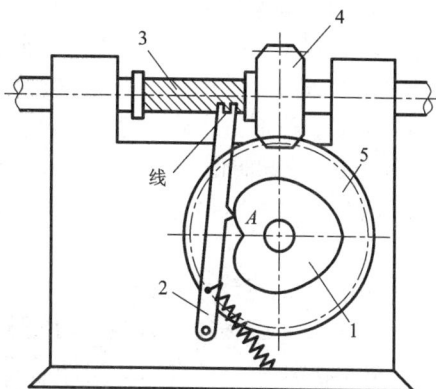

图 4.2　绕线机构

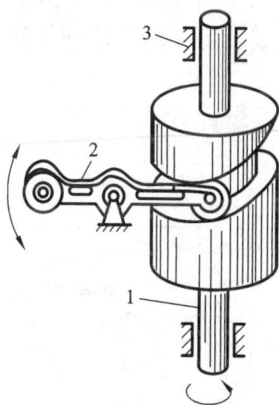

控制刀架机构

靠模加工用的
移动凸轮机构

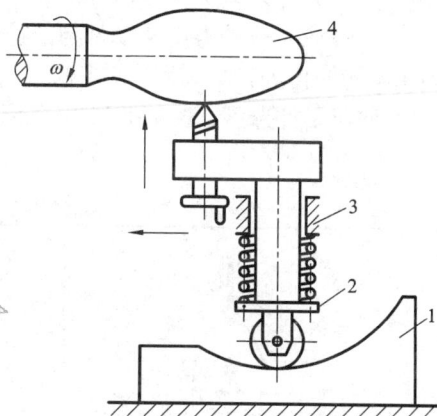

图 4.3　控制刀架机构

图 4.4　靠模加工用的移动凸轮机构

4.1.2　凸轮机构的类型

凸轮机构可根据凸轮的形状和从动件的运动型式进行分类。

1）按凸轮的形状分

①盘形凸轮。这种凸轮是一个绕固定轴转动并且具有变化的轮廓向径的盘形构件，它是凸轮的最基本型式。如图 4.1 和图 4.2 所示。

②圆柱凸轮。将移动凸轮卷曲成圆柱体即成为圆柱凸轮。一般制成凹槽形状，如图 4.3 所示。

③移动凸轮。当盘形凸轮的回转中心趋于无穷远时，凸轮相对于机架作直线运动，这种凸轮称为移动凸轮，如图 4.4 所示。

2）按从动件端部结构分

①尖端式从动件。如图 4.2 所示，从动件工作部 A 为尖端，工作时与凸轮点接触。其优点是尖端能与任意复杂的凸轮轮廓保持接触而不失真，因而能实现任意预期的运动规律。但

尖端磨损快，所以只宜用于传力小和低速的场合。

②滚子从动件。如图4.3和图4.4所示，在从动件的端部安装一个小滚轮，这样，使从动件与凸轮的滑动摩擦变为滚动摩擦，克服了尖端式从动件易磨损的缺点。滚子从动件耐磨，可以承受较大载荷，是最常用的一种型式。

③平底从动件。如图4.1所示，这种从动件工作部分为一平面或凹曲面。其优点是：当不考虑摩擦时，凸轮与从动件之间的作用力始终与从动件的平底相垂直，传力性能最好（压力角恒等于0°）；同时由于平面与凸轮为线接触，可承受较大载荷；接触面上可以储存润滑油，便于润滑。故常用于高速和受较大载荷场合。但不能用于有内凹或直线轮廓的凸轮，否则会运动失真。

3）按从动件的运动形式分

可以把从动件分为往复直线运动的直动从动件（图4.1、图4.4）和作往复摆动的摆动从动件（图4.2和图4.3）。直动从动件又可分为对心式和偏置式，见表4.1。

4）按锁合方式分

为了使凸轮机构正常工作，必须保证凸轮与从动件始终相接触，保持接触的措施称为锁合。锁合方式分为力锁合和形锁合两类。力锁合是利用从动件的重力、弹簧力（如图4.1、图4.2和图4.4）或其他外力使从动件与凸轮保持接触；形锁合是靠凸轮与从动件的特殊结构形状（图4.3的凹槽等）来保持两者接触。

为了便于设计选型，表4.1列出了不同类型的凸轮和从动件组合而成的凸轮机构。

表4.1　凸轮机构的分类

盘形凸轮机构	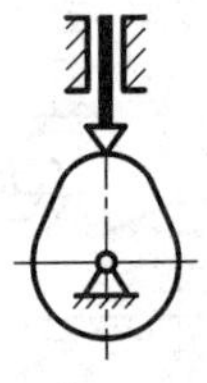 对心尖端直动从动件	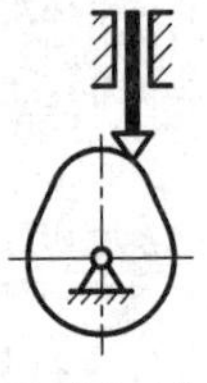 偏置尖端直动从动件	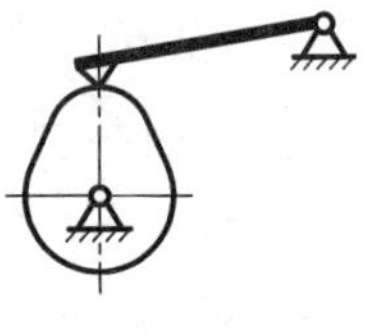 尖端摆动从动件
	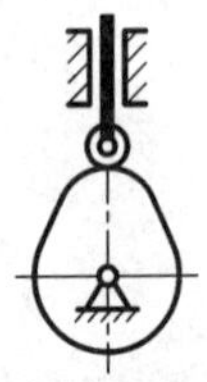 对心滚子直动从动件	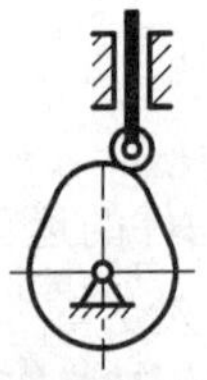 偏置滚子直动从动件	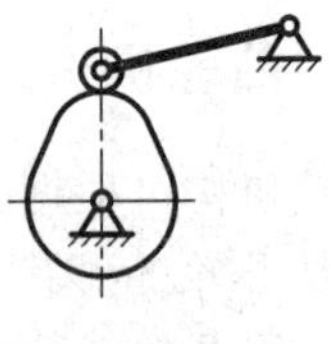 滚子摆动从动件
	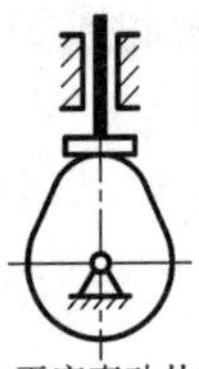 对心平底直动从动件	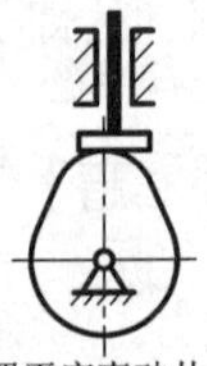 偏置平底直动从动件	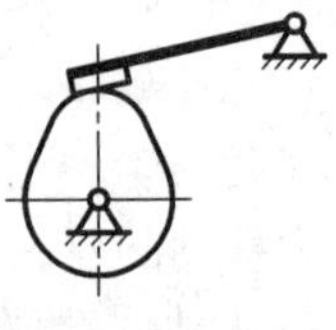 平底摆动从动件

圆柱凸轮机构	直动从动件	直动从动件	摆动从动件
移动凸轮机构	尖端直动从动件	滚子直动从动件	滚子摆动从动件
锁合方式	形锁合		力锁合

凸轮机构的分类

4.2　从动件常用运动规律

　　从动件的运动规律是指从动件在推程或回程时，其位移、速度和加速度随时间或凸轮转角变化的规律。从动件的运动规律一般用运动方程和运动线图来进行表达。

　　设计凸轮机构时，首先应根据生产实际要求确定凸轮机构的型式和从动件的运动规律，然后再按照其运动规律要求设计凸轮的轮廓曲线。从动件运动规律是凸轮轮廓设计的依据，而运动规律通常是根据机械对凸轮机构提出的工作要求确定的。在实际机械中，对从动件运动要求是多种多样的。经过长期的生产实践和理论研究，人们较为普遍地采用的某些运动规律称常用运动规律。以下对这些常用运动规律的组成、特性和应用场合等方面作一介绍，以供设计者选用。

4.2.1　基本名词术语

　　图 4.5(a)所示为对心直动尖端从动件盘形凸轮机构，凸轮轮廓上各点的轮廓向径是不相等的，以凸轮轴心为圆心，以凸轮轮廓最小向径为半径所作的圆，称为基圆，其半径称为

基圆半径，用 r_b 表示。当凸轮按逆时针方向转动时，图示位置 A 是从动件移动上升的起点。当凸轮从图示位置 A 逆时针匀角速度 ω_1 转过 δ_0 时，由于凸轮向径的逐渐增大而使从动件由最低点 A 上升到最高点 B'，这一过程称为推程，对应凸轮转过的角度 δ_0 称为推程角。为了方便，从动件在推程中移动的距离 h 称为升程。当凸轮转过 δ_{01} 时，由于凸轮向径不变，因此从动件停留在最高点不动，这一过程称为远休止，对应凸轮转过的角度 δ_{01} 称为远休止角。当凸轮转过 δ_0' 时，由于凸轮向径逐渐减小，因而从动件由最高点 B' 返回到最低点 A，这一过程称为回程，对应凸轮转过的角度 δ_0' 称为回程角。当凸轮转过 δ_{02} 时，因凸轮向径不变，因此从动件停留在最低点 A 不动，这一过程称为近休止，对应凸轮转过的角度 δ_{02} 称为近休止角。

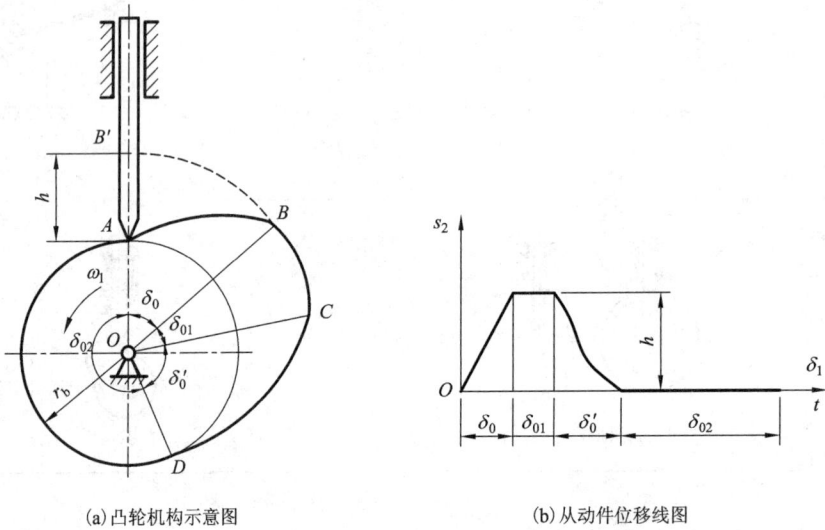

(a)凸轮机构示意图　　　　　　　　　(b)从动件位移线图

图 4.5　对心直动尖端从动件盘形凸轮机构

从上述分析可看出，若凸轮逆时针等角速度转动，从动件会重复"推程—远休止—回程—近休止"的过程，这就是从动件的运动规律。通常，推程为凸轮机构的工作行程，而回程则是其空回行程。

4.2.2　从动件常用运动规律及选择

从动件的运动规律很多，下面介绍几种常用的从动件运动规律。

1. 等速运动规律(直线运动规律)

从动件在运动过程中，运动速度为定值的运动规律，称为等速运动规律。当凸轮以等角速度 ω 转动时，从动件在推程或回程中的速度为常数。

其运动线图如表 4.2 所示，从加速度线图可以看出：在从动件运动的始、末两点，理论上加速度为无穷大，致使从动件所受的惯性力也变为无穷大。而实际上，由于材料有弹性，加速度和惯性力均为有限值，但仍将造成巨大的冲击。这种由于加速度无穷大的突变而引起的冲击称为刚性冲击。刚性冲击对机构传动很不利，因此，等速运动规律很少单独使用，或只能应用于凸轮转速很低的场合。

2. 等加速等减速运动规律(抛物线运动规律)

从动件在运动过程的前半程等加速运动,后半程作等减速运动,两部分加速度的绝对值相等的运动规律称为等加速等减速运动规律。

这种运动规律的运动线图如表4.2所示。由表4.2可以看出:其加速度为两条平行于横坐标的直线;速度线图为两条斜率相反的斜直线;而位移线图是两条光滑连接的、曲率相反的抛物线,所以又称抛物线运动规律。由此可见,该运动规律在推程的始、末两点及前半行程与后半行程的交界处,加速度也有突变,但为有限值突变,其产生的惯性冲击力也是有限的。这种由于加速度的有限值突变而引起的冲击称为柔性冲击。在高速下柔性冲击仍将导致严重的振动、噪声和磨损。因此,等加速等减速运动规律只适合于中、低速场合。

如表4.2所示,当已知从动件的推程运动角为 δ_0 和行程 h,等加速等减速运动规律时,从动件的位移曲线的作法如下:

①选取横坐标轴代表凸轮转角 δ,纵坐标轴代表从动件位移 s。选取适当的角度比例尺 μ_δ($°$/mm)和位移比例尺 μ_s(m/mm 或 m/mm)。

②在横坐标轴上按所选角度比例尺 μ_δ 截取 δ_0 和 $\delta_0/2$,在纵坐标轴上按位移比例尺 μ_s 截取 h 和 $h/2$。

③将 $\delta_0/2$ 和 $h/2$ 对应等分相同的份数(如6份),得分点1,2,3,…和1′,2′,3′,…。

④由抛物线顶点 O 与各分点1′,2′,3′,…连线,与过分点1,2,3,…所作的纵轴平行线相交,得交点1″,2″和3″。

⑤以光滑曲线连接顶点 O 与各交点1″,2″和3″,即得等加速段的位移曲线。

同理可得推程等减速段以及回程等加速、等减速段的位移曲线。

3. 简谐运动规律(余弦加速度运动规律)

简谐运动规律是指当一个质点沿直径为 h 的圆周上作等速圆周运动时,该点在直径上的投影所作的运动。其加速度按余弦曲线变化,所以又称为余弦加速度运动规律。

简谐曲线的作图方法如表4.2所示:以从动件的升程 h 为直径作一半圆,并将此半圆分成若干等分(由作图精确度要求确定,本例取6等分),得点1′,2′,3′,4′,5′和6′。然后把凸轮转角也分为同样等分,并把圆周上的等分点高度投影到过相应的分点1,2,3,4,5和6所作的纵向线上,即得各点的位移。最后光滑连接各点,即得从动件的位移线图。

由表4.2可以看出:对于"停—升—停"型简谐运动规律,在运动的始末两处,从动件的加速度仍有较小的突变,即存在柔性冲击。因此,它只适用于中、低速的场合。但对于无停程的"升-降"型简谐运动规律,加速度无突变,因而也没有冲击,这时可在高速条件下工作。

4. 正弦加速度运动规律(摆线运动规律)

这种运动规律的加速度线图为一正弦曲线,其位移为摆线在纵轴上的投影,所以又称摆线运动运动规律,如表4.2所示。这种运动规律的加速度曲线光滑、连续,所以工作时振动、噪声都比较小,可以用于高速、轻载的场合。为了获得无冲击的运动规律,可采用正弦加速度运动规律。

表 4.2 从动件常用运动规律

运动规律	推程运动方程	推程运动线图	冲击
等速运动	$s = \dfrac{h}{\delta_0}\delta$ $v = \dfrac{h}{\delta_0}\omega$ $a = 0$	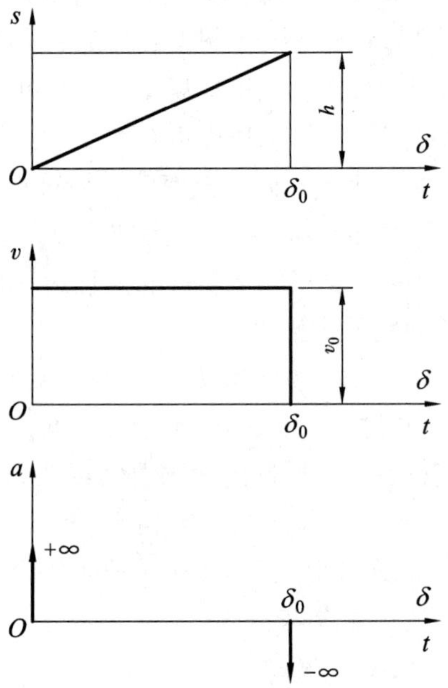	刚性冲击
等加速等减速运动	$s = 2h\left(\dfrac{\delta}{\delta_0}\right)^2$ 前半程 $v = 4h\omega\left(\dfrac{\delta}{\delta_0^2}\right)$ $a = 4h\left(\dfrac{\omega}{\delta_0}\right)^2$ $s = h - \dfrac{2h}{\delta_0^2}(\delta_0 - \delta)^2$ 后半程 $v = \dfrac{4h\omega}{\delta_0^2}(\delta_0 - \delta)$ $a = -4h\left(\dfrac{\omega}{\delta_0}\right)^2$	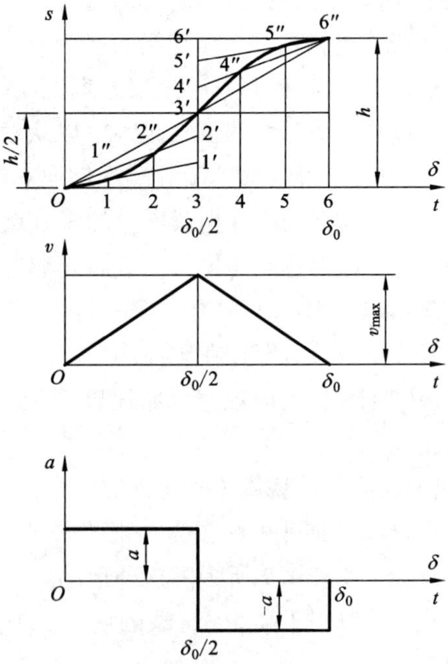	柔性冲击

52

运动规律	推程运动方程	推程运动线图	冲击
简谐运动（余弦加速度运动）	$$s = \frac{h}{2}\left[1 - \cos\left(\frac{\pi}{\delta_0}\delta\right)\right]$$ $$v = \frac{\pi h\omega}{2\delta_0}\sin\left(\frac{\pi}{\delta_0}\delta\right)$$ $$a = \frac{\pi^2 h\omega^2}{2\delta_0^2}\cos\left(\frac{\pi}{\delta_0}\delta\right)$$	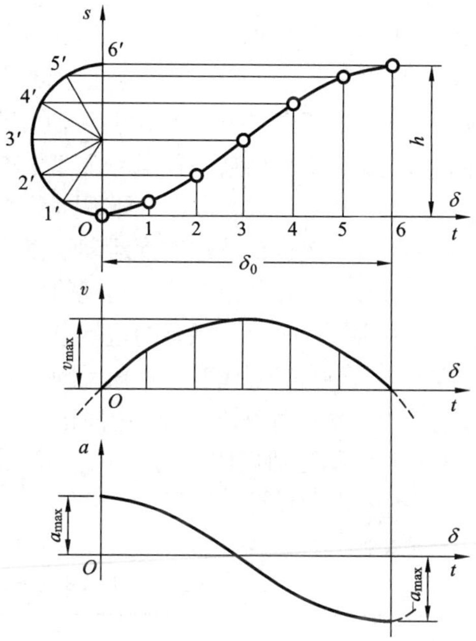	柔性冲击
正弦加速度运动（摆线运动）	$$s = h\left[\frac{\delta}{\delta_0} - \frac{1}{2\pi}\cos\left(\frac{2\pi}{\delta_0}\delta\right)\right]$$ $$v = \frac{h\omega}{\delta_0}\left[1 - \cos\left(\frac{2\pi}{\delta_0}\delta\right)\right]$$ $$a = \frac{2\pi h\omega^2}{\delta_0^2}\sin\left(\frac{2\pi}{\delta_0}\delta\right)$$	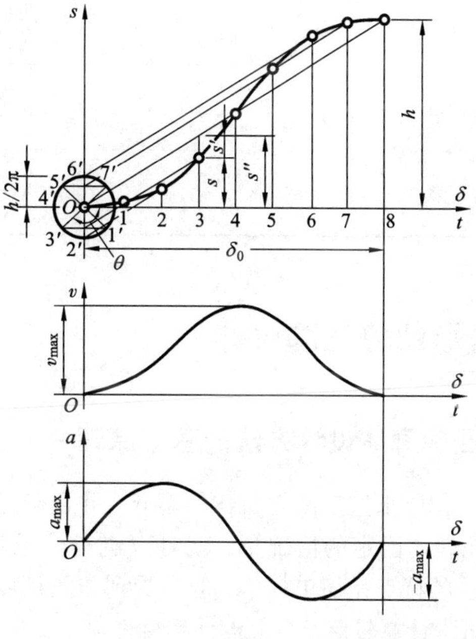	无冲击

4.2.3 常用运动规律的选择与比较

在选择从动件运动规律时，首先应考虑满足机器依据整体运动协调配合对凸轮机构提出的运动规律要求，同时还应考虑使凸轮机构有良好的动力特性。为了消除刚性冲击，可以在行程始末拼接其他运动规律曲线。对于无一定运动要求，只需从动件有一定位移量的凸轮机构，如夹紧送料等凸轮机构，可只考虑加工方便，采用圆弧、直线等组成的凸轮轮廓。

在实际应用中对凸轮机构从动件运动和动力特性要求是多种多样的，以上介绍的几种常用运动规律各有优缺点，只用某一种运动规律很难完全满足设计要求，或者为了满足特殊工作要求，常采用取长补短方式，将若干种不同运动规律拼接组合成新的运动规律，比如改进梯形加速度运动规律、改进正弦加速度运动规律等，以获得较理想的动力特性。

拼接组合的原则是：在各段基本运动规律的位移、速度和加速度曲线在连接点处其值应分别相等，这就是拼接组合时应满足的边界条件。有关内容可参看相关技术资料或书籍。

除了考虑冲击特性外，还应对各种运动规律 v_{max} 和 a_{max} 的影响进行比较。对于高速机构，必须减小其惯性力、改善动力性能，可选择正弦运动规律或其他改进型的运动规律。

现将以上几种常用运动规律的 v_{max}，a_{max} 和冲击特性及应用场合等方面作相对性的比较，结果列于表 4.3 中，以便设计时选择。

表 4.3 从动件常用运动规律比较

运动规律	v_{max}	a_{max}	冲击特性	适用场合
等速运动	$1 \times \dfrac{h\omega}{\delta_0}$	∞	刚性冲击	低速 轻载
等加等减运动	$2 \times \dfrac{h\omega}{\delta_0}$	$4 \times \dfrac{h\omega^2}{\delta_0^2}$	柔性冲击	中速 轻载
简谐运动	$1.57 \times \dfrac{h\omega}{\delta_0}$	$4.93 \times \dfrac{h\omega^2}{\delta_0^2}$	柔性冲击	中、低速 重载
摆线运动	$2 \times \dfrac{h\omega}{\delta_0}$	$6.28 \times \dfrac{h\omega^2}{\delta_0^2}$	无冲击	中、高速 轻载

4.3 盘形凸轮轮廓设计

4.3.1 凸轮廓线设计方法的基本原理——反转法

根据工作要求选定凸轮机构的型式，并且确定凸轮的基圆半径及选定从动件的运动规律后，在凸轮转向已定的情况下，就可以进行凸轮轮廓曲线的设计。其方法有图解法和解析法。图解法的特点是简单易学，但会受到作图精度的限制，故适用于一般要求的场合。相对而言，解析法计算较麻烦，但设计精度较高，如果利用计算机辅助设计就能获得很好的设计效果，目前主要用于运动精度要求较高或直接与数控机床联机自动加工的场合。本节主要介绍图解法。

1. 反转法作图原理

凸轮机构工作时凸轮与从动件都在运动，为了绘制凸轮轮廓，假定凸轮相对静止。根据相对运动原理，假想给整个凸轮机构附加上一个与凸轮转动方向相反（$-\omega$）的转动，此时各构件的相对运动保持不变，但此时凸轮相对静止，而从动件一方面和机架一起以 $-\omega$ 转动，同时还以原有运动规律相对于机架导路作往复移动，即从动件作复合运动，如图 4.6 所示。从动件在复合运动时其尖点的轨迹就是凸轮的轮廓曲线。

因此，在设计时，根据从动件的位移线图和设定的基圆半径及凸轮转向，沿反方向（$-\omega$）做出从动件的各个位置，然后把从动件尖点轨迹用光滑曲线连接起来，即为要设计的凸轮的轮廓曲线，利用这种原理绘制凸轮轮廓曲线的方法称为反转法。

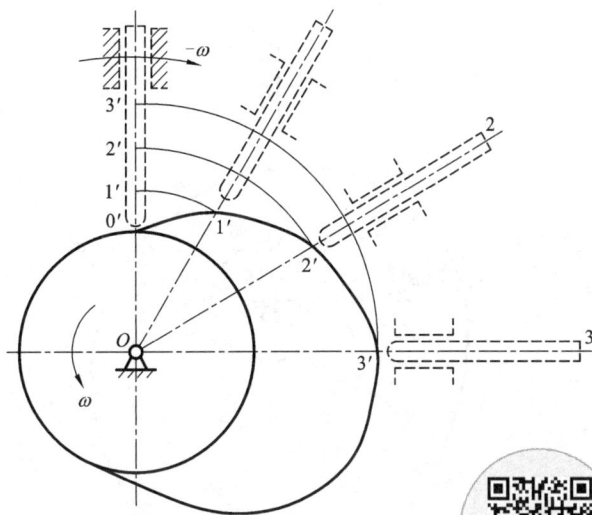

图 4.6 反转法原理

反转法原理

4.3.2 用图解法设计凸轮廓线

1. 对心直动尖端从动件盘形凸轮机构凸轮轮廓设计

所谓对心是指从动件移动导路中心线通过凸轮回转中心。直动就是从动件作往复直线移动。由于尖端式最简单，同时又是其他型式凸轮机构设计的基础，因此，下面先介绍对心直动尖端从动件盘形凸轮机构凸轮轮廓设计，如图 4.7 所示。

已知：基圆半径 r_b，凸轮顺时针方向转动，从动件的位移线图如图 4.7（b）所示。设计步骤如下：

①确定作图比例尺。长度比例尺 μ_l 和角度比例尺 μ_δ（°/mm）。

②作基圆，并以能通过基圆中心的任一直线作为从动件中心线，以其与基圆交点 B_0 作为从动件尖端的起始位置。

③确定推程和回程的等分数，并以 B_0 点为初始点按 $-\omega$ 方向对应分段等分基圆圆周。一般先按推程角 δ_0、远休止角 δ_{01}、回程角 δ_0'、近休止角 δ_{02} 分大段，再分别将推程角 δ_0 和回程角 δ_0' 细分为要求的等份数。如图 4.7（a）中的推程角和回程角各 4 等分，得到等分点为 B_1'，B_2'，B_3'，B_4'，B_5'，B_6'，B_7' 和 B_8'。

④通过基圆圆心向外作各等分点的射线，即作出从动件在各分点的位置。

⑤以射线与基圆的交点为基点顺次在各射线上截取对应点的位移，得到截取点分别为 B_1，B_2，B_3，B_4，B_5，B_6 和 B_7。然后以光滑曲线顺次连接各截取点，即可得到要设计的凸轮轮廓曲线。

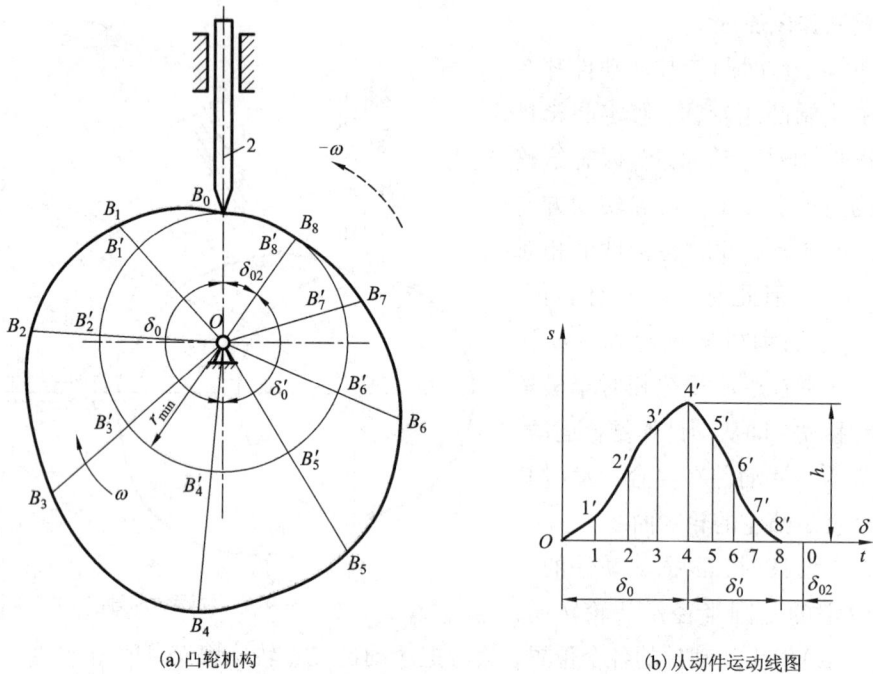

(a)凸轮机构

(b)从动件运动线图

图4.7 对心直动尖端从动件盘形凸轮机构凸轮轮廓设计

2. 对心直动滚子从动件盘形凸轮机构凸轮轮廓设计

滚子式与尖端式的区别在于尖端变为滚子，如图4.8所示。可以设想：以尖端为圆心，以给定的滚子半径 r_T 为半径作一系列滚子圆，然后再作这些滚子圆的内（或外）包络线，则该包络线即为要制造的凸轮的工作轮廓。因此，为了叙述方便，规定按尖端式绘制的凸轮轮廓曲线称为凸轮的理论轮廓 β_0；把通过滚子圆的内（或外）包络线绘制的凸轮轮廓称为凸轮的实际轮廓 β。这样，对心直动滚子从动件盘形凸轮机构凸轮轮廓的设计方法归纳为：

①先按尖端式绘制凸轮的理论轮廓曲线 β_0；

②以理论轮廓曲线上各点为圆心绘制一系列滚子圆；

③作滚子圆的内包络线，即得到要设计凸轮的实际轮廓 β。

需要指出的是：对于滚子式从动件盘形凸轮，其基圆半径是指凸轮理论轮廓 β_0 的最小半径，在设计时必须注意这一点。

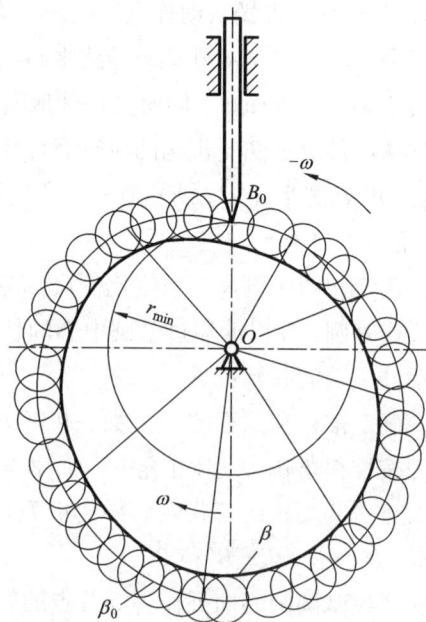

**图4.8 对心直动滚子从动件盘形
凸轮机构凸轮轮廓设计**

56

3. 偏置直动尖端从动件盘形凸轮机构凸轮轮廓设计

如果从动件的移动中心线偏离凸轮转动中心，称为偏置式从动件凸轮机构，如图 4.9 所示。由于偏置式从动件凸轮机构具有改善机构传力性能(减小推程压力角)的优点，因此，生产中也得到了广泛的应用。下面简单介绍它的凸轮轮廓设计。

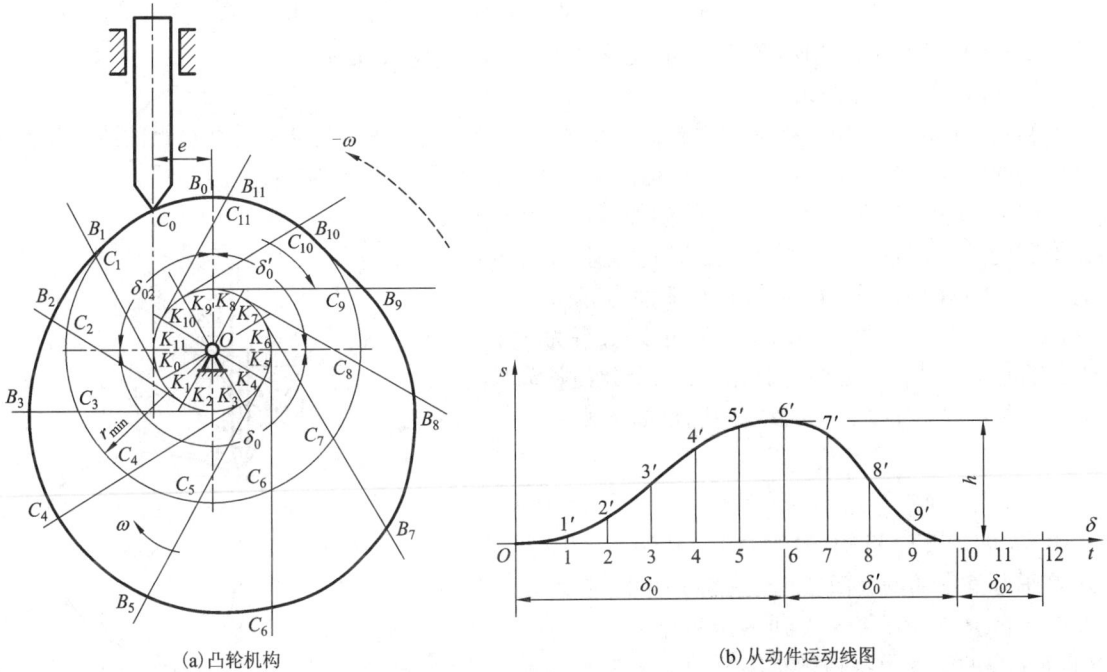

(a)凸轮机构　　　　　　　　　　　(b)从动件运动线图

图 4.9　偏置直动尖端从动件盘形凸轮机构凸轮轮廓设计

根据上述反转法，对于偏置式直动从动件盘形凸轮机构，与前面机构相比，不同的是，从动件移动中心线与凸轮转动中心有一个偏心距 e。所以反转后从动件变为始终与以凸轮转动中心 O 为圆心，以偏心距 e 为半径的偏距圆相切，如图 4.9(a)所示。这样，与前面所述对心尖端式相比，凸轮转角的等分应在偏距圆上进行(而不是等分基圆)，射线变为偏距圆的切线，从动件的位移也在相应的切线上量取，凸轮转角的量取应自 OK_0 开始沿 $-\omega$ 方向进行等分即可。其余的作图步骤与前面的对应方式相同。

需要指出的是：从动件偏置方位的选择与机构的传力性能有关。当从动件的偏置方位为：凸轮上 K_0 点的线速度指向与从动件在推程中的运动方向相同时，凸轮在推程中的压力角将减小，可以起到改善传力性能的作用。反之，会适得其反。

在用图解法设计凸轮轮廓时，必须注意以下问题：

①必须注意"反转"的含义，作图时必须按照 $-\omega$ 方向等分圆周，即体现"反转"；

②作图时，位移线图和凸轮轮廓作图，比例必须统一；

③等分数必须考虑作图制造精度要求，一般推程角和回程角不少于 4 等分。

4.4 凸轮机构基本尺寸的确定

4.4.1 凸轮机构中作用力与凸轮机构的压力角

在设计凸轮机构时，不仅要满足从动件的运动规律，还要求结构紧凑、传力性能良好，这些要求的实现与凸轮机构的压力角、基圆半径和滚子半径等有关。

1. 凸轮机构的压力角

凸轮机构的压力角是指从动件在高副接触点所受的法向压力与从动件在该点的线速度方向所夹的锐角，常用 α 表示。凸轮机构的压力角是凸轮设计的重要参数。

图 4.11 所示为对心直动尖顶从动件盘形凸轮机构在推程的某一位置的受力情况，F_Q 为从动件所受的载荷（包括工作阻力、重力、弹簧力和惯性力等），若不计摩擦，则凸轮对从动件的作用力 F_n 可以分解为两个分力：即沿从动件运动方向的有用分力 F_1 和使从动件压紧导路的有害分力 F_2。三者之间满足如下关系：

$$\begin{cases} F_1 = F_n \cos\alpha \\ F_2 = F_n \sin\alpha \end{cases} \quad (4-1)$$

式中：α 即为凸轮机构的压力角。显然，有用分力 F_1 随着压力角 α 的增大而减小，有害分力 F_2 随着 α 的增大而增大。当压力角 α 大到一定程度时，由有害分力 F_2 所引起的摩擦力将超过有用分力 F_1。这时，无论凸轮给从动件的力 F_n 有多大，都不能使从动件运动，这种现象称为自锁。在设计凸轮机构时，自锁现象是绝对不允许出现的。

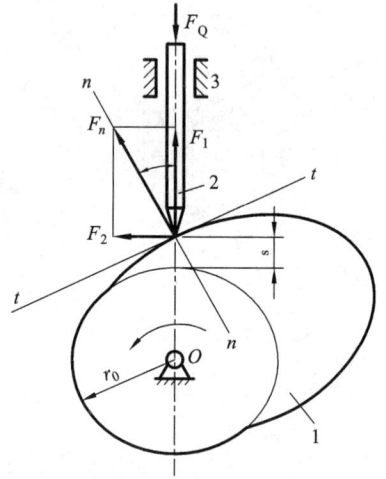

图 4.11 凸轮机构的压力角

由此可见，压力角的大小是衡量凸轮机构传力性能好坏的一个重要指标，为提高传动效率、改善受力情况，凸轮机构的压力角 α 越小越好。但是，压力角 α 与基圆半径 r_0 成反比，α 越小则 r_0 越大，凸轮尺寸随之变大。因此，为了保证凸轮机构的结构紧凑，凸轮机构的压力角不宜过小。

综合上述两方面的因素，在满足凸轮机构有良好的传力性能的情况下，使凸轮机构的尺寸尽可能紧凑，因此压力角 α 的取值有一定的许用范围，以 $[\alpha]$ 表示。根据工程实践经验，压力角的推荐许用值 $[\alpha]$ 如表 4.4 所示。对于采用力封闭方式的凸轮机构，其在回程时发生自锁的可能性很小，故可以采用较大的许用压力角。

表 4.4 凸轮机构的许用压力角

封闭形式	从动件运动方式	推程	回程
力封闭	直动从动件	$[\alpha] = 25° \sim 35°$	$[\alpha] = 70° \sim 80°$
	摆动从动件	$[\alpha] = 35° \sim 45°$	$[\alpha] = 70° \sim 80°$
形封闭	直动从动件	$[\alpha] = 25° \sim 35°$	
	摆动从动件	$[\alpha] = 25° \sim 35°$	

4.4.2　凸轮基圆半径的确定

由于基圆半径 r_b 与凸轮机构压力角 α 有关,所以,在确定基圆半径时必须保证凸轮机构的最大压力角 α_{max} 小于许用压力角 $[\alpha]$。在实际设计时,通常是由结构条件初步确定基圆半径 r_b,并进行凸轮轮廓设计和压力角检验直至满足 $\alpha_{max} \leqslant [\alpha]$ 为止。

在工程实际中,还可以利用经验来确定基圆半径 r_b。当凸轮与轴一体加工时,可取凸轮基圆半径 r_b 略大于轴的半径 r;当凸轮与轴分开制造时,r_b 由下面的经验公式确定:

$$r_b = (1.6 \sim 2)r \tag{4-2}$$

式中:r 为安装凸轮处轴的半径。

4.4.3　滚子半径的选择

对于滚子从动件盘形凸轮机构,滚子尺寸的选择要满足强度要求和运动特性。从强度要求考虑,取滚子半径 $r_r \leqslant (0.1 \sim 0.5)r_b$。从运动特性考虑,不能发生运动失真现象。从滚子从动件盘形凸轮机构的图解法设计我们知道,凸轮的实际廓线是滚子的包络线。因此,凸轮的实际廓线的形状与滚子半径的大小有关。

如图 4.12 所示,理论廓线的最小曲率半径用 ρ 表示,实际廓线对应曲率半径用 ρ_a 表示,滚子半径用 r_r 表示。理论廓线内凹时,如图 4.12(a)所示,$\rho_a = \rho + r_r > 0$,此时,对滚子半径的选择没有影响。理论廓线外凸时,相应位置实际廓线的曲率半径 $\rho_a = \rho - r_r$。当 $\rho > r_r$ 时,如图 4.12(b)所示,实际廓线为一平滑曲线。当 $\rho = r_r$ 时,如图 4.12(c)所示,这时 $\rho_a = 0$,凸轮的实际廓线上产生了尖点,这种尖点极易磨损,从而造成运动失真。当 $\rho_a < r_r$ 时,如图 4.12(d)所示,这时,$\rho_a < 0$,实际轮廓曲线发生自交,而相交部分的轮廓曲线将在实际加工时被切掉,从而导致这一部分的运动规律无法实现,造成运动失真。

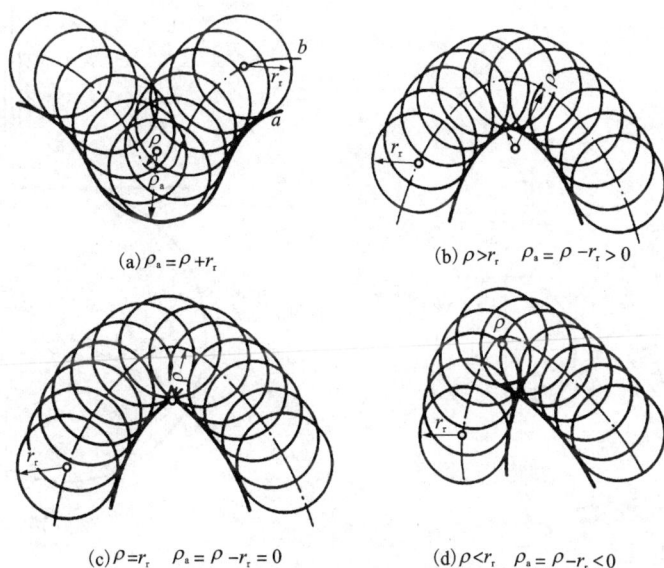

(a) $\rho_a = \rho + r_r$　　　　　　　　　　(b) $\rho > r_r$　$\rho_a = \rho - r_r > 0$

(c) $\rho = r_r$　$\rho_a = \rho - r_r = 0$　　　　(d) $\rho < r_r$　$\rho_a = \rho - r_r < 0$

图 4.12　滚子半径的选择

因此，为了避免发生运动失真，滚子半径 r_r 必须小于理论廓线外凸部分的最小曲率半径 ρ_{min}。另外，若按上述条件选择的滚子半径太小而不能保证强度和安装要求，则应把凸轮的基圆尺寸加大，重新设计凸轮廓线。

思考题及习题

4.1 凸轮的种类有哪些？都适合什么工作场合？

4.2 凸轮机构的从动件的常用运动速度规律有几种？各有什么特点？

4.3 凸轮轮廓曲线是根据什么确定的？

4.4 凸轮的压力角对凸轮机构的工作有什么影响？

4.5 什么叫基圆？基圆与压力角有什么关系？

4.6 为什么直动平底从动件盘形凸轮机构的凸轮廓线一定要外凸？直动滚子从动件盘形凸轮机构的凸轮廓线却允许内凹，而且内凹段一定不会出现运动失真？

4.7 滚子半径的选择与理论廓线的曲率半径有何关系？图解设计时，如出现实际廓线变尖或相交，可以采取哪些方法来解决？

4.8 在一个直动平底从动件盘形凸轮机构中，原设计的从动件导路是对心的，但使用时却改为偏心安置。试问此时从动件的运动规律是否改变？若按偏置情况设计凸轮廓线，试问它与按对心情况设计的凸轮廓线是否一样？为什么？

4.9 若凸轮是以顺时针转动，采用偏置直动从动件时，从动件的导路线偏于凸轮回转中心的哪一侧较合理？为什么？

4.10 图 4.13 所示两图均为工作廓线为偏心圆的凸轮机构，试分别指出它们理论廓线是圆还是非圆，运动规律是否相同？

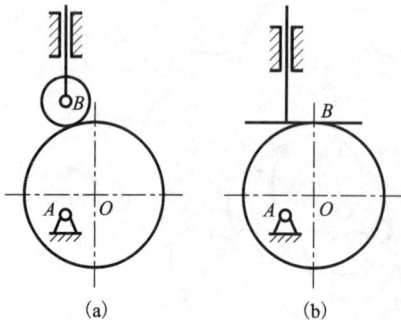

图 4.13

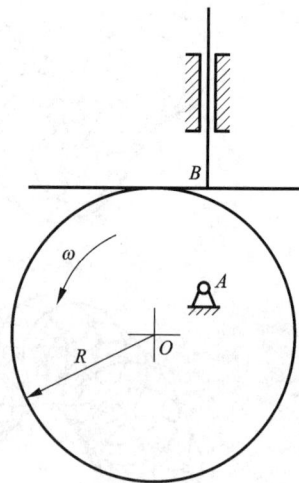

图 4.14

4.11 已知图 4.14 所示为直动平底从动件盘形凸轮机构，凸轮为 $R = 30$ mm 的偏心圆盘，$\overline{AO} = 20$ mm，试求：

（1）基圆半径和升程；

（2）推程角、回程角、远休止角和近休止角；

（3）凸轮机构的最大压力角和最小压力角；

（4）图示位置时从动件的位移 s、速度 v 和加速度 a 方程；

（5）若凸轮以 $\omega = 10$ rad/s 回转，当 AO 成水平位置时从动件的速度。

4.12　试以作图法设计一对心直动滚子从动件盘形凸轮机构的凸轮轮廓曲线。已知凸轮以等角速度逆时针回转，基圆半径 $r_b = 30$ mm，滚子半径 $r_r = 10$ mm。从动件运动规律为：凸轮转角 $\delta_0 = 0° \sim 150°$，从动件等速上升 16 mm；$\delta_{01} = 150° \sim 180°$，从动件远休；$\delta_0 = 180° \sim 300°$ 时，从动件等加速等减速回程 16 mm；$\delta_{02} = 300° \sim 360°$ 时，从动件近休。

第5章　间歇运动机构

【概述】　本章主要介绍棘轮机构、槽轮机构等间歇运动机构。要求：了解棘轮机构、槽轮机构的组成、分类、工作原理及应用；熟悉槽轮机构的运动特性；对其他间歇运动机构有所了解。

5.1　棘轮机构

5.1.1　棘轮机构的工作原理及特点

1. 棘轮机构的工作原理

图 5.1(a)所示为机械中常见的一种外啮合式棘轮机构，它主要由摇杆 1、外棘轮 2、棘爪 3、止动棘爪 5 和机架组成。其中摇杆 1 为运动输入构件，棘轮 2 为运动输出构件，摇杆 1 空套在与棘轮固连的从动轴 4 上，并与驱动棘爪 3 用转动副相连。当摇杆顺时针摆动时，铰接在杆 A 上的棘爪 3 插入棘轮 2 的齿槽内，使棘轮 2 与摇杆 1 同时转过一定角度。为了确保棘轮不反转，可在固定构件上加装止动棘爪 5。当摇杆 1 逆时针摆动时，棘爪 3 在棘轮 2 的齿背上滑过，止动棘爪 5 插入棘轮的齿槽内，棘轮静止不动。这样，当摇杆作连续的往复摆动时，棘轮便得到单向的间歇转动。图 5.1(b)所示为内啮合式棘轮机构，其工作原理相仿。

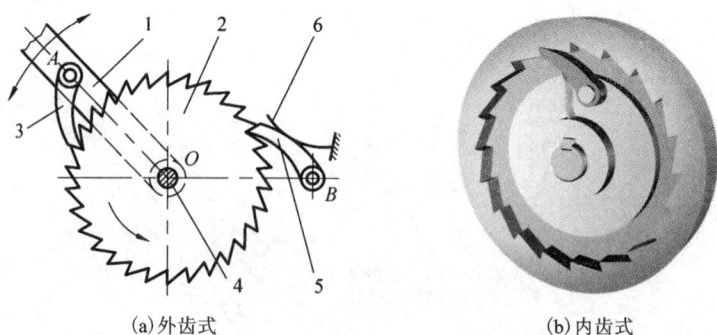

单向轮齿啮合式棘轮机构

(a)外齿式　　　　　　　　(b)内齿式

图 5.1　单向轮齿啮合式棘轮机构

1—摇杆；2—棘轮；3—棘爪；4—轴；5—止动棘爪；6—弹簧

2. 棘轮机构的特点

棘轮机构特点：结构简单，制造方便，且棘轮的转角在一定的范围内可调。因为棘轮每次转角都是棘轮齿距角的整数倍，所以棘轮转角的调节是有级的。由于棘轮的转角误差较大，运转时易产生冲击和噪声，轮齿易磨损，高速时尤其严重，传递的动力不大，故棘轮机构只适用于低速、轻载和每次转角不大的间歇运动场合。

5.1.2 棘轮机构的类型及其应用

1. 棘轮机构的类型

棘轮机构的类型很多，从工作原理上可分为轮齿啮合式（又称齿式棘轮机构）和摩擦式棘轮机构；从结构上可分为外啮合式和内啮合式棘轮机构；从传动方向上可分为单向式和双向式棘轮机构；从棘轮运动方式上可分为单动式和双动式棘轮机构等。

（1）外啮合棘轮机构，如图 5.2（a）所示，棘爪 4 和 5 装在从动棘轮的外部，称为外啮合棘机构。

（2）内啮合棘轮机构，如图 5.2（b）所示，棘爪 2 装在从动棘轮的内部，称为内啮合棘机构。

（3）双动式棘轮机构，如图 5.2（c）所示，棘轮机构在一个摇杆上具有两个棘爪，摇杆往复摆动时都可以推动棘轮机构转动，称为双动式棘轮机构。

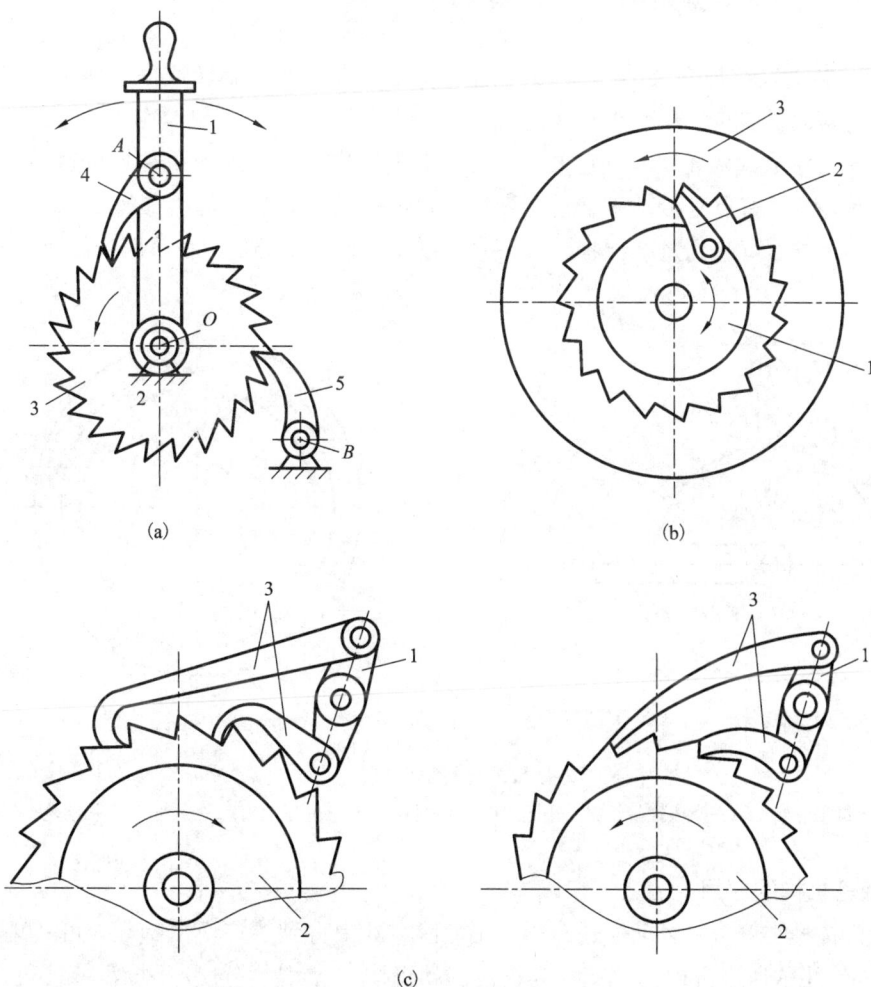

(a)

(b)

(c)

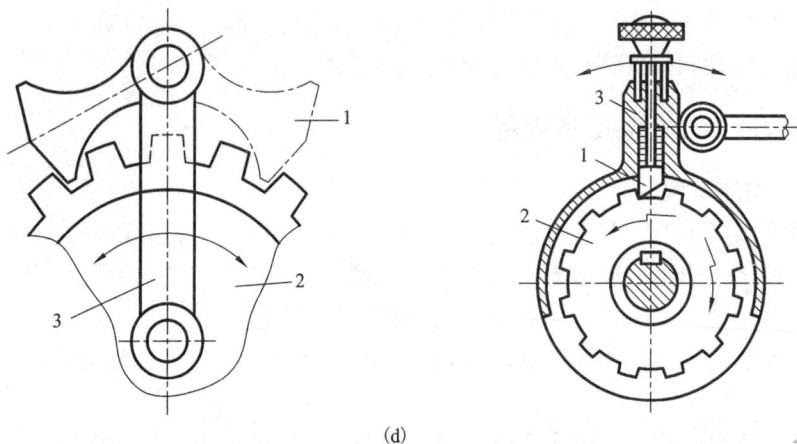

(d)

图 5.2　棘轮机构的类型

　　（a）外啮合棘轮机构：1—操纵杆；2—机架；3—棘轮；4—驱动棘爪；5—止动棘爪

　　（b）内啮合棘轮机构：1—主动轴；2—驱动棘爪；3—棘轮

　　（c）双动式棘轮机构：1—摇杆；2—棘轮；3—棘爪

　　（d）双向式棘轮机构：1—棘爪；2—棘轮；3—摇杆

　　（4）双向式棘轮机构，如图 5.2（d）所示的棘轮机构，通过翻转或回转棘爪，改变棘爪工作面与棘轮接触的方向，从而推动棘轮朝不同的方向转动。

　　图 5.3 为摩擦式棘轮机构，它采用偏心扇形楔块代替齿式棘轮机构中的棘爪，以无齿摩擦轮代替棘轮，其特点是传动平稳、无噪声，动程可无级调节。但因靠摩擦力传动，会出现打滑现象，一方面可起到过载保护，另一方面也使传动精度降低，故适用于低速轻载的场合。

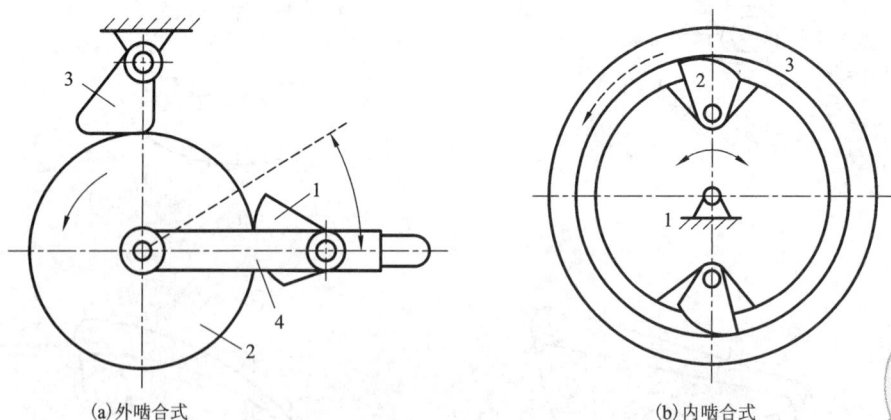

(a)外啮合式

(b)内啮合式

图 5.3　摩擦式棘轮

　　（a）1—棘爪；2—摩擦式棘轮；3—止运棘爪；4—摇杆；（b）1—主动轮；2—棘爪；3—从动轮

2. 棘轮机构的应用

　　棘轮机构种类繁多，运动形式多样，在工程实际中得到了广泛的应用，可实现间歇送进（牛头刨床的间歇送进机构）、制动（卷扬机制动机构）、转位、分度（手枪盘分度机构）、超越离合(钻床的自动进给机构)等工艺要求。

图 5.4 所示为牛头刨床工作台进给机构,在牛头刨床中通过棘轮机构实现工作台横向间歇送进功能。为了实现工作台的双向间歇送进,由齿轮机构、曲柄摇杆机构和双向式棘轮机构组成了工作台换向进给机构。图 5.5 所示为起重设备中的棘轮制动器。

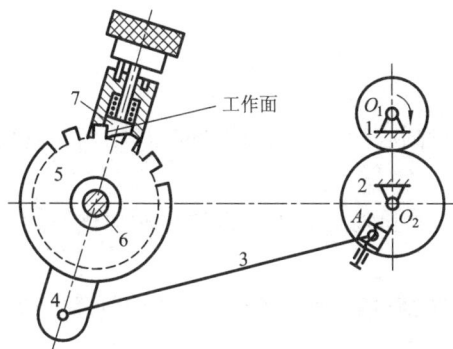

图 5.4　牛头刨床工作台进给机构

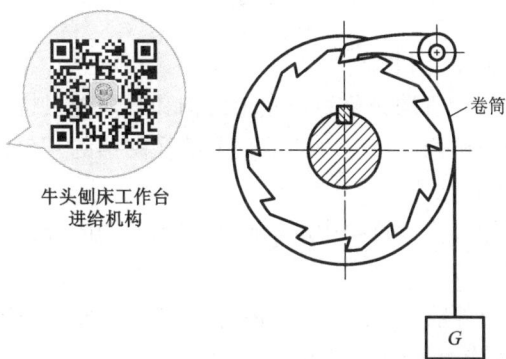

图 5.5　起重设备中的棘轮制动器

5.2　槽轮机构

5.2.1　槽轮机构的工作原理及特点

1. 工作原理

槽轮机构又称马尔他机构或日内瓦机构,是常用的间歇运动机构之一。它主要是由带有均布的径向开口槽的槽轮 2、带有圆柱销 A 的拨盘 1 以及机架组成,如图 5.6 所示。当拨盘 1 做匀速转动时,驱使槽轮 2 作间歇运动。当圆柱销进入槽轮槽时,拨盘上的圆柱销将带动槽轮转动。拨盘转过一定角度后,圆柱销将从槽中退出。为了保证圆柱销下一次能正确地进入槽内,必须采用锁止弧将槽轮锁住不动,直到下一个圆柱销进入槽后才放开,这时槽轮又可随拨盘一起转动,即进入下一个运动循环。

图 5.6　外槽轮机构的组成

2. 槽轮机构的特点

槽轮机构具有结构简单、制造容易、转角可控、工作可靠、机械效率高等优点。与棘轮机构相比,工作平稳性较好,但槽轮机构在工作时有冲击,随着转速的增加及槽数的减少而加剧,故不宜用于高速,适用范围受到一定的限制。其槽轮机构动程不可调节,转角不可太小,销轮和槽轮的主从动关系不能互换,起停有冲击。槽轮机构的结构要比棘轮机构复杂,加工精度要求较高,因此制造成本上升。

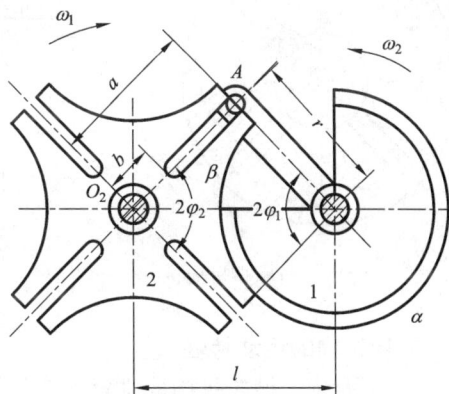

5.2.2 槽轮机构的类型及其应用

1. 槽轮机构的类型

槽轮机构主要分为传递平行轴运动的平面槽轮机构和传递相交轴运动的空间槽轮机构两大类。

1）平面槽轮机构

平面槽轮机构又分为外槽轮机构和内槽轮机构。

外槽轮机构。机构中的槽轮上的径向槽的开口是自圆心向外，主动构件与从动槽轮转向相反（图 5.6）。

内槽轮机构。机构中的槽轮上的径向槽的开口是向着圆心的，主动构件与从动槽轮转向相同（图 5.7）。

上述两种槽轮机构都用于传递平行轴运动。与外槽轮机构相比，内槽轮机构传动较平稳、停歇时间较短、所占空间小。

2）空间槽轮机构

图 5.8 所示为空间槽轮机构。槽轮 2 呈半球状，四个槽和锁止弧均布在球面上，其组成特点是原动件 1 的轴线、原动件上圆柱销 A 的轴线及槽轮的轴线相交于球面的球心 O。故又称为球面槽轮机构。球面槽轮机构用于传递两垂直相交轴的间歇运动。当主动构件 1 连续转动时，球面槽轮 2 作间歇运动。空间槽轮机构结构比较复杂，设计和制造难度较大。

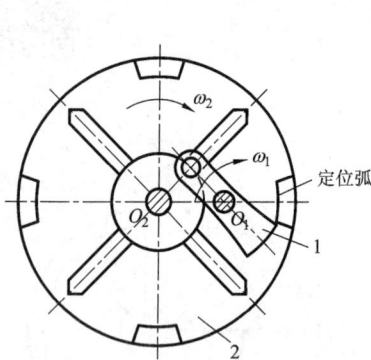

图 5.7　内槽轮机构

内槽轮机构

球面槽轮机构

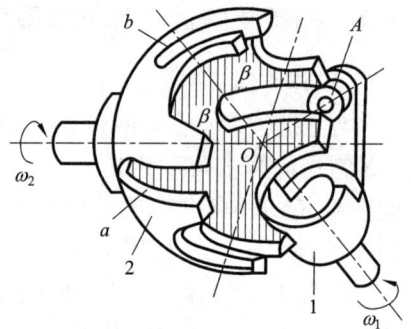

图 5.8　球面槽轮机构

2. 槽轮机构的运动特性

如图 5.6 所示，槽轮机构的主要参数是槽数 z 和拨盘圆柱销数 n。在一个运动循环内，槽轮 2 的运动时间 t_d 对拨盘 1 运动时间 t 之比值称为运动特性系数 k。设一槽轮机构，槽轮上有 z 个槽，拨盘上有 1 个圆柱销时，则运动特性系数为

$$k = \frac{t_d}{t} = \frac{2\varphi_1}{2\pi} \qquad (5-1)$$

式中：t_d 为一个运动循环内槽轮 2 的运动时间，s；t 为拨盘 1 转动 1 周的运动时间，s；$2\varphi_1$ 为槽轮 2 转动时间对应拨盘 1 转过的角度，rad。

因为：

$$2\varphi_1 = \pi - 2\varphi_2 = \pi - \frac{2\pi}{z}$$

故拨盘上只有 1 个圆柱销时

$$k = \frac{2\varphi_1}{2\pi} = \frac{z-2}{2z} = \frac{1}{2} - \frac{1}{z} \qquad (5-2)$$

讨论：

①$k = 0$ 时，槽轮始终不动；$k > 0$ 时，$z \geq 3$。

②$k = \frac{1}{2} - \frac{1}{z} < \frac{1}{2}$，即只有一个圆柱销时，槽轮的运动时间总小于静止时间。

③要使 $k > \frac{1}{2}$，须在构件 1 上安装多个圆销。

设 n 为均匀分布的圆销数，则

$$k = \frac{n(z-2)}{2z} \qquad (5-3)$$

因为槽轮机构的运动系数应大于零，所以 $z \geq 3$，对于这种单圆销的槽轮机构，槽轮的运动时间总小于静止时间。通常取槽数 z 为 3，4，5，6 和 8。由式（5-3）可知：当 $z = 3$ 时，圆销的数目可为 1~5；当 $z = 4$ 或 5 时，圆销的数目可为 1~3；而当 $z \geq 6$ 时，圆销的数目可为 1~2。一般情况下 $z = 4~8$。

3. 槽轮机构的应用

由于槽轮机构的转角不可调节，故只能用于定转角的间歇运动机构中。一般为转速不高和要求间歇转动的机械当中，如自动机械、轻工机械或仪器仪表等。例如图 5.9 所示的电影放映机中的送片机构。由槽轮带动胶片，作有停歇的送进，从而形成动态画面。此外也常与其他机构组合，在自动生产线中作为工件传送或转位机构，如转塔车床刀架转位装置（图 5.10 所示）和自动机中的自动传送链装置等。

电影放映机中
的送片机构

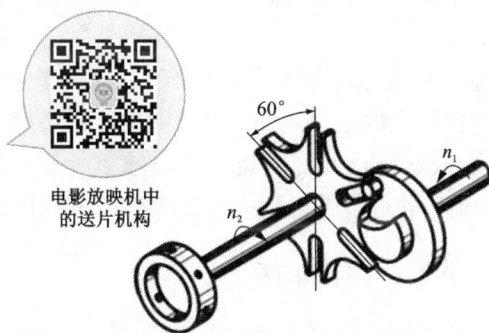

图 5.9　电影放映机中的送片机构　　**图 5.10　转塔车床刀架转位装置**

转塔车床刀架
转位装置

5.3　凸轮式间歇运动机构及不完全齿轮机构简介

5.3.1　凸轮式间歇运动机构

凸轮式间歇运动机构，工程上又称为凸轮分度机构，常见有圆柱分度凸轮机构和弧面分度凸轮机构等。

圆柱分度凸轮机构，如图 5.11 所示。该机构由圆柱凸轮 1、转盘 2 及机架组成。转盘上均匀分布着若干个滚子 3，滚子轴线与转盘轴线相平行，凸轮轴线与转盘轴线垂直交错。当凸轮匀速转动时，转盘作单向间歇运动，转盘的运动完全取决于凸轮轮廓曲线的形状，凸轮轮廓线由分度段和停歇段组成。当凸轮回转时，其分度段轮廓推动滚子使转盘分度转位；当凸轮转到停歇段轮廓时，转盘上两相邻滚子跨夹在凸轮的圆环面突脊上使转盘停歇。设计时通常取凸轮槽数为 1，转盘滚子数为 6～12，滚子做成上大下小圆锥体，以改善磨损情况。

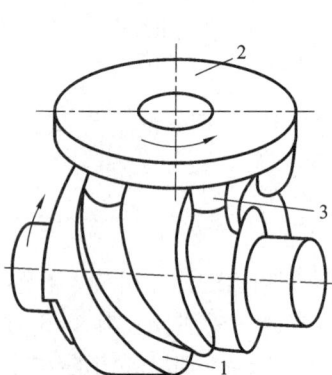

图 5.11　圆柱分度凸轮机构

圆柱分度凸轮机构

弧面分度凸轮机构

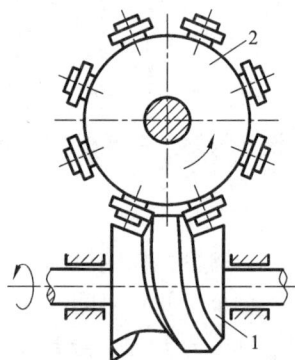

图 5.12　弧面分度凸轮机构

弧面分度凸轮机构，如图 5.12 所示。主动件凸轮蜗杆 1 上有一条突脊如同圆弧面蜗杆一样，从动件转盘 2 的圆柱面上均布着若干滚子，滚子轴线沿转盘径线方向，犹如蜗轮的轮齿。凸轮与转盘两轴线垂直交错。这种凸轮间歇运动机构可以通过调整凸轮与转盘的中心距来消除滚子与凸轮接触面间的间隙以补偿磨损。该机构工作原理与圆柱分度凸轮机构完全相同，凸轮连续回转带动转盘作单向间歇性运动。设计时通常取凸轮蜗杆头数为 1，径向滚子数 6～12。

上述两种凸轮式间歇运动机构的共同点是定位可靠，转盘可实现任意运动规律，可以通过合理选择转盘的运动规律，使得机构传动平稳，适应中、高速运转。弧面分度凸轮机构与圆柱分度凸轮机构相比，更能适应高速重载，并且可以通过预载消除啮合间隙，传动精度很高，是目前工作性能最好的一种间歇转位机构，其缺点是凸轮加工较困难且制造成本高。

5.3.2　不完全齿轮机构

不完全齿轮机构由主动轮 1、从动轮 2 和机架组成（见图 5.13）。不完全齿轮机构可以看作是由普通齿轮机构转化而成的一种间歇运动机构，它与普通齿轮的不同之处是轮齿没有布满整个圆周。不完全齿轮机构的主动轮上只有一个或几个轮齿，并根据运动时间与停歇时间的要求，在从动轮上有与主动轮齿相啮合的齿间。两轮轮缘上各有锁止弧，在从动轮停歇期间，用来防止从动轮游动，并起定位作用。

不完全齿轮机构是一种由普通渐开线齿轮机构演变而成的间歇运动机构，也是最常用的一种间歇运动机构。其基本结构型式可分为外啮合式和内啮合式两种。图 5.13(a) 所示为外啮合不完全齿轮机构，主、从动轮转向相反；图 5.13(b) 所示为内啮合不完全齿轮机构，其主、从动轮转向相同。

不完全齿轮机构和普通齿轮机构的区别，不仅在轮齿的分布上，而且在啮合传动中，在首齿进入啮合及末齿退出啮合过程中，轮齿并非在实际啮合线上啮合，因而在此期间不能保证定传动比传动。由于从动轮每次转动开始和终止时，角速度有突变，故存在刚性冲击。

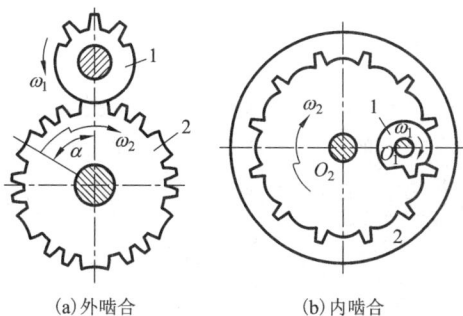

(a)外啮合　　　　(b)内啮合

图 5.13　不完全齿轮机构

不完全齿轮机构与其他间歇运动机构相比，它的结构简单，设计灵活，从动轮运动的角度变化范围较大，运动时间和静止时间的比例不受机构结构的限制，易实现一个周期中的多次动、停时间不等的间歇运动。当主动轮匀速转动时，从动轮在其运动期间作匀速转动。但是当从动轮由停歇到突然转动，或由转动到突然停止时，速度有突变，都会产生刚性冲击。因此，它不宜用于转速很高的场合。由于从动轮在一周转动中可作多次停歇，所以常用于多工位、多工序的自动机械或生产线上，实现工作台的间歇转位和进给运动。

思考题及习题

5.1　棘轮机构和槽轮机构可实现怎样的运动转换？

5.2　棘轮机构和槽轮机构各有何特点？分别适用于哪些场合？

5.3　不完全齿轮机构的工作原理是什么？不完全齿轮机构的使用特点是什么？

5.4　图 5.14 所示为自行车所用"飞轮"结构简图。它由内棘轮 1，与后轴 3（看成与后轴连接）固联的转盘 2，与转盘 2 铰接的棘爪 4 所组成。试分析棘轮机构在骑行中的作用。

5.5　某外槽轮机构中，若已知槽轮的槽数为 6，槽轮的运动时间为 $\frac{5}{3} s/r$，停歇时间为 $\frac{5}{6} s/r$，求槽轮机构的运动特性系数及所需的圆销数目。

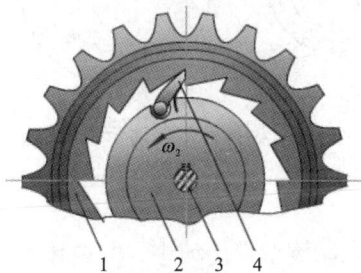

图 5.14

第6章 带传动和链传动

【概述】 本章主要介绍带传动和链传动的组成、类型、工作原理、应用场合及设计计算。要求：了解带传动与链传动的组成、类型、工作原理；掌握带传动的弹性滑动及打滑现象；掌握链传动的多边形效应现象；能对带、链传动进行受力分析及失效分析；熟悉带、链传动的设计计算。

6.1 带传动的类型和特点

6.1.1 带传动的类型

带传动是一种挠性传动，由主动轮、从动轮及传动带构成。

按照工作原理的不同，带传动可分为摩擦型带传动（图6.1）和啮合型带传动（图6.2）两类。摩擦型带传动是靠张紧在带轮上的传动带与带轮接触面间的摩擦力来实现主动轮与从动轮之间运动和动力的传递；而啮合型带传动则依靠带内周的等距横向齿与带轮相应齿槽间的啮合来传递运动和动力。

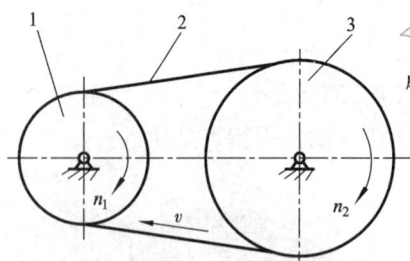

图6.1 摩擦型带传动示意图
1—主动轮；2—传动带；3—从动轮

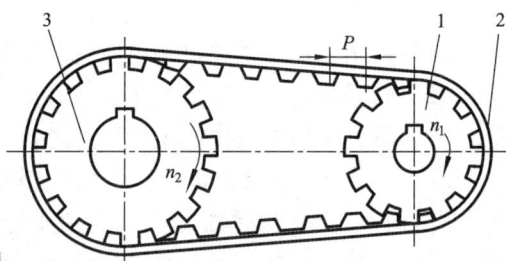

图6.2 啮合型带传动示意图
1—主动轮；2—传动带；3—从动轮

在摩擦型带传动中，根据传动带横截面形状是矩形、梯形或圆形，又可分为平带传动[图6.3(a)]、V带传动[图6.3(b)]、多楔带传动[图6.3(c)]及圆带传动[图6.3(d)]等几类。

其中平带传动结构简单，制造与安装方便，适用于较大中心距的远距离传动。同时，平带可扭曲，能实现在两轴平行且回转方向相同的开口传动场合（图6.1）；也可用于两带轮轴线在空间交错的半交叉传动场合[图6.4(a)]；还可以用于两带轮轴线平行、转向相反的交叉传动场合[图6.4(b)]。

(a)平带传动　　　　(b)V带传动　　　　(c)多楔带传动　　　　(d)圆带传动

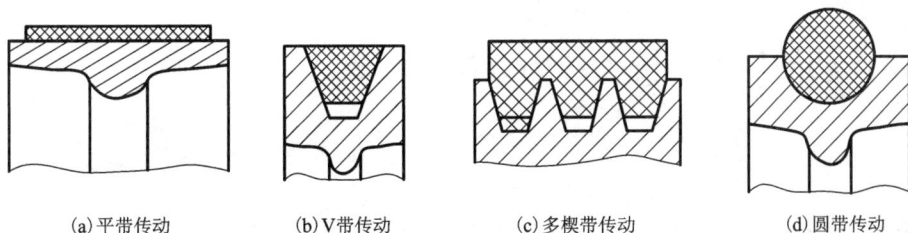

图 6.3　摩擦型带传动的几种类型

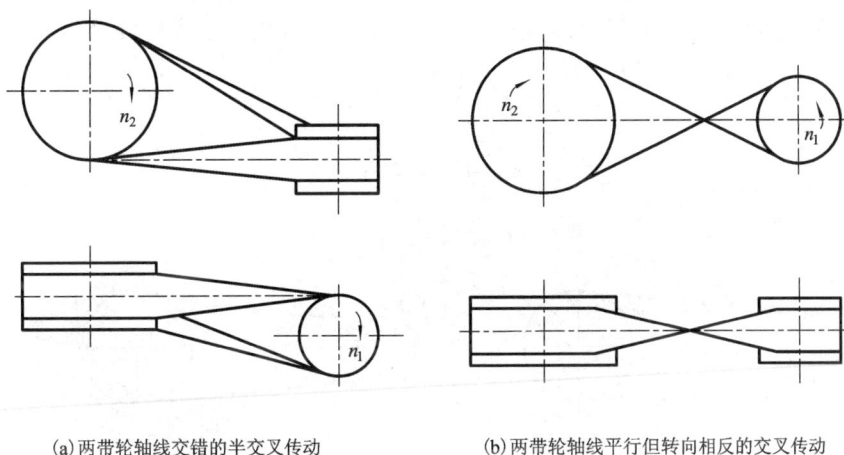

摩擦型带传动
的几种类型

(a)两带轮轴线交错的半交叉传动　　　　(b)两带轮轴线平行但转向相反的交叉传动

图 6.4　半交叉和交叉传动

啮合型带传动也称为同步带传动。由主动同步带轮、从动同步带轮和套在两轮上的环形同步带组成(图 6.2)。与摩擦型带传动相比,同步带传动的带轮和传动带之间没有相对滑动,能够保证严格的传动比,但对中心距及其尺寸稳定性要求较高。

6.1.2　带传动的特点

与其他传动相比,带传动具有如下优点:

(1)结构简单,制造、安装及维护方便,成本低;

(2)主、从带轮两轴间的中心距变化范围大,可以进行远距离传动;

(3)过载时,将导致传动带在带轮上打滑,从而避免其他零件的损坏,起到安全保护的作用;

(4)传动带具有良好的弹性,能缓冲和吸收振动,使得传动平稳,噪声较低等。

带传动的缺点:

(1)带传动的外廓尺寸较大;

(2)由于带的弹性滑动,不能保证准确的传动比;

(3)传动效率较低,一般在 0.94 ~ 0.97 之间,带的寿命较短;

(4)需要张紧装置;

(5)不宜用于高温、易燃、易爆及有腐蚀介质的场合等。

因此,带传动多用于要求传动平稳、传动比要求不高的中小功率及中心距较大的场合。

带传动的特点

71

6.2 带传动的受力分析和应力分析

6.2.1 带传动的受力分析

带传动工作前，传动带以一定的初拉力 F_0 张紧在带轮上，传动带两边的拉力相等，如图 6.5(a)所示。当带传动工作时，因带与带轮间的静摩擦力作用将会使传动带一边拉紧，一边放松。此时紧边拉力由 F_0 增加到 F_1；松边拉力则由 F_0 下降为 F_2，如图 6.5(b)所示。如果假定传动带工作时的总长度不变，并且假设带为线弹性体，则依据胡克定律可得如下公式：

$$F_1 - F_0 = F_0 - F_2 \tag{6-1}$$

或者

$$F_0 = \frac{1}{2}(F_1 + F_2) \tag{6-2}$$

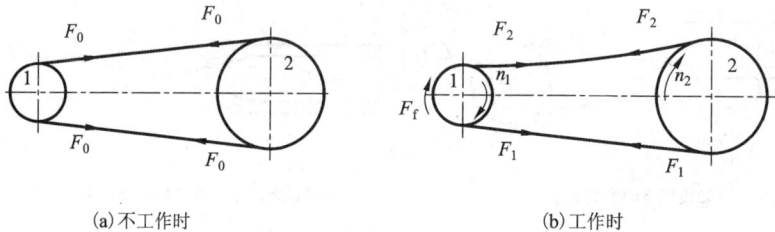

(a)不工作时   (b)工作时

图 6.5　带传动的工作原理

此时，紧边拉力 F_1 与松边拉力 F_2 之差即为带传动的有效拉力 F_e，也就是带所传递的圆周力。当带传动稳定运行时，取与带轮接触的传动带为研究对象，进行力的平衡分析，并利用微积分理论和各力对带轮中心的力矩平衡条件，可求得两带轮上的总摩擦力 F_f 彼此相等，且等于其有效拉力 F_e，于是

$$F_e = F_f = F_1 - F_2 \tag{6-3}$$

带传动的有效拉力 F_e 与传递功率 P 的关系为

$$P = \frac{F_e v}{1000} \tag{6-4}$$

式中：F_e 为有效拉力，N；v 为传动带速度，m/s；P 为传递功率，kW。

由式(6-4)知：当传动带的速度 v 恒定时，带传动所传递的功率 P 决定了传动带的有效拉力 F_e，同时也决定了传动带和带轮间的总摩擦力 F_f。显然，要使带传动正常工作，带与带轮之间不能产生相对滑动，这就要求带与带轮之间的总摩擦力 F_f 不能超过带与带轮间的最大静摩擦力 F_{fmax}。当带所需传递的有效拉力超过最大静摩擦力时，带与带轮之间会产生相对滑动，这种现象称为打滑。当出现打滑现象时，带和从动轮都不能正常工作，甚至完全不动，使传动失效。经常出现打滑将使带的磨损加剧，传动效率降低，故应尽量防止出现打滑。

另外，由式(6-2)和式(6-3)可得

$$F_1 = F_0 + \frac{F_e}{2} \left.\vphantom{\frac{F_e}{2}}\right\}$$
$$F_2 = F_0 - \frac{F_e}{2} \left.\vphantom{\frac{F_e}{2}}\right\}$$

$$(6-5)$$

根据式(6-5)知:在带的有效拉力 F_e 恒定的前提下,传动带紧边拉力 F_1 和松边拉力 F_2 的大小取决于初拉力 F_0。当 F_0 比较大时,传动带张得过紧,只会无谓地增大紧边拉力和松边拉力,反而会使传动带因过度磨损而快速松弛。因此,为了保证带传动的正常工作,首先需要确定满足传递功率要求的最小摩擦力和与之对应的最小初拉力。

在实际中当材料一定、初拉力 F_0 一定时,摩擦力 F_f 的大小有一个极限即最大摩擦力 F_{fmax},这就限制了带传动的传动能力不能太大。当 $F_e = F_{fmax}$ 时,根据图6.6分析推导可得 F_1 与 F_2 的关系为:

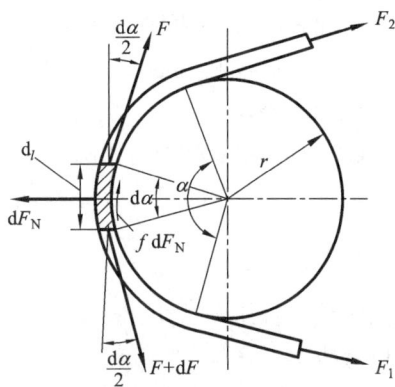

图6.6　带与带轮的受力分析

$$F_1 = F_2 e^{f\alpha} \tag{6-6}$$

上式称为欧拉公式。式中:e 为自然对数的底数,e = 2.718; α 为小带轮包角,rad。

将式(6-5)代入式(6-6),再代入式(6-3),得有效拉力的临界值,即最大有效拉力:

$$F_{emax} = 2F_0 \frac{e^{f\alpha} - 1}{e^{f\alpha} + 1} = 2F_0 \frac{1 - \dfrac{1}{e^{f\alpha}}}{1 + \dfrac{1}{e^{f\alpha}}} = 2F_0 \left(1 - \frac{2}{1 + e^{f\alpha}}\right) \tag{6-7}$$

由式(6-7)可看出最大有效拉力 F_{emax} 与下列因素有关:

(1)预紧力 F_0: F_0 增大,最大有效拉力 F_{emax} 成正比增大。即 F_0 增大,传递载荷能力增大,不易打滑。但 F_0 太大会使胶带在短时间内失去弹性,从而使其松弛,结果反而使 F_0 降低,降低胶带的寿命。

(2)包角 α:包角 α 增大,最大有效拉力 F_{emax} 增大,故要提高带传动的承载能力, α 不能过小,故在设计时应加以限制。

(3)摩擦系数 f:摩擦系数 f 增大,摩擦力 F_f 增加,最大有效圆周力 F_{emax} 增加,传动能力增大。

对于 V 带只要将公式中摩擦系数 f 用当量摩擦系数 f_v 代替即可。即

$$F_{emax} = 2F_0 \frac{e^{f_v\alpha} - 1}{e^{f_v\alpha} + 1} = 2F_0 \frac{1 - \dfrac{1}{e^{f_v\alpha}}}{1 + \dfrac{1}{e^{f_v\alpha}}} \tag{6-8}$$

6.2.2　带传动的应力分析

带传动工作时,带中应力包括以下三种:因传递载荷而产生的拉应力 σ;因离心力而产生的离心应力 σ_c;因传动带绕带轮弯曲而产生的弯曲应力 σ_b。

1）拉应力 σ

$$\begin{cases} \sigma_1 = \dfrac{F_1}{A} \\[2mm] \sigma_2 = \dfrac{F_2}{A} \end{cases} \qquad (6-9)$$

式中：σ_1 和 σ_2 为紧边拉应力和松边拉应力，MPa；F_1 和 F_2 为紧边拉力和松边拉力，N；A 为传动带的横截面面积，mm^2。

2）离心应力 σ_c

当带以一定速度沿带轮作圆周运动时，带上每一质点都受离心力作用，该离心力在带的所有横截面上所产生的离心拉应力 σ_c 是相等的。

$$\sigma_c = \frac{qv^2}{A} \qquad (6-10)$$

式中：q 为单位长度带的质量，kg/m；v 为带的线速度，m/s。

3）弯曲应力 σ_b

当带绕过带轮时，因弯曲而产生弯曲应力 σ_b，但 σ_b 只存在于带与带轮相接触的部分。

$$\sigma_b \approx E\frac{2y}{d_d} \qquad (6-11)$$

式中：y 为传动带横截面的中性层至最外层的距离，平带 $y = h/2$（h 为带厚），V 带，y 为节线到最外层的垂直距离，mm；E 为传动带材料的弹性模量，MPa；d_d 为带轮基准直径，mm。

因为弯曲应力与带轮的直径成反比，所以带在小带轮上的弯曲应力 σ_{b1} 必定大于在大带轮上的弯曲应力 σ_{b2}。

综上所述，可得到带工作时的应力分布情况如图 6.7 所示。由图可知：带上各处的应力互不相等，且带中可能产生的瞬时最大应力应发生在紧边开始绕上小带轮处，其值为：

$$\sigma_{max} \approx \sigma_1 + \sigma_c + \sigma_{b1} \qquad (6-12)$$

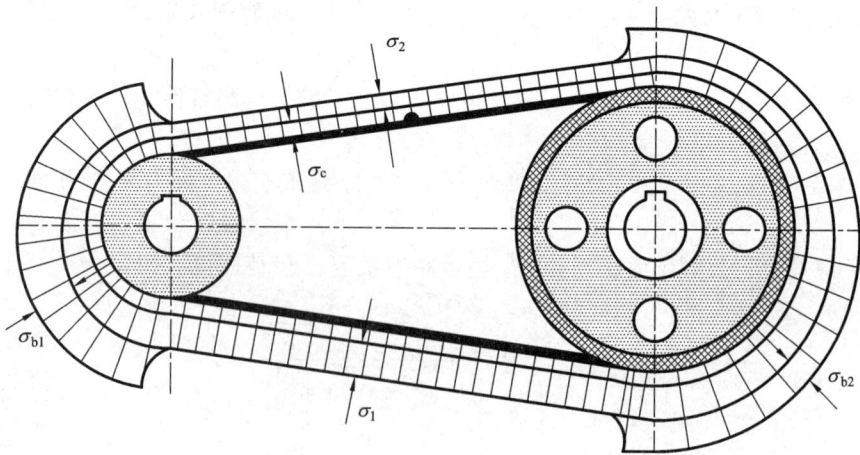

图6.7 带传动工作时的带中应力分布

74

6.3　带传动的弹性滑动与失效形式

带是弹性体,在受到拉力作用下要产生弹性伸长,弹性伸长量随拉力的变化而变化。在小带轮上,带的拉力从紧边拉力 F_1 逐渐降低到松边拉力 F_2,带的弹性变形量逐渐减少,因此带相对于小带轮向后退缩,使得带的速度低于小带轮的线速度 v_1;在大带轮上,带的拉力从松边拉力 F_2 逐渐上升为紧边拉力 F_1,带的弹性变形量逐渐增加,带相对于大带轮向前伸长,使得带的速度高于大带轮的线速度 v_2。这种由于带的弹性变形而引起的带与带轮间的微量滑动,称为带传动的弹性滑动。因为带传动总有紧边和松边,所以弹性滑动不仅总是存在,而且无法避免,同时也会导致带与带轮间产生摩擦和磨损。另外,因带的弹性变形导致大带轮的圆周速度 v_2 低于小带轮的圆周速度 v_1,从而造成带传动速度的损失,且这种速度损失还随外载荷的变化而变化,最终导致传动带不能保证准确的传动比。

为了描述上述带传动的弹性滑动程度,常用滑动率 ε 来评价带传动过程中带轮线速度的相对变化量,即

$$\varepsilon = \frac{v_1 - v_2}{v_1} \times 100\% \tag{6-13}$$

其中

$$\begin{cases} v_1 = \dfrac{\pi d_{d1} n_1}{60 \times 1000} \\[3mm] v_2 = \dfrac{\pi d_{d2} n_2}{60 \times 1000} \end{cases} \tag{6-14}$$

式中:d_{d1} 和 d_{d2} 分别为主动轮和从动轮的基准直径,mm;n_1 和 n_2 分别为主动轮和从动轮的转速,r/min。

将式(6-14)代入式(6-13),得

$$d_{d2} n_2 = (1 - \varepsilon) d_{d1} n_1 \tag{6-15}$$

因而带传动的平均传动比 i 为

$$i = \frac{n_1}{n_2} = \frac{d_{d2}}{(1 - \varepsilon) d_{d1}} \tag{6-16}$$

在一般的带传动中,因滑动率不大($\varepsilon \approx 1\% \sim 2\%$),故可以不予考虑,而取传动比为

$$i = \frac{n_1}{n_2} \approx \frac{d_{d2}}{d_{d1}} \tag{6-17}$$

带传动的弹性滑动

需要指出的是,在带传动正常工作时,并不是全部接触弧上都发生弹性滑动,带的弹性滑动只发生在带离开主、从动轮之前的那一段接触弧上,例如图 6.8 中 $\overset{\frown}{C_1 B_1}$ 和 $\overset{\frown}{C_2 B_2}$ 圆弧段,并称这一段弧为滑动弧,所对的中心角为滑动角;而把没有发生弹性

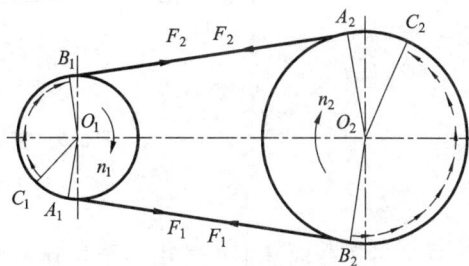

图 6.8　带传动的弹性滑动

滑动的接触弧,例如$\overset{\frown}{A_1C_1}$和$\overset{\frown}{A_2C_2}$圆弧段,称为静止弧,所对的中心角为静止角。实践证明,在带传动不传递载荷时,滑动角为零,而在带传动速度不变的条件下,随着带传动所传递的功率逐渐增加,带和带轮间的总摩擦力也随之增加,体现在带传动上的滑动角也逐渐增大而静止角逐渐减小,此时弹性滑动所发生的弧段长度也相应扩大。当弹性滑动的区域扩大到整个接触弧(相当于C_1点移动到与A_1点重合)时,总摩擦力增加到临界值,带传动的有效圆周力也达到最大值。若传动功率继续增加,则带与带轮间将会发生显著的相对滑动,即整体打滑。打滑不仅会加剧带的磨损,而且会降低从动带轮的转速,甚至使传动失效,故应极力避免这种情况的发生。

但是,当带传动所传递的功率突然增大而超过设计功率时,这种打滑却可以起到过载保护的作用。

另外,传动带在运行过程中由于受循环变应力的作用会产生疲劳破坏。因此,带传动的主要失效形式除打滑外,还有疲劳破坏。

6.4 V带规格、带轮结构和带传动张紧装置

6.4.1 V带规格

V带有普通V带、窄V带、宽V带、大楔角V带、齿形V带、联组V带和接头V带等多种类型,其中普通V带应用最广。

标准普通V带由包布层、顶胶、抗拉体及底胶组成,其剖面结构如图6.9所示。顶胶和底胶在带弯曲时分别承受拉伸和压缩,由弹性橡胶材料制成;包布层主要起保护作用,由胶帆布制成;抗拉体主要承受受负载拉力,其又分为帘布结构[图6.9(a)]和线绳结构[图6.9(b)]两种,帘布结构由胶帘布制成,便于制造,但易伸长、发热和脱层;线绳结构由胶线绳制成,柔韧性好,抗弯强度高,寿命长,但抗拉强度低,适用于带轮直径小、转速高、要求结构紧凑的场合。

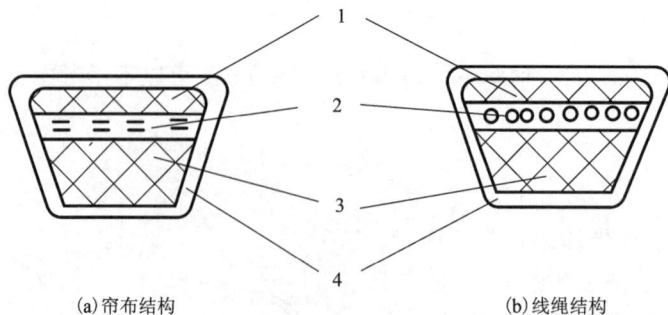

(a)帘布结构　　　　　　　　　　　(b)线绳结构

图6.9　普通V带的结构

1—顶胶;2—抗拉层;3—底胶;4—包布

普通V带按截面基本尺寸由小至大分为Y,Z,A,B,C,D和E等七种型号,最常用的是A型和B型。且V带截面尺寸和长度均已标准化,各型号的截面尺寸见表6.1。

表6.1 普通 V 带截面尺寸(GB 11544—1997)

型号	Y	Z	A	B	C	D	E
节宽 b_p	5.3	8.5	11	14	19	27	32
顶宽 b	6	10	13	17	22	32	38
高度 h	4.0	6.0	8.0	11	14	19	25
楔角 φ	40°						
每米长质量 q /(kg·m^{-1})	0.02	0.06	0.10	0.18	0.30	0.61	0.92

V 带的名义长度是按照一定方式测量得到的基准长度。当 V 带绕在带轮槽上弯曲时,从剖面上看,顶胶变窄,底胶变宽,在顶胶和底胶之间宽度保持不变的那个面称为节面,节面的宽度称为节宽 b_p。把 V 带套在规定尺寸的测量带轮上,在规定的张紧力下,沿 V 带的节宽环行一周的长度,即为 V 带的基准长度 L_d,基准长度已标准化,如表6.2。

表6.2 普通 V 带的基准长度系列 L_d 及长度系数 K_L

基准长度 L_d/mm	带长修正系数 K_L						
	Y	Z	A	B	C	D	E
400	0.96	0.87					
450	1.00	0.89					
500	1.02	0.91					
560		0.94					
630		0.96	0.81				
710		0.99	0.83				
800		1.00	0.85				
900		1.03	0.87	0.82			
1000		1.06	0.89	0.84			
1120		1.08	0.91	0.86			
1250		1.11	0.93	0.88			
1400		1.14	0.96	0.90			
1600		1.16	0.99	0.92	0.83		
1800		1.18	1.01	0.95	0.86		
2000			1.03	0.98	0.88		
2240			1.06	1.00	0.91		
2500			1.09	1.03	0.93		
2800			1.11	1.05	0.95	0.83	
3150			1.13	1.07	0.97	0.86	

基准长度 L_d/mm	带长修正系数 K_L						
	Y	Z	A	B	C	D	E
3550			1.17	1.09	0.99	0.89	
4000			1.19	1.13	1.02	0.91	
4500				1.15	1.04	0.93	0.90
5000				1.18	1.07	0.96	0.92

6.4.2 带轮结构

带轮由轮缘、轮毂、轮辐(或腹板)三部分组成。轮缘用于安装传动带,轮毂用于安装轴,轮辐(或腹板)用于连接轮缘与轮毂。

由于带传动通常安装在高速级,因此要求带轮重量轻、加工工艺性好、质量分布均匀、与普通 V 带接触的槽面应光洁,以减轻带的磨损。另外,对于铸造和焊接带轮,除内应力要小外,在铸造时还要考虑拔模斜度。

同时,带轮可以根据轮辐结构的不同,又可以分为实心式、腹板式、孔板式和轮辐式,如图 6.10 所示。

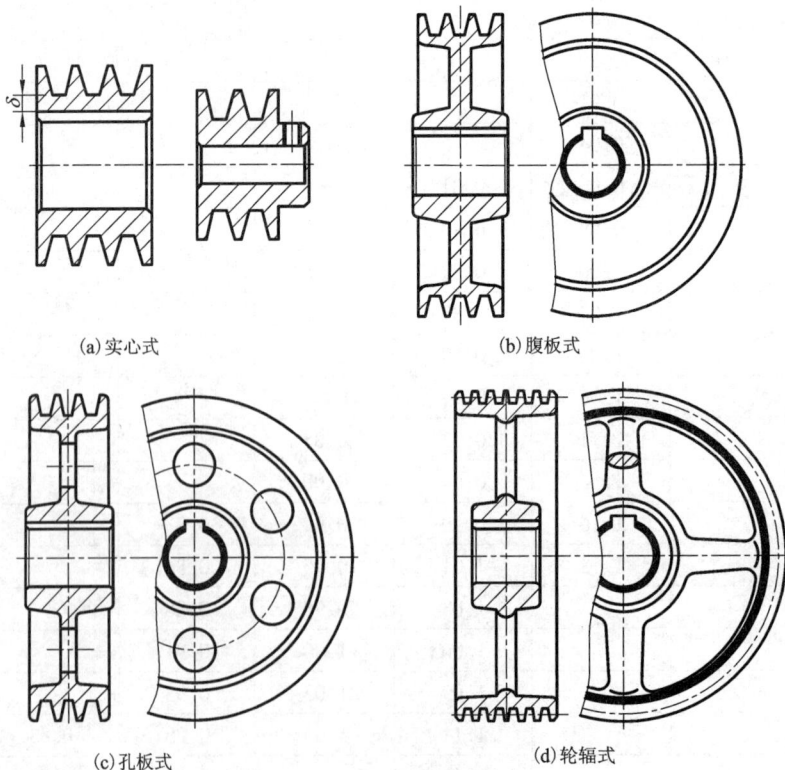

(a)实心式 (b)腹板式

(c)孔板式 (d)轮辐式

图 6.10 V 带轮的结构

其中实心式带轮,多用于尺寸较小的场合,即带轮基准直径 $d_d \leqslant 2.5d$(d 为安装带轮轴的直径,mm);腹板式带轮与孔板式带轮,多用于中等尺寸场合,即 $d_d \leqslant 300$ mm;轮辐式带轮,多用于大尺寸场合,即 $d_d > 300$ mm。带轮其他结构尺寸可查阅机械设计手册。

6.4.3 带传动的张紧及维护

1. 带传动的张紧装置

由于传动带在传动中不是完全的弹性体,在运转一段时间后,会因为带的塑性变形而松弛,导致张紧力减小,传动能力下降。此时,必须将带重新张紧,以保证带传动的正常工作。而带传动常用的张紧方法是调节中心距,相关的张紧装置有以下几种。

1)定期张紧装置

即采用定期改变中心距的方法来调节带的初拉力,使带重新张紧,如图 6.11 所示。其中图 6.11(a)所示为采用滑轨和调节螺钉改变中心距的张紧方法;而图 6.11(b)所示为采用摆动架和调节螺栓来改变中心距。前者适用于水平或倾斜不大的布置,后者适用于垂直或接近垂直的布置。若中心距不能调节时,则采用具有张紧轮的装置,如图 6.11(c)所示,它靠平衡锤将张紧轮压在带上,以保持带的张紧。

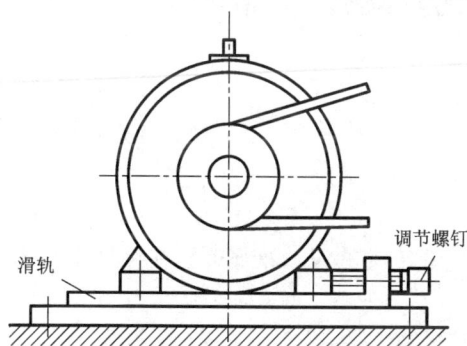

带传动的张紧装置
(c)利用平衡锤和
张紧轮张紧带轮

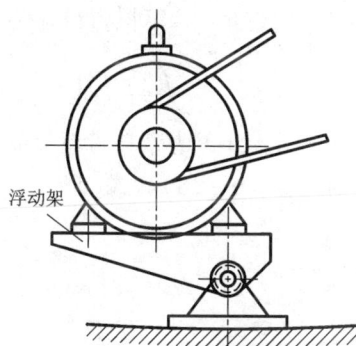

(a) 采用滑轨和调节螺钉改变中心距

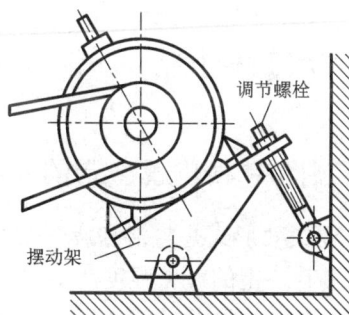

(b) 采用摆动架和调节螺栓改变中心距

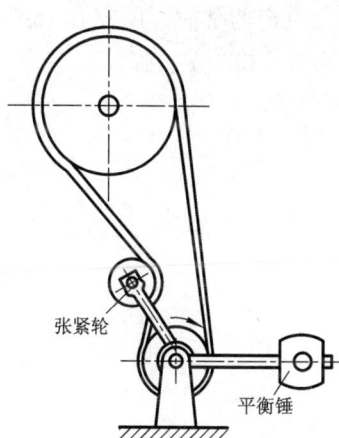

(c) 利用平衡锤和张紧轮张紧带轮

(d) 采用浮动架和电机自重张紧带轮

图 6.11 带传动的张紧装置

2）自动张紧装置

如图 6.11（d）所示，将装有带轮的电动机安装在浮动的摆架上，利用电动机的自重，使带轮随同电动机绕固定轴摆动，以自动保持初拉力。

2. 带传动的维护

为了保证带传动能够正常运转，并延长带的使用寿命，需正确地使用、维护及保养，一般应注意以下几点：

（1）安装时，两轮轴线必须平行，两轮轮槽应对齐，否则会使带扭曲，从而加剧带的磨损，甚至使带从带轮上脱落；

（2）安装时，应先缩小中心距，将带套在带轮上后，再慢慢调大中心距，使其达到规定的初拉力，不能硬撬，以免损坏胶带，降低其使用寿命；

（3）对带根数较多的传动，同组使用的 V 带应型号相同、长度相同，且使用中要定期检查带的状况，当发现某一根带松弛或疲劳时，应全部更换，不能新旧带并用，否则会造成载荷分配不均，加速新带的损坏；

（4）严防带与酸、碱或矿物油等介质接触，也不宜在阳光下曝晒，以免老化变质；

（5）如果带传动装置较长时间不用，应将传动带放松；

（6）为保证安全，带传动应置于防护罩之内，且带的工作温度不应超过 80℃。

6.5　V 带传动设计计算

6.5.1　设计准则和单根普通 V 带的许用功率

带传动的主要失效形式是打滑和疲劳破坏。因此，带传动的设计准则是：在保证不打滑的条件下，使带具有一定的疲劳强度和寿命。

由式（6-12）可推得普通 V 带的疲劳强度条件为

$$\sigma_{\max} \approx \sigma_1 + \sigma_{b1} + \sigma_c \leqslant [\sigma] \tag{6-18}$$

式中：σ_{b1} 为小带轮上的弯曲应力，MPa；$[\sigma]$ 为根据疲劳寿命决定的带的许用应力，MPa。

根据式（6-5）和式（6-6）可推得带在临界打滑状态下的有效拉力 F_{ec} 为

$$F_{ec} = F_1 \left(1 - \frac{1}{e^{f_v \alpha}}\right) = \sigma_1 A \left(1 - \frac{1}{e^{f_v \alpha}}\right) \tag{6-19}$$

式中：f_v 为当量摩擦系数；α 为带在带轮上的包角，rad。

联立式（6-4），式（6-18）和式（6-19），可得到单根 V 带处于临界打滑状态时所能传递的最大功率：

$$P_1 = \frac{\left([\sigma] - \sigma_c - \sigma_{b1}\right)\left(1 - \dfrac{1}{e^{f_v \alpha}}\right) A v}{1000} \tag{6-20}$$

式中：P_1 为单根普通 V 带所能传递的最大功率，kW。

P_1 一般通过实验得到，也称为单根普通 V 带的基本额定功率。试验条件为：传动比 $i=1$（即包角 $\alpha = 180°$）、特定带长、载荷平稳的工作条件。具体数据参数见表 6.3。

表 6.3　单根普通 V 带的基本额定功率 P_1　　　　　　　　　　　　　　　　kW

带型	小带轮的基准直径 d_{d1}/mm	小带轮转速/(r·min^{-1})									
		400	700	800	950	1200	1450	1600	2000	2400	2800
Z	50	0.06	0.09	0.10	0.12	0.14	0.16	0.17	0.20	0.22	0.26
	56	0.06	0.11	0.12	0.14	0.17	0.19	0.20	0.25	0.30	0.33
	63	0.08	0.13	0.15	0.18	0.22	0.25	0.27	0.32	0.37	0.41
	71	0.09	0.17	0.20	0.23	0.27	0.30	0.33	0.39	0.46	0.50
	80	0.14	0.20	0.22	0.26	0.30	0.35	0.39	0.44	0.50	0.56
	90	0.14	0.22	0.24	0.28	0.33	0.36	0.40	0.48	0.54	0.60
A	75	0.26	0.40	0.45	0.51	0.60	0.68	0.73	0.84	0.92	1.00
	90	0.39	0.61	0.68	0.77	0.93	1.07	1.15	1.34	1.50	1.64
	100	0.47	0.74	0.83	0.95	1.14	1.32	1.42	1.66	1.87	2.05
	112	0.56	0.90	1.00	1.15	1.39	1.61	1.74	2.04	2.30	2.51
	125	0.67	1.07	1.19	1.37	1.66	1.92	2.07	2.44	2.74	2.98
	140	0.78	1.26	1.41	1.62	1.96	2.28	2.45	2.87	3.22	3.48
	160	0.94	1.51	1.69	1.95	2.36	2.73	2.54	3.42	3.80	4.06
	180	1.09	1.76	1.97	2.27	2.74	3.16	3.40	3.93	4.32	4.54
B	125	0.84	1.30	1.44	1.64	1.93	2.19	2.33	2.64	2.85	2.96
	140	1.05	1.64	1.82	2.08	2.47	2.82	3.00	3.42	3.70	3.85
	160	1.32	2.09	2.32	2.66	3.17	3.62	3.86	4.40	4.75	4.89
	180	1.59	2.53	2.81	3.22	3.85	4.39	4.68	5.30	5.67	5.76
	200	1.85	2.96	3.30	3.77	4.50	5.13	5.46	6.13	6.47	6.43
	224	2.17	3.47	3.86	4.42	5.26	5.97	6.33	7.02	7.25	6.95
	250	2.50	4.00	4.46	5.10	6.04	6.82	7.20	7.87	7.89	7.14
	280	2.89	4.61	5.13	5.85	6.90	7.76	8.13	8.60	8.22	6.80
C	200	2.41	3.69	4.07	4.58	5.29	5.84	6.07	6.34	6.02	5.01
	224	2.99	4.64	5.12	5.78	6.71	7.45	7.75	8.06	7.57	6.08
	250	3.62	5.64	6.23	7.04	8.21	9.04	9.38	9.62	8.75	6.56
	280	4.32	6.76	7.52	8.49	9.81	10.72	11.06	11.04	9.50	6.13
	315	5.14	8.09	8.92	10.05	11.53	12.46	12.72	12.14	9.43	4.16
	355	6.05	9.50	10.46	11.73	13.31	14.12	14.19	12.59	7.98	—
	400	7.06	11.02	12.10	13.48	15.04	15.53	15.24	11.95	4.34	—
	450	8.20	12.63	13.80	15.23	16.59	16.47	15.57	9.64	—	—

带型	小带轮的基准直径 d_{d1}/mm	小带轮转速/(r·min^{-1})									
		400	700	800	950	1200	1450	1600	2000	2400	2800
D	355	9.24	13.70	16.15	17.25	16.77	15.63	—	—	—	—
	400	11.45	17.07	20.06	21.20	20.15	18.31	—	—	—	—
	450	13.85	20.63	24.01	24.84	22.02	19.59	—	—	—	—
	500	16.20	23.99	27.50	26.71	23.59	18.88	—	—	—	—
	560	18.95	27.73	31.04	29.67	22.58	15.13	—	—	—	—
	630	22.05	31.68	34.19	30.15	18.06	6.25	—	—	—	—
	710	25.45	35.59	36.35	27.88	7.99	—	—	—	—	—
	800	29.08	39.14	36.76	21.32	—	—	—	—	—	—

当实际工作条件与上述特定实验条件不同时，如当传动比 $i>1$ 时，由于从动轮直径大于主动轮直径，传动带绕过从动轮时所产生的弯曲应力低于绕过主动轮时所产生的弯曲应力，单根 V 带有一功率增量 ΔP_1，其值见表 6.4，这时单根 V 带所能传递的功率即为 $(P_1 + \Delta P_1)$；同时，因实际工况下包角不等于 180°，V 带长度与特定带长不同，需引入包角修正系数 K_α（见表 6.5）和长度修正系数 K_L（见表 6.2）。

这样，实际工况下单根 V 带所能传递的额定功率 P_r 为

$$P_r = (P_1 + \Delta P_1)K_\alpha K_L \qquad (6-21)$$

表 6.4　单根普通 V 带额定功率的增量 ΔP_1　　　　　　　　　　　　kW

带型	传动比	小带轮转速 n_1/(r·min^{-1})									
		400	700	800	950	1200	1450	1600	2000	2400	2800
Z	1.00~1.01	0.00	0.00	0.00	0.00	0.00	0.00	0.00	0.00	0.00	0.00
	1.02~1.04	0.00	0.00	0.00	0.00	0.00	0.00	0.01	0.01	0.01	0.01
	1.05~1.08	0.00	0.00	0.00	0.00	0.01	0.01	0.01	0.01	0.02	0.02
	1.09~1.12	0.00	0.00	0.00	0.01	0.01	0.01	0.01	0.02	0.02	0.02
	1.13~1.18	0.00	0.00	0.01	0.01	0.01	0.01	0.01	0.02	0.02	0.03
	1.19~1.24	0.00	0.01	0.01	0.01	0.01	0.02	0.02	0.02	0.03	0.03
	1.25~1.34	0.00	0.01	0.01	0.01	0.02	0.02	0.02	0.02	0.03	0.03
	1.35~1.50	0.00	0.01	0.01	0.02	0.02	0.02	0.02	0.03	0.03	0.04
	1.51~1.99	0.01	0.01	0.02	0.02	0.02	0.02	0.03	0.03	0.04	0.04
	≥2.00	0.01	0.02	0.02	0.02	0.03	0.03	0.03	0.04	0.04	0.04

82

续表 6.4

带型	传动比	小带轮转速 n_1/(r·min^{-1})									
		400	700	800	950	1200	1450	1600	2000	2400	2800
A	1.00 ~ 1.01	0.00	0.00	0.00	0.00	0.00	0.00	0.00	0.00	0.00	0.00
	1.02 ~ 1.04	0.01	0.01	0.01	0.01	0.02	0.02	0.02	0.03	0.03	0.04
	1.05 ~ 1.08	0.01	0.02	0.02	0.03	0.03	0.04	0.04	0.06	0.07	0.08
	1.09 ~ 1.12	0.02	0.03	0.03	0.04	0.05	0.06	0.06	0.08	0.10	0.11
	1.13 ~ 1.18	0.02	0.04	0.04	0.05	0.07	0.08	0.09	0.11	0.13	0.05
	1.19 ~ 1.24	0.03	0.05	0.05	0.06	0.08	0.09	0.11	0.13	0.16	0.19
	1.25 ~ 1.34	0.03	0.06	0.06	0.07	0.10	0.11	0.13	0.16	0.19	0.23
	1.35 ~ 1.50	0.04	0.07	0.08	0.08	0.11	0.13	0.15	0.19	0.23	0.26
	1.51 ~ 1.99	0.04	0.08	0.09	0.10	0.13	0.15	0.17	0.22	0.26	0.30
	≥2.00	0.05	0.09	0.10	0.11	0.15	0.17	0.19	0.24	0.29	0.34
B	1.00 ~ 1.01	0.00	0.00	0.00	0.00	0.00	0.00	0.00	0.00	0.00	0.00
	1.02 ~ 1.04	0.01	0.02	0.03	0.03	0.04	0.05	0.06	0.07	0.08	0.10
	1.05 ~ 1.08	0.03	0.05	0.06	0.07	0.08	0.10	0.11	0.14	0.17	0.20
	1.09 ~ 1.12	0.04	0.07	0.08	0.10	0.13	0.15	0.17	0.21	0.25	0.29
	1.13 ~ 1.18	0.06	0.10	0.11	0.13	0.17	0.20	0.23	0.28	0.34	0.39
	1.19 ~ 1.24	0.07	0.12	0.14	0.17	0.21	0.25	0.28	0.35	0.42	0.49
	1.25 ~ 1.34	0.08	0.15	0.17	0.20	0.25	0.31	0.34	0.42	0.51	0.59
	1.35 ~ 1.50	0.10	0.17	0.20	0.23	0.30	0.36	0.39	0.49	0.59	0.69
	1.51 ~ 1.99	0.11	0.20	0.23	0.26	0.34	0.40	0.45	0.56	0.68	0.79
	≥2.00	0.13	0.22	0.25	0.30	0.38	0.46	0.51	0.63	0.76	0.89
C	1.00 ~ 1.01	0.00	0.00	0.00	0.00	0.00	0.00	0.00	0.00	0.00	0.00
	1.02 ~ 1.04	0.04	0.07	0.08	0.09	0.12	0.14	0.16	0.20	0.23	0.27
	1.05 ~ 1.08	0.08	0.14	0.16	0.19	0.24	0.28	0.31	0.39	0.47	0.55
	1.09 ~ 1.12	0.12	0.21	0.23	0.27	0.35	0.42	0.47	0.59	0.70	0.82
	1.13 ~ 1.18	0.16	0.27	0.31	0.37	0.47	0.58	0.63	0.78	0.94	1.10
	1.19 ~ 1.24	0.20	0.34	0.39	0.47	0.59	0.71	0.78	0.98	1.18	1.37
	1.25 ~ 1.34	0.23	0.41	0.47	0.56	0.70	0.85	0.94	1.17	1.41	1.64
	1.35 ~ 1.50	0.27	0.48	0.55	0.65	0.82	0.99	1.10	1.37	1.65	1.92
	1.51 ~ 1.99	0.31	0.55	0.63	0.74	0.94	1.14	1.25	1.57	1.88	2.19
	≥2.00	0.35	0.62	0.71	0.83	1.06	1.27	1.41	1.76	2.12	2.47

带型	传动比	小带轮转速 $n_1/(\text{r}\cdot\text{min}^{-1})$									
		400	700	800	950	1200	1450	1600	2000	2400	2800
D	1.00 ~ 1.01	0.00	0.00	0.00	0.00	0.00	0.00	0.00	—	—	—
	1.02 ~ 1.04	0.14	0.24	0.28	0.33	0.42	0.51	0.56	—	—	—
	1.05 ~ 1.08	0.28	0.49	0.56	0.66	0.84	1.01	1.11	—	—	—
	1.09 ~ 1.12	0.42	0.73	0.83	0.99	1.25	1.51	1.67	—	—	—
	1.13 ~ 1.18	0.56	0.97	1.11	1.32	1.67	2.02	2.23	—	—	—
	1.19 ~ 1.24	0.70	1.22	1.39	1.60	1.09	2.52	2.78	—	—	—
	1.25 ~ 1.34	0.83	1.46	1.67	1.92	2.50	3.02	3.33	—	—	—
	1.35 ~ 1.50	0.97	1.70	1.95	2.31	2.92	3.52	3.89	—	—	—
	1.51 ~ 1.99	1.11	1.95	2.22	2.64	3.34	4.03	4.45	—	—	—
	≥2.00	1.25	2.19	2.50	2.97	3.75	4.53	5.00	—	—	—

表 6.5　包角修正系数 K_α

小带轮包角 $\alpha/(°)$	180	175	170	160	150	140	130	120	110	100	90
K_α	1.00	0.99	0.98	0.95	0.92	0.89	0.86	0.82	0.78	0.74	0.69

6.5.2　V 带传动设计计算步骤及实例

1. 已知条件和设计内容

普通 V 带传动在设计计算时，一般应知道带的传动用途、工作条件、传递功率、带轮转速(或传动比)、传动位置要求及外廓尺寸要求、原动机类型等。设计内容主要包括：确定带的型号、长度、根数、传动中心距，带轮的材料、基准直径、结构及尺寸，带的初拉力和作用在轴上的轴压力、张紧和维护装置等。

2. 设计步骤和方法

1)确定计算功率

根据传递的额定功率 P，考虑载荷性质及每天连续工作时间等因素来确定计算功率 P_c。

$$P_\text{c} = K_\text{A} P \qquad (6-22)$$

式中：K_A 为工作情况系数，见表 6.6。

表 6.6　工作情况系数 K_A

载荷性质	工作机	K_A					
		空、轻载启动			重载启动		
		每天工作时间/h					
		<10	10 ~ 16	>16	<10	10 ~ 16	>16
载荷平稳	液体搅拌机、通风机和鼓风机(≤7.5 kW)、离心式水泵和压缩机、轻负荷输送机	1.0	1.1	1.2	1.1	1.2	1.3

载荷性质	工作机	K_A					
		空、轻载启动			重载启动		
		每天工作时间/h					
		<10	10~16	>16	<10	10~16	>16
载荷变动小	带式输送机(不均匀负荷)、通风机(>7.5 kW)、旋转式水泵和压缩机(非离心式)、发电机、金属切削机床、印刷机、旋转筛、锯木机和木工机械	1.1	1.2	1.3	1.2	1.3	1.4
载荷变动较大	制砖机、斗式提升机、往复式水泵和压缩机、起重机、磨粉机、冲剪机床、橡胶机械、振动筛、纺织机械、重载输送机	1.2	1.3	1.4	1.4	1.5	1.6
冲击载荷	破碎机(旋转式、颚式等)、磨碎机(球磨、棒磨、管磨)	1.3	1.4	1.5	1.5	1.6	1.8

注：①空、轻载启动——电动机(交流启动、三角启动、直流并励)、4 缸以上的内燃机、装有离心式离合器、液力连轴器的动力机；②重载启动——电动机(联机交流启动、直流复励或串励)、4 缸以下内燃机；③反复启动、正反转频繁、工作条件恶劣等场合，K_A 应乘以 1.2；④在增速传动场合，K_A 应乘以以下列系数：

增速比 i：　1.25~1.74　1.75~2.49　2.50~3.49　>3.5

系数：　　　　1.05　　　　1.11　　　　1.18　　　1.25

2)选择 V 带型号

根据计算功率 P_c 及小带轮转速 n_1，按图 6.12 选择普通 V 带的型号。

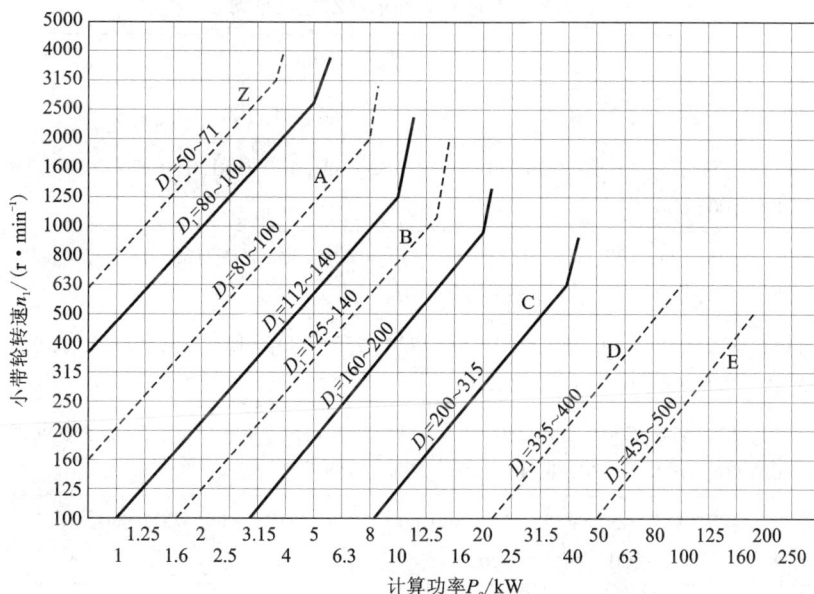

图 6.12　普通 V 带选型图

在选择 V 带型号时，若坐标点(P_c，n_1)位于图中两种型号的交线附近时，需按两种型号分别计算，比较两种方案的计算结果，再择优确定。

3）确定带轮的基准直径并验算带速

（1）初选小带轮的基准直径 d_{d1}。

为了避免弯曲应力过大，根据 V 带的类型，小带轮的基准直径不能过小，应保证小带轮的基准直径 d_{d1} 一般取得比规定的最小基准 d_{dmin} 略大些，即 $d_{d1} \geqslant d_{dmin}$，推荐的各种型号 V 带轮最小基准直径见表 6.7。

表 6.7　V 带轮最小带轮基准直径及基准直径系列

V 带轮槽型	Y	Z	A	B	C	D	E
d_{dmin}/mm	20	50	75	125	200	355	500

（2）验算带速 v。

根据式(6-14)验算带的速度。带速不宜过低或过高，v 一般为 5～25 m/s 为宜，最高不超过 30 m/s，否则应重新选取 d_{d1}。

（3）计算大带轮的基准直径 d_{d2}。

大带轮的直径一般按 $d_{d2} = id_{d1}$ 计算，并参照表 6.8 中的基准直径系列加以适当圆整。但当传动比要求比较精确时，需考虑滑动率 ε 的影响，这时 $d_{d2} = n_1 d_{d1}(1-\varepsilon)/n_2$，此时 d_{d2} 不需按直径系列进行圆整。

表 6.8　普通 V 带轮的基准直径系列

带型	基准直径 d_d/mm
Y	20, 22.4, 25, 28, 31.5, 40, 45, 50, 56, 63, 71, 80, 90, 100, 112, 125
Z	50, 56, 63, 71, 75, 80, 90, 100, 112, 125, 132, 140, 150, 160, 180, 200, 224, 250, 280, 315, 355, 400, 500, 630
A	75, 80, 85, 90, 95, 100, 106, 112, 118, 125, 132, 140, 150, 160, 180, 200, 224, 250, 280, 315, 355, 400, 450, 500, 560, 630, 710, 800
B	125, 132, 140, 150, 160, 170, 180, 200, 224, 250, 280, 315, 355, 400, 450, 500, 560, 600, 630, 710, 750, 800, 900, 1000, 1120
C	200, 212, 224, 236, 250, 265, 280, 300, 315, 335, 355, 400, 450, 500, 560, 600, 630, 710, 750, 800, 900, 1000, 1120, 1250, 1400, 1600, 2000
D	355, 375, 400, 425, 450, 475, 500, 560, 600, 630, 710, 750, 800, 900, 1000, 1060, 1120, 1250, 1400, 1500, 1600, 1800, 2000
E	500, 530, 560, 600, 630, 670, 710, 800, 900, 1000, 1120, 1250, 1400, 1500, 1600, 1800, 2000, 2240, 2500

4)确定中心距并选择带的基准长度

(1)初定中心距 a_0。

由于带是中间挠性件,故中心距允许有一定的变化范围。中心距增大,有利于增大包角和减少单位时间内带的应力循环次数。但过大会引起结构不紧凑,并容易引起带的颤动,从而降低其工作能力。在已知条件未对中心距提出具体要求的前提下,一般可按下式初选中心距 a_0,即

$$0.7(d_{d1} + d_{d2}) \leq a_0 \leq 2(d_{d1} + d_{d2}) \tag{6-23}$$

(2)初算带的基准长度 L_{d0}。

根据带传动的总体尺寸限制或要求的中心距,结合式(6-23)初选 a_0 后,可估算 V 带的基准长度 L_{d0}:

$$L_{d0} \approx 2a_0 + \frac{\pi}{2}(d_{d1} + d_{d2}) + \frac{(d_{d2} - d_{d1})^2}{4a_0} \tag{6-24}$$

根据上式初步算得 L_{d0},再由表 6.2 选定与 L_{d0} 相近的标准基准长度 L_d。

(3)计算实际中心距 a 及其变动范围。

由于 V 带传动的中心距一般是可以调整的,所以可用下式近似计算实际中心距 a

$$a \approx a_0 + \frac{L_d - L_{d0}}{2} \tag{6-25}$$

同时,考虑到安装、调整和张紧的需要,中心距应有一定的调整范围,即

$$(a - 0.015)L_d \leq a \leq (a + 0.03)L_d \tag{6-26}$$

5)验算小带轮上的包角 α_1

小带轮上的包角 α_1 为

$$\alpha_1 \approx 180° - \frac{d_{d2} - d_{d1}}{a} \times 57.3° \tag{6-27}$$

α_1 过小,传动能力降低,易打滑,为了提高带传动的工作能力,一般要求 $\alpha_1 \geq 120°$,个别情况允许减小至 90°,若不满足此条件,可加大中心距或增设张紧轮等改进措施。

6)确定带的根数 z

$$z = \frac{P_c}{(P_1 + \Delta P_1)K_\alpha K_L} \tag{6-28}$$

为了使各根 V 带受力均匀,带的根数不宜过多,且应往大圆整为整数。一般 $z = 2 \sim 5$ 根,最多不超过 8 根。否则,应加大带轮的基准直径或改选横截面积较大的带型,重新设计。

7)确定带的初拉力 F_0

初拉力的大小是保证带传动正常工作的重要因素之一。初拉力过小,则摩擦力小,传动的承载能力小,且易出现打滑。反之,初拉力过大,则带的寿命低,轴和轴承的压力增大。

既能保证传动功率又不出现打滑的单根传动带的最佳初拉力 F_0,可由下式计算:

$$F_0 = \frac{500P_c}{zv}\left(\frac{2.5 - K_\alpha}{K_\alpha}\right) + qv^2 \tag{6-29}$$

由于新带容易松弛,所以对非自动张紧的带传动,安装新带时的初拉力应为上述初拉力计算值的 1.5 倍。

8)计算作用在轴上的载荷 F_Q

为了设计安装带轮的轴和轴承，必须确定带传动作用在轴上的压力 F_Q。带对轴的作用力等于紧边和松边拉力的矢量和，如图 6.13 所示。为简化计算，不考虑带两边的拉力差，将紧边和松边拉力近似用初拉力 F_0 代替，则

$$F_Q = 2zF_0\cos\frac{\beta}{2} = 2zF_0\cos\left(\frac{\pi}{2} - \frac{\alpha_1}{2}\right) = 2zF_0\sin\frac{\alpha_1}{2} \qquad (6-30)$$

式中：F_0 为单根 V 带的初拉力，N；z 为带的根数；α_1 为小带轮上的包角，rad。

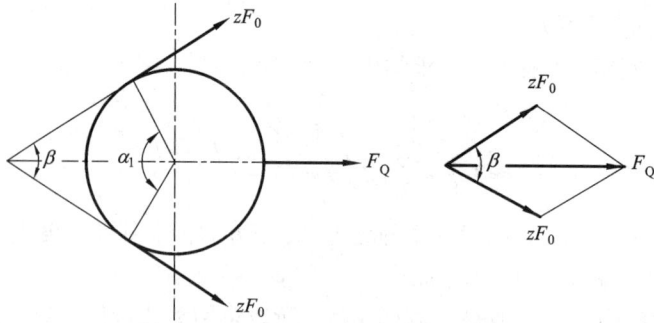

图 6.13　作用在带轮轴上的载荷计算图

例 6-1　设计如图 6.14 所示的带式运输机传动方案中的带传动。已知：$P = 11$ kW，$n_1 = 1460$ r/min，$i = 2.1$，一般用途，使用时间 10 年(每年工作 250 天)，双班制连续工作，单向运转。

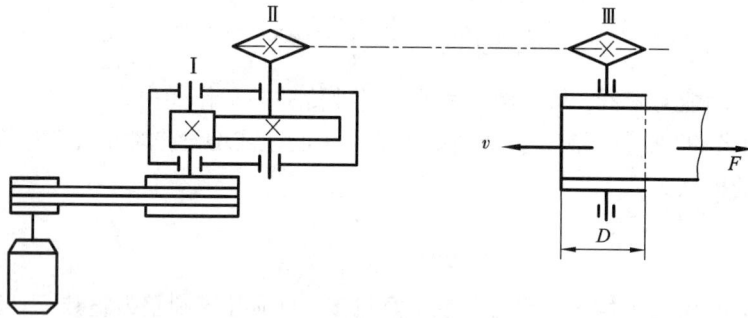

图 6.14　带式运输机传动方案

解：（1）确定计算功率 P_c

由表 6.6 查得工况系数 $K_A = 1.2$，则

$$P_c = K_A P = 1.2 \times 11 = 13.2 \text{ (kW)}$$

（2）选择 V 带型号

根据 $P_c = 13.2$ kW，$n_1 = 1460$ r/min，结合图 6.12，选取 B 型。

（3）确定带轮基准直径 d_{d1} 和 d_{d2}

由表 6.7 知，取 $d_{d1} = 132$ mm，从动轮基准直径 $d_{d2} = id_{d1} = 2.1 \times 132 = 277.2$ (mm)，结合表 6.8，最终取 $d_{d2} = 280$ mm。

传动比 $i = \dfrac{d_{d2}}{d_{d1}} = \dfrac{280}{132} = 2.12$，传动比误差为

$$\frac{2.12 - 2.1}{2.1} \times 100\% = 0.95\% < 5\%，允许。$$

（4）验算带的速度

$$v = \frac{\pi d_{d1} n_1}{60 \times 1000} = \frac{\pi \times 132 \times 1460}{60 \times 1000} = 10.09 \ (\text{m/s})$$

显然，带速 5 m/s < 10.09 m/s < 25 m/s，满足设计要求。

（5）确定中心距 a 和 V 带基准长度 L_d

由式（6 - 23）可求得初选中心距 a_0：

$$288.4 \leqslant a_0 \leqslant 824$$

根据实际情况，初选中心距 $a_0 = 560$ mm。

在 a_0 的基础上，根据式（6 - 24）得到 V 带的初始基准长度 L_{d0} 如下：

$$L_{d0} = 2a_0 + \frac{\pi}{2}(d_1 + d_2) + \frac{(d_2 - d_1)^2}{4a_0} = 1776.95 \ (\text{mm})$$

结合表 6.2，可选取与 L_{d0} 最接近的 V 带标准基准长度 $L_d = 1800$ mm

由式（6 - 25）可近似计算其实际中心距如下

$$a \approx a_0 + \frac{L_d - L_{d0}}{2} \approx 560 + \frac{1800 - 1776.95}{2} \approx 571.525 \ (\text{mm})$$

取 $a = 572$ mm。

（6）验算小带轮上包角 α_1

根据式（6 - 26）得

$$\alpha_1 = 180° - \frac{d_{d2} - d_{d1}}{a} \times 57.3° = 180° - \frac{280 - 132}{572} \times 57.3° = 165.17° > 120°，合适。$$

（7）确定 V 带根数

由 $d_{d1} = 132$ mm，$n_1 = 1460$ r/min，查表 6.3，得 B 型单根 V 带所能传递的基本额定功率 $P_1 = 2.52$ kW，查表 6.4，得功率增量 $\Delta P_1 = 0.46$ kW，由表 6.5 可查得包角系数 $K_\alpha = 0.96$，查表 6.2 得长度修正系数 $K_L = 0.95$。由式（6 - 28）可得所需带的根数为

$$z = \frac{P_c}{(P_1 + \Delta P_1) K_\alpha K_L} = \frac{13.2}{(2.52 + 0.46) \times 0.96 \times 0.95} = 4.91 \ (\text{根})$$

将 z 圆整为整数，取 $z = 5$ 根。

（8）确定初拉力 F_0

由表 6.1，查得 B 型带 $q = 0.18$ kg/m，结合式（6 - 29）可得初拉力如下：

$$F_0 = \frac{500 P_c}{zv} \left(\frac{2.5 - K_\alpha}{K_\alpha} \right) + qv^2 = \frac{500 \times 13.2}{5 \times 10.09} \left(\frac{2.5 - 0.96}{0.96} \right) + 0.18 \times 10.09^2 = 227.64 \ (\text{N})$$

（9）确定作用在轴上的载荷 F_Q

由式（6 - 30）可得：

$$F_Q = 2z F_0 \sin \frac{\alpha_1}{2} = 2 \times 5 \times 227.17 \times \sin \frac{165.17°}{2} = 2252.7 \ (\text{N})$$

（10）绘制带轮工作图（略）。

*6.6 同步带传动简介

同步带是以钢丝绳为抗拉层(也称强力层),氯丁橡胶或聚氨酯为基体,工作面上带齿的环状带,如图6.2所示。因带轮轮面也制成相应的齿形,工作时靠带齿与轮齿啮合传动,使得带与带轮无相对滑动,能保持主、从动轮线速度同步,故称为同步带传动。

与普通V带相比,同步带传动具有如下优点:

(1)结构紧凑、传动准确、传动比可达10;

(2)传动效率高,可达98%;

(3)可用于较高速度传动,传动时线速度可达50 m/s;

(4)传动噪声小,耐磨性好,不需润滑,寿命比摩擦带长;

(5)带的初拉力较小,轴和轴承所承受的载荷较小。

同步带传动的主要缺点是对制造和安装的精度要求较高,中心距要求较严格,成本较高。

同步带广泛应用于要求传动比准确的中、小功率传动中,如家用电器、计算机、仪器及机床、化工、石油等机械。

在分类上,根据带的两面是否有齿,分为单面带和双面带。前者仅在带的一面有齿,后者则在带的双面都有齿。同时,双面带又分为对称齿型(DⅠ)和交错齿型(DⅡ),而同步带齿型又包括梯形齿和弧形齿两类。

根据GB/T11361~11362—2008,同步带型号分为最轻型(XXXL)、超轻型(XXL)、特轻型(XL)、轻型(L)、重型(H)、特重型(XH)、超重型(XXH)七种。

在规定张紧力下,相邻两齿中心线的直线距离称为节距,以 p 表示。节距是同步带传动的主要参数。当同步带垂直其底边弯曲时,在带中保持原长度不变的任意一条周线,称为节线,节线长为公称长度,以 L_p 表示。

与同步带相对应,同步带带轮的齿形由梯形齿、圆弧齿及渐开线齿形构成,并可用范成法加工而成。

同步带的失效形式主要体现在带的疲劳断裂,即因带齿的剪切、压溃及同步带两侧边、带齿的磨损造成。在进行同步带设计时,如何保证同步带一定的疲劳强度和使用寿命是关键。为此,在设计时,主要限制同步带单位齿宽的拉力,必要时需校核工作齿面的压力,具体的设计计算过程参见机械设计手册相关内容。

6.7 链传动

链传动由主动链轮、从动链轮和绕在两轮上的一条闭合链条所组成,依靠链条与链轮之间的啮合来传递运动和动力,如图6.15所示。

6.7.1 链传动的特点和应用

链传动结构简单、耐用、易维护,在中心距较大的场合得到广泛应用。

与带传动相比,链传动不存在弹性滑动和打滑现象,因此功率损耗小、效率高,且能获

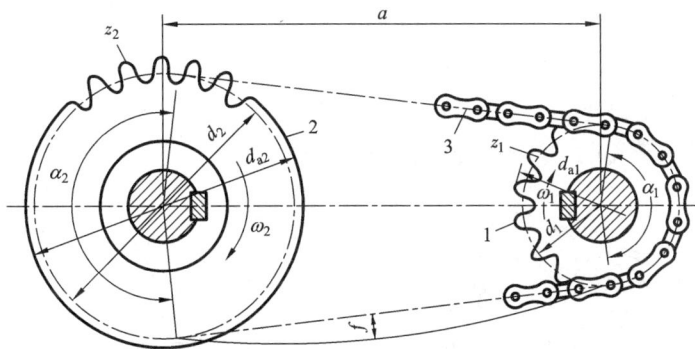

图 6.15　链传动

得准确的平均传动比；另外，链传动依靠啮合传动，链条所需的张紧力小，使得作用在轴和轴承上的载荷也较小；在同样载荷下，所需的链轮宽度和直径比带轮小，因而结构紧凑；链条和链轮采用金属材料制造，所以链传动能在高温、潮湿、多尘、有油污的恶劣环境下工作。其与齿轮传动相比，链传动的制造与安装精度要求较低，且能一次性实现远距离传动，结构简单，成本低廉。

链传动的主要缺点在于其瞬时速度不均匀，瞬时传动比不恒定，传动平稳性差，传动时有一定的冲击和噪声，不适用于高速场合；同时，链传动没有过载保护功能，安装精度比带传动要求高，不适宜在载荷变化大和有急速反转的场合，且链轮磨损后易发生跳齿；与齿轮传动相比，链传动只能用于两平行轴间的传动。

链传动主要用于两轴相距较远、低速重载，且要求工作可靠的场合，同时也用于对工作传动平稳性要求不高的场合，以及工作条件恶劣的场合。如矿山机械、农用机械、石油机械，以及冶金、化工、机床、起重运输和各种车辆等的机械传动中。其使用范围主要在以下几个方面：传递的功率 $P \leqslant 100$ kW；线速度 $v \leqslant 15$ m/s；传动比 $i \leqslant 8$；中心距 $a \leqslant 5 \sim 6$ m；传动效率 $92\% \leqslant \eta \leqslant 96\%$。

6.7.2　滚子链和链轮

1. 滚子链

按照链条结构的不同，传递动力用的链条主要有短节距精密滚子链（简称滚子链）和齿形链两种。其中齿形链结构复杂，价格较高，质量较大，应用较少，因此本章主要讨论滚子链的相关问题。

滚子链由很多链节连接而成，每一个链节的结构由内链板、外链板、销轴、套筒和滚子组成，如图 6.16 所示。内链板与套筒间、外链板与销轴间采用过盈配合固联在一起，分别称为内、外链节；而滚子和套筒、套筒与销轴间采用间隙配合。其中套筒与销轴的间隙配合与内、外链节构成一个铰链，使内外链板能相对转动；滚子与套筒的间隙配合使链条与链轮轮齿啮合时，齿面与滚子间形成滚动摩擦。为减轻链条的质量并使链板各横截面的抗拉强度大致相等，内、外链板均制成"∞"字形。

当所需传递的功率较大时，可采用双排链（图 6.17）或多排链结构。显然，链的排数越多，其承载能力越大，且承载能力与排数成正比。但受制造和安装精度的限制，各排链所承受的载荷不易均匀，故实际应用时，排数不宜过多。

根据图 6.16，滚子链上相邻两销轴轴心线间的距离称为链节距，用 p 表示，它是链的主要参数。节距 p 越大，链条中各零件的尺寸也相应增大，其承载能力也相应增大，但质量也增加，传动时链条与链轮间的冲击和振动也随之加大。

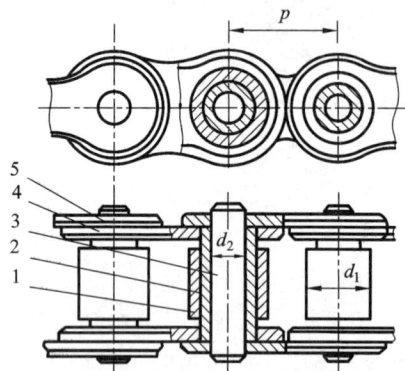

图 6.16　滚子链的结构

1—滚子；2—套筒；3—销轴；4—内链板；5—外链板

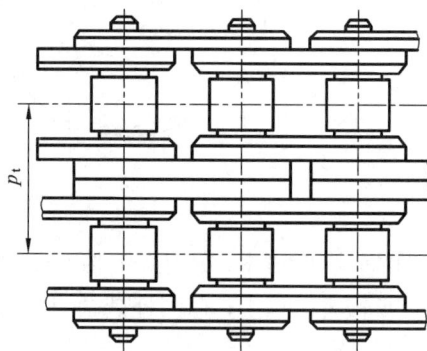

图 6.17　双排链

滚子链的长度以链节数来表示。当链节数为偶数时，接头处可用开口销[图 6.18(a)]或弹簧卡片[见图 6.18(b)]固定。通常前者用于大节距链，后者用于小节距链。当链节数为奇数时，常采用图 6.18(c)所示的过渡链节。由于过渡链节的链板在工作时，除受拉力外，还要受附加弯矩的作用，其强度比一般链节低，故很少采用。

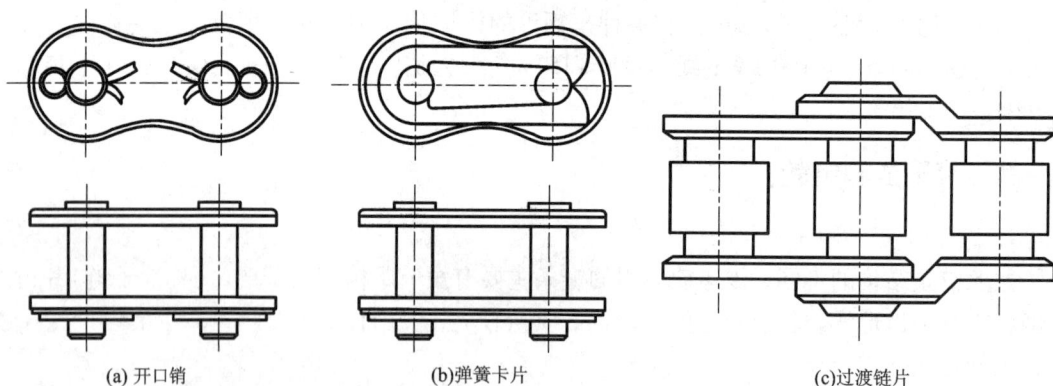

(a) 开口销　　　　　　　(b)弹簧卡片　　　　　　　(c)过渡链片

图 6.18　滚子链的结构形式

我国在 GB/T 1243—2006 中，将滚子链分为 A 和 B 两个系列，常用的是 A 系列。考虑到国际上许多国家的链节距采用英制单位，结合我国链条生产的历史与现状，标准中规定链节距用英制折算成米制单位，即链节距 p 等于链号数乘以 $\dfrac{25.4}{16}$ mm。表 6.9 中列出了 A 系列几种规格滚子链的主要参数。本章只介绍我国常用的 A 系列滚子链传动的设计计算。

滚子链的标记为：链号 – 排数 – 整链链节数 标准号

92

例：12A－1－86 GB/T 1243—2006 表示 A 系列滚子链，节距为 19.05 mm，单排，链节数为 86，制造标准 GB/T 1243—2006。

表 6.9　A 系列滚子链的基本参数和尺寸（GB/T 1243—2006）

ISO 链号	节距 p /mm	滚子外径 d_1 /mm	内链节 内宽 b_1 /mm	销轴直径 d_2 /mm	内链板 高度 h_2 /mm	排距 P_t /mm	单排极限 拉伸载荷 F_Q /kN	单排每米 质量 q /(kg·m^{-1})
08A	12.700	7.92	7.85	3.98	12.07	14.38	13.8	0.60
10A	15.875	10.16	9.40	5.09	15.09	18.11	21.8	1.00
12A	19.050	11.91	12.57	5.96	18.08	22.78	31.1	1.50
16A	25.400	15.88	15.75	7.94	24.13	29.29	55.6	2.60
20A	31.750	19.05	18.90	9.54	30.18	35.76	86.7	3.80
24A	38.100	22.23	25.22	11.11	36.20	45.44	124.6	5.60
28A	44.450	25.40	25.22	12.71	42.24	48.87	169.0	7.50
32A	50.800	28.58	31.55	14.29	48.26	58.55	222.4	10.10
40A	63.500	39.68	37.85	19.85	60.33	71.55	347.0	16.10
48A	76.200	47.63	47.35	23.81	72.39	87.83	500.4	22.60

2. 链轮

1）链轮的结构及材料

链轮结构如图 6.19 所示，由轮齿、轮缘、轮辐和轮毂组成。且一般小直径链轮采用实心式[图 6.19(a)]；中等直径链轮采用辐板式[图 6.19(b)]；大直径($d > 200$ mm)链轮可设计成组合式[图 6.19(c)]。其中图 6.19(c)中的组合式链轮，除了将齿圈用螺栓连接在轮毂上外，还可以采用焊接的方法将其固联。

另外，链轮工作时，链轮齿面与链条滚子相互啮合传递动力，使得链轮轮齿需有足够的接触强度和耐磨性，故链轮齿面多经过热处理。且小链轮轮齿的啮合次数比大链轮多，所受的磨损、冲击较严重，对材料的要求比大链轮高，齿面较硬。链轮材料的选择可参考相关的机械设计手册。

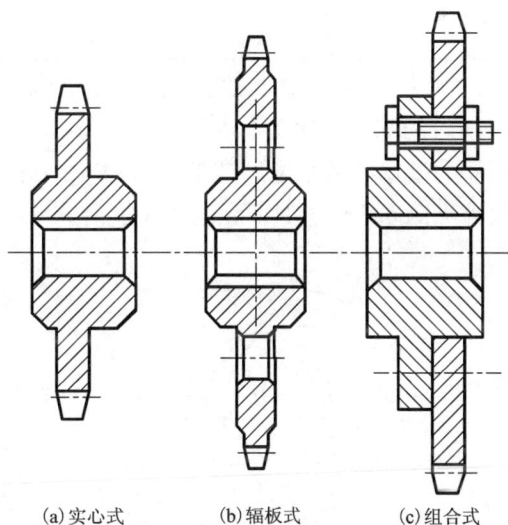

(a)实心式　　(b)辐板式　　(c)组合式

图 6.19　链轮结构

2）链轮齿形

链轮工作时，靠轮齿与链条滚子相互啮合，因此，链轮的齿形应能保证链节自由地进入和退出啮合，这就要求链轮的齿形不仅要形状简单，能保证良好的接触，而且要便于加工。

93

在国标 GB/T 1243—2006 中仅规定了滚子链链轮齿槽形状在最小和最大情况下齿侧圆弧半径 r_e、滚子定位圆弧半径 r_i、滚子定位角 α 的极限值，见表 6.10。实际齿槽形状可以根据实际情况在最小和最大范围内选用，从而使得链轮齿形设计具有较大的灵活性。

表 6.10　滚子链链轮的齿槽形状

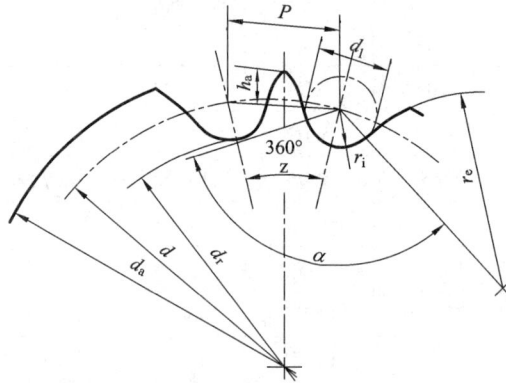

名称	符号	计算公式	
		最小齿槽形状	最大齿槽形状
齿侧圆弧半径	r_e	$r_{emax} = 0.12d_1(z+2)$	$r_{emin} = 0.008d_1(z^2+180)$
滚子定位圆弧半径	r_i	$r_{imin} = 0.505d_1$	$r_{imax} = 0.505d_1 + 0.069\sqrt[3]{d_1}$
滚子定位角	α	$\alpha_{max} = 140° - \dfrac{90°}{z}$	$\alpha_{min} = 120° - \dfrac{90°}{z}$

3）链轮的基本参数及主要尺寸

链轮的基本参数是配用链条的节距 p，套筒的最大外径 d_1，排距 p_t 以及齿数 z。链轮的主要尺寸见图 6.20，其计算公式如下：

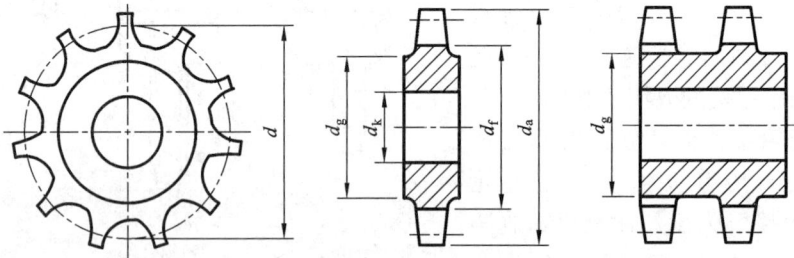

图 6.20　滚子链的主要尺寸

分度圆直径为

$$d = \frac{p}{\sin\left(\dfrac{180°}{z}\right)} \tag{6-31}$$

齿顶圆直径为

94

$$\begin{cases} d_{\text{amin}} = d + p\left(1 - \dfrac{1.6}{z}\right) - d_1 \\ d_{\text{amax}} = d + 1.25p - d_1 \end{cases} \tag{6-32}$$

式中：d_1 为链条的滚子外径，mm；d_{amax} 和 d_{amin} 对于最小齿槽形状和最大齿槽形状均可应用，但 d_{amax} 受到刀具限制。

齿根圆直径为

$$d_{\text{f}} = d - d_1 \tag{6-33}$$

链轮的其他几何尺寸和计算公式可参阅有关设计手册。

6.7.3　链传动的运动和受力分析

1. 链传动的运动分析

当链条绕在链轮上时，其刚性链节与链轮轮齿相啮合，形成折线，使链条如同多边形分布在链轮上，因此，链传动相当于一对多边形轮之间的传动。其边长与链节距 p 相等，边数等于链轮的齿数 z，链轮每转过一周，链条转过的长度为 zp，设两链轮的转速分别为 n_1 和 n_2，则链条的平均速度为

$$v = \frac{z_1 n_1 p}{60 \times 1000} = \frac{z_2 n_2 p}{60 \times 1000} \tag{6-34}$$

式中：z_1 和 z_2 分别为主、从动链轮的齿数；n_1 和 n_2 分别为主、从动链轮的转速，r/min。

因此，链传动的平均传动比为

$$i_{12} = \frac{n_1}{n_2} = \frac{z_2}{z_1} \tag{6-35}$$

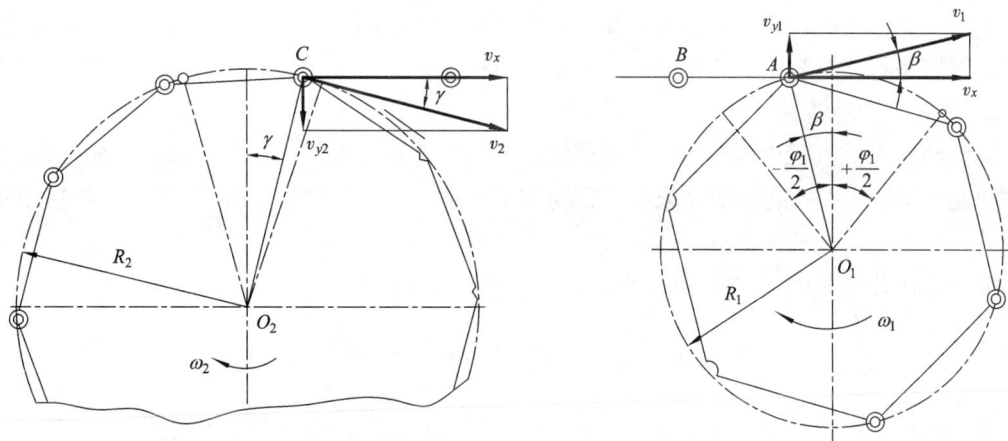

图 6.21　链传动的速度分析

但实际上，因链条绕在链轮上传动时所形成的多边形效应，即使当主动链轮以等角速度转动，其瞬时链速和瞬时传动比都将随每一链节与轮齿的啮合而做周期性变化。

根据图 6.21，链节铰链与主动链轮的轮齿在 A 点啮合时，随主动链轮做等速圆周运动，其线速度 $v_1 = R_1 \omega_1$（R_1 为主动链轮的分度圆半径）可分解为沿链条前进方向的水平分量 v_x 和

垂直分量 v_{y1}

$$\begin{cases} v_x = v_1\cos\beta = \dfrac{d_1\omega_1}{2}\cos\beta \\ v_{y1} = v_1\sin\beta = \dfrac{d_1\omega_1}{2}\sin\beta \end{cases} \tag{6-36}$$

式中：β 为 A 点圆周速度与其水平分量的夹角。

因 β 是变化的，所以在链节的啮合过程中，即使主动链轮以等角速度转动，但链条的瞬时速度周期性地由小变大，又由大变小，每转过一个链节，链速的变化就重复一次。且当链节距变大时，β 的变化范围就越大，链速的不均匀性也就越显著；同时，随着 β 的变化，链条在垂直方向的分速度也做周期性变化，导致链条上下抖动。

在主动链轮牵引链条变速运动的同时，从动链轮上也发生着类似的过程。由图 6.21 知，从动链轮上的铰链 C 正在被直线链条拉动，并由此带动从动链轮以 ω_2 转动，因链速 v_x 的方向与铰链 C 的线速度方向之间的夹角为 γ，所以经铰链 C 沿圆周方向运动的线速度可求得从动链轮的转速为

$$\omega_2 = \frac{2v_x}{d_2\cos\gamma} = \frac{d_1\omega_1\cos\beta}{d_2\cos\gamma} \tag{6-37}$$

在传动过程中，γ 角在 $\pm\dfrac{180°}{z_2}$ 内不断变化，加上 β 也在变化，所以即使 ω_1 为常数，ω_2 也是周期性变化的。

由此可得链传动的瞬时传动比 i_{12s} 为

$$i_{12s} = \frac{\omega_1}{\omega_2} = \frac{d_2\cos\gamma}{d_1\cos\beta} \tag{6-38}$$

由此可见，随着 β 和 γ 的不断变化，链传动的瞬时传动比也是不断变化的。这种传动比的变化因链条绕在链轮上的多边形特征引起，故称为多边形效应。

2. 链传动的动载荷

链传动在工作过程中，由于链条与链轮啮合的多边形影响，使链条和从动链轮均做周期性的变速运动，从而引起附加动载荷。且附加动载荷的大小与回转零件的质量及加速度的大小有关。

链条变速传动时的加速度可表述如下：

$$a = \frac{\mathrm{d}v_x}{\mathrm{d}t} = \frac{\mathrm{d}}{\mathrm{d}t}\Big(\frac{1}{2}d_1\omega_1\cos\beta\Big) = -\frac{d_1}{2}\omega_1^2\sin\beta \tag{6-39}$$

当 $\beta = \pm\dfrac{\varphi_1}{2} = \pm\dfrac{180°}{z_1}$ 时，$a_{\max} = -\dfrac{d_1}{2}\omega_1^2\sin\big(\pm\dfrac{180°}{z_1}\big) = \mp\dfrac{d_1}{2}\omega_1^2\sin\dfrac{180°}{z_1} = \mp\dfrac{\omega_1^2 p}{2}$

显然，链轮转速越高、链节距越大、链轮齿数越少时，动载荷越大；同时，链条沿垂直方向也在做变速运动，同样会产生一定的动载荷。除此之外，链节和链轮啮合瞬间的相对速度，也将引起冲击和振动。因此，为减少动载荷，采用较多的链轮齿数和较小的节距是可行的途径。

3. 链传动的受力分析

链传动工作时，紧边和松边拉力不相等。若不考虑动载荷，则紧边拉力 F_1 和松边拉力

F_2 分别为

$$\begin{cases} F_1 = F_e + F_c + F_y \\ F_2 = F_c + F_y \end{cases} \quad (6-40)$$

式中：F_e 为有效圆周力，即工作拉力，N；F_c 为离心力引起的拉力，N；F_y 为悬垂拉力，N。

其中有效圆周力 F_e 可表示为

$$F_e = \frac{1000P}{v} \quad (6-41)$$

式中：P 为传递的功率，kW；v 为链速，m/s。

离心拉力 F_c 为

$$F_c = qv^2 \quad (6-42)$$

式中：q 为每米链的质量，kg/m。

悬垂拉力 F_y 为

$$F_y = K_y qga \quad (6-43)$$

式中：g 为重力加速度，$g = 9.8$ m/s^2；a 为链传动的中心距，mm；K_y 为垂度系数，具体取值见相关的机械设计手册。

6.7.4　链传动的设计计算及实例

1. 链传动的失效形式

链传动的失效一般是链条的失效，其失效形式主要有以下几种。

1）铰链磨损

链节在进入和退出啮合时，相邻链节发生相对转动，因而在铰链的销轴与套筒间产生相对转动而磨损，导致链节伸长，使滚子与链轮轮齿的啮合点逐步向齿顶方向外移，当达到一定程度后，会破坏链条与链轮的正确啮合，引起跳齿和脱链，使传动失效。

2）疲劳破坏

链在传动过程中，各瞬时的载荷呈周期性不断变化，导致链上各个元件都在变应力作用下工作，在经过一定循环次数后，链的个别元件将因疲劳而破坏。如在中、低速时，链板首先出现疲劳断裂；高速时，由于套筒和滚子啮合时所受冲击载荷急剧增加，导致套筒和滚子先于链板产生冲击疲劳破坏。因此，链条的疲劳强度成为决定链传动承载能力的主要因素。

3）铰链胶合

铰链在进入主动轮和离开从动轮时，都要承受较大的载荷和产生相对转动，因此，当润滑不当或链速过高时，销轴与套筒之间的承载油膜破裂，使两者的工作面在高温、高压下因摩擦而胶合，从而限制了链传动的极限转速。

4）链条拉断

在低速($v < 0.6$ m/s)、重载或尖峰载荷过大时，链条所受的拉力会因静强度不够而被拉断。因此，链传动的承载能力受链元件静拉力强度的限制。而链轮的寿命一般为链条寿命的 $2 \sim 3$ 倍，所以链传动的承载能力是以链的强度和寿命为依据。

2. 链传动的额定功率

链传动的工作能力受到链条各种失效形式的限制。在一定使用寿命和良好润滑条件下，链传动不发生失效破坏时所能传递的最大功率，称为其额定功率，用 P_0 表示。图 6.22 所示为 A 系列滚子链在特定条件下的额定功率曲线。其特定的试验条件为：①小链轮齿数 $z_1 = 19$、链节数 $L_p = 100$ 节，无过渡链节的单排链；②载荷平稳，按照图 6.23 推荐的润滑方式润滑，且工作环境清洁；③工作寿命为 15000 h；④传动比 $i = 3$；⑤链因磨损而引起的伸长率不超过 3%。

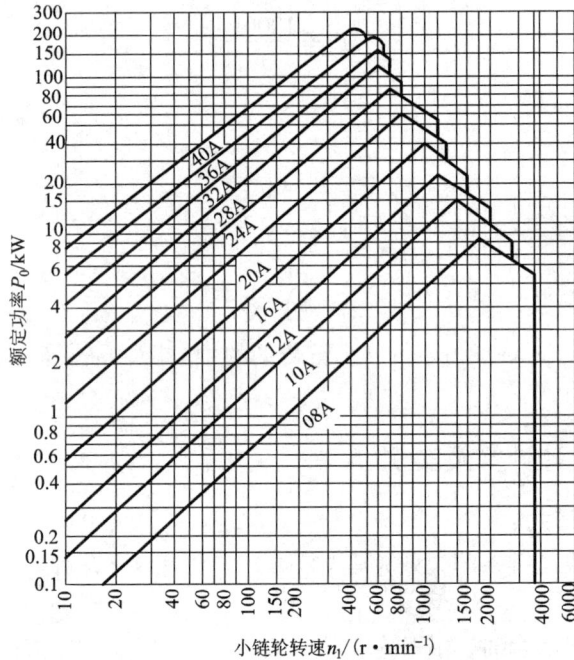

图 6.22　A 系列单排滚子链额定功率曲线

当链传动不能按推荐的方式润滑时，图 6.22 中所规定的额定功率 P_0 需根据链速进行适当调整：

(1) 当 $v \leqslant 1.5$ m/s，润滑不良时，降至 $(0.3 \sim 0.6)P_0$；

(2) 当 $1.5 < v \leqslant 7$ m/s，润滑不良时，降至 $(0.15 \sim 0.3)P_0$；

(3) 当 $v > 7$ m/s，润滑不良时，则传动不可靠，不宜采用；

(4) 当要求的实际工作寿命低于 15000 h 时，可按有限寿命设计，此时允许传递的功率高些。

3. 链传动的设计与实例

设计链传动时，通常应已知工作条件，传递的功率，链轮转速（或传动比）及对传动位置与总体尺寸限制等。其设计的主要内容有：确定链条型号（节距）、链轮齿数、链节数和排数，计算中心距、压轴力，确定链轮的结构、材料和几何尺寸，选择润滑方式和张紧装置等。

1) 链轮齿数的确定

降低小链轮的齿数 z_1，虽可有效减小外廓尺寸，但也会增加传动的不均匀性和动载荷，因此在设计时，小链轮齿数 z_1 可根据估算的链速从表 6.11 中选取，然后按传动比确定大链轮齿数 z_2，即 $z_2 = iz_1$。为避免跳齿和脱链现象，大链轮齿数应满足 $z_2 \leqslant 120$ 的条件。

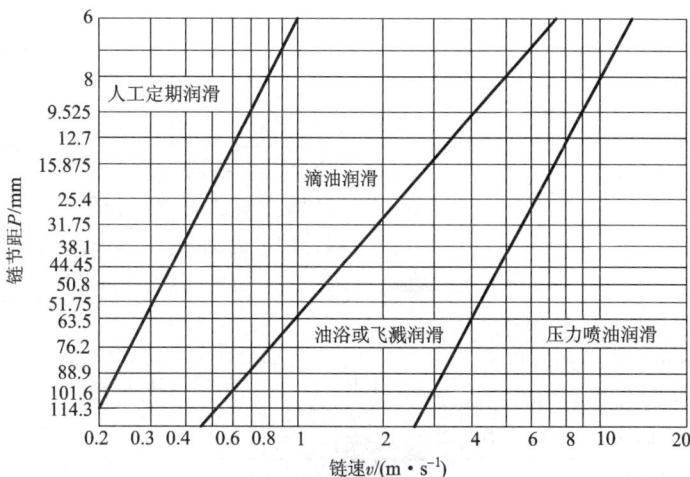

图 6.23　推荐的润滑方式

表 6.11　小链轮齿数 z_1

链速 $v/(\mathrm{m \cdot s^{-1}})$	$0.6 \sim 3$	$3 \sim 8$	> 8	> 25
z_1	$\geqslant 17$	$\geqslant 21$	$\geqslant 25$	$\geqslant 35$

由于链节数一般为偶数,为使磨损均匀,故链轮齿数最好选用奇数,并尽可能与链节数互为质数。

2)传动比的确定

传动比受链轮最小齿数和最大齿数的限制,传动比过大,小链轮上的包角 α_1 将会很小,使链轮与链条啮合的齿数较少,从而加速轮齿的磨损,容易出现跳齿和脱链现象。因此一般要求传动比 $i \leqslant 6$,包角 $\alpha_1 \geqslant 120°$。

3)计算中心距 a_0 和链节数 L_p

当链速不变时,若中心距过小,则小链轮上的包角也小,同时啮合的齿数也少;若中心距过大,除结构不紧凑外,还会使链条抖动。因此一般初选中心距 $a_0 = (30 \sim 50)p$(其中 p 为链节距),且最大值 $a_{0max} \leqslant 80p$。

链条的长度以链节数 L_p 表示,它与中心距 a 的关系为

$$L_p = \frac{2a_0}{p} + \frac{z_1 + z_2}{2} + \frac{z_2 - z_1}{2\pi} \cdot \frac{p}{a_0} \qquad (6-44)$$

根据上式计算出的 L_p 应圆整为整数,且最好取为偶数。

为了便于链条的安装和调整,中心距一般设计成可调的。若中心距为固定的,则实际中心距应比计算中心距少 $2 \sim 5\mathrm{mm}$,以便链条有小的初垂度,以保持链传动的适度张紧。

4)确定计算功率 P_c

计算功率 P_c 是根据传递的功率 P 并考虑到原动机种类和载荷性质确定,计算公式如下

$$P_c = K_A P \qquad (6-45)$$

式中: K_A 为工作情况系数,见表 6.12。

99

表 6.12　工作情况系数 K_A

从动机械特性		主动机械特性		
		平稳运转	轻微冲击	中等冲击
		电动机、汽轮机和燃气汽轮机、带有液力耦合的内燃机	6缸或6缸以上带机械式联轴器的内燃机、经常启动的电动机（一日两次以上）	少于6缸带机械式联轴器的内燃机
运转平稳	离心式的泵和压缩机、印刷机械、均匀加料的带式输送机、纸张压光机、自动扶梯、液体搅拌机和混料机、回转干燥炉、风机	1.0	1.1	1.3
中等冲击	3缸或3缸以上的泵和压缩机、混凝土搅拌机、载荷非恒定的输送机、固体搅拌机的混料机。	1.4	1.5	1.7
严重冲击	刨煤机、电铲、轧机、球磨机、橡胶加工机械、压力机、剪床、单缸或双缸的泵和压缩机、石油钻机	1.8	1.9	2.1

5）链节距

链节距 p 是决定链的工作能力、链及链轮尺寸的主要参数，正确选择 p 是链传动设计需要解决的重要问题。节距愈大 p，链和链轮齿各部分尺寸也愈大，承载能力愈高，但多边形效应显著，振动、冲击和噪声也严重。因此设计时，在满足承载能力的条件下，应选用较小节距的单排链，高速重载时可选用小节距的多排链。允许采用的链号可根据额定功率 P_0 和小链轮转速 n_1 由图 6.22 选取，链节距 p 根据链号由表 6.9 查取。

由于链传动的实际工作条件与特定的实验条件不完全一致，故需要对额定功率 P_0 进行修正，其计算公式为

$$P_0 = \frac{PK_A}{K_L K_z K_p} \qquad (6-46)$$

式中：K_z 为小链轮齿数系数，K_L 为链长系数，其值见表 6.13；K_p 为多排链系数，其值见表 6.14。

表 6.13　小链轮齿数系数 K_z 和链长系数 K_L

链传动工作在图中的位置	位于功率曲线顶点左侧时（链板疲劳）	位于功率曲线顶点右侧时（滚子、套筒冲击疲劳）
小链轮齿数系数 K_z	$\left(\dfrac{z_1}{19}\right)^{1.08}$	$\left(\dfrac{z_1}{19}\right)^{1.5}$
链长系数 K_L	$\left(\dfrac{L_p}{100}\right)^{0.26}$	$\left(\dfrac{L_p}{100}\right)^{0.5}$

表 6.14　多排链系数 K_p

排数	1	2	3	4	5	6
K_p	1.0	1.7	2.5	3.3	4.1	5.0

6)计算链速,选择合适的润滑方式

平均链速按式(6-34)计算,并根据链速 v,由图6.23选择合适的润滑方式。

而链速的提高受到动载荷的限制,所以一般最好不超过 12 m/s。如果链和链轮的制造质量很高,链节距较小,链轮齿数较多,安装精度很高,以及采用合金钢制造的链,则链速也允许达到 20~30 m/s。

7)计算链传动作用在轴上的压轴力 F_p

压轴力 F_p 可近似取为

$$F_p \approx K_{Fp} F_e \tag{6-47}$$

式中:F_e 为有效圆周力,N;K_{Fp} 为压轴力系数,对于水平传动 $K_{Fp}=1.15$;对于垂直传动 $K_{Fp}=1.05$。

例 6-2　设计如图6.24所示的带式运输机传动方案中的滚子链传动,已知小链轮转速 $n_1=173.8$ r/min,传动比 $i=2.5$,传递功率 $P=10.04$ kW,两班制工作,中心距可调节,工作中有中等冲击。

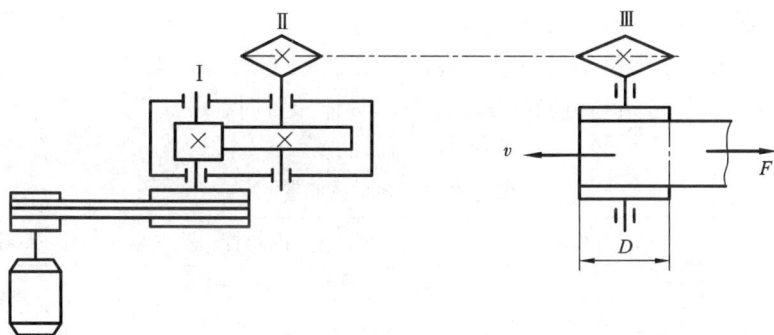

图 6.24　带式运输机传动方案

解: 1. 初步假设链速 $v<0.6~3$ m/s,由表6.11查得小链轮齿数 $z_1 \geq 17$,取 $z_1=23$,$z_2=iz_1=2.5\times23=57.5$,取 $z_2=57$(<120 合适)。

2. 根据额定功率曲线,选链条型号。

(1)初定中心距 $a_0=40p$,链节数 L_{p0} 为

$$L_{p0}=\frac{2a_0}{p}+\frac{z_1+z_2}{2}+\left(\frac{z_2-z_1}{2\pi}\right)^2\frac{p}{a_0}=\frac{2\times40p}{p}+\frac{23+57}{2}+\frac{p}{40p}\left(\frac{57-23}{2\pi}\right)^2=120.73$$

取 $L_p=122$ 节。由于中心距可调,可不算实际中心距。

(2)确定链条型号

由表6.13查得 $K_z=1.23$,$K_L=1.05$,由表6.14查得 $K_p=1.0$(初取单排链),由表6.12查得 $K_A=1.3$。

101

则额定功率为 $P_o = \dfrac{K_A P}{K_L K_z K_p} = \dfrac{1.3 \times 10.04}{1.05 \times 1.23 \times 1} = 10.1$（kW）

由图 6.22，按 $P_o = 10.1$ kW，$n_1 = 173.8$ r/min，选取链条型号为 24A -1，$p = 38.1$ mm。

（3）校核链速。

$$v = \frac{z_1 n_1 p}{60 \times 1000} = \frac{23 \times 173.8 \times 38.1}{60000} \approx 2.54 \text{（m/s）}$$

与原假设 $v = 0.6 \sim 3$ m/s 范围符合，查图 6.23 应采用油浴或飞溅润滑方式。

（4）计算作用在轴上的压轴力。

工作拉力为

$$F_e = \frac{1000P}{v} = \frac{1000 \times 10.04}{2.54} \approx 3953 \text{（N）}$$

作用在轴上的压轴力为

$$F_p \approx K_{Fp} F_e = 1.15 \times 3953 = 4546 \text{（N）}$$

计算结果：链条型号 24A -1×122 GB 1243.1—1997。

（5）链轮结构设计（略）。

6.7.5 链传动的布置、张紧和润滑

1. 链传动的布置

链传动布置的合理性，将对其工作能力和使用寿命产生重大影响。具体布置时，要求遵循以下三原则：①链轮必须位于铅垂面内，且两链轮共面；②两链轮中心连线可以采用水平布置，也可以倾斜布置，但尽量避免采用垂直布置方式；③尽量使紧边在上，松边在下，以免松边下垂量过大而干扰链条与链轮的正常啮合。具体布置时，可参考表 6.15。

表 6.15 链传动的布置

传动参数	正确布置	不正确布置	说明
$i = 2 \sim 3$ $a = (30 \sim 50)p$ （i 与 a 较佳组合）			两轮轴线在同一水平面，紧边可以选择在上或在下，但最好选在上边。
$i > 2$ $a < 30p$ （i 大 a 小场合）			两轮轴线不在同一水平面，松边应在下面。

传动参数	正确布置	不正确布置	说明
$i > 1.5$ $a > 60p$ （i 小 a 大场合）			两轮轴线在同一水平面，松边应在下面，否则下垂量增大后，松边会与紧边相碰，需经常调整中心距。
i、a 为任意值 （垂直传动场合）			两轮轴线在同一铅垂面内，下垂量增大，会减少下链轮的有效啮合齿数，降低传动能力。为此应采用： （1）中心距可调； （2）设张紧装置； （3）上下两轮偏置，使两轮的轴线不在同一铅垂面内。

2. 链传动的张紧

链传动张紧的目的在于避免因链条垂度过大而产生啮合不良及链条振动现象，同时增加链条与链轮的啮合包角。常用张紧方法如下：

（1）当中心距可调时，采用调整中心距的方法来张紧链轮；

（2）当中心距不可调时，采用张紧轮装置使链条张紧。张紧轮有自动张紧［图 6.25（a）和（b）］和定期张紧［图 6.25（c）和（d）］两种方式。前者多用弹簧、吊重等自动张紧装置，后者可采用螺旋、偏心等调整装置。

（3）当链条在磨损变长后，可从中去掉 1～2 个链节，以缩短链长，使链条张紧。

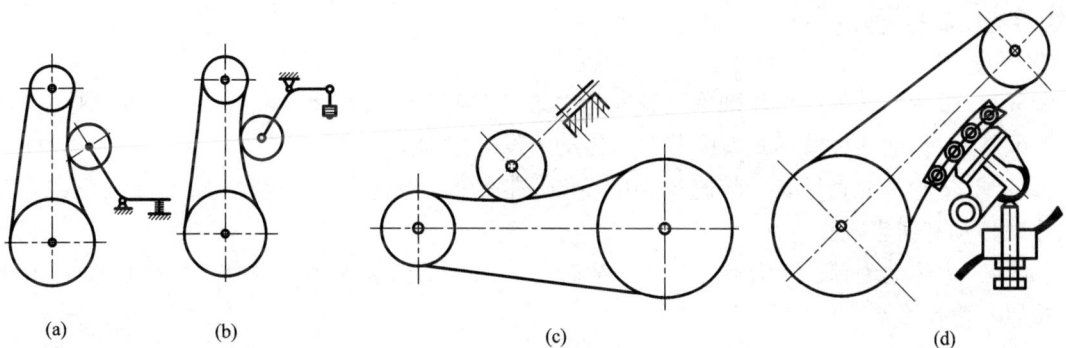

（a）　　　　　（b）　　　　　　　　　（c）　　　　　　　　　　（d）

图 6.25　链传动的张紧装置

103

3. 链传动的防护

对于开式链传动，为了防止操作时有可能碰到链传动装置中的运动部件而造成事故，应加防护罩或防护装置将其封闭。防护罩或防护装置还可将链传动与灰尘隔离，以维持正常的润滑状态。

4. 链传动的润滑

链传动中的良好润滑，可以有效减小磨损，缓和冲击，延长链传动的使用寿命。图 6.23 中推荐使用的润滑方法，其说明列于表 6.16 中。

表 6.16　滚子链的润滑方法和供油量

润滑方式	说明	供油量
定期人工润滑	用油壶或油刷定期在链条松边内、外链板间隙中注油	每班注油一次
滴油润滑	装有简单外壳，用油杯滴油	单排链，每分钟注油 5~20 滴，速度高时取大值
油池润滑	采用不漏油的外壳，使链条从油槽中通过	一般浸油深度为 6~12 mm
油盘飞溅润滑	采用不漏油的外壳，在链板侧边安装甩油盘，飞溅润滑。甩油盘圆周速度 $v > 3$ m/s。当链条宽度大于 125 mm 时，链轮两侧各装一个甩油盘。	甩油盘浸油深度为 12~35 mm
压力供油润滑	采用不漏油的外壳，油泵强制供油，带过滤器，喷油管口设在链条啮合处，循环油可起冷却作用。	每个喷油口供油量可根据链节距及链速大小查阅有关手册。

润滑时，润滑油宜加在松边上，因这时链节处于松弛状态，润滑油容易进入各摩擦面之间。推荐使用牌号为 L-AN32，L-AN46 和 L-AN68 等全损耗系统用机械油。对开式及重载低速传动，可在润滑油中加入 MoS_2，WS_2 等添加剂。对于不便使用润滑油的场合，允许使用润滑脂，但应定期清洗和更换润滑脂。

思考题及习题

6.1　带传动的弹性滑动现象是怎样产生的？它对带传动有什么影响？是否可以避免？

6.2　带传动的失效形式有哪些？带传动的设计准则是什么？

6.3　带轮基准直径 d_d、带速 v、中心距 a、带长 L_d、包角 α_1、预紧力 F_0 和摩擦系数 f 的大小对传动有何影响？

6.4　带传动为什么要有张紧装置？V 带传动常用的张紧装置有哪些？张紧轮应放在什么位置？为什么？

6.5　有一普通 V 带传动，已知小带轮转速 $n_1 = 1440$ r/min，小带轮基准直径 $d_1 = 180$ mm，大带轮基准直径 $d_2 = 650$ mm，中心距 $a = 916$ mm，B 型带 3 根，工作载荷平稳，Y 系列电动机驱动,一天工作 16 h,试求该 V 带传动所能传递的功率。

6.6　有一普通 V 带传动,传递的功率 $P = 8$ kW,带速 $v = 12$ m/s,单根带的许用功率 $[P] = 2.08$ kW,带传动的工况系数 $K_A = 1.3$,带的初拉力 $F_0 = 800$ N,带与带轮的当量摩擦系数 $f_v = 0.5$,带在小带轮上的包角 $\alpha_1 = 150°$。求:

(1)带的根数 z;

(2)有效圆周力 F_e,紧边拉力 F_1 及松边拉力 F_2;

(3)校验是否打滑。

6.7　设计一普通 V 带传动。已知所需传递功率 $P = 5$ kW,电动机驱动,转速 $n_1 = 1440$ r/min,从动轮转速 $n_2 = 340$ r/min,载荷平稳,两班制工作。

6.8　与带传动相比,链传动有哪些特点?

6.9　对链轮材料的基本要求是什么?对大、小链轮的硬度要求有何不同?

6.10　链节距的大小对链传动有何影响?在高速、重载工况下,如何选择滚子链?

6.11　链传动的主要失效形式是什么?

6.12　已知一滚子链传动的传递功率为 $P = 10$ kW,主动链轮的转速 $n_1 = 680$ r/min,从动链轮的转速 $n_2 = 240$ r/min,电动机驱动,工作平稳。试设计此链传动。

6.13　有一滚子链传动,已知:链节距 $p = 25.4$ mm,小链轮齿数 $z_1 = 21$,传动比 $i = 3$,中心距 $a \geqslant 1000$ mm,$n_1 = 580$ r/min,载荷有轻度冲击,试计算:

(1)链节数;

(2)链所能传递的最大功率;

(3)链的工作拉力;

(4)判断正常运转时链传动的失效形式。

第7章 齿轮传动

【概述】 本章主要介绍渐开线直齿圆柱齿轮传动、斜齿圆柱齿轮传动、圆锥齿轮传动及蜗杆传动的有关知识，内容包括齿轮啮合原理和齿轮强度计算两个方面。齿轮啮合原理部分，主要介绍渐开线特性、齿轮传动啮合特性、啮合传动以及几何尺寸计算等内容；齿轮强度计算部分，主要介绍齿轮传动的受力分析、失效形式、材料选择、设计准则、齿轮传动的设计计算方法及齿轮的结构和润滑等内容。要求：了解齿轮传动的类型及应用；了解齿轮传动失效形式，材料选择、齿轮的结构及润滑；掌握渐开线特性、齿转传动啮合特性、正确啮合条件及连续传动条件、齿轮参数及尺寸计算；掌握齿轮传动受力分析及设计计算方法。

7.1 齿轮传动的类型和特点

7.1.1 齿轮传动类型

齿轮的类型很多。按照一对齿轮传动的传动比是否恒定，可将齿轮传动分为两大类：一是定传动比齿轮传动，又称为圆形齿轮传动；二是变传动比齿轮传动，又称为非圆齿轮传动。本章只研究圆形齿轮传动。

按照两齿轮轴线的相对位置，圆形齿轮传动又可以分为平面齿轮传动和空间齿轮传动，其具体分类和图例分别见表7.1和图7.1。

表 7.1　圆形齿轮传动类型

相对运动形式	轴线的相对位置	齿线的相对形状	啮合方式	图例
平面齿轮传动	平行轴	直齿圆柱齿轮传动	外啮合	图 7.1(a)
			内啮合	图 7.1(b)
			齿轮齿条	图 7.1(c)
		斜齿圆柱齿轮传动	外啮合	图 7.1(d)
			内啮合	
			齿轮齿条啮合	
		人字齿轮传动		图 7.1(e)
空间齿轮传动	相交轴	直齿圆锥齿轮传动		图 7.1(f)
		斜齿圆锥齿轮传动		
		曲线齿圆锥齿轮传动		图 7.1(g)
	交错轴	交错轴斜齿圆柱齿轮传动		图 7.1(h)
		蜗杆传动		图 7.1(i)
		准双曲面齿轮传动		

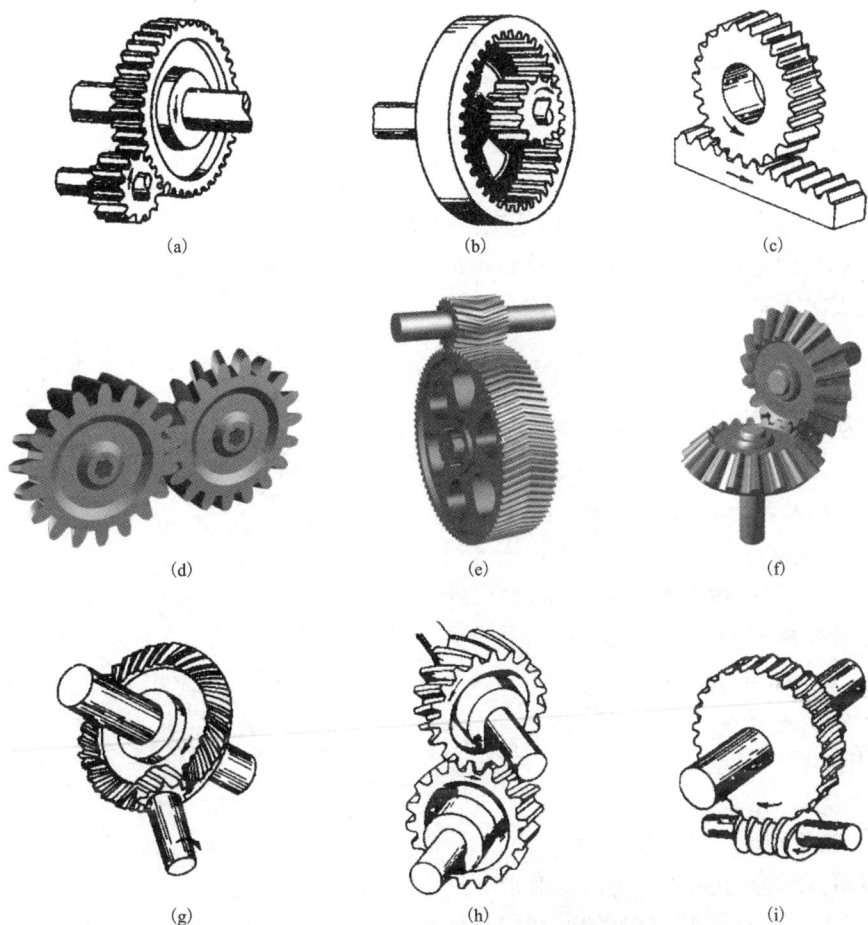

图 7.1　圆形齿轮传动类型

按照齿轮轮齿的齿廓曲线形状，又可分为渐开线齿轮传动、圆弧齿轮传动、摆线齿轮传动等，本章仅讨论渐开线齿轮传动。

按照齿轮的硬度，又可分为软齿轮传动(齿面硬度 HBS≤350)和硬齿轮传动(HBS>350)两种。

按据齿轮传动的装置条件不同，又可分为开式传动、半开式传动和闭式传动三种。开式传动的齿轮完全外露，外界的灰尘、水分和硬质杂物等容易进入轮齿啮合区，润滑不易保证，易引起齿面磨损，主要用于低速和不重要的场合；半开式齿轮传动大多装有简单的防护罩，可起一定保护作用，但仍难免杂物等侵入齿面；闭式传动的齿轮安装在具有足够刚度的封闭严密的箱体内，可保证良好的润滑条件和工作要求，重要的齿轮传动都采用闭式传动。

7.1.2　齿轮传动的特点

齿轮传动和其他形式的机械传动相比，其主要优点是：能保证恒定的传动比，工作平稳，传递的功率和圆周速度范围大，传动效率高，安全可靠且使用寿命长，结构紧凑。主要缺点是：不宜用于轴间距离较大的传动，制造和安装精度要求高，因而成本也较高。

7.2　齿廓啮合基本定律与渐开线齿廓

7.2.1　齿廓啮合基本定律

齿轮传动的运动是依靠主动齿轮的轮齿依次推动从动齿轮的轮齿来实现的。齿廓曲线的形状不同，则两轮的瞬时传动比 i 的变化规律也不同，主动轮 1 的瞬时角速度 ω_1 与从动轮的瞬时角速度 ω_2 之比称为瞬时传动比。传动比 i 为

$$i = \frac{\omega_1}{\omega_2} \qquad (7-1)$$

图 7.2 所示为一对相互啮的轮齿，某瞬时一对齿廓在 K 点相接触，齿轮 1 和齿轮 2 在 K 点的线速度分别为 $v_{K1} = \omega_1 \cdot O_1K$ 和 $v_{K2} = \omega_2 \cdot O_2K$。齿轮运动时，由于两轮的齿廓是连续接触的，不应出现嵌入或分离现象，故 v_{K1} 和 v_{K2} 在过瞬时啮合点 K 的公法线 N_1N_2 上的分速度必须相等，即

$$v_{K1}\cos\alpha_{K1} = v_{K2}\cos\alpha_{K2}$$

则　　　$$\omega_1 \cdot O_1K\cos\alpha_{K1} = \omega_2 \cdot O_2K\cos\alpha_{K2}$$

因此这对齿轮的瞬时传动比为

$$i = \frac{\omega_1}{\omega_2} = \frac{O_2K\cos\alpha_{K2}}{O_1K\cos\alpha_{K1}} = \frac{O_2N_2}{O_1N_1} = \frac{O_2C}{O_1C} \qquad (7-2)$$

式(7-2)表明：两轮的瞬时传动比 i 等于其连心线 O_1O_2 被齿廓接触点公法线所分割的两线段长度的反比。这就是齿廓啮合基本定律。

因为在齿轮安装好之后中心距 O_1O_2 是不会改变的，因此若要求传动比 i 为常数，则 C 点位置也必须保持不变，即不论齿廓在任何位置相接触，过接触点所作的齿廓公法线必须与连心线交于一定点，此点

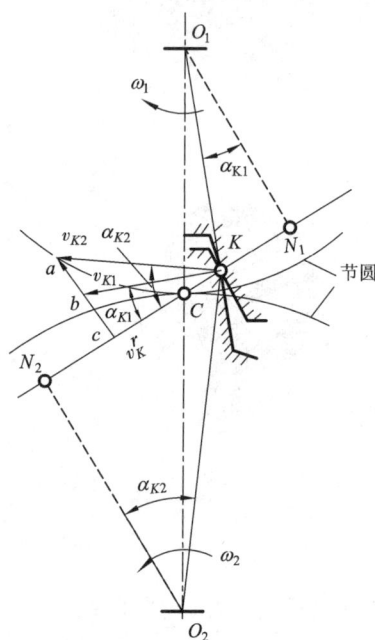

图 7.2　齿廓啮合基本定律

称为节点。分别以 O_1 和 O_2 点为圆心，过节点 C 所作的圆称为节圆，两轮的节圆半径分别以 r_1' 和 r_2' 表示。由于两节圆的圆周速度相等，所以齿轮传动可视为一对节圆作纯滚动。

凡满足齿廓啮合基本定律的一对齿轮的齿廓称为共轭齿廓。可用作共轭齿廓的曲线很多，对于定传动比的齿轮机构，常用的齿廓曲线有渐开线、摆线、圆弧曲线等。本章只讨论渐开线齿轮机构。

7.2.2　渐开线齿廓

1. 渐开线的形成

如图 7.3 所示，当一条动直线 I 沿半径为 r_b 的定圆的作纯滚动时，该直线上任意一点 K 的轨迹 AK 称为这个定圆的渐开线。这个定圆称为渐开线的基圆，直线 I 称为渐开线的发生线。

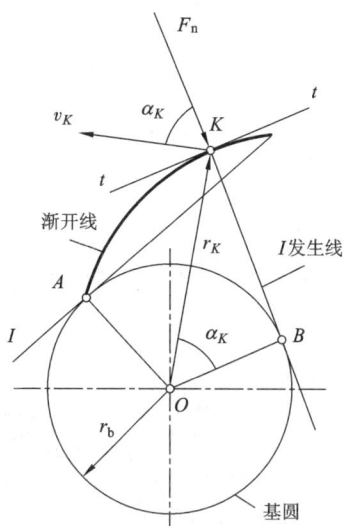

图 7.3 渐开线的形成

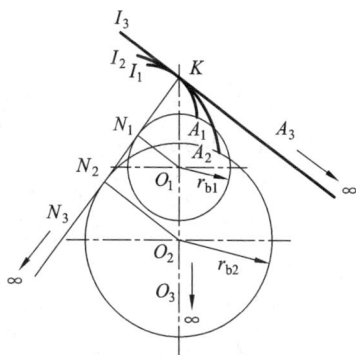

图 7.4 渐开线的形状与基圆大小关系

2. 渐开线的性质

根据渐开线形成的过程,可知渐开线具有以下性质:

(1)发生线沿基圆上滚过的长度等于基圆上被滚过的弧长,即 $BK = \overset{\frown}{AB}$。

(2)渐开线上任一点法线必相切于基圆。因为发生线在基圆上作纯滚动,所以它与基圆的切点 B 就是渐开线上 K 点的瞬时速度中心,发生线 BK 就是渐开线在 K 点的法线,同时它也是基圆在 B 点的切线。切点 B 是渐开线上 K 点的曲率中心,BK 是渐开线上 K 点的曲率半径。渐开线上离基圆越近的点,曲率半径越小。

(3)渐开线上各点的压力角不相等。渐开线齿廓上某点的法线与齿廓上该点的速度方向所夹的锐角 α_K 称为该点的压力角。由图 7.3 可得

$$\cos \alpha_K = \frac{OB}{OK} = \frac{r_b}{r_K} \tag{7-3}$$

由式(7-3)可知:因 r_b 一定,则 r_K 愈大,α_K 愈大。基圆上 $\alpha_K = 0°$。

(4)渐开线的形状取决于基圆的大小。如图 7.4 所示,当基圆大小不同时,所展成的渐开线形状不同。基圆越大,渐开线越平直。当基圆半径趋于无穷大时,其渐开线为直线,它就是齿条的齿廓曲线。

(5)基圆内无渐开线。

3. 渐开线齿廓的啮合特点

1)满足齿廓啮合基本定律

图 7.5 所示为一对齿轮的两渐开线齿廓 G_1 和 G_2 在 K 点相接触。由渐开线的性质可知,过 K 点作两齿廓的公法线 N_1N_2 与两基圆同时相切,为两基圆的内公切线。因为在同一方向上两基圆内公切线仅有一条,所以无论两齿廓接触于何处,过接触点所作两齿廓的公法线都是 N_1N_2。在齿轮传动工作过程中,两基圆的位置及大小均不变化,则公法线 N_1N_2 与连心线 O_1O_2 的交点 C 为一定点,所以渐开线齿廓满足齿廓啮合基本定律。

又由图可知，$\triangle O_1CN_1 \sim \triangle O_2CN_2$，则有

$$i_{12} = \frac{\omega_1}{\omega_2} = \frac{O_2C}{O_1C} = \frac{r_2'}{r_1'} = \frac{r_{b2}}{r_{b1}} = 常数 \quad (7-4)$$

上式表明渐开线齿轮的瞬时传动比恒定不变，其大小等于两轮节圆半径的反比，也等于两轮基圆半径的反比。

2）啮合角不变

如图 7.5 所示，根据渐开线性质，一对渐开线齿廓在任意一点 K 啮合时，过 K 点所作两齿廓的公法线 N_1N_2，就是两基圆的公切线。当两齿廓基圆的大小和位置均固定时，公法线 N_1N_2 是唯一且固定的。因此啮合点 K 总在这条公法线上移动，该公法线又可称为啮合线。啮合线 N_1N_2 与两节圆的公切线 t 所夹的锐角称为啮合角，用 α' 表示，从图 7.5 可知：渐开线齿轮传动中啮合角为常数。由于两个齿轮啮合传动时其正压力是沿着公法线方向传递的，因此对渐开线齿廓的齿轮传动来说，啮合线、过啮合点的公法线、基圆的公切线和正压力作用线四线合一。

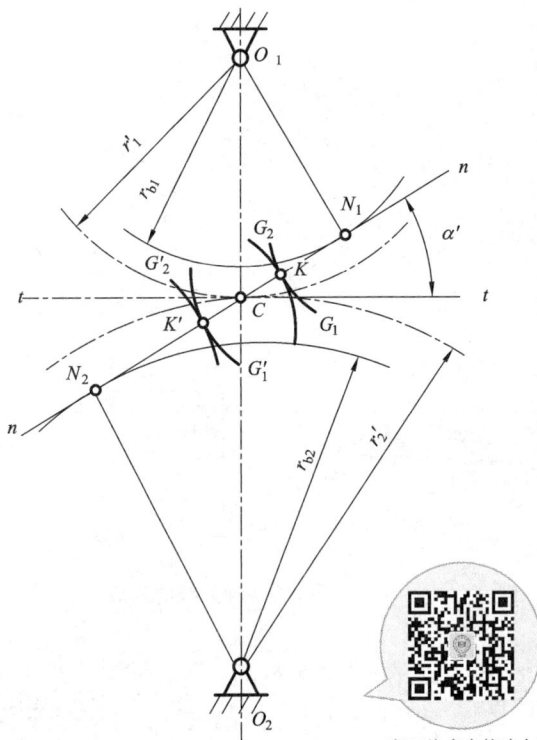

图 7.5　渐开线齿廓的啮合

由图 7.5 可知：一对相啮合的渐开线齿轮的啮合角在数值上等于渐开线在节圆上的压力角，显然齿轮传动时啮合角不变表示齿廓间压力方向不变。若传递的转矩不变，其压力大小和方向保持不变，因而传动较平稳，这也是渐开线齿轮传动的一大优点。

3）中心距可分性

由式（7-4）可知渐开线齿轮的传动比是常数。当渐开线齿轮加工完成之后，它的基圆的大小就已确定了，因此在安装时若中心距稍有变化，因基圆半径不变，则其瞬时传动比的大小不会改变。渐开线齿廓的这个特性称为中心距可分性。

7.3　渐开线标准直齿圆柱齿轮的主要参数及几何尺寸计算

7.3.1　齿轮各部分的名称和符号

图 7.6 所示为渐开线直齿圆柱齿轮的一部分，图 7.6（a）所示为外齿轮，图 7.6（b）所示为内齿轮，图 7.6（c）所示为齿条。齿轮上的每一个用于啮合的凸起部分均称为轮齿，齿轮上相邻轮齿之间的空间，称为齿槽。齿轮各部分的名称和符号如下：

（1）齿顶圆。通过齿轮所有轮齿顶部的圆称为齿顶圆，其直径和半径分别用 d_a 和 r_a 表示。

（2）齿根圆。通过齿轮所有齿槽底部的圆称为齿根圆，其直径和半径分别用 d_f 和 r_f 表示。

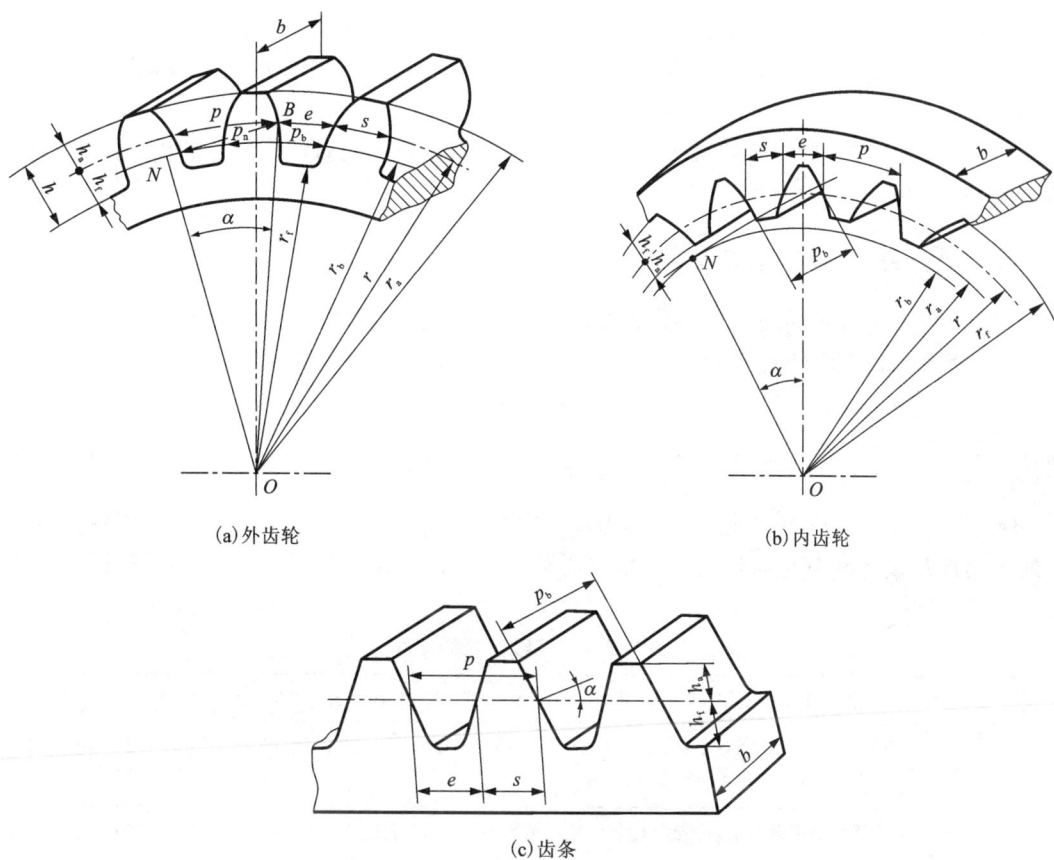

(a)外齿轮　　　　　　　　　　　　　　　　　(b)内齿轮

(c)齿条

图 7.6　齿轮各部分的名称和符号

（3）基圆。形成渐开线的圆称为基圆，其直径和半径分别用 d_b 和 r_b 表示。

（4）分度圆。为便于设计、制造和互换，在齿轮齿顶圆和齿根圆之间人为取一个特定圆作为计算的基准圆，称为分度圆，其直径和半径分别用 d 和 r 表示。

（5）齿顶高。介于分度圆与齿顶圆之间部分称为齿顶，齿顶的径向距离称为齿顶高，用 h_a 表示。

（6）齿根高。介于分度圆和齿根圆之间部分称为齿根，齿根的径向距离称为齿根高，用 h_f 表示。

（7）全齿高。齿顶圆与齿根圆之间的径向距离，称为全齿高，用 h 表示。全齿高是齿顶高与齿根高之和，即 $h = h_a + h_f$。

（8）齿厚。在任意半径 r_K 的圆周上，一个轮齿两侧齿廓之间的弧长，称为该圆上的齿厚，用 s_K 表示。

（9）齿槽宽。在任意半径 r_K 的圆周上，一个齿槽两侧齿廓之间的弧长，称为该圆上的齿槽宽，用 e_K 表示。

（10）齿距。在任意半径 r_K 的圆周上，相邻两齿同侧齿廓间的弧长，称为该圆上的齿距，用 p_K 表示。齿距等于齿厚与齿槽宽之和，即 $p_K = s_K + e_K$。

分度圆上的齿厚、齿槽宽及齿距分别用 s，e 及 p 表示，则有 $p = s + e$。

（11）齿宽。齿轮的有齿部分沿齿轮轴线方向度量的宽度称为齿宽，用 b 表示。

（12）中心距。在一对齿轮啮合传动中，两个圆柱齿轮轴线之间的距离，称为中心距，用 a 表示。

（13）顶隙。在一对齿轮啮合传动中，一个齿轮的齿根圆与另一个齿轮的齿顶圆之间径向的距离，用 c 表示。

7.3.2 渐开线齿轮的基本参数

（1）齿数。在齿轮圆周上均匀分布的轮齿总数称为齿数，用 z 表示。

（2）模数。若齿轮任意圆周上的直径用 d_K 表示，根据齿距定义可知：

$$\pi d_K = p_K z$$

则 $d_K = \dfrac{p_K}{\pi} z$，令 $m_K = \dfrac{p_K}{\pi}$，则 $d_K = m_K z$。m_K 称为该圆上的模数，mm。为了便于设计、制造和互换，规定分度圆上的模数为标准值，称为标准模数，用 m 表示。则 $d = mz$。标准模数如表 7.2 所列。模数是设计和制造齿轮的一个重要参数。模数的大小直接反映出齿轮的大小。

表 7.2　渐开线齿轮的模数

第一系列	1 1.25 1.5 2 2.5 3 4 5 6 8 10 12 16 20 25 32 40 50
第二系列	1.75 2.25 2.75 （3.25） 3.5 （3.75） 4.5 5.5 （6.5） 7 9 （11） 14 18 22 28 （30） 36 45

注：①在选取时应优先采用第一系列，括号内的模数尽可能不用；②本表适用于渐开线圆柱齿轮。对斜齿轮是指法向模数。

（3）标准压力角。渐开线齿廓上各点的压力角是不同的。为了便于设计和制造，将在分度圆上的压力角规定为标准值，这个标准值称为标准压力角，简称压力角，用 α 表示。我国规定的标准压力角为 20°。

至此可给分度圆一个完整的定义：分度圆是齿轮上具有标准模数和标准压力角的圆。

为了简便，分度圆上的所有参数的符号不带下标，如分度圆上的模数为 m，直径为 d，压力角为 α 等。

（4）齿顶高系数。计算齿顶高的参数，用 h_a^* 表示。$h_a = h_a^* m$。

（5）顶隙系数。计算顶隙及齿根高的参数，用 c^* 表示。$c = c^* m$，$h_f = (h_a^* + c^*) m$。

国家标准规定：对于正常齿制 $h_a^* = 1$，$c^* = 0.25$；对于短齿制 $h_a^* = 0.8$，$c^* = 0.3$。

7.3.3 渐开线标准直齿圆柱齿轮的几何尺寸计算

如果一个齿轮的 m，α，h_a^* 和 c^* 均为标准值，并且分度圆上的齿厚 s 与齿槽宽 e 相等，即 $s = e = \dfrac{p}{2} = \dfrac{m\pi}{2}$，则该齿轮称为标准齿轮。渐开线标准直齿圆柱齿轮的几何尺寸计算公式见表 7.3。

表 7.3 中也包括内齿轮的几何尺寸计算。由图 7.6 可知内、外齿轮的不同点为：①外齿轮轮齿外凸，内齿轮轮齿内凹；②外齿轮 $d_a > d > d_f$，内齿轮 $d_f > d > d_a$；③为了正确啮合，内

齿轮应 $d_a > d_b$。

当基圆半径趋于无穷大时，渐开线齿廓变成直线齿廓，齿轮变成齿条，齿轮上的各圆都变成齿条上相应的线。如图 7.6(c) 所示，齿条上同侧齿廓互相平行，所以齿廓上的任意点的齿距都相等，但只有在分度线上齿厚与齿槽宽才相等，即 $s = e = \dfrac{p}{2} = \dfrac{m\pi}{2}$。齿条齿廓上各点的压力角都相等，均为标准值。齿廓的倾斜角称为齿形角，其大小与压力角相等。

表 7.3　标准直齿圆柱齿轮的几何尺寸计算公式

名　称	符　号	公　式　与　说　明
齿数	z	根据工作要求确定
模数	m	根据强度条件或经验类比按表 7.2 选标准值
压力角	α	$\alpha = 20°$
齿宽	b	根据结构确定
顶隙	c	$c = c^* m$
齿顶高	h_a	$h_a = h_a^* m$
齿根高	h_f	$h_f = (h_a^* + c^*)m$
全齿高	h	$h = h_a + h_f = (2h_a^* + c^*)m$
分度圆直径	d	$d = mz$
齿顶圆直径	d_a	$d_a = d \pm 2h_a = (z \pm 2h_a^*)m$　①
齿根圆直径	d_f	$d_f = d \mp 2h_f = (z \mp 2h_a^* \mp 2c^*)m$　①
基圆直径	d_b	$d_b = d\cos\alpha = mz\cos\alpha$
分度圆齿厚	s	$s = \dfrac{m\pi}{2}$
分度圆齿槽宽	e	$e = \dfrac{m\pi}{2}$
分度圆齿距	p	$p = s + e = m\pi$
中心距	a	$a = \dfrac{1}{2}(d_2 \pm d_1) = \dfrac{m}{2}(z_2 \pm z_1)$　①
基圆齿距	p_b	$p_b = p\cos\alpha = m\pi\cos\alpha$
法向齿距	p_n	$p_n = p\cos\alpha = m\pi\cos\alpha$

注：①上面符号用于外齿轮或外啮合，下面符号用于内齿轮或内啮合。

上述以模数为基础计算尺寸参数的齿轮称为模数制齿轮。国际上有少数国家不采用模数制，而采用径节制，径节 DP 和模数成倒数关系。径节 DP 的单位为 $1/\mathrm{in}(1/$英寸$)$，可由下式将径节换算成模数

$$m = \frac{25.4}{DP} \tag{7-5}$$

7.4 渐开线标准直齿圆柱齿轮的啮合传动

7.4.1 渐开线标准直齿圆柱齿轮正确啮合条件

如图 7.7 所示,一对渐开线齿轮啮合传动时,设相邻两齿同侧齿廓与啮合线 N_1N_2(同时为啮合点的法线)的交点分别为 K 和 K',KK' 线段的长度称为齿轮的法向齿距,用 P_n 表示。由渐开线的性质可知,法向齿距等于基圆上的齿距 p_b,即 $p_n = p_b$。齿轮传动时,它的每一对啮合轮齿在啮合一段时间以后便要分离,由后一对轮齿来接替。要使两轮能够正确啮合,它们的法向齿距必须相等,即 $p_{n1} = p_{n2}$。而 $p_n = p_b$,因此要使两轮正确啮合,必须满足 $p_{b1} = p_{b2}$,又因为

渐开线齿轮的正确啮合

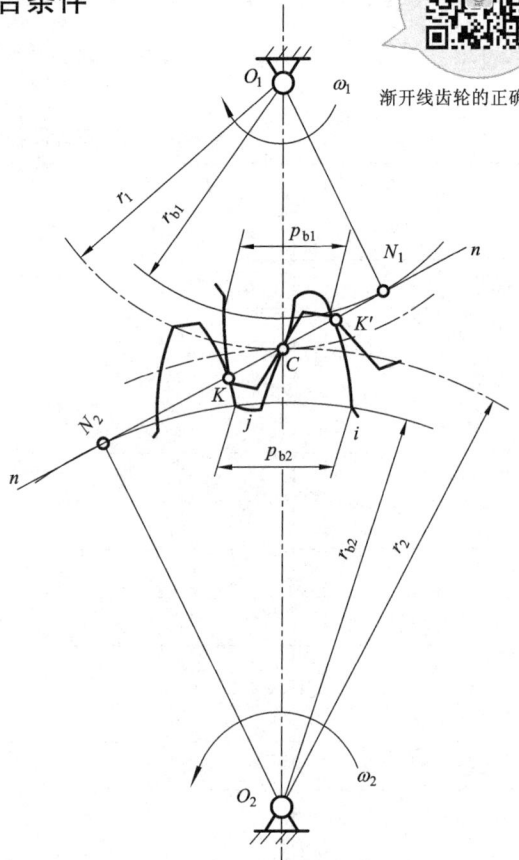

$$p_b = \frac{\pi d_b}{z} = \frac{\pi d}{z}\cos\alpha = m\pi\cos\alpha$$

故可得

$$m_1\pi\cos\alpha_1 = m_2\pi\cos\alpha_2$$

由于渐开线齿轮的模数 m 和压力角 α 均为标准值,所以两轮的正确啮合条件为:两轮的模数和压力角必须分别相等,并等于标准值。即

$$\left.\begin{array}{l} m_1 = m_2 = m \\ \alpha_1 = \alpha_2 = \alpha \end{array}\right\} \qquad (7-6)$$

图 7.7 渐开线齿轮的正确啮合

于是,一对渐开线直齿圆柱齿轮的传动比又可表达为

$$i_{12} = \frac{\omega_1}{\omega_2} = \frac{r_2'}{r_1'} = \frac{d_2'}{d_1'} = \frac{r_{b2}}{r_{b1}} = \frac{d_{b2}}{d_{b1}} = \frac{d_2\cos\alpha}{d_1\cos\alpha} = \frac{d_2}{d_1} = \frac{r_2}{r_1} = \frac{mz_2}{mz_1} = \frac{z_2}{z_1} \qquad (7-7)$$

即一对齿轮的传动比与两轮的基圆、节圆、分度圆半径及两轮的齿数均成反比。

7.4.2 渐开线标准直齿圆柱齿轮的标准传动及标准中心距

一对齿轮传动时,两轮的节圆作纯滚动。因此,一个齿轮节圆上的齿槽宽与另一个齿轮节圆上的齿厚之差称齿侧间隙,用 Δ 表示。$\Delta = e_1' - s_2'$。为了避免冲击、振动、噪声等,在渐开线齿轮加工和齿轮传动中均要求无侧隙啮合,即 $\Delta = e_1' - s_2' = 0$。实际上,为了保证轮齿齿面的润滑,避免轮齿因摩擦发生热膨胀而产生卡死现象,以及为了补偿制造、安装误差等,在齿轮传动过程中齿侧应留有适当的侧隙。此侧隙一般在制造齿轮时由齿轮的公差来保证,而在设计计算齿轮尺寸时仍按无侧隙啮合设计计算。由标准齿轮的定义可知,标准齿轮分度

114

圆上的齿厚等于齿槽宽,即 $s=e=\dfrac{p}{2}=\dfrac{m\pi}{2}$,所以若要保证无侧隙啮合,就要求分度圆与节圆重合,即分度圆与节圆的直径相等:$d=d'$。这样的安装称为标准安装,此时的中心距称为标准中心距,用 a 表示,即

$$a = r_1' + r_2' = r_1 + r_2 = \frac{m(z_1 + z_2)}{2} \tag{7-8}$$

当实际中心距(安装中心距)与标准中心距不相等时,节圆半径相应发生改变,但分度圆半径是不变的,这时分度圆与节圆分离,这样的安装称为非标准安装。非标准安装时啮合线位置相应发生改变,啮合角也不再等于分度圆上的压力角。此时的中心距用 a' 表示,则

$$a' = r_1' + r_2' = \frac{r_{b1}}{\cos\alpha'} + \frac{r_{b2}}{\cos\alpha'} = (r_1 + r_2)\frac{\cos\alpha}{\cos\alpha'} = a\frac{\cos\alpha}{\cos\alpha'} \tag{7-9}$$

在一对标准齿轮啮合传动中,一个齿轮的齿根圆和另一个齿轮的齿顶圆之间在径向方向留有的间隙,称为标准顶隙,简称顶隙,用 c 表示。顶隙的作用是:①可以避免一个齿轮的齿顶与另一个齿轮齿槽底部发生碰撞现象;②作为润滑齿廓表面的润滑油的存留空间。标准齿轮在标准安装时的顶隙为

$$c = (h_a^* + c^*)m - h_a^* m = c^* m \tag{7-10}$$

7.4.3　渐开线标准直齿圆柱齿轮的连续传动及连续传动条件

如图 7.8 所示,一对齿轮的啮合是从主动轮 1 的齿根推动从动轮 2 的齿顶开始的,因此从动轮齿顶圆与啮合线 N_1N_2 的交点 B_2 为起始啮合点。随着齿轮传动的进行,两齿廓的啮合点沿啮合线向左下方移动。当啮合点移至主动轮 1 的齿顶圆与啮合线 N_1N_2 的交点 B_1 时,齿廓啮合终止,B_1 为终点啮合点。B_1B_2 为齿廓啮合的实际啮合线段。显然,随着齿顶圆的增大,B_1B_2 线段可以加长,但是不会超过 N_1 和 N_2 点,N_1,N_2 点称为啮合极限点,线段 N_1N_2 称为理论啮合线段。

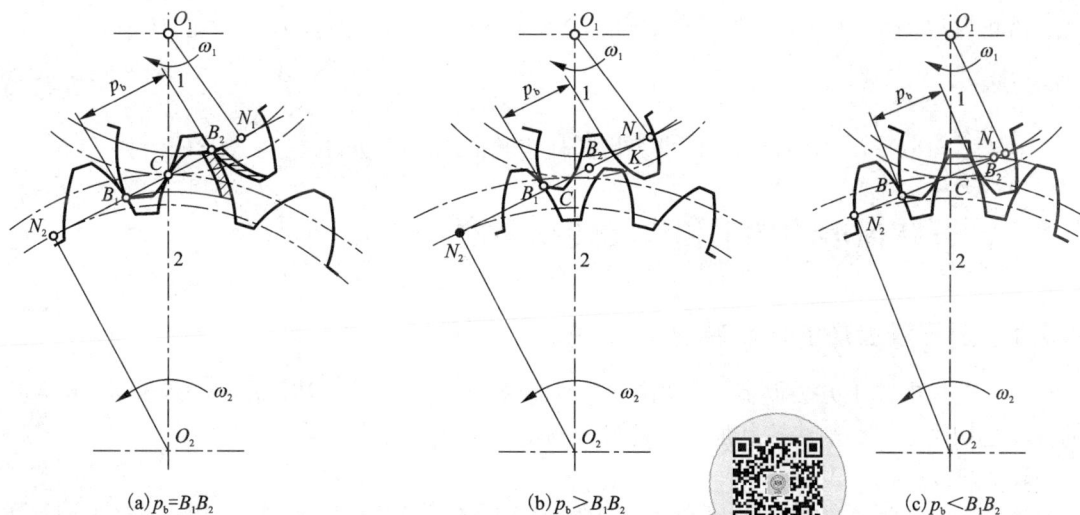

(a) $p_b = B_1B_2$　　　　(b) $p_b > B_1B_2$　　　　(c) $p_b < B_1B_2$

图 7.8　渐开线齿轮的重合度

渐开线齿轮的重合度

齿轮传动是依靠两轮的轮齿依次啮合而实现的。由图 7.8（a）可知：当前一对轮齿啮合到 B_1 点即将脱离时，后一对轮齿刚好在 B_2 点进入啮合，此时齿轮能保持连续传动，且恰好 $B_1B_2 = p_b$。由图 7.8（c）可知：当前一对轮齿啮合到 B_1 点时，后一对轮齿早已进入啮合，此时齿轮也能保持连续传动，且 $B_1B_2 > p_b$。由图 7.8（b）可知：若前一对轮齿已经啮合到 B_1 点即将脱离，而后一对轮齿还未进入啮合，则齿轮不能保持连续传动，此时 $B_1B_2 < p_b$。由以上分析可得，为了保证一对渐开线齿轮能够连续传动，当前一对啮合轮齿在终止啮合时，后一对啮合轮齿就必须已经进入啮合或刚刚进入啮合，也就是说同时啮合的齿轮对数必须一对或一对以上。只有这样，才能保证传动的连续进行。因此齿轮连续传动条件为

$$B_1B_2 \geq p_b \quad \text{或} \quad \varepsilon = \frac{B_1B_2}{p_b} \geq 1 \tag{7-11}$$

式中：ε 称为重合度，它表示一对齿轮在啮合过程中，同时参与啮合的轮齿的对数。ε 越大表示多对轮齿同时参与啮合的时间越长，因而齿轮传动的承载能力越大，传动越平稳。因此 ε 是衡量齿轮传动质量的标准之一。设计齿轮时，应满足 $\varepsilon \geq [\varepsilon]$，$[\varepsilon]$ 称为许用重合度，其推荐值见表 7.4。

表 7.4　$[\varepsilon]$ 的推荐值

使用场合	一般机械制造业	汽车、拖拉机制造业	机床制造业	纺织机器制造业
$[\varepsilon]$	1.4	1.1 ~ 1.2	1.3	1.3 ~ 1.4

根据推导可得 ε 的计算公式为

$$\varepsilon = \frac{1}{2\pi}[z_1(\tan\alpha_{a1} - \tan\alpha') \pm z_2(\tan\alpha_{a2} - \tan\alpha')] \tag{7-12}$$

式中：$\alpha_a = \arccos\dfrac{r_b}{r_a}$；$\alpha' = \arccos\dfrac{r_b}{r'}$；"+"对应外啮合；"－"对应内啮合。由此可见 ε 与模数无关。

齿轮齿数越多，ε 越大，当齿数趋向无穷多成为齿条时，ε 有极大值，ε_{max} 为

$$\varepsilon_{max} = \frac{4h_a^*}{\pi\sin 2\alpha} \tag{7-13}$$

对于 $\alpha = 20°$，$h_a^* = 1$ 的一对标准直齿圆柱齿轮的啮合传动的 $\varepsilon_{max} = 1.981$。

7.5　渐开线齿形的加工和齿轮传动精度

7.5.1　渐开线齿形的切制原理

齿轮轮齿的加工方法很多，如切削法、锻造法、铸造法、冲压法、轧制法等，其中最常用的方法是切削法。切削法按其加工原理可分为仿形法和展成法两类。

1. 仿形法

仿形法是在普通铣床上用盘状铣刀[图 7.9(a) 和(b)]或指状铣刀[图 7.10(a) 和(b)]加工齿轮轮齿的一种加工方法。加工时，铣刀绕自身的轴线旋转，同时沿齿轮轴线方向作直线移动。铣出一个齿槽后，将轮坯转过 360°/z，再铣下一个齿槽。依此类推，直到加工出全部的轮齿。

仿形法的优点是加工方法简单，不需要专用的机床。缺点是精度难以保证，生产效率也低。因此，仿形法只适用于修配、单件生产及加工精度要求不高的齿轮。

仿形法切制齿轮(c)(d)

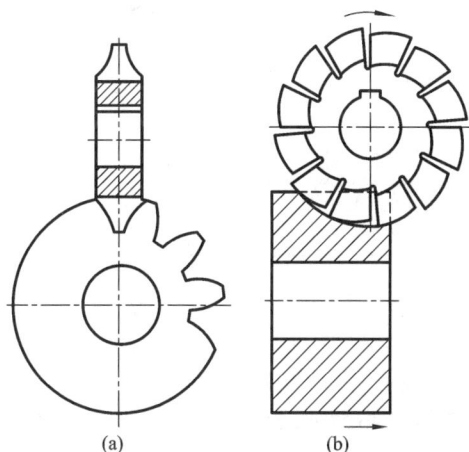

(a)　　　(b)

图 7.9　盘状铣刀加工齿轮

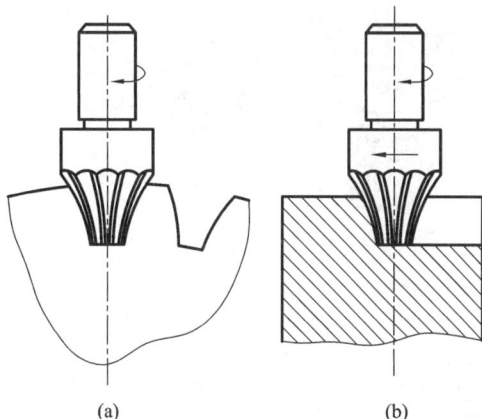

(a)　　　(b)

图 7.10　指状铣刀加工齿轮

2. 展成法

展成法又称范成法，是利用一对齿轮互相啮合时两轮的齿廓互为包络线的原理来加工齿形的一种方法。如图 7.11 所示，加工时刀具与齿坯的运动就像一对相互啮合的齿轮，最后刀具将齿坯切出渐开线齿廓，这种方法采用的刀具主要有插齿刀和滚刀。

展成法

被切齿轮

齿轮插刀

齿轮插刀

被切齿轮

(a)　　　(b)

齿轮插刀切制齿轮

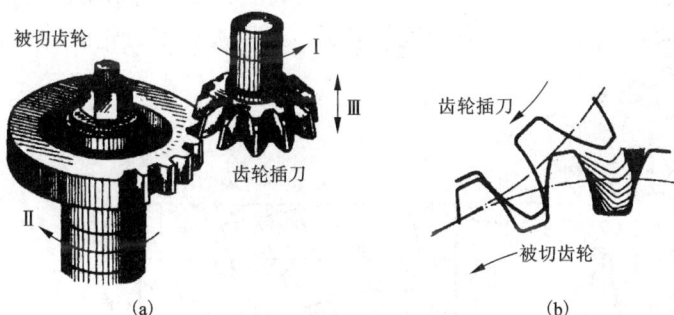

图 7.11　齿轮插刀切制齿轮

插齿加工是利用齿轮插刀在插齿机上加工齿轮的，一般采用的插齿刀有两种。

（1）齿轮插刀，如图 7.11 所示。齿轮插刀实际上就是一个齿廓为外刃的外齿轮，刀具的模数，压力角与被加工齿轮相同，但刀具的齿顶比标准齿轮齿顶高出顶隙 $c = c^* m$，以便切出顶隙部分。在加工过程中，插刀沿被加工齿轮轴线方向作上下往复切削运动，同时插刀和被加工齿轮模仿一对啮合齿轮以一定的角速比作相对转动，直至切出全部轮齿。

（2）齿条插刀，如图 7.12 所示。当齿轮插刀的齿数增至无穷多时，其基圆半径变为无穷大，插齿刀的齿廓成为直线，齿轮插刀变成齿条插刀。齿条插刀是一个齿廓为刀刃的齿条，为了保证传动时的顶隙，其齿顶比标准齿条也高出顶隙 $c = c^* m$。其工作原理与齿轮插刀一样。

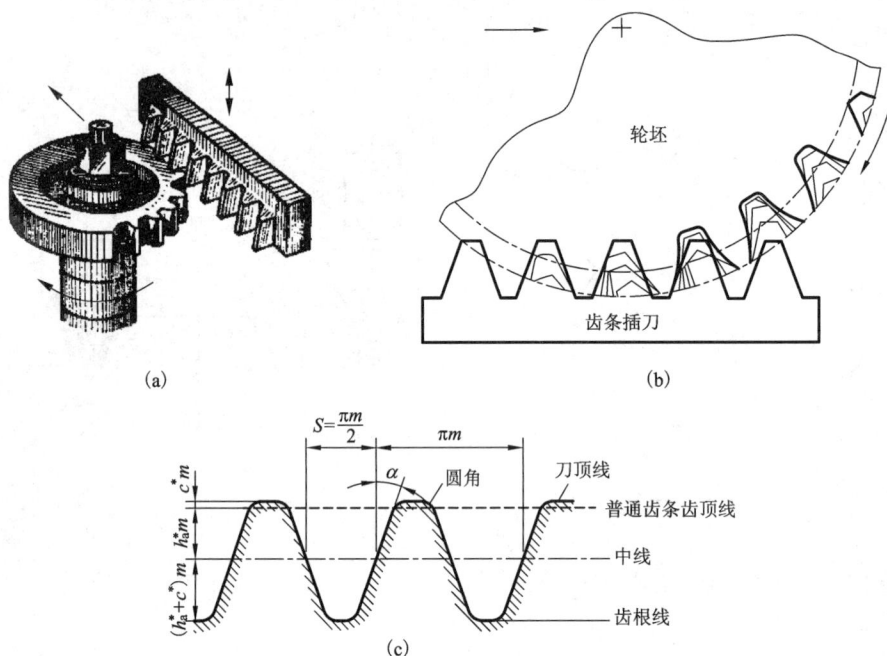

图7.12 齿条插刀切制齿轮

插齿法加工出来的齿形准确，但由于是间断的切削，所以生产率较低。

滚齿加工是利用齿轮滚刀在滚齿机上加工齿轮的，如图7.13所示。齿轮滚刀的外形类似一个开了纵向沟槽而形成刀刃的螺杆，它的轴向剖面为齿条，齿廓为精确的直线齿廓，滚刀转动时相当于齿条在移动。滚刀除绕自身轴线旋转外，还沿被加工齿轮的轴向逐渐移动，以便切出整个齿宽。

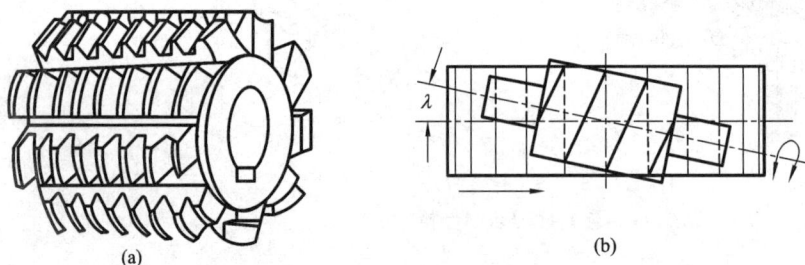

图7.13 齿轮滚刀切制齿轮

滚齿加工的特点是由于滚刀连续切削，因此生产率较高，但需要专用机床。

用展成法加工齿轮时，只要刀具与被加工齿轮的模数和压力角相同，不管被加工齿轮的齿数是多少，都可以用同一把刀具来加工，这给生产带来了很大的方便。由于展成法的加工精度较高，是目前齿轮切削加工的主要加工方法，因此在大批量生产中得到了广泛的应用。

118

7.5.2 渐开线圆柱齿轮传动的精度

齿轮在制造、安装过程中,不可避免地会产生一些误差。这些误差将影响传递运动的准确性、传动的平稳性以及载荷分布的均匀性。因此设计齿轮时,需要对齿轮传动的精度给出一定的要求。齿轮的精度等级应根据传动的用途、使用条件、传动功率、运动精度和圆周速度等确定。国标 GB/T 10095.1—2001,GB/T 10095.2—2001 规定了渐开线圆柱齿轮有 13 个精度等级,从高到低依次用 0,1,2,3,…,11,12 表示。其中 0 级的精度最高,12 级的精度最低,常用的精度等级为 6~9 级。表 7.5 所示为常见机器中齿轮精度等级的选用范围。表 7.6 所示为常用精度等级齿轮的加工方法,设计时可参考。各精度等级对应的各项公差值,可查有关设计手册。

表 7.5 常见机械中齿轮的精度等级

机械名称	精确等级	机械名称	精确等级
汽轮车	3~6	通用减速器	6~8
金属切削机床	3~8	锻压机床	6~9
轻型汽车	5~8	起重机	7~10
载重汽车	6~9	矿山用卷扬机	8~10
拖拉机	6~8	农业机械	8~11

表 7.6 常用精度等级齿轮的加工方法

			齿轮的精确等级			
			6级(高精度)	7级(较高精度)	8级(普通)	9级(低精度)
加工方法			用展成法在精密机床上精磨或精剃	用展成法在精密机床上精插或精滚	用展成法插齿或滚齿	用展成法或仿形法粗滚或仿形法铣削
齿面粗糙度 $R_a/\mu m$			0.80~1.60	1.60~3.2	3.2~6.3	6.3
用途			用于分度机构或高速重载的齿轮,如机床、精密仪器、汽车、船舶、飞机中的重要齿轮	用于高、中速重载齿轮,如机床、汽车、内燃机重的较重要齿轮,标准系列减速器中的齿轮	一般机械中的齿轮,不属于分度系统的机床齿轮,飞机,拖拉机中的不重要的齿轮,纺织机械,农业机械中的重要齿轮	轻载传动的不重要齿轮,低速传动、对精度要求低的齿轮
圆周速度 $v/(\text{m}\cdot\text{s}^{-1})$	圆柱齿轮	直齿	≤15	≤10	≤5	≤3
		斜齿	≤25	≤17	≤10	≤3.5
	圆锥齿轮	直齿	≤9	≤6	≤3	≤2.5

*7.6 变位齿轮传动

7.6.1 渐开线齿廓的根切现象与标准外齿轮的最少齿数

1. 根切现象

当用展成法加工齿轮时，若被加工齿轮齿数过少，刀具的齿顶线（或齿顶圆）就会超过轮坯啮合极限点 N_1，如图 7.14 所示，这时被加工齿轮齿根附近的渐开线齿廓将被刀具的齿顶切去一部分，这种现象称为根切。根切削弱了轮齿的弯曲强度，降低轮齿传动的平稳性和重合度，对传动产生不利影响，因此应设法避免。

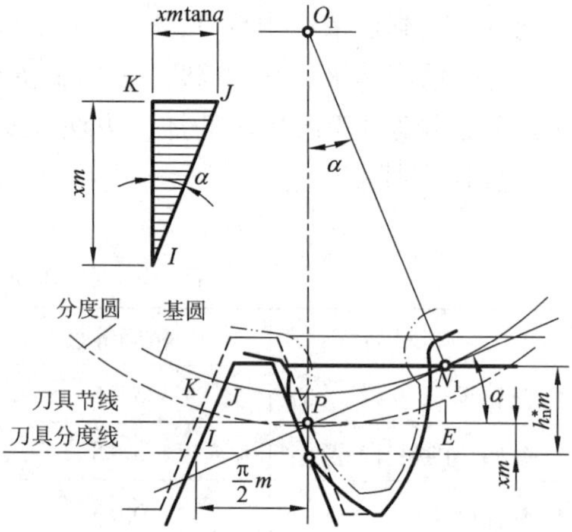

2. 标准外齿轮不发生根切的最少齿数

如图 7.14 所示，加工时齿条插刀的分度线要与齿轮的分度圆相切，这样加工出来的齿轮才是标准齿轮，要使被加工齿轮不产生根切，则刀具的齿顶线不得超过 N_1 点，即

图 7.14 轮齿的根切现象

轮齿的跟切现象

$$h_a^* m \leqslant N_1E = PN_1\sin\alpha = r\sin^2\alpha = \frac{mz}{2}\sin^2\alpha$$

整理后可得

$$z \geqslant \frac{2h_a^*}{\sin^2\alpha} \tag{7.14}$$

标准齿轮不产生根切现象的极限齿数称为最少齿数，用 z_{min} 表示。因为标准齿轮的 $h_a^* = 1$，$\alpha = 20°$。所以当用展成法加工标准直齿圆柱齿轮时，$z_{min} = 17$。

7.6.2 变位齿轮传动及其类型和特点

如图 7.14 所示，当齿条插刀按虚线位置安装时，齿顶线超过极限啮合点 N_1，加工出来的齿轮会产生根切。为避免根切，可将齿条插刀的标准安装位置相对轮坯中心外移一段距离至实线位置，使其齿顶线不超过啮合极限点 N_1，这样加工出来的齿轮就不会发生根切，但此时齿条插刀的分度线与齿轮的分度圆不再相切。这种通过改变刀具与轮坯的径向相对位置来加工齿轮的方法称为径向变位法，如此加工出来的齿轮为非标准齿轮，称之为变位齿轮。

变位齿轮加工时，刀具相对标准安装位置移动的距离 xm 称为变位量，x 称为变位系数。刀具远离轮坯中心的变位称为正变位[图 7.15(b)和(d)点划线齿形]，此时 $x>0$ 称为正变位系数；刀具移近轮坯中心的变位称为负变位[图 7.15(c)和(d)虚线齿形]，此时 $x<0$ 称为负变位系数；标准齿轮就是变位系数 $x=0$ 的齿轮[见如图 7.15(a)和(d)粗实线齿形]。

根据一对啮合齿轮变位系数之和的不同情况，变位齿轮传动可分为三种：零传动（$x_1 + x_2$

$=0$）；正传动（$x_1 + x_2 > 0$）；负传动（$x_1 + x_2 < 0$）。

采用变位齿轮传动，可以使不发生根切的最少齿数变少，可以配凑中心距，还可以提高齿轮传动的强度和承载能力。因此在现代机械中，变位齿轮传动得到了广泛的应用。

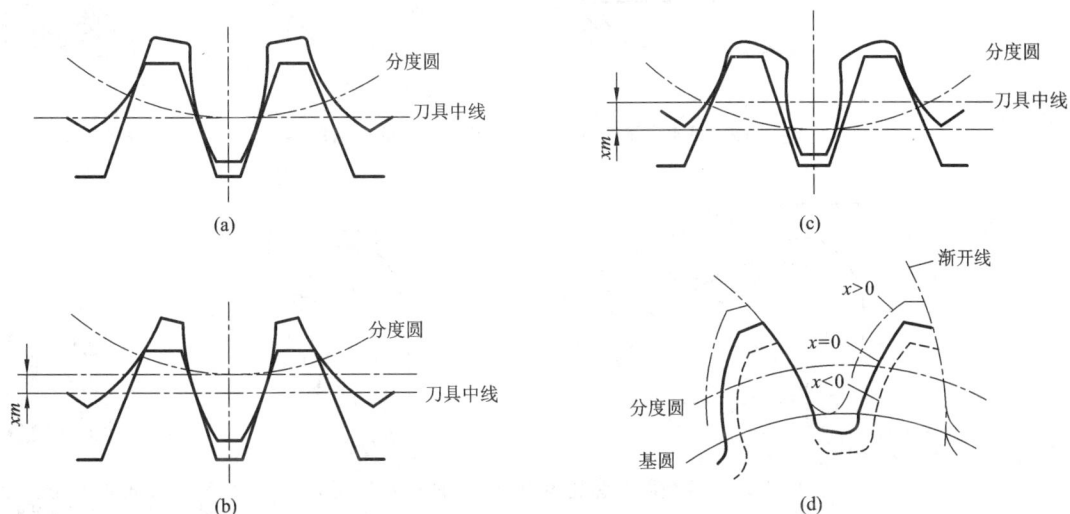

图 7.15　齿轮的变位加工

7.7　斜齿圆柱齿轮传动

7.7.1　齿廓曲面的形成

由前述可知，轮齿的齿廓是发生线绕基圆作纯滚动时，其上任意一点所形成的渐开线，这是仅就齿轮的端面来讨论的。考虑圆柱齿轮具有一定宽度，所以前述发生线要扩展为发生面，基圆要扩展为基圆柱，直齿圆柱齿轮的齿廓曲线要扩展为沿轴线方向的齿廓曲面。如图 7.16(a) 所示，当发生面 S 沿基圆柱作纯滚动时，其上与母线 NN' 平行的直线 KK' 在空间所走过的轨迹即为直齿圆柱齿轮的齿廓曲面。直齿圆柱齿轮啮合时，齿面沿齿宽方向的接触线是平行于齿轮轴线的直线，如图 7.16(b) 所示。因此，轮齿是沿整个齿宽同时进入啮合、又同时脱离啮合的，这样会导致轮齿所承受的载荷沿齿宽突然加上、突然卸下。所以直齿圆柱齿轮传动的平稳性较差，容易产生冲击和噪声，不适用于高速和重载传动中。

斜齿圆柱齿轮齿廓曲面的形成和直齿圆柱齿轮一样，如图 7.17(a) 所示，当发生面 S 沿基圆柱作纯滚动时其上与母线 NN' 成一倾斜角 β_b 的斜直线 KK' 在空间所走过的轨迹为一个渐开线螺旋面，该螺旋面即为斜齿圆柱齿轮的齿廓曲面，β_b 称为基圆柱上的螺旋角。当一对平行轴斜齿圆柱齿轮啮合时，齿面沿齿宽方向的接触线也是平行于齿轮轴线的直线，如图 7.17(b) 所示。因此斜齿轮的齿廓接触线是由短变长逐渐进入啮合、又由长变短逐渐脱离啮合的。所以斜齿轮传动工作较平稳，承载能力大。适用于高速和重载传动。

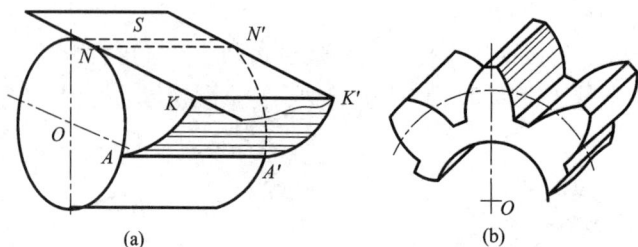

图 7.16　直齿圆柱齿轮齿廓曲面的形成及齿面接触

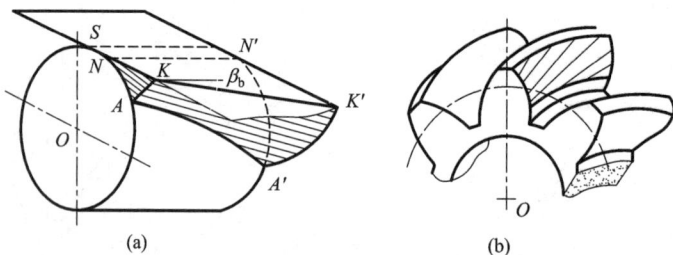

直齿圆柱齿轮齿廓曲面的形成及齿面接触

图 7.17　斜齿圆柱齿轮齿廓曲面的形成及齿面接触

斜齿圆柱齿轮齿廓曲面的形成及齿面接触(b)

7.7.2　斜齿圆柱齿轮传动的基本参数和啮合传动

从斜齿轮的齿廓形成过程可见，斜齿轮的齿面为螺旋面，斜齿轮垂直于齿轮齿廓螺旋面的平面称为法面，由于垂直于法面的方向是斜齿轮加工和受力的方向，所以斜齿轮除了端面参数以外，还有法面参数，且以法面参数为标准值，即法面模数 m_n 按标准模数表中参数选取，法面压力角 α_n 一般取 20°。法面参数加下标 n 表示，如 m_n 和 α_n，端面参数加下标 t 表示的，如。m_t 和 α_t。

1. 斜齿圆柱齿轮传动的基本参数

1）螺旋角 β

如图 7.18 所示，将斜齿轮分度圆柱在一平面内展开，则螺旋线展成一条斜直线。该直线与轴线的夹角称为分度圆柱上的螺旋角，简称螺旋角，用 β 表示。则有

$$\tan\beta = \frac{\pi d}{p_s} \qquad (7-15)$$

式中：p_s 是螺旋线的导程，mm，即螺旋线绕一周时沿齿轮轴线方向的距离。

斜齿轮按其齿形的倾斜方向，可分为左旋和右旋两种，如图 7.19 所示。当斜齿轮的轴线垂直放置时，斜齿轮可见部分的螺旋线右高左低时为右旋，反之为左旋。

图 7.18　斜齿轮的展开

2）法面模数 m_n 和端面模数 m_t

如图 7.18 所示，法面齿距 P_n 与端面齿距 P_t 的关系为 $P_n = P_t \cdot \cos\beta$，则

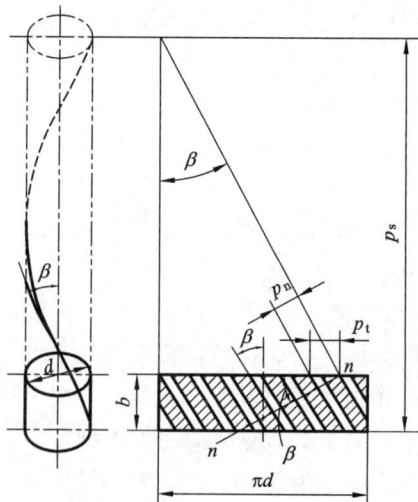

122

$$\pi m_n = \pi m_t \cdot \cos\beta$$

即

$$m_n = m_t \cdot \cos\beta \qquad (7-16)$$

3）法面压力角 α_n 和端面压力角 α_t

为便于分析，可通过斜齿条来说明。在图 7.20
所示的斜齿条中，$\triangle ABD$ 在端面上，$\triangle ACE$ 在法面
上，$\angle ACB = 90°$，在两直角三角形 $\triangle ABD$ 和 $\triangle ACE$
中有

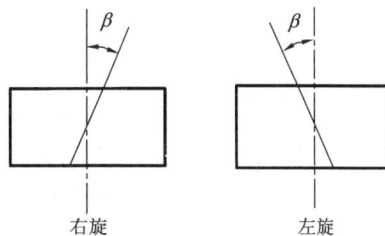

图 7.19　斜齿轮的旋向

$$\tan\alpha_t = \frac{AB}{DB}, \ \tan\alpha_n = \frac{AC}{EC}$$

在直角三角形 $\triangle ABC$ 中有 $AC = AB \cdot \cos\beta$，且 $DB = EC$，代入上两式整理后可得

$$\tan\alpha_n = \tan\alpha_t \cdot \cos\beta \qquad (7-17)$$

4）齿顶高系数 h_{an}^* 和 h_{at}^* 及顶隙系数 c_n^* 和 c_t^*

斜齿轮的齿顶高和齿根高不论从端面还是从法面来看都是相等的，即

$$h_{an}^* \cdot m_n = h_{at}^* \cdot m_t；及 c_n^* \cdot m_n = c_t^* \cdot m_t$$

将式（7-16）代入以上两式即得

$$\left.\begin{array}{l} h_{at}^* = h_{an}^* \cdot \cos\beta \\ c_{at}^* = c_{an}^* \cdot \cos\beta \end{array}\right\} \qquad (7-18)$$

其中法面齿顶高系数 h_n^* 和法面顶隙系数 c_n^* 规定为
标准值，分别为 $h_n^* = 1$，$c_n^* = 0.25$。

2. 斜齿圆柱齿轮传动的啮合传动

1）斜齿圆柱齿轮传动的正确啮合的条件

一对斜齿圆柱齿轮传动的正确啮合条件为：两齿
轮的法面模数及法面压力角分别对应相等，且两齿轮
的螺旋角大小相等，外啮合时旋向相反，内啮合时旋向相同。即

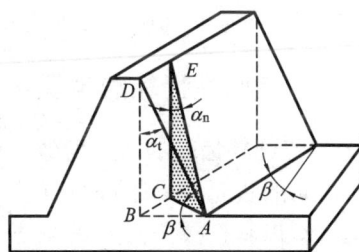

图 7.20　斜齿圆柱齿轮压力角

$$\left.\begin{array}{l} m_{n1} = m_{n2} = m_n \\ \alpha_{n1} = \alpha_{n2} = \alpha_n \\ \beta_1 = \mp\beta_2 \end{array}\right\} \qquad (7-19)$$

式中："－"对应外啮合；"＋"对应内啮合。

2）斜齿圆柱齿轮传动的重合度

经推导可得斜齿圆柱齿轮传动的重合度 ε 为

$$\varepsilon = \varepsilon_\alpha + \varepsilon_\gamma \qquad (7-20)$$

式中：ε_α 称为端面重合度，其值等于与斜齿轮端面齿廓相同的直齿轮传动的重合度；ε_γ 称为轴
面重合度，为轮齿倾斜而产生的附加重合度，$\varepsilon_\gamma = \frac{b\sin\beta}{\pi m_n}$。$\varepsilon_\gamma$ 随齿宽 b 和螺旋角 β 的增大而增
大，根据传动需要可以达到很大的值，所以斜齿轮传动比直齿轮传动承载能力高，传动平稳。

7.7.3　斜齿圆柱齿轮传动几何尺寸计算

斜齿轮的端面齿廓曲线是标准的渐开线，所以在计算斜齿轮的几何尺寸时，可按端面的

参数进行计算。但斜齿轮的法面参数为标准值。因此，应当注意斜齿轮端面与法面的参数换算关系。斜齿圆柱齿轮传动的计算公式可查表 7.7。

表 7.7　外啮合标准斜齿圆柱齿轮的几何尺寸计算

名　称	符　号	计　算　公　式
分度圆直径	d	$d = m_t z = \dfrac{m_n}{\cos\beta} z$
齿顶高	h_a	$h_a = h_{an}^* m_n = m_n$
齿根高	h_f	$h_f = (h_{an}^* + c_n^*) m_n = 1.25 m_n$
齿高	h	$h = h_a + h_f = 2.25 m_n$
齿顶圆直径	d_a	$d_a = d + 2h_a = d + 2m_n$
齿根圆直径	d_f	$d_f = d - 2h_f = d - 2.5 m_n$
标准中心距	a	$a = \dfrac{1}{2}(d_1 + d_2) = \dfrac{1}{2}m_t(z_1 + z_2) = \dfrac{m_n}{2\cos\beta}(z_1 + z_2)$

由表 7.7 可知：斜齿轮传动的中心距与螺旋角 β 有关。当一对斜齿轮的模数、齿数一定时，可以通过改变其螺旋角 β 的大小来圆整中心距。

7.7.4　斜齿圆柱齿轮的当量齿数和不根切的最少齿数

1. 斜齿圆柱齿轮的当量齿数

斜齿轮的法面齿形是进行强度计算以及用展成法加工斜齿轮选择刀具时的依据。因此需要分析斜齿轮的法面齿形。

如图 7.21 所示，过斜齿轮分度圆柱上的 C 点作轮齿螺旋线的法平面 nn，斜齿轮在法平面内的齿形称为法面齿形。该法平面与分度圆柱面的交线为一椭圆。椭圆的长半轴为 $a = \dfrac{d}{2\cos\beta}$，短半轴为 $b = \dfrac{d}{2}$，由高等数学可知，椭圆在 C 点的曲率半径 ρ 为

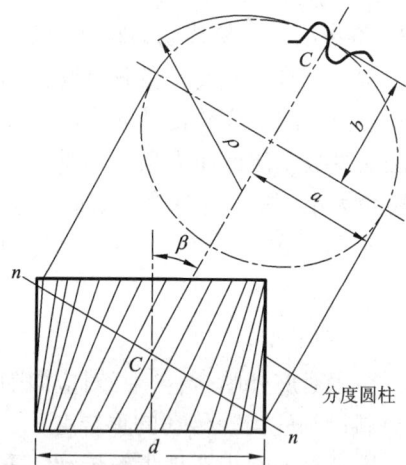

$$\rho = \frac{a^2}{b} = \frac{d}{2\cos^2\beta}$$

图 7.21　斜齿圆柱齿轮的当量齿数

以 ρ 为分度圆半径，以 m_n 为模数，α_n 为标准压力角作一假想直齿圆柱齿轮，则该齿轮齿形近似于斜齿轮的法面齿形。该假想直齿圆柱齿轮称为斜齿圆柱齿轮的当量齿轮，其齿数称为斜齿圆柱齿轮的当量齿数，用 z_v 表示，则

$$z_v = \frac{2\rho}{m_n} = \frac{d}{m_n \cos^2\beta} = \frac{m_n z}{m_n \cos^3\beta} = \frac{z}{\cos^3\beta} \tag{7-21}$$

当量齿数是假想直齿圆柱齿轮的齿数，计算结果一般不是整数，不必进行园整。但是总是大于斜齿轮的实际齿数，即 $z_v > z$。

124

2. 斜齿圆柱齿轮不根切的最少齿数

由于斜齿圆柱齿轮的当量齿轮为直齿轮，该当量直齿轮不发生根切的最少齿数为 $z_{vmin} = 17$，由此可得斜齿轮不发生根切的最少齿数 z_{min} 为

$$z_{min} = z_{vmin}\cos^3\beta = 17\cdot\cos^3\beta \qquad (7-22)$$

由此可见，斜齿圆柱齿轮不发生根切的最少齿数比直齿圆柱齿轮要少，因而斜齿轮机构更加紧凑。

7.7.5 斜齿圆柱齿轮的主要优缺点

与直齿圆柱齿轮传动相比较，斜齿圆柱齿轮传动的主要优缺点如下：

(1) 啮合性能好，传动平稳，噪声少。

(2) 重合度大，承载能力高。

(3) 不发生根切的最少齿数少，机构更紧凑。

(4) 可通过改变螺旋角来配凑中心距，设计更方便。

(5) 会产生轴向力，且 β 越大，轴向力越大。因此一般取 $\beta = 8°\sim 20°$。

7.8 直齿圆锥齿轮传动

7.8.1 圆锥齿轮传动概述

圆锥齿轮传动属于空间齿轮传动，用于传递两相交轴之间的运动和动力，一般两轴交角 $\sum = \delta_1 + \delta_2 = 90°$。圆锥齿轮的轮齿排列于圆锥体表面上，齿厚与齿高由大端到小端均逐渐收缩变小，模数和分度圆也随之变化。对应圆柱齿轮中各有关圆柱，圆锥齿轮相应有基圆锥、分度圆锥、齿顶圆锥、齿根圆锥、节圆锥。对于正确安装的标准圆锥齿轮传动，其节圆锥与分度圆锥应该重合。

圆锥齿轮的轮齿类型分直齿、斜齿和曲齿三种。直齿圆锥齿轮易于制造，适用于低速、轻载传动场合；曲齿圆锥齿轮传动平稳，承载能力强，常用于高速、重载传动的场合，但其设计和制造较为复杂；斜齿圆锥齿轮传动则应用较少。本节只介绍直齿圆锥齿轮传动。

7.8.2 直齿圆锥齿轮的背锥及当量齿数

如图 7.22 所示，锥距为 R 的基圆锥的锥顶与半径为 R 的圆平面 S 的圆心重合于 O 点，基圆锥与圆平面 S 相切于 ON。当圆平面 S 绕基圆锥作纯滚动时，该平面上任一条过锥顶的直线 OB 在空间展出一渐开锥面。该曲面为圆锥齿轮的齿廓曲面。渐开锥面与以 O 为球心 R 为半径的球面的交线 AB 称为球面渐开线。它是一条空间曲线，也是圆锥齿轮大端的齿廓曲线。但是球面渐开线不能在平面上展开，这给圆锥齿轮的设计和制造带来困难。为方便问题解决，可采用近似的方法来研究圆

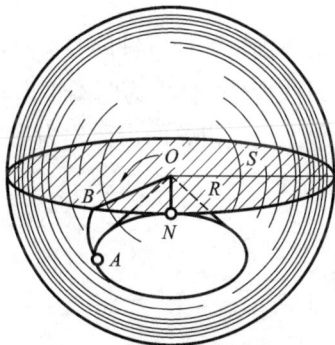

图 7.22 球面渐开线的形成

锥齿轮的齿廓曲线。

1. 圆锥齿轮的背锥及当量齿数

如图 7.23 所示，以圆锥齿轮的轴线为轴线，以分度圆锥的底圆为底圆，以垂直分度圆锥母线的直线为母线所作的圆锥称为圆锥齿轮的背锥。显然背锥与球面相切于圆锥齿轮大端的分度圆上。将球面上的齿形向背锥投影，该投影齿形与球面上的实际齿形相差很小，故可用背锥上的齿形代替球面上的齿形。与球面不同，背锥面可以展成平面，如此可对圆锥齿轮齿廓曲线作进一步的研究。

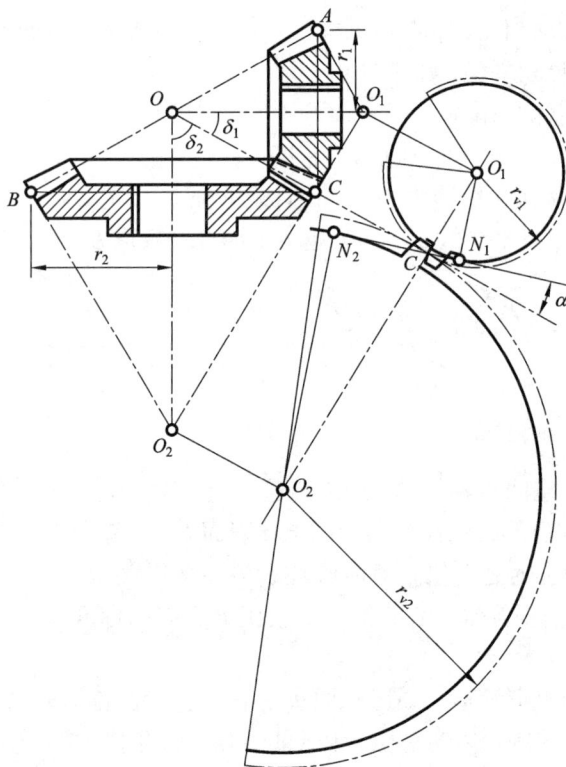

图7.23　圆锥齿轮的背锥及当量齿轮

将两锥齿轮的背锥展开成平面，得两个扇形齿轮，将两个扇形齿轮补全，得两个假想的直齿圆柱齿轮，称之为两圆锥齿轮的当量齿轮，其分度圆半径即为背锥的锥距，分别以 r_{v1} 和 r_{v2} 表示。当量齿轮的齿数称为当量齿数，用 z_v 表示。由图 7.23 可得

$$r_{v1} = \frac{r_1}{\cos\delta_1} = \frac{mz_1}{2\cos\delta_1}$$

又 $$r_{v1} = mz_{v1}/2$$

即

$$z_{v1} = \frac{z_1}{\cos\delta_1}, \quad z_{v2} = \frac{z_2}{\cos\delta_2} \tag{7-23}$$

标准圆锥齿轮不发生根切的最少齿数 z_{min} 可根据其当量直齿轮的最少齿数 $z_{vmin} = 17$ 计

126

算，即

$$z_{\min} = z_{v\min} \cos\delta = 17\cos\delta \qquad (7-24)$$

由此可见，直齿圆锥齿轮不发生根切的最少齿数比直齿圆柱齿轮的要少。

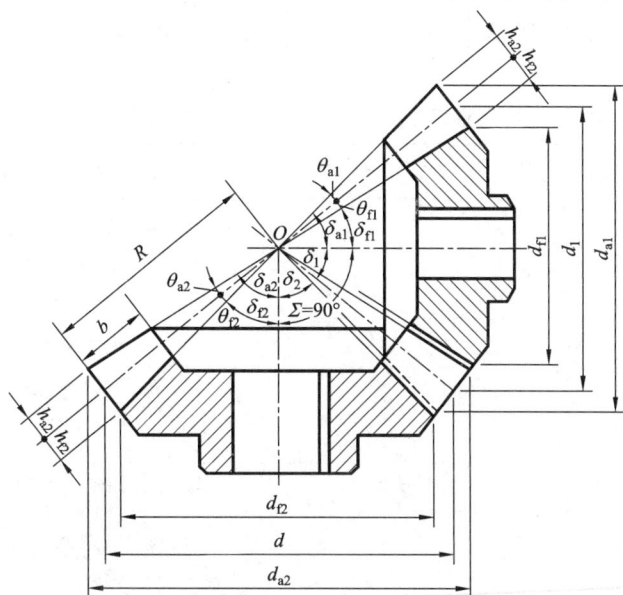

图 7.24　圆锥齿轮传动的几何尺寸

7.8.3　直齿圆锥齿轮传动的几何尺寸计算

图 7.24 所示为一对正确安装的标准圆锥齿轮，其分度圆锥与节圆锥重合，两齿轮的锥距为 R，分度圆锥角分别为 δ_1 和 δ_2，大端分度圆半径分别为 r_1 和 r_2，齿数分别为 z_1 和 z_2，两齿轮的轴交角 $\Sigma = \delta_1 + \delta_2 = 90°$。则两齿轮的传动比为

$$i = \frac{\omega_1}{\omega_2} = \frac{z_2}{z_1} = \frac{r_2}{r_1} = \frac{R\sin\delta_2}{R\sin\delta_1} = \tan\delta_2 = \cot\delta_1 \qquad (7-25)$$

由此可见，当传动比 i 一定时，两齿轮的分度圆锥角一定。

为便于设计和制造，也为便于计算和测量的方便，国家标准规定圆锥齿轮大端分度圆上的参数为标准值。即圆锥齿轮大端分度圆上的模数为标准模数，圆锥齿轮大端分度圆上的压力角为标准压力角。圆锥齿轮的标准模数按表 7.8 选取，标准压力角 $\alpha = 20°$，齿顶高系数 $h_a^* = 1$，顶隙系数 $c^* = 0.2$。

表 7.8　圆锥齿轮模数系列（GB 12368—90）　　　　　　　　　　　　　　mm

0.9	1	1.125	1.25	1.375	1.5	1.75	2	2.25	2.5
2.75	3	3.25	3.5	3.75	4	4.5	5	5.5	6
6.5	7	8	9	10	11	12	14	16	18
20	22	25	28	30	32	36	40	45	50

直齿圆锥齿轮的正确啮合条件为两齿轮的大端模数及压力角分别对应相等。即

$$\left.\begin{array}{c} m_{1大端} = m_{2大端} = m \\ \alpha_{1大端} = \alpha_{2大端} = \alpha = 20° \end{array}\right\} \tag{7-26}$$

标准直齿圆锥齿轮各部分名称及几何尺寸计算见表 7.9。

表 7.9 标准直齿圆锥齿轮传动($\sum = 90°$)的几何尺寸计算

名　称	符　号	计　算　公　式
分度圆锥角	δ	$\delta_1 = \operatorname{arccot} \dfrac{z_2}{z_1}$　　$\delta_2 = 90° - \delta_1$
分度圆直径	d	$d = mz$
齿顶高	h_a	$h_a = h_a^* m$
齿根高	h_f	$h_f = (h_a^* + c^*) m$
齿顶圆直径	d_a	$d_a = d + 2h_a \cos\delta$
齿根圆直径	d_f	$d_f = d - 2h_f \cos\delta$
锥距	R	$R = \dfrac{1}{2}\sqrt{d_1^2 + d_2^2}$
齿宽	b	$b \leqslant \dfrac{1}{3} R$
齿顶角	θ_a	不等齿隙收缩齿：$\theta_{a1} = \theta_{a2} = \arctan \dfrac{h_a}{R}$ 等齿隙收缩齿：$\theta_{a1} = \theta_{f2}$，$\theta_{a2} = \theta_{f1}$
齿根角	θ_f	$\theta_f = \arctan \dfrac{h_f}{R}$
齿顶圆锥角	δ_a	$\delta_a = \delta + \theta_a$
齿根圆锥角	δ_f	$\delta_f = \delta - \theta_f$
当量齿数	z_v	$z_v = \dfrac{z}{\cos\delta}$

7.9　齿轮传动设计

7.9.1　轮齿的失效形式及齿轮传动设计准则

1. 轮齿的失效形式

在实际工作中，由于齿轮传动的装置形式、齿面硬度、齿轮转速、所受载荷等的不同，齿轮传动常会出现各种不同的失效形式。齿轮传动的失效形式主要是轮齿的失效，轮齿的主要失效形式有下面几种。

1）轮齿折断

轮齿折断是指齿轮的轮齿的整体或其局部的断裂。当一对轮齿进入啮合时，在载荷的作用下，受力轮齿相当于一个悬臂梁，其齿根部位将受到交变弯曲应力的反复作用。由于齿根圆角过渡部分存在应力集中，当应力值超过材料的弯曲疲劳极限时，齿根处产生疲劳裂纹，随着裂纹的逐渐扩展最终引起轮齿的疲劳折断，这种现象称为疲劳折断，如图 7.25 所示。

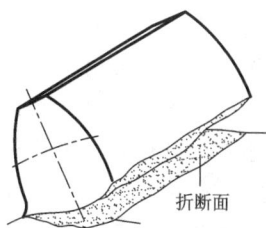
图 7.25　轮齿折断

当轮齿突然过载，或经严重磨损后齿厚过薄时，也会发生轮齿突然折断，这种现象称为过载折断。

齿宽较小的直齿圆柱齿轮往往产生整体折断。如果齿轮宽度过大或在斜齿圆柱齿轮传动中，由于制造、安装的误差使其局部受载过大时，也会造成局部折断。

轮齿折断是受载过大的齿轮传动的主要失效形式。提高轮齿抗折断能力的措施为：增大齿根圆角半径；降低齿根的应力集中；增大轴及支承件的刚度以减轻齿面局部过载的程度；提高齿面硬度、保持芯部的韧性等。

2）齿面点蚀

齿轮工作过程中，轮齿齿面在法向力的作用下将产生循环变化的接触应力，在较大接触应力作用下，齿面上不规则的细微的疲劳裂纹，随之蔓延、扩展、连片而导致齿面表层上的金属微粒剥落，形成麻点状的浅坑，这种现象称为齿面疲劳点蚀，简称点蚀。如图 7.26 所示。实践表明，由于节线附近同时啮合的齿对数少，且轮齿间相对滑动速度小，润滑油膜不易

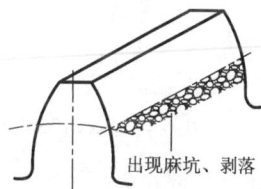
图 7.26　齿面点蚀

形成，所以点蚀首先出现在靠近节线的齿根表面上。点蚀发生后，破坏了齿轮的正常工作，引起振动和噪声。

齿面点蚀是润滑良好的闭式软齿面齿轮传动的主要失效形式。提高齿面抗点蚀能力的措施为：提高齿面硬度；增大润滑油的黏度；降低表面粗糙度；在许可范围内采用变位系数之和较大的传动等措施。

开式齿轮传动中，由于磨损较快，所以一般看不到点蚀现象。

3）齿面胶合

在高速重载的齿轮传动中，因齿面间压力较大且相对滑动速度较高，因而摩擦发热量大，使啮合区温度升高导致油膜破裂；在低速重载的齿轮传动中，因齿面间压力较大，从而不易形成油膜。上述两种情况均引起润滑失效，润滑失效使得相啮合两个齿面的金属直接接触并互相黏连。当两齿面相对滑动时，较软齿齿面的金属被撕下，齿面上沿滑动方向出现条状伤痕，这种现象称为齿面胶合，如图 7.27 所示。

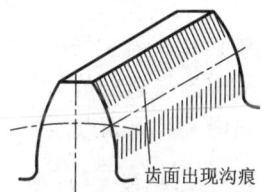
图 7.27　齿面胶合

齿面胶合是润滑良好的高、低速重载齿轮传动的主要失效形式。提高齿面抗胶合能力的措施为：提高齿面硬度；降低齿面粗糙度；限制油温；增加润滑油的黏度；选用加有抗胶合添加剂的合成润滑油等。

4）齿面磨损

齿轮在传动过程中齿面存在相对滑动。如果有金属屑、砂粒、灰尘等硬质颗粒进入轮齿啮合面，从而导致轮齿接触表面上的材料摩擦损耗的现象称为齿面磨损，如图7.28所示。

齿面磨损是润滑不良的开式齿轮传动的主要失效形式。提高齿面抗磨损能力的措施为：采用闭式传动；提高齿面硬度；降低齿面粗糙度；采用清洁的润滑油等。

5）塑性变形

当载荷较大且齿轮材料较软时，啮合轮齿表面的材料将沿着摩擦力方向发生流动，导致从动轮齿面节线附近出现凸棱，主动轮齿面节线附近出现凹沟，这种现象称为齿面塑性变形，如图7.29所示。齿面塑性变形破坏正常齿形，影响齿轮的正常啮合。

齿面塑性变形是材料较软、过载严重和起动频繁的齿轮传动的主要失效形式。提高齿轮抗塑性变形能力的措施为：适当提高齿面硬度；降低齿面粗糙度；选用黏度较高的润滑油等。

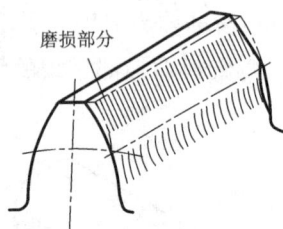

图7.28 齿面磨损

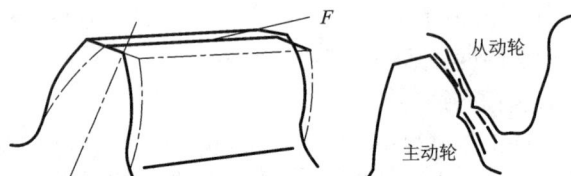

图7.29 齿面塑性变形

2. 齿轮传动设计准则

齿轮传动的工作条件及齿轮的材料不同，轮齿的失效形式就不同，因而其设计方法就不同。目前主要按下述设计准则对齿轮传动进行设计。

1）闭式齿轮传动

对于闭式软齿面齿轮传动，齿面点蚀是主要的失效形式。故应先按齿面接触疲劳强度进行设计，确定齿轮的主要参数和尺寸，然后再按齿根弯曲疲劳强度进行校核。对于闭式硬齿面齿轮传动，齿根折断失效较多，故先按齿根弯曲疲劳强度进行设计，确定齿轮的主要参数和尺寸，然后再按齿面接触疲劳强度进行校核。

2）开式齿轮传动

对于开式齿轮传动，齿面磨损为主要失效形式。由于目前磨损尚无成熟的计算方法，故一般按照齿根弯曲疲劳强度进行设计，确定齿轮的主要参数和尺寸，考虑磨损因素，再将模数适当增大，因无点蚀而无需校核齿面接触强度。

7.9.2 齿轮的材料及热处理

选择齿轮材料时，为抵抗齿面磨损、点蚀、胶合以及塑性变形，要求齿面应有足够的硬度和耐磨性；为抵抗齿根折断和冲击载荷，要求轮齿芯部应有足够的强度和较好的韧性；同时所选齿轮材料应具有良好的加工工艺性能及热处理性能。常用齿轮的材料有锻钢、铸钢、铸铁，此外还有非金属材料等。齿轮常用材料的力学性能及应用范围见表7.10。

130

表 7.10　齿轮常用材料的力学性能及应用范围

材料	牌号	热处理方法	硬度	强度极限 σ_b /MPa	屈服极限 σ_s /MPa	应用范围
优质碳素钢	45	正火	169~217 HBS	580	290	低速轻载
		调质	217~255 HBS	650	360	低速中载
		表面淬火	48~55 HRC	750	450	高速中载、低速重载
	50	正火	180~220 HBS	620	320	低速轻载
合金钢	40Cr	调质	240~260 HBS	700	550	中速中载
		表面淬火	48~55 HRC	900	650	高速中载
	42SiMn	调质	217~269 HBS	750	470	高速中载,无剧烈冲击
		表面淬火	45~55 HRC	750	470	
	20Cr	渗碳淬火	56~62 HRC	650	400	高速中载承受冲击
	20CrMnTi	渗碳淬火	56~62 HRC	1100	850	
铸钢	ZG310-570	正火	160~210 HBS	570	320	中速、中载、大直径
		表面淬火	40~50 HRC	570	320	
	ZG340-640	正火	170~230 HBS	650	350	
		调质	240~270 HBS	700	380	
球墨铸铁	QT600-2	正火	220~280 HBS	600		低、中速轻载,有小的冲击
	QT500-5	正火	147~241 HBS	500		
灰铸铁	HT200	人工时效（低温退火）	170~230 HBS	200		低速轻载,冲击很小
	HT300		187~235 HBS	300		
夹布胶木			25~35 HBS	100		高速轻载

1. 锻钢

锻钢是齿轮选用较多的一类材料,其具有强度高、韧性好、制造容易、热处理方便等优点。按热处理后的硬度不同,可分为软齿面齿轮和硬齿面齿轮两大类。

1)软齿面齿轮(齿面硬度≤350HBS)

常用的材料为中碳钢和中碳合金钢,如45钢、50钢、40Cr、42SiMn等,热处理方法为调质或正火。热处理后齿面硬度一般为160~290HBS,生产便利、成本较低,这种齿轮适用于强度、精度要求不高的场合。在一对齿轮传动中,因为小齿轮受载荷次数比大齿轮多,且小齿轮齿根较薄,因此小齿轮的齿轮弯曲强度较弱。为使两齿轮的轮齿接近等强度,应使小齿轮的齿面硬度比大齿轮的齿面硬度高30~50HBS。

2)硬齿面齿轮(齿面硬度>350HBS)

常用的材料为中碳钢或中、低碳合金钢,如45钢、40Cr等需表面淬火,其硬度可达到48~55HRC;如20Cr,20CrMnTi等需渗碳淬火,其硬度可达到56~62HRC。热处理后变形较大需磨齿。这类齿轮常用于高速、重载、受冲击载荷或要求尺寸紧凑的重要机械传动中。

2. 铸钢

当齿轮结构复杂不易锻制或直径尺寸较大时，可用铸造方法制成铸钢齿坯，再进行正火处理以细化晶粒。常用的铸钢有 ZG310—570 和 ZG340—640 等。

3. 铸铁

常用的铸铁材料有 HT200，HT300 和 QT600—2 等，铸铁材料来源充足，易于加工，成本低廉、抗点蚀、抗胶合性能均较好，但强度低、抗冲击性能差。铸铁齿轮常用于低速、功率不大及无冲击振动的开式齿轮传动中。

球墨铸铁的力学性能和抗冲击能力比灰铸铁高，可代替铸钢铸造大直径齿轮。

4. 非金属材料

非金属材料的弹性模量小，传动中齿轮的变形可减轻动载荷和噪声，适用于高速轻载的场合。齿轮常用的非金属材料有夹布胶木，工程塑料等。

7.9.3 直齿圆柱齿轮传动设计

1. 轮齿的受力分析和计算载荷

1）受力分析

为了计算齿轮的强度，设计轴及轴承等，需要对齿轮进行受力分析，求出齿轮上的作用力。如图 7.30 所示为主动直齿轮的受力分析。略去齿面间摩擦力，用集中力 F_n 代替沿齿宽接触线上的均布载荷，F_n 为总作用力，沿着啮合线方向作用，其可分解为两个分力。分别是沿节圆切线方向的圆周力 F_t 和指向齿轮中心的径向力 F_r。则有

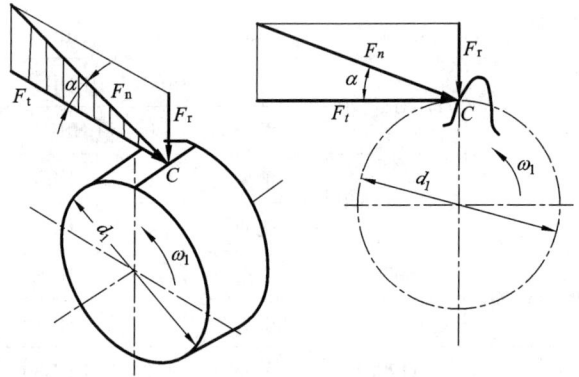

图 7.30 直齿圆柱齿轮传动受力分析

$$\left. \begin{array}{l} F_t = \dfrac{2T_1}{d_1} \\[2mm] F_r = F_t \cdot \tan \alpha \\[2mm] F_n = \dfrac{F_t}{\cos \alpha} \end{array} \right\} \qquad (7-27)$$

式中：T_1 为作用在主动轮上的转矩，$T_1 = 9.55 \times 10^6 \dfrac{P_1}{n_1}$，N·mm；$d_1$ 为小齿轮分度圆直径，mm；α 为分度圆上的压力角；P_1 为小齿轮传递的功率，kW；n_1 为小齿轮的转速，r/min。

作用在主、从动轮上各对应的力大小相等，方向相反。主动轮所受的圆周力为阻力，与啮合点速度方向相反；从动轮上所受的圆周力为驱动力，与啮合点速度方向相同。径向力方向分别从啮合点指向各自的轮心。

2）计算载荷

总作用力 F_n 是在理想条件下进行受力分析求得的，称为名义载荷。实际工作中，由于齿轮、轴、轴承的加工和安装误差，还有原动机和工作机的不同工作特性等原因，会使实际载荷增加。因此齿轮传动的强度计算时通常用计算载荷 F_c 取代名义载荷 F_n 进行计算。

132

$$F_{c} = KF_{n} = \frac{2KT_{1}}{d_{1}\cos\alpha} \qquad\qquad (7-28)$$

式中：K 为载荷系数，由表 7.11 查取。

表 7.11　载荷系数

原动机	工 作 机 械 的 载 荷 特 性		
	均匀	中等冲击	较大冲击
电动机	1.0 ~ 1.2	1.2 ~ 1.6	1.6 ~ 1.8
多缸内燃机	1.2 ~ 1.6	1.6 ~ 1.8	1.9 ~ 2.1
单缸内燃机	1.6 ~ 1.8	1.8 ~ 2.0	2.2 ~ 2.4

注：圆周速度低、传动精度高、齿宽系数小时取小值；圆周速度高、传动精度低、齿宽系数大时取大值。当齿轮在两轴承间对称布置时取小值；非对称布置时取大值。增速传动时 K 应增大 1.1 倍。

2. 直齿圆柱齿轮传动强度计算

为避免齿轮传动工作时可能出现的失效，齿轮传动设计时需要进行强度计算。根据齿轮传动设计准则，齿轮传动强度计算主要有齿面接触疲劳强度计算和齿根弯曲疲劳强度计算。

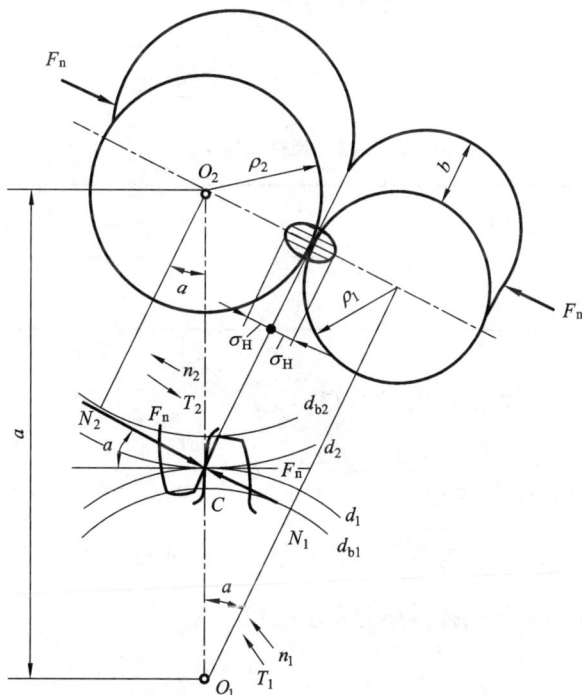

图 7.31　齿面的接触应力

1）齿面接触疲劳强度计算

齿面点蚀是因为齿面接触应力过大而引起的，为避免齿面点蚀失效，需要进行齿面接触疲劳强度计算。即使齿面实际接触应力小于齿轮材料许用接触应力。当两个齿轮啮合时，疲劳点蚀多出现在节线附近，因此一般以节点处的接触应力来计算齿面的接触疲劳强度。根据弹性力学的赫兹公式可导出齿面节点处接触应力计算公式为

$$\sigma_{\mathrm{H}} = \sqrt{\dfrac{F_{\mathrm{c}}\left(\dfrac{1}{\rho_1} \pm \dfrac{1}{\rho_2}\right)}{\pi b\left[\left(\dfrac{1-\mu_1^2}{E_1}\right) + \left(\dfrac{1-\mu_2^2}{E_2}\right)\right]}} \leqslant [\sigma_{\mathrm{H}}] \tag{7-29}$$

式中：ρ_1 和 ρ_2 为两齿廓在节点处的曲率半径，mm。"+"用于外啮合，"-"用于内啮合；E_1 和 E_2 为两齿轮材料的弹性模量，MPa；μ_1 和 μ_2 为两齿轮材料的泊松比；F_{c} 为作用在齿廓上的计算载荷，N；b 为两齿轮接触宽度，mm。

由图 7.31 可知，节点 C 处的曲率半径为

$$\rho_1 = N_1 C = \frac{d_1}{2}\sin\alpha, \quad \rho_2 = N_2 C = \frac{d_2}{2}\sin\alpha$$

设齿数比 $u = \dfrac{z_2}{z_1}$，则

$$\frac{1}{\rho_1} \pm \frac{1}{\rho_2} = \frac{2}{d_1\sin\alpha} \pm \frac{2}{d_2\sin\alpha} = \frac{u \pm 1}{u} \cdot \frac{2}{d_1\sin\alpha}$$

令 $Z_{\mathrm{E}} = \sqrt{\dfrac{1}{\pi\left(\dfrac{1-\mu_1^2}{E_1} + \dfrac{1-\mu_2^2}{E_2}\right)}}$，$Z_{\mathrm{E}}$ 称为弹性系数，按表 7.12 查取。

表 7.12　弹性系数 Z_{E}

齿轮配对材料	钢、钢配对	钢、铸铁配对	铸铁、铸铁配对
$Z_{\mathrm{E}}/\mathrm{MPa}^{1/2}$	189.8	162	143.7

将上两式及式(7-28)代入式(7-29)得

$$\sigma_{\mathrm{H}} = Z_{\mathrm{E}}\sqrt{\frac{2KT_1}{bd_1\cos\alpha} \cdot \frac{2}{d_1\sin\alpha} \cdot \frac{u \pm 1}{u}} = Z_{\mathrm{E}}\sqrt{\frac{2}{\sin\alpha \cdot \cos\alpha}}\sqrt{\frac{2KT_1}{bd_1^2} \cdot \frac{u \pm 1}{u}}$$

令 $Z_{\mathrm{H}} = \sqrt{\dfrac{2}{\sin\alpha \cdot \cos\alpha}}$，$Z_{\mathrm{H}}$ 称为节点区域系数，对标准直齿圆柱齿轮传动，$Z_{\mathrm{H}} = 2.5$。则可得标准直齿圆柱齿轮传动齿面接触疲劳强度校核公式

$$\sigma_{\mathrm{H}} = 3.54 Z_{\mathrm{E}}\sqrt{\frac{KT_1}{bd_1^2} \cdot \frac{u \pm 1}{u}} \leqslant [\sigma_{\mathrm{H}}] \tag{7-30}$$

引入齿宽系数 $\varphi_{\mathrm{d}} = \dfrac{b}{d_1}$，则可得标准直齿圆柱齿轮传动齿面接触疲劳强度设计公式

$$d_1 \geqslant 2.32 \cdot \sqrt[3]{\left(\frac{Z_{\mathrm{E}}}{[\sigma_{\mathrm{H}}]}\right)^2 \cdot \frac{KT_1}{\varphi_{\mathrm{d}}} \cdot \frac{u \pm 1}{u}} \tag{7-31}$$

两齿轮齿面的实际接触应力属作用与反作用的关系，故大小相同。但两齿轮因材料与硬度的不同，二者许用接触应力一般是不同的。因此进行强度计算时应选用两许用接触应力中的较小值代入计算公式。

2）齿根弯曲疲劳强度计算

轮齿折断是因为齿根弯曲应力过大而引起的，为避免轮齿折断失效，需要进行齿根弯曲疲劳强度计算。即使齿根实际弯曲应力小于齿轮材料许用弯曲应力。为简化计算，将轮齿看作宽度为 b 的悬臂梁。假定全部载荷由一对齿承受，当载荷作用于齿顶时齿根部分产生的弯曲应力最大。其危险载面用 30°切线法来确定，即作与轮齿对称中心线成 30°并与齿根过渡曲线相切的两条直线，连接两切点的截面即为齿根的危险截面，如图 7.32 所示。S_F 为危险截面处的齿厚，h_F 为悬臂长，α_F 为齿顶压力角，沿啮合线作用在齿顶的总作用力 F_n 可分解为互相垂直的两个分力 $F_n\cos\alpha_F$ 和 $F_n\sin\alpha_F$，前者对齿根产生弯曲应力，后者产生压应力。

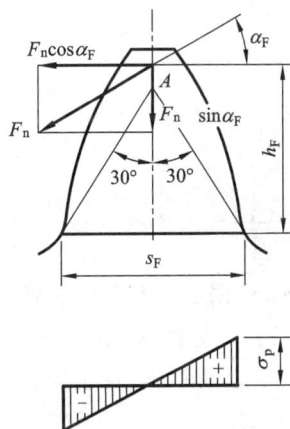

图 7.32　齿根弯曲应力

因压应力较小，对抗弯强度计算影响较小，故可忽略不计。则危险载面处的弯曲应力为

$$\sigma_B = \frac{M}{W} = \frac{KF_n h_F \cos\alpha_F}{\dfrac{bS_F^2}{6}} = \frac{6KF_t h_F \cos\alpha_F}{bS_F^2 \cos\alpha_F} = \frac{2KT_1}{bmd_1} \cdot \frac{6\left(\dfrac{h_F}{m}\right)\cos\alpha_F}{\left(\dfrac{S_F}{m}\right)^2 \cos\alpha}$$

令 $Y_F = \dfrac{6\left(\dfrac{h_F}{m}\right)\cos\alpha_F}{\left(\dfrac{S_F}{m}\right)^2 \cos\alpha}$，$Y_F$ 称为齿形系数，其只与齿形有关，而与模数无关，是一个无因次的系数。Y_F 根据齿数查表 7.13。考虑到齿根圆角处的应力集中以及齿根危险截面上压应力等的影响，引入应力修正系数 Y_S，Y_S 可查表 7.13。则可得标准直齿圆柱齿轮传动齿根弯曲疲劳强度的校核公式为

$$\sigma_F = \frac{2KT_1 Y_F Y_S}{bmd_1} \leqslant [\sigma_F] \qquad (7-32)$$

引入 $\varphi_d = \dfrac{b}{d_1}$，可得标准直齿圆柱齿轮传动齿根弯曲疲劳强度的设计公式为

$$m \geqslant \sqrt[3]{\frac{2KT_1}{\varphi_d z_1^2} \cdot \frac{Y_F Y_S}{[\sigma_F]}} \qquad (7-33)$$

因 z_1 和 z_2 通常不同，故两齿轮的 Y_F 和 Y_S 都不对应相等，而且两齿轮的许用应力 $[\sigma_{F1}]$ 和 $[\sigma_{F2}]$ 不一定相等，因此必须分别校核两齿轮的齿根弯曲强度。在设计计算时，应将两齿轮的 $\dfrac{Y_F Y_S}{[\sigma_F]}$ 进行比较，取其中较大者代入设计公式中计算，计算所得模数应圆整成标准值。

表 7.13　齿形系数与应力修正系数

$z(z_v)$	17	18	19	20	21	22	23	24	25	26	27	28	29
Y_F	2.97	2.91	2.85	2.80	2.76	2.72	2.69	2.65	2.62	2.60	2.57	2.55	2.53
Y_S	1.52	1.53	1.54	1.55	1.56	1.57	1.575	1.58	1.59	1.595	1.60	1.61	1.62
$z(z_v)$	30	35	40	45	50	60	70	80	90	100	150	200	∞
Y_F	2.52	2.45	2.40	2.35	2.32	2.28	2.24	2.22	2.20	2.18	2.14	2.12	2.06
Y_S	1.625	1.65	1.67	1.68	1.70	1.73	1.75	1.77	1.78	1.79	1.83	1.865	1.97

3. 许用应力与齿轮参数选择

1)许用齿面接触应力

许用齿面接触应力$[\sigma_H]$按下式计算：

$$[\sigma_H] = \frac{\sigma_{Hlim}}{S_H} \tag{7-34}$$

式中：σ_{Hlim}为试验齿轮的接触疲劳极限，MPa，如图 7.33 所示；S_H为接触强度最小安全系数，简化计算时取 $S_H = 1$。

2)许用齿根弯曲应力

许用齿根弯曲应力$[\sigma_F]$按下式计算：

$$[\sigma_F] = \frac{\sigma_{Flim}}{S_F} \tag{7-35}$$

式中：σ_{Flim}为试验齿轮的弯曲疲劳极限，MPa，如图 7.34 所示；S_F为接触强度最小安全系数，简化计算时取 $S_F = 1.4$。

3)齿数 z

一般设计中要求 $z \geqslant z_{min}$。具体设计时根据齿轮传动装置形式的不同而有不同的选择原则。

在闭式软齿面齿轮传动中，齿轮的承载能力主要取决于齿面接触疲劳强度。由于齿数多则重合度大、传动平稳，且能改善传动质量、减少磨损。因此在保证弯曲强度的前提下，应取较多的齿数为宜。推荐取 $z_1 = 20 \sim 40$。

在闭式硬齿面齿轮传动和开式传动中，齿轮的承载能力主要取决于齿根弯曲疲劳强度。为保证轮齿在经受相当的磨损后仍不会发生弯曲破坏，z 不宜取太大，一般取 $z_1 = 17 \sim 20$。

对于周期性变化的载荷，为避免最大载荷总是作用在某一对或某几对轮齿上而使磨损过于集中，z_1 和 z_2 应互为质数。这样实际传动比可能与要求的传动比有出入，但一般情况下传动比相对误差在 $\pm 5\%$ 是允许的。

4)模数 m

模数的大小影响轮齿的弯曲强度。设计时应在保证弯曲强度的条件下取较小的模数。但对传递动力的齿轮应保证 $m \geqslant 1.5 \sim 2$ mm。计算所得的模数应往大圆整为标准值。

5)齿宽系数 φ_d

增大齿宽，可提高齿轮的承载能力。但齿宽越大，载荷沿齿宽的分布越不均匀，造成偏

(a) 铸铁

(b) 正火结构钢和铸钢

(c) 调质钢和铸钢

(d) 渗碳淬火及表面淬火钢

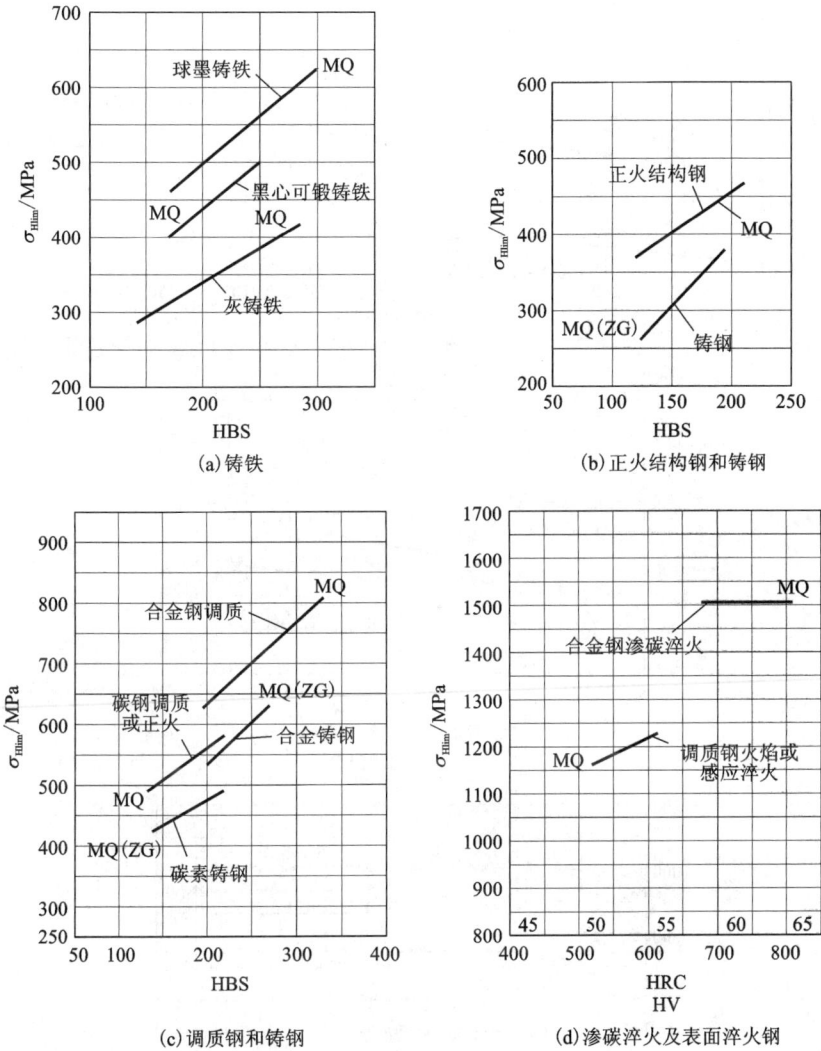

图 7.33　试验齿轮的接触疲劳极限

载而降低了传动能力。因此设计时应合理选择 φ_d。φ_d 可按表 7.14 选取。为补偿加工和装配的误差，设计时应使小齿轮齿宽比大齿轮齿宽大一点，一般取 $b_1 = b_2 + (5 \sim 10)$ mm。齿宽 b_1 和 b_2 都应圆整为整数，最好个位数为 0 或 5。

表 7.14　齿宽系数 φ_d

齿轮相对轴承的位置	齿　面　硬　度	
	软齿面（≤350HBS）	硬齿面（>350HBS）
对称布置	0.8 ~ 1.4	0.4 ~ 0.9
不对称位置	0.6 ~ 1.2	0.3 ~ 0.6
悬臂位置	0.3 ~ 0.4	0.2 ~ 0.25

(a)铸铁

(b)正火结构钢和铸钢

①碳的质量分数>0.32%

(c)调质钢和铸钢

(d)表面硬化钢

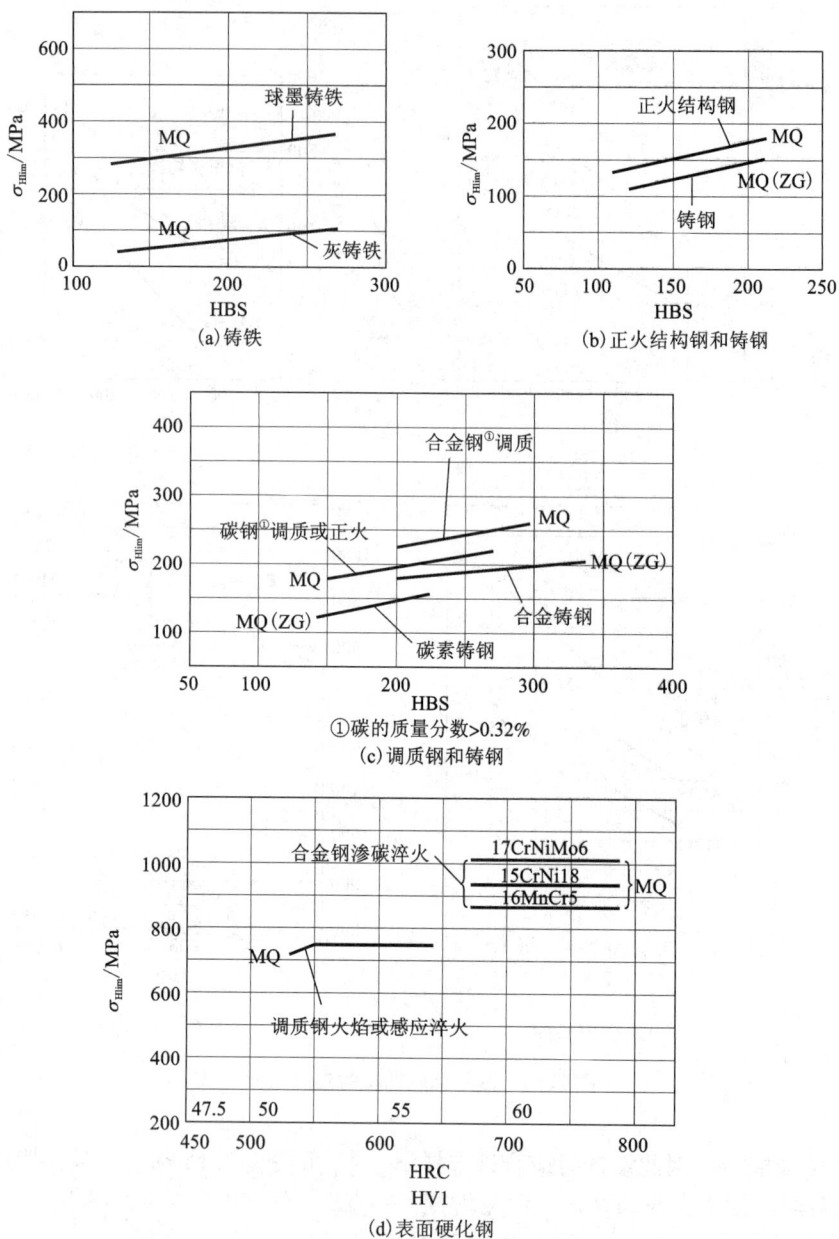

图 7.34　试验齿轮的弯曲疲劳极限

7.9.4　斜齿圆柱齿轮传动设计

1. 受力分析

如图 7.35 所示，忽略摩擦力的影响，斜齿圆柱齿轮轮齿所受的总法向力 F_n 可分解成三个互相垂直的分力，即圆周力 F_t，径向力 F_r 和轴向力 F_a。其值分别为

$$F_{t1} = \frac{2T_1}{d_1} \left.\vphantom{\begin{matrix}1\\1\\1\end{matrix}}\right\}$$

$$F_r = F_t \cdot \frac{\tan\alpha_n}{\cos\beta}$$

$$F_a = F_t \cdot \tan\beta$$

$$(7-36)$$

式中：T_1 为主动轮传递的转矩，N·mm；d_1 为主动轮分度圆直径，mm；β 为分度圆上的螺旋角；α_n 为法面压力角，即标准压力角，通常 $\alpha_n = 20°$。

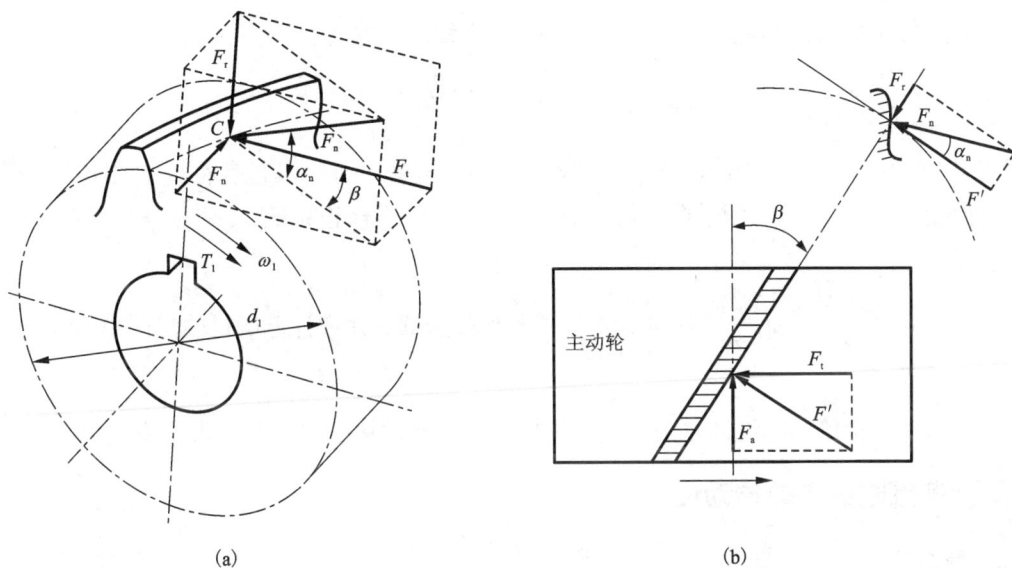

图 7.35　斜齿圆柱齿轮传动受力分析

圆周力和径向力方向的判定方法与直齿圆柱齿轮相同，主动轮轴向力的方向可按左右手法则来判定，即主动轮右旋用右手，主动轮左旋用左手，四指弯曲的方向表示齿轮的转向，拇指的指向即为轴向力的方向。根据作用与反作用原理可以判定作用于从动轮上力的方向。因此有 $F_{t1} = -F_{t2}$，$F_{r1} = -F_{r2}$，$F_{a1} = -F_{a2}$，负号表示两力的方向相反。

由式(7-36)可知：螺旋角越大，轴向力就越大。故为了减小轴向力，螺旋角不宜过大。但螺旋角太小，就不能充分显示斜齿轮传动的优点，因此一般取 $\beta = 8° \sim 20°$。

采用人字齿轮传动可克服斜齿轮有轴向力的缺点。因此人字齿轮传动的螺旋角 β 可取得大一点，一般可取 $\beta = 15° \sim 40°$。人字齿轮传动常常用于大功率的传动装置中，缺点是制造比较困难。

2. 齿面接触疲劳强度计算

斜齿圆柱齿轮的强度计算是以轮齿的当量直齿圆柱齿轮为计算基础的。经推导可得斜齿圆柱齿轮齿面接触疲劳强度校核公式为

$$\sigma_H = 3.17 Z_E \sqrt{\frac{KT_1(u \pm 1)}{bd_1^2 u}} \leq [\sigma_H] \qquad (7-37)$$

整理上式可得斜齿圆柱齿轮齿面接触疲劳强度设计公式为

$$d_1 \geqslant \sqrt[3]{\frac{KT_1(u \pm 1)}{\psi_\mathrm{d} u}\left(\frac{3.17 Z_\mathrm{E}}{[\sigma_\mathrm{H}]}\right)^2} \qquad (7-38)$$

上两式中各符号意义与直齿圆柱齿轮接触疲劳强度计算公式相同。

3. 齿根弯曲疲劳强度计算

同理可得斜齿圆柱齿轮齿根弯曲疲劳强度校核公式为

$$\sigma_\mathrm{F} = \frac{1.6 KT_1}{bm_\mathrm{n} d_1} Y_\mathrm{F} Y_\mathrm{S} = \frac{1.6 KT_1 \cos\beta}{bm_\mathrm{n}^2 z_1} Y_\mathrm{F} Y_\mathrm{S} \leqslant [\sigma_\mathrm{F}] \qquad (7-39)$$

整理上式可得斜齿圆柱齿轮齿根弯曲疲劳强度设计公式为

$$m_\mathrm{n} \geqslant 1.17 \sqrt[3]{\frac{KT_1 \cos^2\beta}{\varphi_\mathrm{d} z_1^2} \cdot \frac{Y_\mathrm{F} Y_\mathrm{S}}{[\sigma_\mathrm{F}]}} \qquad (7-40)$$

上两式中：β 为斜齿轮的螺旋角；m_n 为斜齿轮的法面模数，mm；其他各符号意义与直齿圆柱齿轮弯曲疲劳强度计算公式相同。其中齿形系数 Y_F、应力修正系数 Y_S 应按斜齿轮的当量齿数 z_v 查取。

计算时应将 $\dfrac{Y_\mathrm{F1} Y_\mathrm{S1}}{[\sigma_\mathrm{F1}]}$ 和 $\dfrac{Y_\mathrm{F2} Y_\mathrm{S2}}{[\sigma_\mathrm{F2}]}$ 中的较大值代入设计公式，并将计算所得的法面模数 m_n 按标准模数圆整。

直齿圆柱齿轮传动的设计方法和参数选择原则同样适用于斜齿圆柱齿轮传动。

7.9.5 直齿圆锥齿轮传动设计

1. 受力分析

如图 7.36 所示，为简便起见，将沿齿宽接触线上的分布载荷视为集中作用在齿宽中点位置的节点 m 上，即总法向力 F_n 作用在分度圆的平均直径 d_m1 处。忽略摩擦力的影响，F_n 也可分解成三个互相垂直的分力，即圆周力 F_t、径向力 F_r 和轴向力 F_a。其值分别为

$$\left. \begin{aligned} F_\mathrm{t} &= \frac{2T_1}{d_\mathrm{m1}} \\ F_\mathrm{r1} &= F_\mathrm{t1} \tan\alpha \cdot \cos\delta \\ F_\mathrm{a1} &= F_\mathrm{t1} \tan\alpha \cdot \sin\delta \end{aligned} \right\} \qquad (7-41)$$

式中：d_m1 可根据几何尺寸关系求得，$d_\mathrm{m1} = (1-0.5\varphi_\mathrm{R}) d_1$。$\varphi_\mathrm{R} = b/R$ 为圆锥齿轮传动齿宽系数，一般取 $\varphi_\mathrm{R} = 0.25 \sim 0.3$。

圆锥齿轮传动圆周力和径向力方向的确定方法与直齿圆柱齿轮相同，两锥齿轮的轴向力方向都是沿着各自的轴线方向并由轮齿的小端指向大端。根据作用与反作用原理有：$F_\mathrm{t1} = -F_\mathrm{t2}$，$F_\mathrm{r1} = -F_\mathrm{a2}$，$F_\mathrm{a1} = -F_\mathrm{r2}$，负号表示两力的方向相反。

2. 齿面接触疲劳强度计算

计算直齿圆锥齿轮的强度时，是将直齿圆锥齿轮传动转化为其齿宽中点处一对当量直齿圆柱齿轮传动，经近似计算而得。当两轴交角 $\varSigma = 90°$ 时，直齿圆锥齿轮传动齿面接触疲劳强度的校核公式为

140

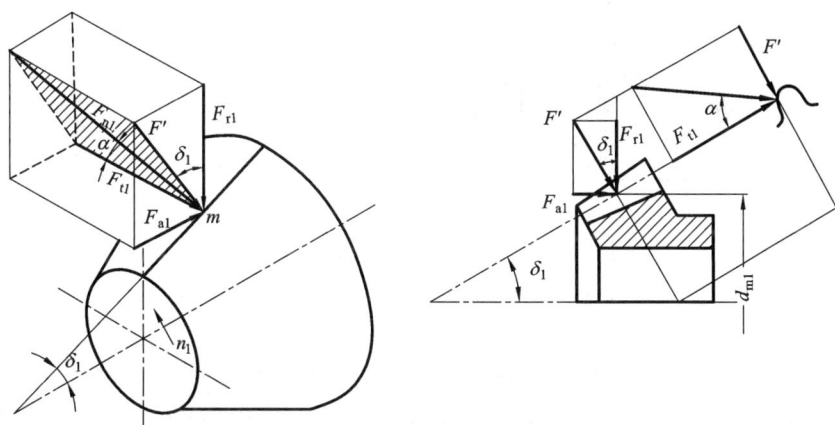

图 7.36　圆锥齿轮传动受力分析

$$\sigma_H = \frac{4.98 Z_E}{1 - 0.5 \varphi_R} \sqrt{\frac{KT_1}{\varphi_R d_1^3 u}} \leqslant [\sigma_H] \qquad (7-42)$$

直齿圆锥齿轮传动齿面接触疲劳强度的设计公式为

$$d_1 \geqslant \sqrt[3]{\frac{KT_1}{\varphi_R u} \left(\frac{4.98 Z_E}{(1 - 0.5 \varphi_R)[\sigma_H]} \right)^2} \qquad (7-43)$$

式中，各项符号的意义同前。

3. 齿根弯曲疲劳强度计算

直齿圆锥齿轮传动齿根弯曲疲劳强度的校核公式为

$$\sigma_F = \frac{4 K T_1 Y_F Y_S}{\varphi_R (1 - 0.5 \varphi_R)^2 z_1^2 m^3 \sqrt{u^2 + 1}} \leqslant [\sigma_F] \qquad (7-44)$$

直齿圆锥齿轮传动齿根弯曲疲劳强度的设计公式为

$$m \geqslant \sqrt[3]{\frac{4 K T_1 Y_F Y_S}{\varphi_R (1 - 0.5 \varphi_R)^2 z_1^2 [\sigma_F] \sqrt{u^2 + 1}}} \qquad (7-45)$$

式中，各项符号的意义同前。

7.10　齿轮结构与齿轮传动的润滑和效率

7.10.1　齿轮的结构

通过齿轮传动强度计算，可以确定齿轮轮齿各部分的主要参数以及齿轮的主要几何尺寸。而齿轮的结构形式和结构尺寸则需要通过结构设计来确定。齿轮的结构形式很多，主要与齿轮的毛坯材料、尺寸大小、制造方法、生产批量以及使用要求等因素有关。齿轮的结构形式有以下几种。

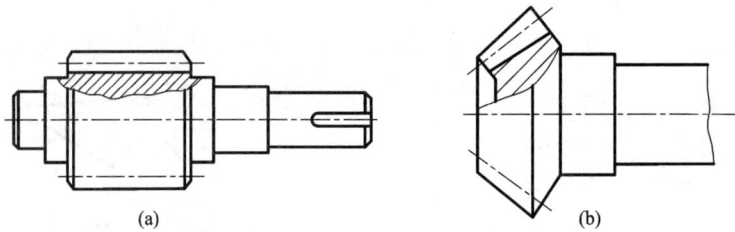

图 7.37　齿轮轴

1. 齿轮轴

当齿轮直径很小时，应将齿轮与轴制成一体，称为齿轮轴。图 7.37(a)所示为圆柱齿轮轴，图 7.37(b)所示为圆锥齿轮轴。齿轮轴的刚度较好，但由于齿轮轴的工艺性差，选材时又难以兼顾齿轮和轴的不同要求，且齿轮损坏时轴与整个齿轮将同时报废，造成浪费。因此对直径较大的齿轮，为了便于制造和装配，应将齿轮与轴分开制造。

2. 实体式齿轮

当圆柱齿轮的齿根圆至键槽底部的距离 >2.5 m，或当圆锥齿轮小端的齿根圆至键槽底部的距离 >2 m，且齿轮的齿顶圆直径 $d_a \leqslant 200$ mm 时，可采用实体式结构。图 7.38(a)所示为实体式圆柱齿轮，图 7.38(b)所示为实体式圆锥齿轮。这种结构形式的齿轮常用锻钢制造，单件或小批量生产且直径 $d_a \leqslant 100$ mm 的齿轮，其毛坯也可以直接采用轧制圆钢。

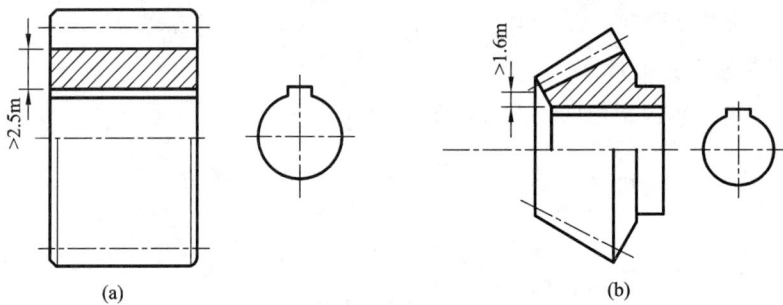

图 7.38　实体式齿轮

3. 腹板式齿轮

当齿轮的齿顶圆直径 $d_a = 200 \sim 500$ mm 时，可采用腹板式结构。图 7.39(a)所示为腹板式圆柱齿轮，图 7.39(b)所示为腹板式圆锥齿轮。这种结构的齿轮一般多用锻钢制造，为了减轻质量、节省材料，在腹板上常制出圆孔，圆孔的数量及齿轮各部分结构尺寸根据图中经验公式确定。

4. 轮辐式齿轮

当齿轮的齿顶圆直径 $d_a > 500$ mm 时，为节省材料和减轻质量，可采用轮辐式结构，图 7.40(a)所示为轮辐式圆柱齿轮，图 7.40(b)所示为轮辐式圆锥齿轮。这种结构形式的齿轮常采用铸钢或铸钢制造，齿轮各部分结构尺寸根据图中经验公式确定。

142

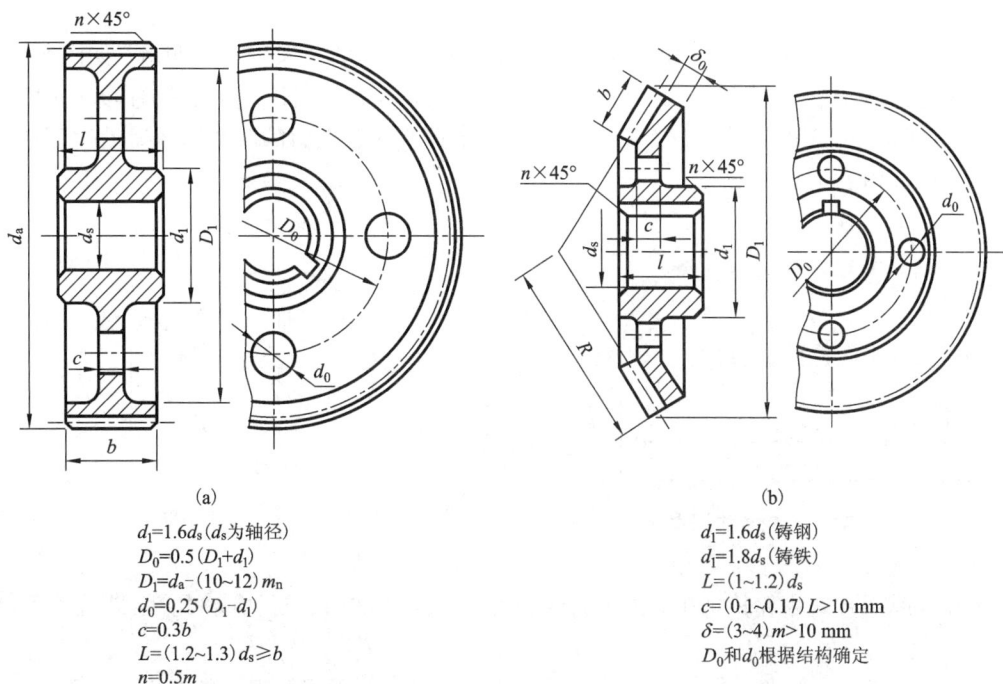

(a)

$d_1=1.6d_s$（d_s为轴径）
$D_0=0.5(D_1+d_1)$
$D_1=d_a-(10\sim12)m_n$
$d_0=0.25(D_1-d_1)$
$c=0.3b$
$L=(1.2\sim1.3)d_s\geqslant b$
$n=0.5m$

(b)

$d_1=1.6d_s$（铸钢）
$d_1=1.8d_s$（铸铁）
$L=(1\sim1.2)d_s$
$c=(0.1\sim0.17)L>10$ mm
$\delta=(3\sim4)m>10$ mm
D_0和d_0根据结构确定

图 7.39　腹板式齿轮

$d_1=1.6d_s$（铸钢）
$d_1=1.8d_s$（铸铁）
$D_1=d_a-(10\sim12)m_n$
$h=0.8d_s$
$h_1=0.8h$
$c=0.2h$
$s=\dfrac{h}{6}$（不小于10 mm）
$l=(1.2\sim1.5)d_s$
$n=0.5m_n$

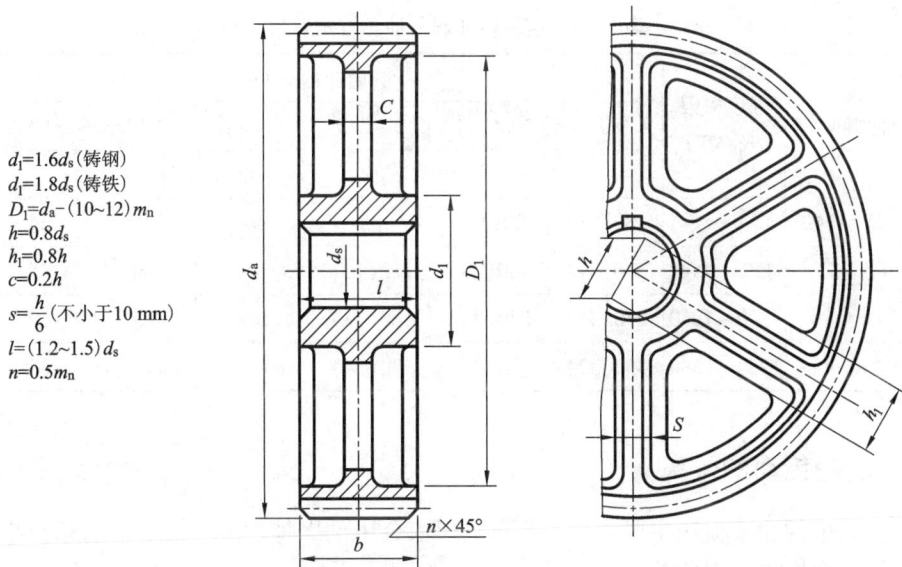

图 7.40　轮辐式齿轮

7.10.2　齿轮传动的润滑

润滑对齿轮传动可起到减小发热、减轻磨损、降低噪声、冷却、防锈等作用，故可延缓轮齿失效，延长齿轮的使用寿命。齿轮传动的润滑方式，主要是由齿轮工作条件和圆周速度的大小来决定。

在闭式齿轮传动中，当齿轮的圆周速度 $v \leqslant 12$ m/s 时，通常采用浸油润滑，如图 7.41 所示。大齿轮浸入油池深度为 $1 \sim 2$ 个齿高，但至少为 10 mm。当齿轮的圆周速度 $v > 12$ m/s 时，通常采用喷油润滑，如图 7.42 所示。用油泵将具有一定压力的润滑油经喷嘴喷到啮合的齿面上进行润滑并散热。

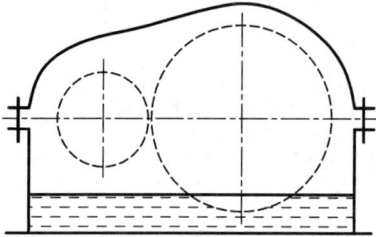

图 7.41 齿轮浸油润滑

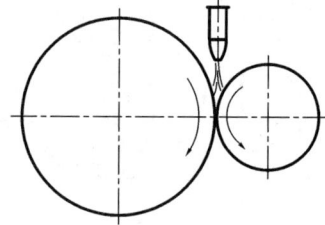

图 7.42 齿轮喷油润滑

在开式或半开式齿轮传动中，由于齿轮转速较低，通常用润滑油或润滑脂进行人工定期润滑。

根据齿轮的工作条件、材料、圆周速度以及工作温度等确定润滑油的黏度，表 7.15 列出了润滑油的荐用值，根据确定的黏度选定润滑油的牌号。

表 7.15　齿轮传动润滑油黏度推荐值

齿轮材料	强度极限 σ_B/MPa	圆周速度 $v/(\mathrm{m \cdot s^{-1}})$						
		< 0.5	0.5 ~ 1	1 ~ 2.5	2.5 ~ 5	5 ~ 12.5	12.5 ~ 25	> 25
		运动黏度 $v_{50℃}(v_{100℃})/(\mathrm{mm^2 \cdot s^{-1}})$						
塑料、青铜、铸铁	—	180(23)	120(1.5)	85	60	45	34	—
钢	450 ~ 1000	270(34)	180(23)	120(15)	85	60	45	34
	1000 ~ 1250	270(34)	270(34)	180(23)	120(15)	85	60	45
渗碳或表面淬火钢	1250 ~ 1580	450(32)	270(34)	270(34)	180(23)	120(15)	85	60

7.10.3　齿轮传动的效率

齿轮传动中的功率损耗主要包括三部分，即啮合中的摩擦损失、轴承中的摩擦损失和搅动润滑油的功率损失。因此总效率 η 为

$$\eta = \eta_1 \eta_2 \eta_3 \qquad (7-46)$$

式中：η_1 为考虑啮合中摩擦损失的效率；η_2 为考虑轴承中摩擦损失的效率；η_3 为考虑搅油损失的效率。

当齿轮速度不高且轴上装有滚动轴承，考虑了上述三种情况后的传动总效率 η 列于表 7.16 中，设计时可参考。

表 7.16　装有滚动轴承时齿轮传动的总效率

传动类型	闭式传动（油润滑）		开式传动（脂润滑）
	6 级或 7 级精度	8 级精度	
圆柱齿轮传动	0.98	0.97	0.95
圆锥齿轮传动	0.97	0.96	0.94

7.11　蜗杆传动

7.11.1　蜗杆传动特点和类型

如图 7.43 所示，蜗杆传动由蜗杆与蜗轮组成，用来传递空间两交错轴之间的运动与动力。一般两轴交角 $\Sigma = 90°$。通常蜗杆主动、蜗轮从动，作减速运动。也有少数机械（如离心机）蜗轮主动、蜗杆从动，作增速运动。蜗杆传动在机床、冶金、矿山、起重运输机械中得到广泛应用。

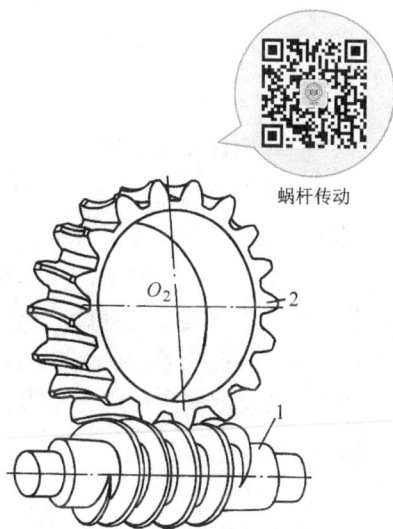

图 7.43　蜗杆传动

1. 蜗杆传动的特点

与齿轮传动相比，蜗杆传动具有下列的特点：

1）单级传动比大、结构紧凑

在一般传动中，$i = 10 \sim 80$，在分度机构中（只传递运动）i 可达 1000，因而结构紧凑。

2）传动平稳、噪声小

由于蜗杆与蜗轮啮合过程是连续的，且蜗杆蜗轮啮合时为线接触，因而传动平稳，噪声小。

3）可以实现自锁

当蜗杆的导程角小于齿面间的当量摩擦角时，将形成自锁。即只能蜗杆带动蜗轮，而蜗轮不能带动蜗杆。在起重装置等机械中经常利用此自锁性。

4）传动效率低

因为蜗杆蜗轮在啮合齿面有较大的相对滑动，因而摩擦大，发热量大，传动效率低。通常传动效率 $\eta = 0.7 \sim 0.8$，具有自锁性的蜗杆传动啮合效率低于 50%，故蜗杆传动不适用于大功率传动。

5）成本高

为减少蜗杆传动啮合处的摩擦和磨损，控制发热和防止胶合，蜗轮常采用青铜材料制造，因此成本增高。

2. 蜗杆传动的类型

蜗杆传动主要按蜗杆的形状分类，可分为圆柱蜗杆传动（图 7.43）、环面蜗杆传动 [图 7.44（a）]、锥蜗杆传动 [图 7.44（b）]，其中圆柱蜗杆传动应用最广。

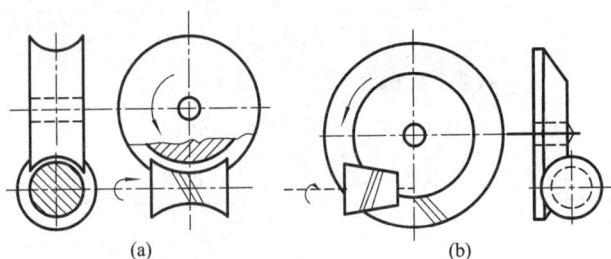

图7.44　蜗杆传动类型

圆柱蜗杆传动有普通圆柱蜗杆传动和圆弧圆柱蜗杆传动两类。

按加工方法的不同，普通圆柱蜗杆传动的蜗杆又可分为阿基米德蜗杆(ZA 型)、渐开线蜗杆(ZI 型)、法向直廓蜗杆(ZN 型)等。

如图7.45(a)所示，阿基米德蜗杆端面齿廓为阿基米德螺旋线，齿形在轴向截面内为齿条形状的直线齿廓。如图7.45(b)所示，渐开线蜗杆端面齿廓为渐开线，在基圆切面内的齿形，一侧为直线形，另一侧为凸曲线。如图7.45(c)所示，法向直廓蜗杆端面齿廓为延伸渐开线，法向剖面内齿廓为直线，轴向剖面内齿廓为外凸曲线。

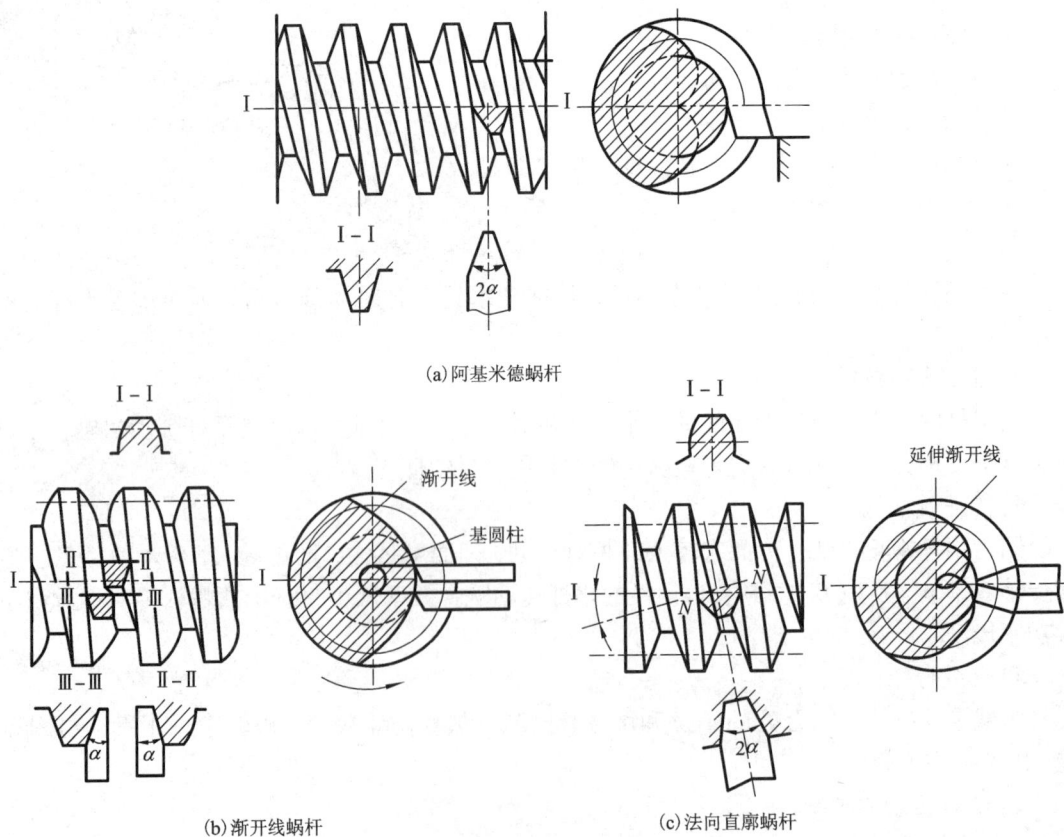

(a)阿基米德蜗杆

(b)渐开线蜗杆

(c)法向直廓蜗杆

图7.45　蜗杆传动类型

如图 7.46 所示,圆弧圆柱蜗杆传动的蜗杆在轴剖面内齿廓为凹弧形,其对应蜗轮用范成法加工,蜗轮在端面内齿廓为凸弧形。

7.11.2　蜗杆传动的主要参数和几何尺寸计算

本节只讨论应用较多的阿基米德蜗杆传动。如图 7.47 所示,在蜗杆传动中,过蜗杆轴线且垂直于蜗轮轴线的平面称为中间平面,在中间平面内阿基米德蜗杆传动相当于齿条与渐开线齿轮的传动。故蜗杆传动设计计算时,以中间平面为基准来讨论蜗杆传动的参数、几何尺寸、强度计算等。

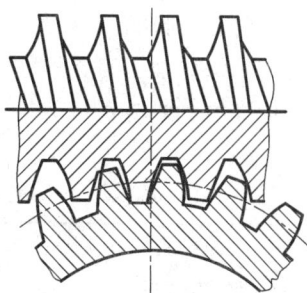

图 7.46　圆弧圆柱蜗杆传动

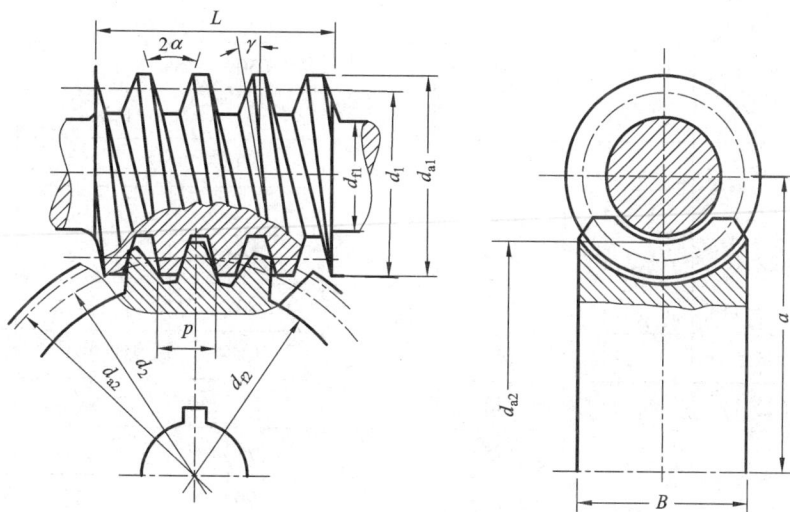

图 7.47　普通圆柱蜗杆传动的几何尺寸

1. 主要参数及选择

1)正确啮合条件及模数 m 和压力角 α

在中间平面内,蜗杆为轴剖面,则其模数与压力角分别为轴面模数 m_{a1} 和轴面压力角 α_{a1},蜗轮为端剖面,则其模数和压力角分别端面模数 m_{t2} 和端面压力角 α_{t2}。对轴交角 $\Sigma = 90°$ 的蜗杆传动,其正确啮合条件为

$$\left. \begin{array}{r} m_{a1} = m_{t2} = m \\ \alpha_{a1} = \alpha_{t2} = \alpha \\ \gamma = \beta_2 \end{array} \right\} \qquad (7-47)$$

式中: m 为蜗杆传动的标准模数,mm,可查表 7.17;α 为蜗杆传动的标准压力角,一般 $\alpha = 20°$;γ 为蜗杆导程角,即蜗杆分度圆柱螺旋线上任一点的切线与端剖面所夹锐角;β_2 为蜗轮螺旋角。

蜗杆、蜗轮也有左、右旋之分,常用右旋。为保证蜗杆蜗轮正确啮合,蜗杆、蜗轮的旋向应相同,即要么同为左旋,要么同为右旋。

2)蜗杆分度圆直径 d_1 与导程角 γ

为减少蜗轮加工刀具的数量并便于标准化,GB/T 10085—1988 中将蜗杆分度圆直径 d_1 规定为标准值,见表7.17。

表 7.17 蜗杆基本参数(轴交角 $\Sigma = 90°$)

模数 m/mm	蜗杆直径 d_1/mm	蜗杆头数 z_1	$m^2 d_1$	模数 m/mm	蜗杆直径 d_1/mm	蜗杆头数 z_1	$m^2 d_1$
1	18	1	18		40	1,2,4	1000
1.25	20	1	31.5	5	50	1,2,4,6	1250
					(63)	1,2,4	1575
					90	1	2250
	22.4	1	35		(50)	1,2,4	1985
1.6	20	1,2,4	51.2	6.3	63	1,2,4,6	2500
	28	1	71.68		80	1,2,4	3175
	(18)	1,2,4	72		112	1	4445
2	22.4	1,2,4	89.6	8	(63)	1,2,4	4032
	(28)	1,2,4	112		80	1,2,4,6	5120
	35.5	1	142		100	1,2,4	6400
2.5	(22.4)	1,2,4	140	10	140	1	8960
	28	1,2,4,6	175		(71)	1,2,4	7100
	(35.5)	1,2,4	221.9		90	1,2,4,6	9000
	45	1	281		112	1,2,4	11200
3.15	(28)	1,2,4	277.8		160	1	16000
	35.5	1,2,4,6	352.2	12.5	(90)	1,2,4	14062
	(45)	1,2,4	446.5		112	1,2,4	17500
	56	1	555.6		140	1,2,4	21875
4	(31.5)	1,2,4	504		200	1	31250
	40	1,2,4,6	640	16	(112)	1,2,4	28672
	(50)	1,2,4	800		140	1,2,4	35840
	71	1	1136		(180)	1,2,4	46080

注:带括号的蜗杆直径尽可能不用。

将蜗杆分度圆上螺旋线展开,如图7.48所示。蜗杆轴向齿距为 p_{a1},蜗杆齿数为 z_1,则蜗杆导程为 $z_1 p_{a1}$,可得导程角 γ 为

$$\tan \gamma = \frac{z_1 p_{a1}}{\pi d_1} = \frac{z_1 \pi m}{\pi d_1} = \frac{z_1 m}{d_1} \qquad (7-48)$$

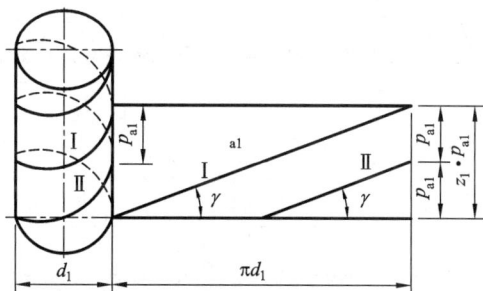

图 7.48　蜗杆螺旋线展开图(沿分度圆柱)

3)蜗杆齿数 z_1 和蜗轮齿数 z_2

蜗杆齿数一般取 $z_1 = 1, 2, 4, 6$。当要求传动比大时, z_1 取小值; 要求自锁时, z_1 取 1; 要求传动效率高时, z_1 取大值。

蜗轮齿数 $z_2 = i z_1$, z_2 过少会导致蜗轮加工时产生根切, z_2 过大会导致蜗轮直径尺寸过大, 且会使蜗杆轴过长而致刚性不足。z_1, z_2 数值可参考表 7.18 的推荐值选取。

表 7.18　蜗杆齿数 z_1 与蜗轮齿数 z_2 的荐用值

传动比 $i = z_2/z_1$	$7 \sim 13$	$14 \sim 27$	$28 \sim 40$	>40
蜗杆头数 z_1	4	2	2, 1	1
蜗轮齿数 z_2	$28 \sim 52$	$28 \sim 54$	$28 \sim 80$	>40

4)蜗杆蜗轮传动比 i

蜗杆转一周, 相当于齿条移动一个导程 $p_{a1} z_1$, 对应蜗轮分度圆转过的弧长也为 $p_{a1} z_1$, 即蜗轮转过 $p_{a1} \cdot z_1 / (\pi d_2) = \pi m z_1 / (\pi m z_2) = z_1 / z_2$ 周。因此, 传动比 i 为

$$i = \frac{n_1}{n_2} = \frac{z_2}{z_1} \qquad (7-49)$$

式中: n_1 和 n_2 为分别为蜗杆、蜗轮的转速, r/min。

5)蜗轮分度圆直径 d_2、蜗杆传动中心距 a

中间平面为蜗轮的端剖面, 在此平面内, 蜗轮的分度圆直径 d_2 为

$$d_2 = m z_2 \qquad (7-50)$$

则蜗杆传动的中心距 a 为

$$a = \frac{1}{2}(d_1 + d_2) = \frac{1}{2}(d_1 + m z_2) \qquad (7-51)$$

2. 蜗轮的转动方向确定

蜗杆主动且转向已知时, 蜗轮转动方向可采用左右手定则来确定, 即为: 右旋蜗杆用右手, 左旋蜗杆用左手, 四指弯曲方向与蜗杆转向一致, 此时大姆指指向的反方向即为蜗轮上节点处线速度的方向, 由此就可确定出蜗轮的转向。

3. 蜗杆传动几何尺寸计算

圆柱蜗杆传动的基本几何尺寸如图 7.47 所示，其计算公式见表 7.19。

表 7.19　普通圆柱蜗杆传动主要几何尺寸计算公式

名　　称	计　算　公　式	
	蜗杆	蜗轮
齿顶高	$h_a = m$	
齿根高	$h_f = 1.2m$	
全齿高	$h = h_a + h_f = 2.2m$	
分度圆直径	d_1 与 m 匹配	$d_2 = mz_2$
齿顶圆直径	$d_{a1} = d_1 + 2h_{a1}$	$d_{a2} = d_2 + 2h_{a2}$
齿根圆直径	$d_{f1} = d_1 - 2h_{f1}$	$d_{f2} = d_2 - 2h_{f2}$
蜗杆轴向齿距	$p_a = \pi m$	
蜗杆导程角	$\tan\gamma = mz_1/d_1$	
中心距	$a = (d_1 + mz_2)/2$	
顶隙	$c = 0.2m$	

4. 齿面相对滑动速度 v_s

蜗杆和蜗轮啮合时，齿面间有较大的相对滑动，相对滑动速度 v_s 沿啮合点蜗杆螺旋线的切线方向（即为沿齿长方向），如在节点 C 啮合时。由图 7.49 可得

$$v_s = \sqrt{v_1^2 + v_2^2} = \frac{v_1}{\cos\gamma} = \frac{\pi d_1 n_1}{60 \times 1000\cos\gamma} \quad (7-52)$$

式中：n_1 为蜗杆转速，r/min；v_1 为蜗杆的圆周速度，m/s；v_2 为蜗轮的圆周速度，m/s。

由上式可知 $v_s > v_1$，即齿面相对滑动速度比蜗杆圆周速度还要大。相对滑动速度 v_s 很大，这是蜗杆传动效率低，发热量大的根本原因。

7.11.3　蜗杆传动的承载能力计算

1. 蜗杆传动的失效形式、设计准则与材料选择

1）蜗杆传动的失效形式

由于蜗杆传动的齿面间相对滑动速度较大，因而发热量大，故蜗杆传动主要失效形式为点蚀、胶合和磨损。由于蜗杆材料的强度、硬度一般总比蜗轮材料的高，故失效主要发生在蜗轮轮齿上。因此，在蜗杆传动中，一般只对蜗轮进行强度计算。

2）蜗杆传动的设计准则

闭式蜗杆传动中，蜗轮轮齿因弯曲疲劳强度不足而产生失效的情况较少，其失效形式主

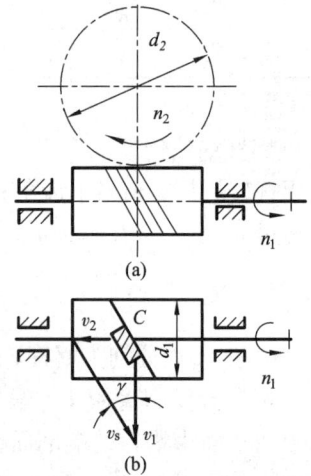

图 7.49　齿面相对滑动速度 v_s

要是点蚀与胶合。故其设计准则是按齿面接触强度进行设计，按齿根弯曲强度进行校核，为保证蜗杆传动散热状态良好，工作可靠，还应进行热平衡计算。

在开式蜗杆传动中，蜗轮轮齿更易磨损，使齿厚减薄而可能产生弯曲断齿。故其设计准则是只需按齿根弯曲强度进行设计。

对于跨度大，刚性差的蜗杆轴，过大的弯曲变形会造成齿向载荷分布不均，因此，还需进行蜗杆轴的刚度校核。

3）蜗杆传动的材料选择

基于蜗杆传动的特点，蜗杆与蜗轮的材料不仅要有足够的强度，更重要的是要有良好的减摩性、耐磨性和抗胶合能力。为此蜗杆材料常用碳钢和合金钢，并进行热处理，常用材料可查表 7.20；蜗轮材料常用铸锡青铜或无锡青铜、灰铸铁等，要根据齿面间相对滑动速度 v_s 选取，常用材料可查表 7.21、表 7.22。

表 7.20 蜗杆常用材料及应用

材料牌号	热处理	硬度	应用
40Cr, 38SiMnMo, 42CrMo	表面淬火	45~55HRC	中速，中载，一般传动
20Cr, 20CrNi, 20CrMnTi	渗碳淬火	58~63HRC	高速，重载，重要传动
45	调质	<270HBS	低速，轻中载，不重要传动

表 7.21 蜗轮材料及其许用接触应力 $[\sigma_H]$、许用弯曲应力 $[\sigma_F]$ MPa

蜗轮材料	铸造方法	滑动速度 v_s /(m·s^{-1})	$[\sigma_H]$ 蜗杆齿面硬度		$[\sigma_F]$	
			≤350HBS	>45HRC	单侧受载	双侧受载
ZCuSn10P1	砂模	≤12	180	200	51	32
	金属模	≤15	200	220	70	40
ZCuSn5Pb5Zn5	砂模	≤10	110	125	33	24
	金属模	≤12	135	150	40	29
ZCuAl10Fe3	砂模	≤10			82	84
	金属模				90	80
ZCuAl10Fe3Mn2	砂模	≤10			100	90
	金属模		见表 7.22			
ZCuZn38Mn2Pb2	砂模	≤10			62	56
	金属模					
HT150	砂模	≤2			40	25
HT200	砂模	≤2~5			48	30
HT250	砂模	≤2~5			56	35

表 7.22　无锡青铜、黄铜及铸铁蜗轮的许用接触应力$[\sigma_H]$　　　　　　　MPa

蜗轮材料	蜗杆材料	滑动速度 $v_s/(\text{m}\cdot\text{s}^{-1})$							
		0.25	0.5	1	2	3	4	5	6
ZCuAl10Fe3 ZCuAl10Fe3Mn2	钢经淬火	—	250	230	210	180	160	120	90
ZCuZn38Mn2Pb2	钢经淬火	—	215	200	180	150	135	95	75
HT200、HT150	渗碳钢	160	130	115	90	—	—	—	—
HT250	调质或淬火钢	140	110	90	70	—	—	—	—

注：蜗杆如未经淬火，其$[\sigma_H]$需降低 20%。

2. 蜗杆传动的受力分析

蜗杆传动的受力分析与斜齿圆柱齿轮传动相似。图 7.50 所示为一下置式蜗杆传动，蜗杆主动，旋向为右旋，受力点 C 为节点。图 7.50(a)所示为蜗轮受力分析，图 12.9(b)所示为蜗杆受力分析。不考虑啮合齿面间的摩擦力，作用在蜗杆齿面上的法向力 F_n 可分解为三个互相垂直的分力：圆周力 F_{t1}，径向力 F_{r1} 和轴向力 F_{a1}。由于蜗杆与蜗轮轴交错成 90°，根据作用与反作用的原理，蜗杆的圆周力 F_{t1} 与蜗轮的轴向力 F_{a2}；蜗杆的轴向力 F_{a1} 与蜗轮的圆周力 F_{t2}；蜗杆的径向力 F_{r1} 与蜗轮的径向力 F_{r2} 分别存在着大小相等，方向相反的关系，即

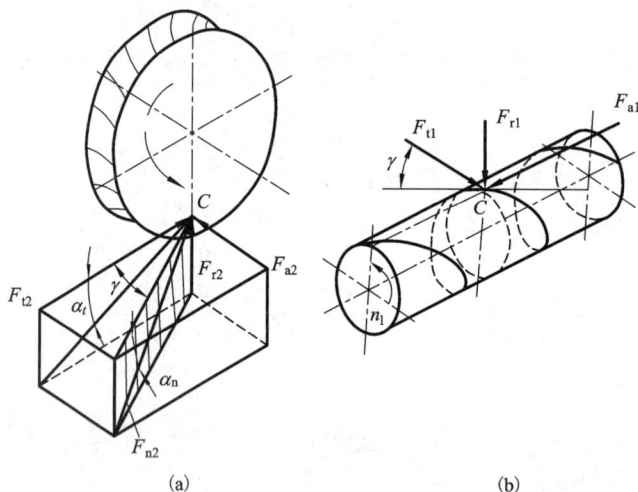

图 7.50　蜗杆传动的受力分析

$$\left.\begin{array}{l} F_{t1} = -F_{a2} = \dfrac{2T_1}{d_1} \\[2mm] F_{a1} = -F_{t2} = \dfrac{2T_2}{d_2} \\[2mm] F_{r1} = -F_{r2} = F_{t2}\tan\alpha \end{array}\right\} \tag{7-53}$$

式中：d_1 为蜗杆分度圆直径，mm；d_2 为蜗轮分度圆直径，mm；α 为压力角，$\alpha=20°$；T_1 为作用在蜗杆上的转矩，N·mm；T_2 为作用在蜗轮上的转矩，N·mm，$T_2=T_1 i\eta_1$；i 为蜗杆传动传动

比；η_1 为为蜗杆传动啮合效率。

蜗杆蜗轮圆周力和径向力方向的判定方法与斜齿轮相同。当蜗杆为主动件时，轴向力 F_{a1} 的方向可按左右手法则来判定，即右旋蜗杆用右手，左旋蜗杆用左手，四指弯曲的方向表示蜗杆的转向，拇指的指向即为蜗杆所受轴向力的方向。根据作用与反作用原理可以判定作用于蜗轮上力的方向。

3. 蜗轮齿面接触疲劳强度计算

与斜齿轮类似，蜗轮齿面接触疲劳强度计算仍以赫兹公式为依据，以节点啮合处的相应参数代入后，对一对青铜或铸铁蜗轮与钢制蜗杆配对的蜗杆传动，经推导可得蜗轮齿面接触疲劳强度的校核公式为

$$\sigma_H = 480 \sqrt{\frac{KT_2}{d_1 d_2^2}} \leq [\sigma_H] \qquad (7-54)$$

整理上式可得设计公式为

$$m^2 d_1 \geq KT_2 \left(\frac{480}{z_2 [\sigma_H]}\right)^2 \qquad (7-55)$$

上两式中：σ_H 为蜗轮齿面接触应力，MPa；$[\sigma_H]$ 为蜗轮材料的许用接触应力，MPa，其值由表 7.21 及表 7.22 查取；T_2 为为蜗轮转矩，N·mm；

K 为载荷系数，$K = K_A \cdot K_\beta \cdot K_v$，其中 K_A 为工作情况系数，由表 7.23 查取；K_β 为齿向载荷分布系数，当蜗杆传动载荷平稳时，取 $K_\beta = 1.0$，当载荷变化较大或有冲击、振动时，取 $K_\beta = 1.1 \sim 1.3$，刚度大的蜗杆取小值，反之取大值；K_v 为动载荷系数，当 $v_2 \leq 3$ m/s 时，取 $K_v = 1.0 \sim 1.1$，当 $v_2 > 3$ m/s 时，取 $K_v = 1.1 \sim 1.2$。

其余符号的意义同前。

设计时，按式 (7-55) 计算出 $m^2 d_1$ 后，按表 7.17 查取相应的标准 m 和 d_1。

表 7.23 工作情况系数 K_A

原动机	工作机械的载荷特性		
	均匀	中等冲击	严重冲击
电动机、汽轮机	10.8 ~ 1.25	0.9 ~ 1.5	1.0 ~ 1.75
多缸内燃机	0.9 ~ 1.50	1.0 ~ 1.75	1.25 ~ 2.0
单缸内燃机	1.0 ~ 1.75	1.25 ~ 2.0	1.5 ~ 2.25

4. 蜗轮齿根弯曲疲劳强度计算

将蜗轮视为斜齿轮，借用斜齿轮弯曲疲劳强度计算式，代入蜗轮有关参数，经推导得蜗轮弯曲疲劳强度校核公式为

$$\sigma_F = \frac{1.64 KT_2}{d_1 d_2 m} Y_F Y_\beta \leq [\sigma_F] \qquad (7-56)$$

上式经整理可得设计公式为

$$m^2 d_1 \geq \frac{1.64 KT_2}{z_2 [\sigma_F]} Y_F Y_\beta \qquad (7-57)$$

式中：σ_F 为蜗轮齿根弯曲应力，MPa；$[\sigma_F]$ 为蜗轮材料的许用弯曲应力，MPa，其值由表 7.21 查取；Y_F 为蜗轮的齿形系数，按当量齿数 $z_{v2} = z_2/\cos^3\gamma$ 由表 7.24 查取；γ 为蜗杆导程角；Y_β 为蜗轮螺旋角系数，$Y_\beta = 1 - \gamma/140°$；其余符号意义同前。

设计时，按式（7-57）计算出 m^2d_1 后，按表 7.17 中查出相应的标准 m 和 d_1。

表 7.24　蜗轮的齿形系数 Y_F

γ ＼ z_v	20	24	26	28	30	32	35	37	40	45	56	60	80
4°	2.79	2.65	2.60	2.55	2.52	2.49	2.45	2.42	2.39	2.35	2.32	2.27	2.22
7°	2.75	2.61	2.56	2.51	2.48	2.44	2.40	2.38	2.35	2.31	2.28	2.23	2.17
11°	2.66	2.52	2.47	2.42	2.39	2.35	2.31	2.29	2.26	2.22	2.19	2.14	2.08
16°	2.49	2.35	2.30	2.26	2.22	2.19	2.15	2.13	2.10	2.06	2.02	1.98	1.92
20°	2.33	2.19	2.14	2.09	2.06	2.02	1.98	1.96	1.93	1.89	1.86	1.81	1.75
23°	2.18	2.05	1.99	1.95	1.91	1.88	1.84	1.82	1.79	1.75	1.72	1.67	1.61
26°	2.03	1.89	1.84	1.80	1.76	1.73	1.69	1.67	1.64	1.60	1.57	1.52	1.46
27°	1.98	1.84	1.70	1.75	1.71	1.68	1.64	1.62	1.59	1.55	1.52	1.47	1.41

7.11.4　蜗杆和蜗轮的结构及精度等级

1. 蜗杆结构

蜗杆因直径不大常与轴做成一个整体，称为蜗杆轴，其结构如图 7.51 所示，其加工方法与螺纹一样，可车制或铣制。

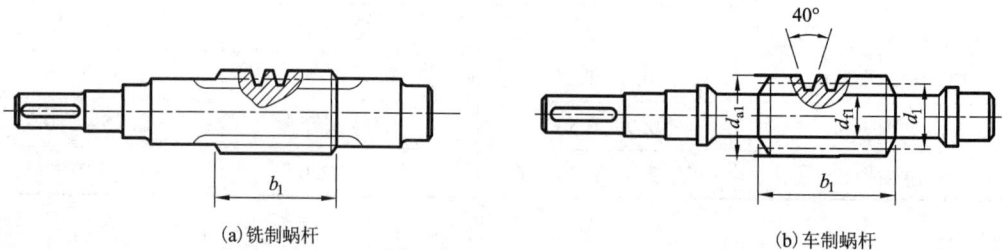

(a) 铣制蜗杆　　　　　　　　　　　　(b) 车制蜗杆

图 7.51　蜗杆轴结构

2. 蜗轮结构

蜗轮根据其尺寸大小可制成整体式或组合式结构。铸铁蜗轮或小尺寸的青铜蜗轮一般采用整体式结构，如图 7.52(a) 所示。为节约贵重金属，较大直径的蜗轮常采用齿圈用青铜而轮芯用铸铁或铸钢的组合式结构，其组合方式有齿圈过盈配合式［图 7.52(b)］、螺栓连接式［图 7.52(c)］、镶铸式［图 7.52(d)］等。

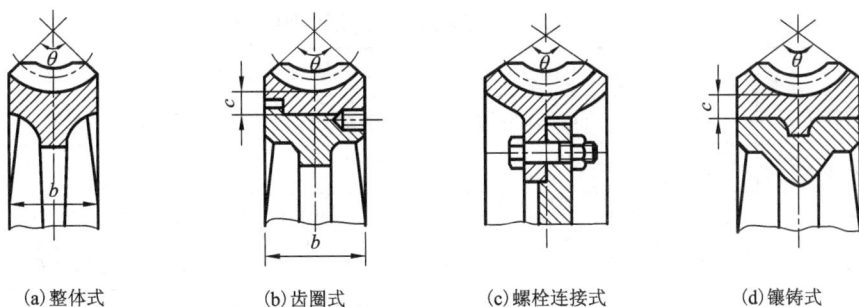

| (a)整体式 | (b)齿圈式 | (c)螺栓连接式 | (d)镶铸式 |

图 7.52　蜗轮的结构

3. 蜗杆传动精度等级

圆柱蜗杆传动精度等级在 GB 10085—1988 中有具体规定，共分 12 个精度等级，其中 1 级精度最高，12 级精度最低。常用 6 ~ 9 级精度，表 7.25 所列为 6 ~ 9 级精度的允许滑动速度，加工方法及应用范围。

表 7.25　蜗杆传动精度等级和应用

精度等级	滑动速度 $v_s/(\mathrm{m\cdot s^{-1}})$	加工方法		应　用
		蜗杆	蜗轮	
6	>10	淬火，磨光和抛光	滚切后用蜗杆形剃齿刀精加工，加载跑台	速度较高的精密传动，中等精密的机床分度机构，发动机调速器传动
7	≤10			速度较高的中等功率传动，中等精度的工业运输机传动
8	≤5	调质、精车	滚切后建议加载跑台	速度较低或短时间工作的动力传动，或一般不太重要的传动
9	≤2			不重要的低速传动或手动

7.11.5　蜗杆传动的效率、润滑与热平衡计算

1. 蜗杆传动效率

类似于齿轮传动，蜗杆传动效率也由三部分组成，分别是考虑啮合中摩擦损失的效率 η_1、考虑轴承中摩擦损失的效率 η_2、考虑搅油损失的效率 η_3。其总效率 η 为

$$\eta = \eta_1\eta_2\eta_3 = (0.95 \sim 0.97)\eta_1 \tag{7-58}$$

其中最主要的是考虑啮合中摩擦损失的效率 η_1。η_1 可按螺旋传动的效率公式求出。当蜗杆主动，蜗轮从动时

$$\eta_1 = \frac{\tan\gamma}{\tan(\gamma + \rho_v)} \tag{7-59}$$

式中：γ 为蜗杆导程角；ρ_v 为当量摩擦角，$\rho_v = \arctan f_v$；f_v 为当量摩擦系数，其值可查表 7.26。

155

表 7.26　当量摩擦系数 f_v 与当量摩擦角 ρ_v

蜗轮材料	锡青铜				无锡青铜		灰铸铁			
蜗杆齿面硬度	≥45HRC		<45HRC		≥45HRC		≥45HRC		<45HRC	
滑动速度 v_s/(m·s⁻¹)	f_v	ρ_v	f_v	ρ_v	f_v	ρ_v	f_v	ρ_v	f_v	ρ_v
0.01	0.11	6°17	0.12	6°51′	0.18	10°12′	0.18	10°12′	0.19	10°45′
0.10	0.08	4°34	0.09	5°09′	0.13	7°24′	0.13	7°24′	0.14	7°58′
0.25	0.065	3°43	0.075	4°17′	0.10	5°43′	0.10	5°43′	0.12	6°51′
0.50	0.055	3°09	0.065	3°43′	0.09	5°09′	0.09	5°09′	0.10	5°43′
1.00	0.045	2°35	0.055	3°09′	0.07	4°00′	0.07	4°00′	0.09	5°09′
1.50	0.04	2°17	0.05	2°52′	0.065	3°43′	0.065	3°43′	0.08	4°34′
2.00	0.035	2°00	0.045	2°35′	0.055	3°09′	0.055	3°09′	0.07	4°00′
2.50	0.03	1°43	0.04	2°17′	0.05	2°52′				
3.00	0.028	1°36	0.035	2°00′	0.045	2°35′				
4.00	0.024	1°22	0.031	1°47′	0.04	2°17′				
5.00	0.022	1°16	0.029	1°40′	0.035	2°00′				
8.00	0.018	1°02	0.026	1°29′	0.03	1°43′				
10.0	0.016	0°55	0.024	1°22′						
15.0	0.014	0°48	0.020	1°09′						
24.0	0.013	0°45								

注：硬度≥45HRC 时的 ρ_v 系指蜗杆齿面经磨削、蜗杆传动经跑合、并有充分润滑的情况。

当蜗轮主动、蜗杆从动时

$$\eta_1 = \frac{\tan(\gamma - \rho_v)}{\tan\gamma} \qquad (7-60)$$

由式(7-60)可知：蜗轮主动时，当 $\gamma > \rho_v$ 时，$\eta_1 > 0$，则蜗杆机构可以运动；当 $\gamma \leqslant \rho_v$ 时，$\eta_1 \leqslant 0$，则蜗杆机构无法运动，即处于自锁状态。则蜗杆传动的自锁条件为

$$\gamma \leqslant \rho_v \qquad (7-61)$$

处于自锁状态的蜗杆传动，其效率 $\eta_1 < 50\%$。

在设计之初，蜗杆传动的效率 η 可根据齿数 z_1 按表 7.27 近似选取。

表 7.27　η 值的选用

z_1		1	2	3	4
η	闭式传动	0.7~0.75	0.75~0.82	0.82~0.87	0.87~0.92
	开式传动	0.6~0.7			

2. 蜗杆传动的润滑

蜗杆传动润滑的目的是提高传动效率，除低工作面温度，避免胶合及减少磨损。

蜗杆传动所采用的润滑油、润滑方式及润滑装置与齿轮传动基本相同。对闭式蜗杆传动，主要是根据相对滑动速度 v_s 和载荷类型按表 7.28 选取润滑油黏度及润滑方式；对于开式传动，则采用黏度较高的齿轮油或润滑脂进行定期供油润滑。

应当注意，青铜蜗轮不允许采用抗胶合能力强的活性润滑油，以免腐蚀青铜。油面过高，搅油损失太大；油面过低，不利于润滑和散热，因此油面高度应适当。一般蜗杆下置时浸油深度为蜗杆一个齿高，蜗杆上置时浸油深度为蜗轮外径的 1/3。

表 7.28　蜗杆传动的润滑油黏度推荐值及润滑方式

滑动速度 $v_s/(\mathrm{m \cdot s^{-1}})$	0 ~ 1	0 ~ 2.5	0 ~ 5	>5 ~ 10	>10 ~ 15	<15 ~ 25	>25
载荷类型	重	重	中	（不限）	（不限）	（不限）	（不限）
运动黏度 $\nu_{40}/(\mathrm{mm^2 \cdot s^{-1}})$	900	500	350	220	150	100	80
润滑方式	油池润滑			喷油润滑 或油池润滑	喷油润滑时喷油压力/MPa		
					0.7	2	3

3. 蜗杆传动的热平衡计算

由于蜗杆传动效率低，工作时发热量大，在闭式蜗杆传动中，如果产生的热量不能及时散发，将使油温不断升高而使润滑油稀释，从而增大摩擦损失，甚至发生胶合。所以需对闭式蜗杆传动进行热平衡计算，以保证工作油温处于规定的范围内。达到热平衡时，蜗杆传动单位时间内产生的热量应与散发的热量相等。

单位时间内由功率损耗产生的热量为 $Q_1(\mathrm{W})$，则

$$Q_1 = 1000 P_1 (1 - \eta)$$

单位时间内，以自然冷却的方式经箱体外壳散发到周围空气中的热量为 $Q_2(\mathrm{W})$，则

$$Q_2 = K_s A (t_1 - t_0)$$

达到热平衡时，$Q_1 = Q_2$，即

$$1000 P_1 (1 - \eta) = K_s A (t_1 - t_0)$$

则热平衡时，润滑油的工作温度 t_1 为

$$t_1 = \frac{1000(1 - \eta) P_1}{K_s A} + t_o \leqslant [t_1] \tag{7 - 62}$$

式中：P_1 为蜗杆传动输入功率，kW；η 为蜗杆传动总效率；K_s 为散热系数，W/($\mathrm{m^2 \cdot ℃}$)，一般取 $K_s = 10 \sim 17$ W/($\mathrm{m^2 \cdot ℃}$)；A 为箱体散热面积，$\mathrm{m^2}$；t_1 为工作油温，℃；$[t_1]$ 为许用油温，℃，通常取 $[t_1] = 70 \sim 90℃$；t_0 为周围空气温度，℃，一般取 $t_0 = 20℃$。

如果 t_1 超过许用值，就应采取措施以增加散热能力。具体措施有：①在箱壳外面增加散热片以增大散热面积 A；②在蜗杆轴上加装风扇以提高散热系数 K_s［图 7.53（a）］；③在箱体内油池中装蛇形冷却水管［图 7.53（b）］；④用压力喷油循环冷却润滑［图 7.53（c）］。

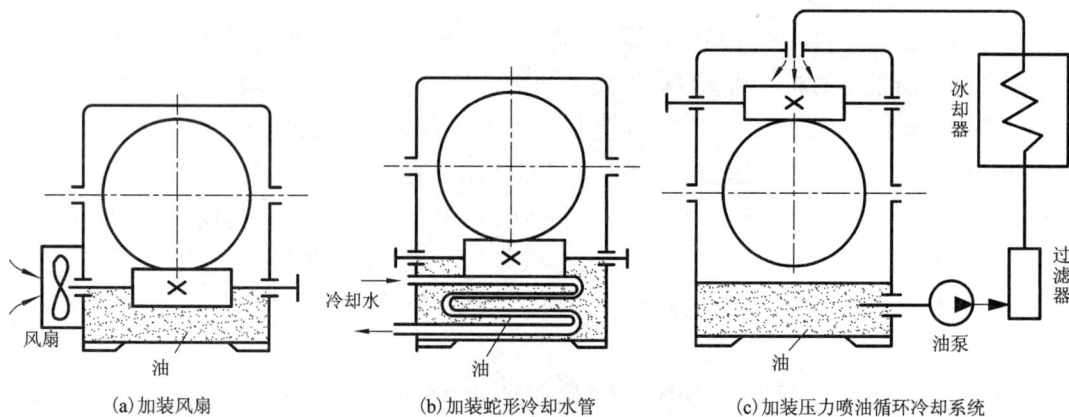

(a)加装风扇　　　　　　　　　(b)加装蛇形冷却水管　　　　　　(c)加装压力喷油循环冷却系统

图 7.53　蜗轮传动散热方法

7.12　齿轮传动的设计计算实例

7.12.1　设计计算步骤

（1）根据齿轮传动形式和已知条件，选择合适的齿轮材料和热处理方法，确定相应的许用应力。

（2）选择齿轮的主要参数。

（3）根据设计准则，进行设计计算

（4）计算齿轮的主要几何尺寸。

（5）根据设计准则进行校核计算。

（6）蜗杆传动进行热平衡计算。

（7）校核齿轮的圆周速度，选择齿轮传动的精度等级和润滑方式等。

（8）绘制齿轮零件工作图。

7.12.2　设计计算实例

例 7-1　设计一对单级直齿圆柱齿轮减速器中的齿轮。已知传动功率 $P = 8$ kW，采用电动机驱动，小齿轮的转速 $n_1 = 1450$ r/min。传动比 $i = u = 3.7$，单向传动，载荷平稳，使用寿命 10 年，单班制工作。

解：（1）选择齿轮材料及精度等级

按表 7.10 选择齿轮的材料为：小齿轮 45 钢调质，硬度为 220HBS；大齿轮 45 钢正火，硬度为 180HBS。

因为是普通减速器，由表 7.5 选 8 级精度，要求齿面粗糙度 $Ra \leqslant 3.2 \sim 6.3$ μm。

（2）确定设计准则

由于减速器为闭式齿轮传动，且两齿轮均为齿面硬度小于等于 350 HBS 的软齿面，齿面点蚀是主要的失效形式。应先按齿面接触疲劳强度进行设计计算，确定齿轮的主要参数和尺寸，然后再按弯曲疲劳强度校核齿根的弯曲强度。

158

（3）按齿面接触疲劳强度设计

因两齿轮均为钢质齿轮，可应用式（7-31）求出 d_1。

①转矩 T_1

$$T_1 = 9.55 \times 10^6 \frac{P}{n_1} = 9.55 \times 10^6 \frac{8}{1450} = 52.69 \times 10^3 （\text{N·mm}）$$

②载荷系数 K

查表 7.11 取 $K = 1.1$

③弹性系数 Z_E

由表 7.12 查得 $\qquad Z_E = 189.8 （\text{MPa}^{1/2}）$

④齿数 z_1 和齿宽系数 φ_d

小齿轮的齿数 z_1 取为 23，则大齿轮的齿数 $z_2 = iz_1 = 3.7 \times 23 = 85.1$ 圆整取 $z_2 = 85$。

实际齿数比为 $\qquad u' = \dfrac{z_2}{z_1} = \dfrac{85}{23} = 3.696$

齿数比的相对误差为 $\quad \dfrac{|u - u'|}{u} = \dfrac{|3.7 - 3.696|}{3.7} = 0.11\% < \pm 5\%$

因单级直齿圆柱齿轮为对称布置，而齿轮表面又为软齿面，由表 7.14 选取 $\varphi_d = 1.0$。

⑤许用接触应力 $[\sigma_{H1}]$ 和 $[\sigma_{H2}]$

由图 7.33 查得 $\sigma_{\text{Hlim1}} = 580$ MPa，$\sigma_{\text{Hlim2}} = 530$ MPa，由 7.9.3 查得 $S_H = 1$。

由式（7-34）得

$$[\sigma_{H1}] = \frac{\sigma_{\text{Hlim1}}}{S_H} = \frac{580}{1} = 580 （\text{MPa}）$$

$$[\sigma_{H2}] = \frac{\sigma_{\text{Hlim2}}}{S_H} = \frac{530}{1} = 530 （\text{MPa}）$$

⑥按式（7-31）进行设计

$$d_1 \geqslant 2.32 \cdot \sqrt[3]{\left(\frac{Z_E}{[\sigma_H]}\right)^2 \cdot \frac{KT_1}{\varphi_d} \cdot \frac{u \pm 1}{u}}$$

$$= 2.32 \cdot \sqrt[3]{\left(\frac{189.8}{530}\right)^2 \cdot \frac{1.1 \times 52.69 \times 10^3}{1.0} \cdot \frac{3.696 + 1}{3.696}} = 49.04 （\text{mm}）$$

$$m = \frac{d_1}{z_1} = \frac{49.04}{23} = 2.13 （\text{mm}）$$

由表 7.2 取标准模数 $m = 2.5$。

（4）主要尺寸计算

$$d_1 = mz_1 = 2.5 \times 23 = 57.5 （\text{mm}）$$

$$d_2 = mz_2 = 2.5 \times 85 = 212.5 （\text{mm}）$$

$$b = \varphi_d d_1 = 1 \times 57.5 \text{ mm} = 57.5 （\text{mm}）$$

取 $b_2 = 60$ mm，

$$b_1 = b_2 + 5 = 65 （\text{mm}）$$

$$a = \frac{1}{2} m(z_1 + z_2) = \frac{1}{2} \times 2.5(23 + 85) = 135 （\text{mm}）$$

（5）按齿根弯曲疲劳强度校核

由式（7-32）得出，如 $\sigma_F \leqslant [\sigma_F]$，则校核合格。

①齿形系数 Y_F

查表7.13得 $Y_{F1} = 2.69$，$Y_{F2} = 2.21$。

②应力修正系数 Y_S

查表7.13得 $Y_{S1} = 1.575$，$Y_{S2} = 1.775$。

③许用弯曲应力 $[\sigma_F]$ 和 $[\sigma_{F2}]$

由图7.34查得 $\sigma_{Flim1} = 200$ MPa，$\sigma_{Flim2} = 190$ MPa，由7.9.3查得 $S_F = 1.4$。

由式（7-35）得

$$[\sigma_{F1}] = \frac{\sigma_{Flim1}}{S_F} = \frac{200}{1.4} = 142.9 \ (\text{MPa})$$

$$[\sigma_{F2}] = \frac{\sigma_{Flim2}}{S_F} = \frac{190}{1.4} = 135.7 \ (\text{MPa})$$

④按式（7-32）进行校核

$$\sigma_{F1} = \frac{2KT_1}{bmd_1}Y_{F1}Y_{S1} = \frac{2 \times 1.1 \times 52.69 \times 10^3}{60 \times 2.5 \times 57.5} \times 2.69 \times 1.575 = 56.9 \ (\text{MPa}) < [\sigma_{F1}]$$

$$\sigma_{F2} = \sigma_{F1}\frac{Y_{F2}Y_{S2}}{Y_{F1}Y_{S1}} = 56.9 \times \frac{2.21 \times 1.775}{2.69 \times 1.575} = 52.7 \ (\text{MPa}) < [\sigma_{F2}]$$

齿根疲劳强度校核合格。

（6）验算齿轮的圆周速度

$$v = \frac{\pi d_1 n_1}{60 \times 1000} = \frac{\pi \times 57.5 \times 1450}{60 \times 1000} = 4.37 \ (\text{m/s})$$

由表7.6可知，选8级精度是合适的。

（7）几何尺寸计算及绘制齿轮零件工作图

以大齿轮为例，齿轮的齿顶圆直径为

$$d_{a2} = d_2 + 2h_a = 212.5 + 2 \times 1 \times 2.5 = 217.5 \ (\text{mm})$$

由于 200 mm $< d_{a2} <$ 500 mm，所以采用腹板式结构。齿轮零件工作图略。

例7-2 某闭式二级斜齿圆柱齿轮减速器传递功率为20 kW，电动机驱动，电动机转速度 $n = 1470$ r/min，载荷有中等冲击，高速级传动比为 $i = 3.6$，要求结构紧凑，双班工作，预期寿命10年。试设计此高速级齿轮传动。

解：（1）选择齿轮材料及精度等级

考虑到要求结构紧凑，采用硬齿面齿轮。按表7.10选择齿轮的材料为：大、小齿轮均为 $40C_r$，调质理后表面淬火，齿面硬度为54HRC。

因为是普通减速器，由表7.5选8级精度，要求齿面粗糙度 $Ra \leqslant 3.2 \sim 6.3 \ \mu m$。

（2）确定设计准则

由于该减速器为闭式硬齿面齿轮传动，其设计准则为：先按齿根弯曲疲劳强度进行设计，再按齿面接触疲劳强度进行效核。

（3）按齿根弯曲疲劳强度进行设计

因两齿轮均为钢质齿轮，可应用式（7-40）求出 m_n。

160

①转矩 T_1

$$T_1 = 9.55 \times 10^6 \frac{P}{n_1} = 9.55 \times 10^6 \frac{20}{1470} = 1.3 \times 10^5 (\text{N} \cdot \text{mm})$$

②载荷系数 K

查表 7.11 取 $K = 1.6$。

③齿数 z_1 和 z_2

取小齿轮的齿数 $z_1 = 19$，则大齿轮的齿数 $z_2 = iz_1 = 3.6 \times 19 = 68.4$，圆整取 $z_2 = 68$。

实际齿数比为 $u' = \dfrac{z_2}{z_1} = \dfrac{68}{19} = 3.58$

齿数比的误差为 $\dfrac{|u - u'|}{u} = \dfrac{|3.6 - 3.58|}{3.6} = 0.56\% < \pm 5\%$

④初选螺旋角 $\beta = 15°$

⑤齿宽系数 φ_d

因二级斜齿圆柱齿轮为非对称布置，而齿轮表面又为硬齿面，由表 7.14 选取 $\varphi_d = 0.5$。

⑥当量齿数 z_{v1} 和 z_{v2}

$$z_{v1} = \frac{z_1}{\cos^3 \beta} = \frac{19}{\cos^3 15°} = 21.1, \quad z_{v2} = \frac{z_2}{\cos^3 \beta} = \frac{68}{\cos^3 15°} = 75.5$$

⑦齿形系数 Y_F

根据当量齿数 z_{v1}、z_{v2} 查表 7.13 得 $Y_{F1} = 2.76$，$Y_{F2} = 2.23$

⑧应力修正系数 Y_S。

根据当量齿数 z_{v1}、z_{v2} 查表 7.13 得 $Y_{S1} = 1.56$，$Y_{S2} = 1.76$。

⑨许用弯曲应力 $[\sigma_{F1}]$ 和 $[\sigma_{F2}]$

由图 7.34 查得 $\sigma_{\text{Flim1}} = 750$ MPa，$\sigma_{\text{Flim2}} = 750$ MPa，由 7.9.3 查得 $S_F = 1.4$。

$$[\sigma_{F1}] = \frac{\sigma_{\text{Flim1}}}{S_F} = \frac{750}{1.4} = 535.7 \ (\text{MPa})$$

$$[\sigma_{F2}] = \frac{\sigma_{\text{Flim2}}}{S_F} = \frac{750}{1.4} = 535.7 \ (\text{MPa})$$

⑩比较 $\dfrac{Y_{F1}Y_{S1}}{[\sigma_{F1}]}$ 和 $\dfrac{Y_{F2}Y_{S2}}{[\sigma_{F2}]}$ 的大小

$$\frac{Y_{F1}Y_{S1}}{[\sigma_{F1}]} = \frac{2.76 \times 1.56}{535.7} = 0.008, \quad \frac{Y_{F2}Y_{S2}}{[\sigma_{F2}]} = \frac{2.23 \times 1.76}{535.7} = 0.007$$

故应按小齿轮的齿根弯曲疲劳强度进行设计

⑪按式(7-40)进行设计

$$m_n \geq 1.17 \sqrt[3]{\frac{KT_1 \cos^2 \beta}{\varphi_d z_1^2} \cdot \frac{Y_F Y_S}{[\sigma_F]}} = 1.17 \cdot \sqrt[3]{\frac{1.6 \times 1.3 \times 10^5 \times \cos^2 15°}{0.5 \times 19^2} \cdot 0.008} = 2.40 \ (\text{mm})$$

由表 7.2 取标准模数 $m_n = 2.5$mm。

⑫确定中心距 a 和螺旋角 β

$$a = \frac{m_n(z_1 + z_2)}{2\cos\beta} = \frac{2.5 \times (19 + 68)}{2\cos 15°} = 112.6 \ (\text{mm})$$

圆整后取中心距为 $a = 112$ mm。

圆整中心距后确定的螺旋角 β 为

$$\beta = \arccos \frac{m_n(z_1 + z_2)}{2a} = \arccos \frac{2.5 \times (19 + 68)}{2 \times 112} = 13.84°$$

此值与初选螺旋角 β 的值相差不大所以不必重新计算。

（4）主要尺寸计算

$$d_1 = \frac{m_n z_1}{\cos\beta} = \frac{2.5 \times 19}{\cos13.84°} = 48.92 \text{（mm）}$$

$$d_2 = \frac{m_n z_2}{\cos\beta} = \frac{2.5 \times 68}{\cos13.84°} = 175.08 \text{（mm）}$$

$$b = \varphi_d d_1 = 0.5 \times 48.92 = 24.46 \text{（mm）}$$

取 $b_2 = 30$ mm，$b_1 = 35$ mm。

（5）按齿面接触疲劳强度校核

由式(7 – 37)得出，如 $\sigma_H \leqslant [\sigma_H]$，则校核合格。

① 弹性系数 Z_E

由表 7.12 查得 $Z_E = 189.8$ （$MPa^{1/2}$）

② 许用接触应力 $[\sigma_{H1}]$ 和 $[\sigma_{H2}]$

由图 7.33 查得 $\sigma_{Hlim1} = 1210$ MPa，$\sigma_{Hlim2} = 1210$ MPa，由 7.9.3 查得 $S_H = 1$。

由式(7 – 34)得

$$[\sigma_{H1}] = \frac{\sigma_{Hlim1}}{S_H} = \frac{1210}{1} = 1210 \text{（MPa）}$$

$$[\sigma_{H2}] = \frac{\sigma_{Hlim2}}{S_H} = \frac{1210}{1} = 1210 \text{（MPa）}$$

（3）按式(7 – 37)进行校核

$$\sigma_H = 3.17 Z_E \sqrt{\frac{KT_1(u+1)}{bd_1^2 u}} = 3.17 \times 189.8 \sqrt{\frac{1.6 \times 1.3 \times 10^5 \times (3.58 + 1)}{30 \times 48.92^2 \times 3.58}}$$

$$= 1158.3 \text{（MPa）} < [\sigma_{H2}] = [\sigma_{H1}]$$

则齿面接触疲劳强度足够。

（6）验算齿轮的圆周速度

$$v = \frac{\pi d_1 n_1}{60 \times 1000} = \frac{\pi \times 48.92 \times 1470}{60 \times 1000} = 3.76 \text{（m/s）}$$

由表 7.6 可知，选 8 级精度是合适的。

（7）几何尺寸计算及绘制齿轮零件工作图

以大齿轮为例，齿轮的齿顶圆直径为

$$d_{a2} = d_2 + 2h_a = 175.08 + 2 \times 1 \times 2.5 = 180.08 \text{（mm）}$$

由于 $d_{a2} < 200$ mm，所以采用实体式结构。齿轮零件工作图略。

例 7 – 3   一运输机用单级蜗杆减速器，已知蜗杆输入功率 $P_1 = 6$ kW，转速 $n_1 = 1450 r/min$，传动比 $i = 25$，蜗杆材料为 45 钢，表面淬火，硬度大于 45HRC，蜗轮材料为 ZCuAl10Fe3，金属模铸造，载荷平衡。连续、单向工作，通风条件良好，试设计此蜗杆传动？

解:（1）选择材料并确定许用应力

①由已知得蜗杆材料为 45 钢，表面淬火，硬度大于 45HRC；

②由已知得蜗轮材料为 ZCuAl10Fe3，金属模铸造。

③由表 7.22 查得蜗轮许用接触应力 $[\sigma_H] = 90$ MPa $(v_s = 6$ m/s$)$；由表 7.21 查得蜗轮许用弯曲应力 $[\sigma_F] = 90$ MPa。

（2）按蜗轮齿面接触疲劳强度设计

①确定蜗杆头数 z_1，蜗轮齿数 z_2

查表 7.18，因为 $i = 25$，所以选 $z_1 = 2$，则 $z_2 = iz_1 = 25 \times 2 = 50$

②初估效率 η'

由表 7.27 推荐，初估效率 $\eta' = 0.8$。

③计算蜗轮转矩 T_2'

$$T_2' = i \cdot \eta' \cdot T_1 = i \cdot \eta' \times 9.55 \times 10^6 \frac{P_1}{n_1} = 25 \times 0.8 \times 9.55 \times 10^6 \times \frac{6}{1450}$$

$$= 790344.8 \ (\text{N} \cdot \text{mm})$$

④确定载荷系数 K

查表 7.23 取工作情况系数 $K_A = 1.0$；由 7.11.3 推荐取载荷分布系数 $K_\beta = 1.0$（载荷平稳）；取动载荷系数 $K_V = 1.05$（初估 $v_2 < 3$ m/s）。则

$$K = K_A \cdot K_\beta \cdot K_V = 1.0 \times 1.0 \times 1.05 = 1.05$$

⑤确定模数 m 和蜗杆分度圆直径 d_1，蜗轮分度圆直径 d_2

$$m_2 d_1 \geqslant K T_2' \left(\frac{480}{z_2 \cdot [\sigma_H]} \right)^2 = 1.05 \times 790344.8 \times \left(\frac{480}{50 \times 90} \right)^2 = 9442 \ (\text{mm}^3)$$

查表 7.17 得 $m_2 d_1 = 11200$ mm^3，$m = 10$ mm，$d_1 = 112$ mm，则 $d_2 = mz_2 = 10 \times 50 = 500$ mm。

⑥计算蜗杆导程角 γ，滑动速度 v_s，蜗轮切向速度 v_2

$$\tan\gamma = \frac{mz_1}{d_1} = \frac{10 \times 2}{112} = 0.18 \qquad \gamma = 10.12°$$

$$v_s = \frac{\pi \cdot d_1 \cdot n_1}{60 \times 1000\cos\gamma} = \frac{\pi \times 112 \times 1450}{60 \times 1000 \times \cos 10.12°} = 8.64 \ (\text{m/s})$$

$$v_2 = \frac{\pi \cdot d_2 \cdot n_2}{60 \times 1000} = \frac{\pi \cdot d_2 n_1}{60 \times 1000 \cdot i} = \frac{\pi \times 500 \times 1450}{60 \times 1000 \times 25} = 1.52 \ (\text{m/s})$$

$v_2 = 1.52 < 3$ m/s，初选 $K_V = 1.05$ 合选。

⑦计算总效率 η

根据 $v_s = 8.64$ m/s，查表 7.26 得：$\rho_v = 1.446°$（锡青铜蜗轮，蜗轮齿面硬度 <45HRC）

$$\eta = 0.96\eta_1 = 0.96 \frac{\tan\gamma}{\tan(\gamma + \rho_v)} = 0.96 \times \frac{\tan 10.12°}{\tan(10.12° + 1.446°)} = 0.837$$

总效率 η 与初估效率 $\eta' = 0.80$ 有一定偏差，需复核 $m_2 d_1$

⑧复核 $m_2 d_1$

$$m_2 d_1 = K T_2 \left(\frac{480}{z_2[\sigma_H]} \right)^2 = 1.05 \times \left(790344.8 \times \frac{0.837}{0.80} \right) \times \left(\frac{480}{50 \times 90} \right)^2 = 9878.7 \ (\text{mm}^3)$$

$m^2 d_1 < 10200 \text{ mm}^3$，所以原设计合适。

（3）校核蜗轮齿根弯曲疲劳强度

①确定蜗轮齿形系数 Y_F

当量齿数 $z_v = \dfrac{z_2}{\cos^3 \gamma} = \dfrac{50}{\cos^3 10.12°} = 52.41$

根据 $z_v = 52.41\gamma = 10.12°$，按插值法，查表 7.24 得 $Y_F = 2.22$。

②确定蜗轮螺旋角系数 Y_β

由 7.11.3 有 $Y_\beta = 1 - \dfrac{\gamma}{140°} = 1 - \dfrac{10.12°}{140°} = 0.93$

③复核蜗轮转矩 T_2

$$T_2 = T_2' \frac{\eta}{\eta'} = 7903443.8 \times \frac{0.837}{0.80} = 826898 \text{（N·mm）}$$

④校核蜗轮弯曲强度

$$\sigma_F = \frac{1.64KT_2}{d_1 d_2 m} Y_F \cdot Y_\beta = \frac{1.64 \times 1.05 \times 826898}{112 \times 500 \times 10} \times 2.22 \times 0.93 = 5.25 \text{（MPa）}$$

$$\sigma_F = 5.25 \text{ MPa} < [\sigma_F] = 90 \text{（MPa）}$$

弯曲强度足够。

（4）蜗杆、蜗轮各部分尺寸计算（略）

（5）热平衡计算

①确定室温 t_0，允许油温 $[t_1]$ 散热系数 K_s

根据 7.11.5 推荐，取 $t_0 = 20℃$，$[t_1] = 70℃$，$K_s = 14 \left[\text{W}/(\text{m}^2℃) \right]$

②计算散热面积 A

$$t_1 = \frac{1000(1 - \eta)P_1}{K_s A} + t_o \leqslant [t_1]$$

$$A \geqslant \frac{1000(1 - \eta)P_1}{([t_1] - t_0)K_s} = \frac{1000(1 - 0.837) \times 6}{(70 - 20) \times 14} = 1.4 \text{（m}^2\text{）}$$

即箱体散热面积需大于 1.4 m^2。

（6）蜗杆传动润滑方式及精度等级选择

①确定润滑油精度及润滑方式

根据 $v_s = 8.64 \text{ m/s}$，查表 7.28，选用润滑油黏度为 $\nu_{40} = 220 \text{ mm}^2/\text{s}$，润滑方式为油池润滑。

②确定精度等级

根据 $v_s = 8.64 \text{ m/s}$，查表 7.25 选用 7 级精度。

（7）蜗杆和蜗轮的结构设计、绘制工作图（略）

思考题及习题

7.1　满足正确啮合条件的一对直齿圆柱齿轮一定能保证连续传动条件吗？

7.2　什么叫标准齿轮？什么叫变位齿轮？

7.3　试述一对直齿圆柱齿轮,一对斜齿圆柱齿轮,一对直齿锥齿轮传动的标准参数及正确啮合条件。

7.4　平行轴斜齿圆柱齿轮传动与直齿圆柱齿轮传动比较有何特点?

7.5　何谓蜗杆传动的中间平面?在中间平面内,蜗杆传动的参数有何意义?

7.6　何谓蜗杆传动的相对滑动速度?它对效率有何影响?

7.7　蜗杆的头数 z_1,导程角 λ,转速 n,对啮合效率有何影响?

7.8　蜗杆传动热平衡计算的条件是什么?当热平衡不满足要求时,可采用什么措施?

7.9　当压力角 $\alpha = 20°$ 的正常齿制渐开线标准外直齿轮的齿根圆与基圆重合时,其齿数 z 应为多少?又当齿数大于以上求得的齿数时,试问基圆与齿根圆哪个大?

7.10　在一机床的主轴箱中有一直齿圆柱渐开线标准齿轮,经测量其压力角 $\alpha = 20°$,齿数 $z = 40$,齿顶圆直径 $d_a = 84$ mm。现发现该齿轮已经损坏,需重做一个齿轮代换,试确定这个齿轮的模数。

7.11　已知一对外啮合标准直齿轮传动,其齿数 $z_1 = 24$,$z_2 = 110$,模数 $m = 3$ mm,压力角 $\alpha = 20°$,正常齿制。试求:

(1)两齿轮的分度圆直径 d_1 和 d_2;

(2)两齿轮的齿顶圆直径 d_{a1} 和 d_{a2};

(3)齿高 h;

(4)标准中心距 a;

(5)若实际中心距 $a' = 204$ mm,试求两轮的节圆直径 d_1' 和 d_2'。

7.12　一对外啮合标准直齿圆柱齿轮,已知两齿轮的齿数 $z_1 = 23$,$z_2 = 67$,模数 $m = 3$ mm,压力角 $\alpha = 20°$,正常齿制。试求:正确安装时的中心距 a、啮合角 α' 及重合度 ε。

7.13　设有一对外啮合渐开线直齿圆柱齿轮传动,已知两轮齿数分别为 $z_1 = 30$,$z_2 = 40$,模数 $m = 20$ mm,压力角 $\alpha = 20°$,齿顶高系数 $h_a^* = 1$。试求当实际中心距 $a' = 702.5$ mm 时两轮的啮合角 α' 和顶隙 c(实际顶隙就等于标准顶隙加上中心距的变动量)。

7.14　某对平行轴斜齿轮传动的齿数 $z_1 = 20$,$z_2 = 37$,模数 $m_n = 3$ mm,压力角 $\alpha = 20°$,齿宽 $B_1 = 50$ mm,$B_2 = 45$ mm,螺旋角 $\beta = 15°$,正常齿制。试求:

(1)两齿轮的齿顶圆直径 d_{a1} 和 d_{a2};

(2)标准中心距 a;

(3)轴面重合度 ε_β;

(4)当量齿数 z_{v1} 和 z_{v2}。

7.15　一渐开线标准直齿圆锥齿轮机构,$z_1 = 16$,$z_2 = 32$,$m = 6$ mm,$\alpha = 20°$,$\Sigma = 90°$,$h_a^* = 1$,试设计这对直齿圆锥齿轮机构。

7.16　一对阿基米德标准蜗杆蜗轮机构,$z_1 = 2$,$z_2 = 50$,$m = 8$ mm,$d_1 = 80$,试求:

(1)传动比 i_{12} 和中心距 a;

(2)蜗杆蜗轮的几何尺寸。

7.17　设斜齿圆柱齿轮传动[图 7.54(a)]及直齿圆锥齿轮传动[图 7.54(b)图]的转动方向及螺旋线方向如图所示,试画出作用在两齿轮上的圆周力、径向力和轴向力作用线和方向。

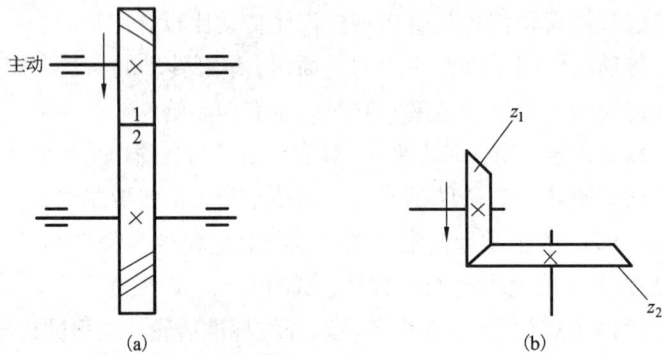

图 7.54

7.18 如图 7.55 所示在蜗杆蜗轮传动中,蜗杆的螺旋线方向与转动方向如图所示,试画出各个蜗轮的转动方向。

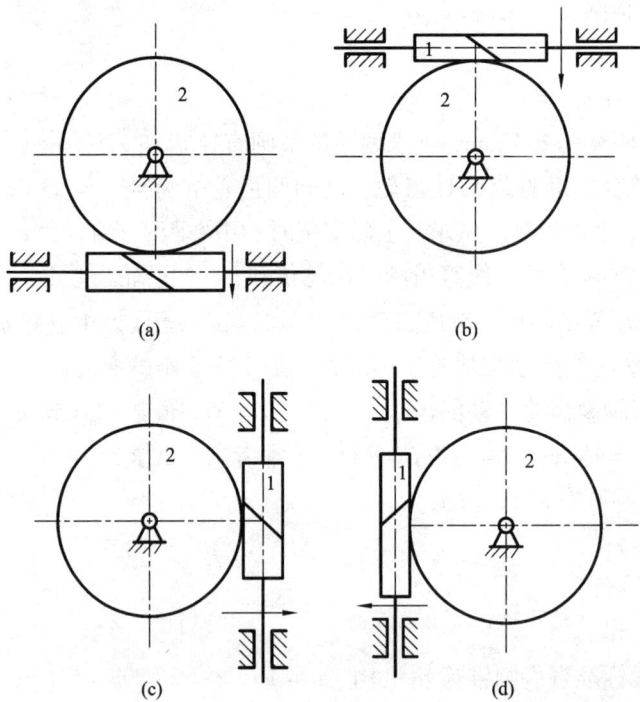

图 7.55

7.19 已知在某两级斜齿圆柱齿轮减速器中,高速轴 Ⅰ 主动,低速轴 Ⅲ 的转向和齿轮 1 的螺旋线方向如图 7.56 所示,且 $\beta_1 = 20°$,2 和 3 两轮的齿数分别为 $z_2 = 51$,$z_3 = 17$,试问:
(1)低速级斜齿轮的螺旋线方向应如何选择才能使中间轴 Ⅱ 上的两齿轮的轴向力方向相反;
(2)低速级螺旋角应取多大数值才能使中间轴 Ⅱ 上的两个轴向力相互抵消。

7.20 已知直齿圆锥 – 斜齿圆柱齿轮减速器布置和转向如图 7.57 所示。锥齿轮 $m = 5$

166

mm，齿宽 $b = 50$ mm，$z_1 = 25$，$z_2 = 60$；斜齿轮 $m_n = 6$ mm，$z_3 = 21$，$z_4 = 84$。（1）试画出作用在斜齿轮 3 和锥齿轮 2 上的圆周力、径向力及轴向力的作用线和方向。（2）欲使轴 Ⅱ 上的轴向力在轴承上的作用完全抵消，求斜齿轮 3 的螺旋角 β_3 的大小和旋向。

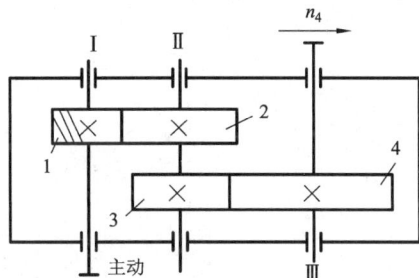

图 7.56

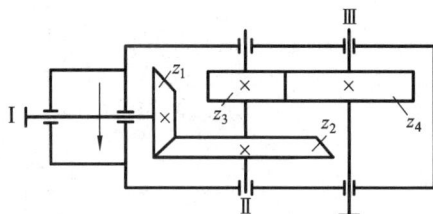

图 7.57

7.21　图 7.58 所示为一圆柱蜗杆——斜齿圆柱齿轮传动，蜗杆由电机驱动，输入功率 $P_1 = 11$ kW，转速 $n_1 = 970$ r/min，模数 $m = 12.5$ mm，蜗杆头数 $z_1 = 2$，右旋，分度圆直径 $d_1 = 140$ mm，导程角 $\gamma = 10°07'29''$，蜗杆表面硬度 $\geqslant 45$ HRC。蜗轮齿数 $z_2 = 40$，蜗轮材料 ZCuSn10P1。斜齿圆柱齿轮模数 $m_n = 6$ mm，小齿轮 $z_3 = 32$，大齿轮 $z_4 = 98$，蜗旋角 $\beta = 12°50'19''$。欲使小斜齿轮 3 的轴向力与蜗轮 2 的轴向力抵消一部分，试确定：（1）蜗轮的转向及螺旋线方向？（2）两斜齿轮的转向及螺旋线方向？（3）各轮所受轴向力的方向及大小？

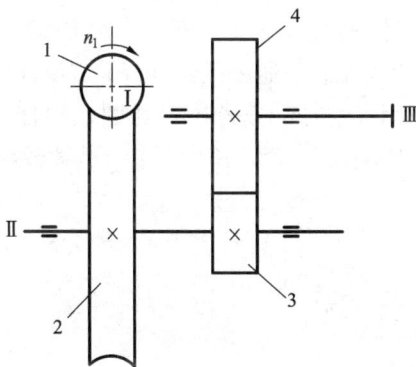

图 7.58

7.22　如图 7.59 所示，手动绞车采用圆柱蜗杆传动，已知 $m = 8$ mm，$z_1 = 1$，$d_1 = 80$ mm，$z_2 = 40$，卷筒直径 $D = 200$ mm。问：（1）欲使重物 W 上升 1 m，蜗杆应转多少转？（2）蜗杆与蜗轮间的当量摩擦系数 $f_v = 0.18$，该机构能否自锁？（3）若重物 $W = 5$ kN，手摇时施加的力 $F_1 = 100$ N，手柄转臂的长度 L 应为多少？

7.23　单级闭式直齿圆柱齿轮传动中，小齿轮的材料为 45 钢，调质处理，大齿轮的材料为 ZG310 – 570，正火处理，$P = 4$ kW，$n_1 = 1420$ r/min，$m = 4$ mm，$z_1 = 25$，$z_2 = 73$，$b_1 = 84$ mm，$b_2 = 78$ mm，单向转动，载荷有中等冲击，用电动机驱动，试验算此单级传动齿轮的强度。

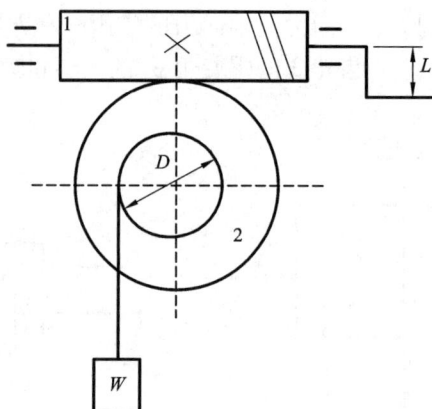

图 7.59

7.24 已知单级斜齿圆柱齿轮传动的 $P = 22$ kW，$n_1 = 970$ r/min，双向转动，电动机驱动，载荷平稳，$z_1 = 21$，$z_2 = 107$，$m_n = 3$ mm，$\beta = 16°15'$，$b_1 = 85$ mm，$b_2 = 80$ mm，小齿轮材料为 40Cr 调质，大齿轮材料为 45SiMn 调质。试校核此闭式传动的强度。

7.25 已知单级闭式斜齿轮传动 $P = 10$ kW，$n_1 = 1210$ r/min，$i = 4.3$，电动机驱动，双向转动。中等冲击载荷，设大齿轮用 45 钢正火，小齿轮用 45 钢调质，$z_1 = 21$。试设计此单级斜齿轮传动。

7.26 一运输机用单级蜗杆减速器，已知蜗杆输入功率 $P_1 = 6$ kW，转速 $n_1 = 1450$ r/min，传动比 $i = 25$，蜗杆材料为 45 钢，表面淬火，硬度大于 45HRC，蜗轮材料为 ZCuAl10Fe3，金属模铸造，载荷平稳。连续、单向工作，通风条件良好，试设计此蜗杆传动。

7.27 试设计一搅拌机用闭式蜗杆减速器中普通圆柱蜗杆传动，已知输入功率 $P = 7.3$ kW，蜗杆转速 $n = 960$ r/min，传动比 $i = 23$，单向运转，载荷较稳定，但有不大的冲击。

第8章　轮　系

【概述】　本章介绍轮系的类型和应用；各种轮系传动比的计算方法；简单介绍了减速器。要求：了解轮系的类型及应用；掌握定轴轮系、周转轮系传动比的计算方法；了解复合轮系传动比的计算，了解减速器的特点及选用方法。

8.1　轮系及其类型

轮系及其类型

由一系列齿轮所组成的传动系统称为齿轮系，简称轮系。轮系中所有齿轮的轴线彼此平行，这样的轮系称为平面轮系；轮系中有齿轮的轴线与其他齿轮的轴线不平行(即含有圆锥齿轮或蜗杆蜗轮)，这样的轮系称为空间轮系；又根据轮系中各齿轮轴线在空间的位置是否固定，可将轮系分为定轴轮系、周转轮系和复合轮系三大类。

1. 定轴轮系

所有齿轮轴线相对于机架都是固定不动的轮系称为定轴轮系，如图8.1所示。

2. 周转轮系

轮系中，至少有一个齿轮的轴线不固定，而是绕其他齿轮的轴线转动，这样的轮系即为周转轮系，如图8.2所示。外齿轮1、内齿轮3都是绕固定轴线 OO 回转的，这样的齿轮称作太阳轮或中心轮。齿轮2安装在构件 H 上，因此齿轮2绕轴线 O_1O_1 进行自转，同时由于构件 H 本身绕

定轴轮系

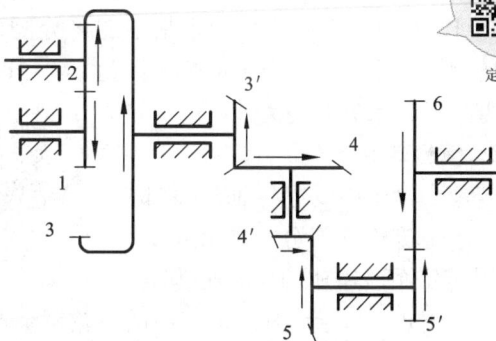

图 8.1　定轴轮系

轴线 OO 转动，所以齿轮2一边绕自己的轴线 O_1O_1 自转，一边随着构件 H 绕轴线 OO 公转，就像天上的行星一样，故齿轮2称作行星轮。而安装行星轮的构件 H 称作行星架(或称作系杆、转臂)。在周转轮系中，一般都以太阳轮或行星架作为运动的输入和输出构件，称之为周转轮系的基本构件。

根据周转轮系的自由度数目不同，周转轮系可分为行星轮系和差动轮系：

(1)行星轮系：机构自由度为1的周转轮系称为行星轮系。如图8.2(b)所示的轮系中，太阳轮3固定不动，整个轮系的自由度 F 为：$F = 3n - 2P_L - P_H = 3 \times 3 - 2 \times 3 - 2 = 1$，故该轮系为行星轮系。

(2)差动轮系：机构自由度为2的周转轮系称为差动轮系。如图8.2(a)所示的轮系中，两个太阳轮1和3都可以转动，整个轮系的自由度 F 为：$F = 3n - 2P_L - P_H = 3 \times 4 - 2 \times 4 - 2 = 2$，该轮系为差动轮系。为了使该轮系有确定的运动输出，在齿轮1、齿轮3和行星架 H 三个构件中，可选定某两个构件输入运动(原动件)，另一个构件输出运动。

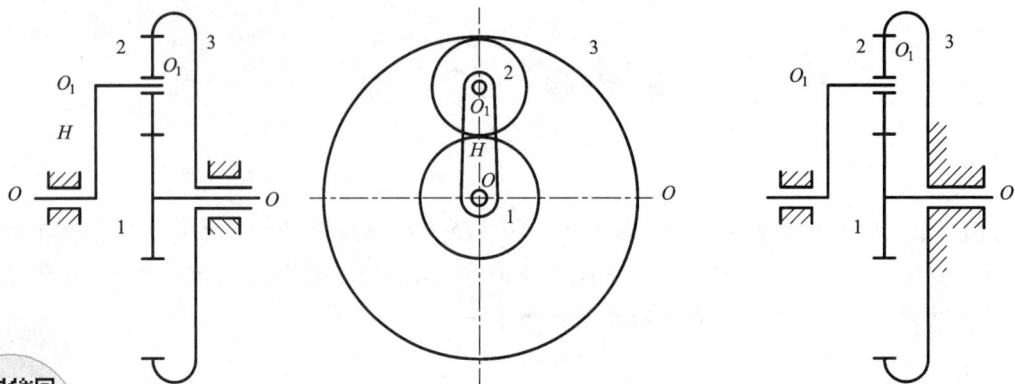

(a)差动轮系　　　　　　　　　　　　(b)行星轮系

图 8.2　周转轮系

另外，周转轮系还常根据其中构件的组成情况分为：2K – H 型、3K 型和 K – H – V 型等，其中 K 代表太阳轮，H 代表行星架，V 代表输出构件。单个 2K – H 型、K – H – V 型轮系是不能再分的，是基本的周转轮系。图 8.2 所示的轮系为 2K – H 型，其他型式的轮系见有关文献。

3. 复合轮系

若一个轮系中既有定轴轮系部分，又有周转轮系部分，或由几个基本周转轮系所组成的轮系称为复合轮系。图 8.3 所示为某滚齿机中的齿轮系。在该

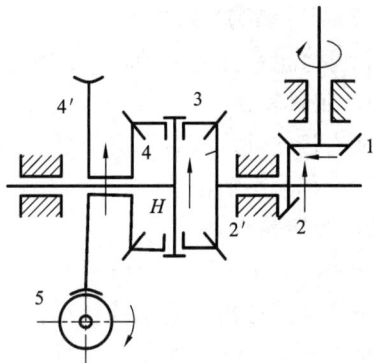

图 8.3　复合轮系

轮系中，齿轮 2′，3，4 及行星架 H 组成周转轮系，而齿轮 1、2 及蜗轮 4′和蜗杆 5 分别组成两个定轴轮系。因此，该轮系是由两个定轴轮系和一个周转轮系组成的复合轮系。

8.2　定轴轮系传动比的计算

轮系的传动比是指轮系中的首末两齿轮的角速度或转速之比。若轮系中的第一个动力输入齿轮用 a 表示，最后的动力输出齿轮用 b 表示，则该轮系的传动 i_{ab} 为

$$i_{ab} = \frac{\omega_a}{\omega_b} = \frac{n_a}{n_b} \qquad (8-1)$$

为了完整地描述 a、b 两齿轮的运动关系，计算传动比时不仅要确定两齿轮的角速度比或转速比的大小，而且要确定他们的转向关系。也就是说轮系传动比的计算内容包括：大小和方向。

1. 传动比大小的计算

以图 8.1 所示的定轴轮系为例介绍传动比的计算方法。在该轮系中，齿轮 1，2，3，5′和

170

6 为圆柱齿轮；$3'$，4，$4'$ 和 5 为圆锥齿轮。设齿轮 1 为动力输入齿轮（首轮），齿轮 6 为动力输出齿轮（末轮），其轮系的传动比为

$$i_{16} = \frac{\omega_1}{\omega_6}$$

根据上一章的知识，我们已经知道，一对齿轮的传动比是该对齿轮齿数的反比，可以求得图中各对啮合齿轮的传动比大小：

1 和 2 齿轮：$i_{12} = \dfrac{\omega_1}{\omega_2} = \dfrac{n_1}{n_2} = \dfrac{z_2}{z_1}$

2 和 3 齿轮：$i_{23} = \dfrac{\omega_2}{\omega_3} = \dfrac{n_2}{n_3} = \dfrac{z_3}{z_2}$

$3'$ 和 4 齿轮：$i_{3'4} = \dfrac{\omega_{3'}}{\omega_4} = \dfrac{n_{3'}}{n_4} = \dfrac{z_4}{z_{3'}}$

$4'$ 和 5 齿轮：$i_{4'5} = \dfrac{\omega_{4'}}{\omega_5} = \dfrac{n_{4'}}{n_5} = \dfrac{z_5}{z_{4'}}$

$5'$ 和 6 齿轮：$i_{5'6} = \dfrac{\omega_{5'}}{\omega_6} = \dfrac{n_{5'}}{n_6} = \dfrac{z_6}{z_{5'}}$

将上述各式两边分别连乘起来，同时考虑 $\omega_3 = \omega_{3'}$，$\omega_4 = \omega_{4'}$，$\omega_5 = \omega_{5'}$，于是可以得到

$$i_{12} i_{23} i_{3'4} i_{4'5} i_{5'6} = \frac{\omega_1}{\omega_2} \frac{\omega_2}{\omega_3} \frac{\omega_{3'}}{\omega_4} \frac{\omega_{4'}}{\omega_5} \frac{\omega_{5'}}{\omega_6} = \frac{\omega_1}{\omega_6} = \frac{n_1}{n_6} = \frac{z_2}{z_1} \frac{z_3}{z_2} \frac{z_4}{z_{3'}} \frac{z_5}{z_{4'}} \frac{z_6}{z_{5'}}$$

所以

$$i_{16} = \frac{\omega_1}{\omega_6} = \frac{n_1}{n_6} = i_{12} i_{23} i_{3'4} i_{4'5} i_{5'6} = = \frac{z_2}{z_1} \frac{z_3}{z_2} \frac{z_4}{z_{3'}} \frac{z_5}{z_{4'}} \frac{z_6}{z_{5'}} = \frac{z_3 z_4 z_5 z_6}{z_1 z_3' z_4' z_5'}$$

将上式推广到一般可得，定轴轮系的传动比等于该轮系中各对啮合齿轮传动比的连乘积，也等于各对啮合齿轮中所有从动轮齿数的连乘积与所有主动轮齿数连乘积之比。

由图 8.1 可以看出：齿轮 2 同时与齿轮 1 和齿轮 3 啮合。对于齿轮 1 而言，齿轮 2 是从动齿轮；对于齿轮 3 而言，齿轮 2 又是主动齿轮。齿轮 2 的齿数多少并不会影响该轮系传动比的大小，仅仅改变首末两轮之间的转向关系，这种齿轮称为惰轮或过桥齿轮。

2. 首末两轮转向关系的确定

可用正负号表示法或画箭头法两种方法来确定。

（1）正负号法。对于轮系中所有齿轮轴线平行的平面轮系，由于两啮合齿轮的转向，要么相同要么相反，因此，规定两齿轮转向相同，其传动比取"＋"；两齿轮转向相反，其传动比取"－"。由于在平面轮系，每出现一对外啮合齿轮，齿轮的转向改变一次。如果有 m 对外啮合齿轮，可以用 $(-1)^m$ 表示传动比的正负号。则定轴轮系传动比的完整计算公式为

$$\text{定轴轮系传动比} = (-1)^m \frac{\text{所有从动轮齿数连乘积}}{\text{所有主动轮齿数连乘积}} \tag{8-2}$$

（2）画箭头法。对于轮系中含有圆锥齿轮或蜗杆蜗轮等的空间轮系，由于有齿轮的轴线不平行，轴线不平行的两个齿轮的转向不能用相同或相反来描述，所以只能用画箭头法来判定。画箭头法也适用于平面轮系。

一对外啮合的圆柱齿轮用两个方向相反的箭头表示转动方向。一对内啮合的圆柱齿轮用

两个方向相同的箭头表示转动方向。一对相互啮合的圆锥齿轮的转向箭头要么同时指向啮合节点，要么同时背离啮合节点。蜗杆蜗轮传动，一般蜗杆为主动，若已知蜗杆的转动方向，则可用左右手定则来判定蜗轮的转动方向。在图 8.1 所示的轮系中，设首轮 1（主动轮）的转向已知，并用箭头方向代表齿轮可见一侧的圆周速度方向，则首末轮及其他轮的转向关系可用箭头表示。按照上述原则从第一级齿轮开始，依次画出表示各齿轮转向关系的箭头，可知齿轮 1 和齿轮 6 的转向相同。

例 8 – 1 在图 8.4 所示的车床溜板箱进给机构刻度盘轮系中，运动由齿轮 1 输入，由齿轮 5 输出。各齿轮齿数为 $z_1 = 18$，$z_2 = 87$，$z_3 = 28$，$z_4 = 20$，$z_5 = 84$。求计算轮系的传动比 i_{15}。

解： 该轮系为定轴轮系，按照定轴轮系传动的计算公式，并考虑到轮系中外啮合的次数为 2 次，则该轮系的传动比为：

$$i_{15} = \frac{n_1}{n_5} = (-1)^2 \frac{z_2 z_4 z_5}{z_1 z_3 z_4} = (-1)^2 \frac{87 \times 84}{18 \times 28} = +14.5$$

求出的传动比前是正号，表示末轮 5 的转动方向与首轮 1 的转动方向相同。首末两轮的转向关系也可以用画箭头的方法确定，如图 8.4 所示。该轮系中齿轮 4 为惰轮。

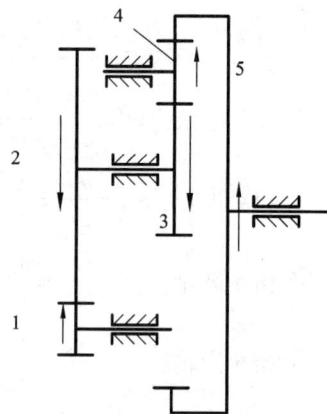

图 8.4　刻度盘轮系

8.3　周转轮系传动比的计算

周转轮系和定轴轮系的之间的根本区别就在于周转轮系中有转动的系杆，使得行星轮既有自转又有公转，那么各轮之间的传动比计算就不再是与齿数成反比的简单关系了。由于这个差别，周转轮系的传动比就不能直接利用定轴轮系的方法进行计算。但是我们可以用相对运动的原理，将周转轮系转化为假想的定轴轮系，即转化轮系，再用定轴轮系的传动比计算公式计算转化轮系的转动比。

1. 周转轮系的转化轮系

根据相对运动原理，假如给整个周转轮系加上一个公共的转动，其角速度为"$-\omega_H$"，则各个齿轮、构件之间的相对运动关系仍将不变，但这时系杆的绝对运动角速度为 $\omega_H - \omega_H = 0$，即系杆相对"静止不动"，于是周转轮系便转化为一个假想的定轴轮系了。我们将这种经过一定条件转化得到的假想定轴轮系称为原周转轮系的转化轮系。这种求解周转轮系传动比的方法称为转化轮系法。

如图 8.5 所示的周转轮系。按照上述方法转化后得到定轴轮系如图 8.6 所示，在转化轮系中，各构件的角速度变化情况见表 8.1。

表中 ω_1^H，ω_2^H，ω_3^H 和 ω_H^H 分别表示在转化轮系中齿轮 1、齿轮 2、齿轮 3 及系杆 H 相对于系杆 H 的相对角速度。由表可见，$\omega_H^H = 0$，所以图 8.5 的周转轮系已转化为图 8.6 的定轴轮系。

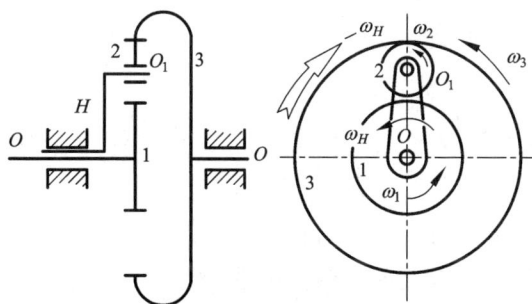

图 8.5 周转轮系

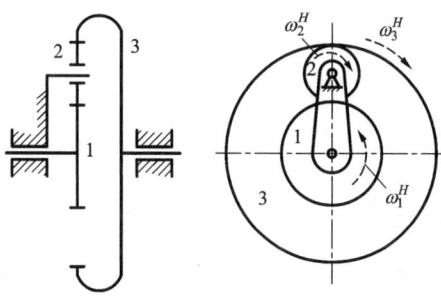

图 8.6 转化轮系

2. 周转轮系传动比的计算

如上所述,图 8.6 所示的转化轮系中,齿轮 1 和齿轮 3 的传动比 i_{13}^H 为:

$$i_{13}^H = \frac{\omega_1^H}{\omega_3^H} = \frac{\omega_1 - \omega_H}{\omega_3 - \omega_H} = -\frac{z_2 z_3}{z_1 z_2} = -\frac{z_3}{z_1}$$

上式中齿数比前面的"−"号表示在转化轮系中 ω_1^H 和 ω_3^H 转向相反。

作为差动轮系,任意给定两个基本构件的角速度(包括大小和方向),则另一个构件的角速度(包括大小和方向)便可以求出。从而就可以求出该轮系中三个基本构件中任意两个构件间的传动比。

表 8.1 各构件的角速度

构件	原轮系中角速度	转化轮系中角速度
行星架 H	ω_H	$\omega_H^H = \omega_H - \omega_H = 0$
齿轮 1	ω_1	$\omega_1^H = \omega_1 - \omega_H$
齿轮 2	ω_2	$\omega_2^H = \omega_2 - \omega_H$
齿轮 3	ω_3	$\omega_3^H = \omega_3 - \omega_H$
机架 4	$\omega_4 = 0$	$\omega_4^H = -\omega_H$

若上述差动轮系中的太阳轮 1 和 3 之中的一个固定,如令 $\omega_3 = 0$,则轮系就转化为行星轮系,此时行星轮系的传动比为

$$i_{13}^H = \frac{\omega_1^H}{\omega_3^H} = \frac{\omega_1 - \omega_H}{0 - \omega_H} = -\frac{z_3}{z_1}$$

即

$$i_{1H} = \frac{\omega_1}{\omega_H} = 1 - i_{13}^H$$

综上所述,我们可以得到周转轮系传动比的通用表达式。设周转轮系中首、末太阳轮分别为 a 和 b,行星架为 H,则转化轮系的传动比为:

$$i_{ab}^H = \frac{\omega_a^H}{\omega_b^H} = \frac{\omega_a - \omega_H}{\omega_b - \omega_H} = \pm \frac{\text{转化轮系中从 a 到 b 各从动齿轮齿数的连乘积}}{\text{轮化轮系中从 a 到 b 各主动齿轮齿数的连体积}} \qquad (8-3)$$

对 $\omega_b = 0$ 或 $\omega_a = 0$ 的行星轮系，根据上式可推导出其传动比的通用表达式分别为：

$$\begin{cases} i_{aH} = \dfrac{\omega_a}{\omega_H} = 1 - i_{ab}^H \\[3mm] i_{bH} = \dfrac{\omega_b}{\omega_H} = 1 - i_{ba}^H \end{cases} \qquad (8-4)$$

应用式(8-3)应注意以下几点：

(1)通用表达式中的"±"号规定：转化轮系中两太阳轮 a 和 b 的转向相同取"+"号，转向相反取"-"号。该"±"号不表示周转轮系中轮 a 和 b 之间的转向关系；该"±"号直接影响 ω_a、ω_b、ω_H 之间的数值关系，进而影响传动比计算结果的正确性，因此不能漏判或错判。

(2)ω_a，ω_b 和 ω_H 均为原周转轮系中各构件的真实角速度。转向相同，可都带入正号；若转向相反，一个代入正号，其他转向与之相同的代入正号，转向与之相反的代入负号。

(3)式(8-3)只适用于太阳轮 a 和 b 及系杆 H 轴线彼此平行的场合，否则不能用式(8-3)。式(8-3)也适用于由锥齿轮组成的周转轮系，但要求首、末两太阳轮和系杆 H 的轴线必须平行，并且转化轮系的传动比 i_{ab}^H 正负号必须用画箭头的方法来确定。

例 8-2 在如图 8.7 所示的轮系中，如已知各轮齿数，$z_1 = 50$，$z_2 = 30$，$z_{2'} = 20$，$z_3 = 100$；且已知轮 1 与轮 3 的转数分别为 $n_1 = 100$ r/min，$n_3 = 200$ r/min。试求：当(1)n_1 和 n_3 同向转动；(2)n_1 和 n_3 异向转动时，行星架 H 的转速及转向。

解： 这是一个周转轮系，因两中心轮都不固定，其自由度为 2，故属差动轮系。根据转化轮系传动比的计算公式可得

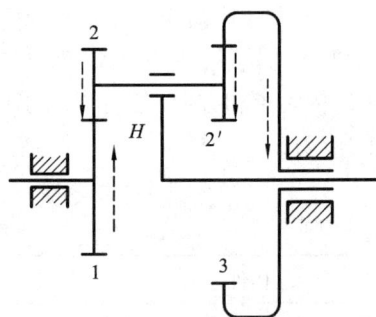

图 8.7 例题 8.2 图

$$i_{13}^H = \frac{n_1^H}{n_3^H} = \frac{n_1 - n_H}{n_3 - n_H} = (-1)^m \frac{z_2 z_3}{z_1 z_{2'}} = -\frac{30 \times 100}{50 \times 20} = -3$$

(1)当 n_1 和 n_3 同向转动时，n_1 和 n_3 的符号相同，取为正，代入上式得

$$\frac{100 - n_H}{200 - n_H} = -3，\text{求得 } n_H = 175 \text{（r/min）}$$

由于 n_H 符号为正，说明 n_H 的转向与 n_1 和 n_3 相同。

(2)当 n_1 和 n_3 异向时，他们的符号相反，取 n_1 为正、n_3 为负，代入上式得

$$\frac{100 - n_H}{-200 - n_H} = -3，\text{求得 } n_H = -125 \text{（r/min）}。$$

由于 n_H 符号为负，说明 n_H 的转向与 n_1 相反，而与 n_2 相同。

例 8-3 如图 8.8 所示的差速器中 $z_1 = 48$，$z_2 = 42$，$z_{2'} = 18$，$z_3 = 21$，$n_1 = 100$ r/min，$n_3 = 80$ r/min，其转向如图所示，求 $n_H = ?$。

解： 这是由锥齿轮组成的差动器轮系。其转化轮系如图 8.8(b)所示，用画箭头的方法确定转化轮系中齿轮 1 和 3 的转动方向是相反的[如图 8.8(b)中的虚线箭头所示]。转化轮系的传动比为

$$i_{13}^H = \frac{n_1 - n_H}{n_3 - n_H} = -\frac{z_2 z_3}{z_1 z_{2'}}$$

174

式中："－"号表示转化轮系中齿轮 1 和 3 的转动方向相反,将已知条件代入上式,得

$$\frac{100 - n_H}{-80 - n_H} = -\frac{42 \times 21}{48 \times 18}$$

解得: $n_H = 9.07$ r/min

n_H 为正值,表示与 n_1 转向相同。

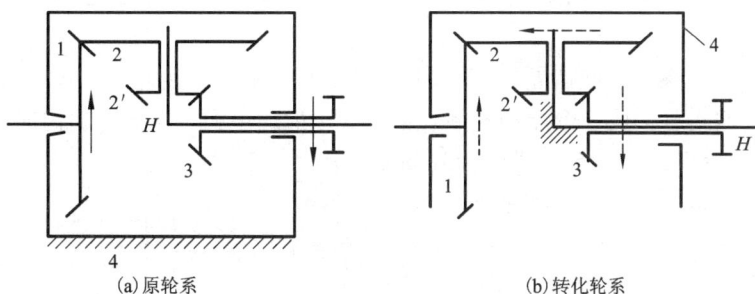

(a)原轮系   (b)转化轮系

图 8.8　差速器示意图

8.4　复合轮系及其传动比

复合轮系同时包含有定轴轮系部分和周转轮系部分,不能整体转化为定轴轮系,因此不能整体按照周转轮系传动比的计算方法来计算,当然,也不可能整体采用定轴轮系传动比的计算方法。复合轮系传动比的计算方法是:首先,划分轮系,将各个周转轮系和定轴轮系区分开来。然后分别按照不同轮系传动比的计算方法列出传动比的计算式,然后根据各轮系之间联系条件联立求解。

其中,关键的工作是划分轮系,一般步骤是:先找出行星轮,即找出那些几何轴线不固定而绕其他齿轮转动的齿轮,与行星轮啮合的定轴齿轮即为太阳轮,而支撑行星轮的构件即为系杆。这组行星轮、系杆、太阳轮构成一个周转轮系。区分出各个周转轮系后,剩下的就是定轴轮系。

例 8－4　在图 8.9 所示的轮系中,若各齿轮的齿数已知,试求传动比 i_{1H}。

解:根据前面介绍的划分轮系的方法进行分析,此轮系是由齿轮 1 和 2 构成的定轴轮系及齿轮 2′, 3, 4 和行星架 H 构成的周转轮系复合而成的复合轮系。

定轴轮系部分的传动比为

$$i_{12} = \frac{\omega_1}{\omega_2} = -\frac{z_2}{z_1} \quad \text{或} \quad \omega_1 = -\omega_2\frac{z_2}{z_1} \quad (\text{a})$$

周转轮系部分是一个行星轮系,其传动比为

$$i_{2'H} = 1 - i_{2'4}^H = 1 + \frac{z_4}{z_{2'}} \quad \text{或} \quad \omega_2 = \omega_H\left(1 + \frac{z_4}{z_{2'}}\right) \quad (\text{b})$$

将式(b)代入式(a)式得

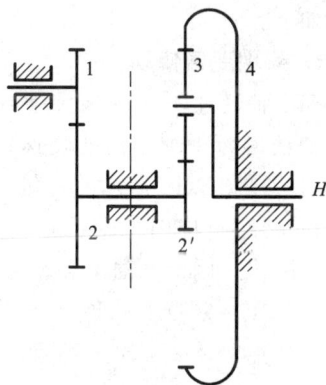

图 8.9　例题 8.4 图

$$\omega_1 = -\omega_H \left(1 + \frac{z_4}{z_{2'}}\right)\left(\frac{z_2}{z_1}\right)$$

于是，可最后求得此复合轮系得传动比为

$$i_{1H} = -\left(1 + \frac{z_4}{z_{2'}}\right)\left(\frac{z_2}{z_1}\right)$$

例 8 - 5 图 8.10 所示为电动卷扬机减速器的运动简图。已知各轮的齿数，试求其传动比 i_{15}。

解： 首先划分轮系。双联齿轮 2 - 2′为行星轮，与它啮合的齿轮 1 和齿轮 3 为太阳轮，齿轮 5 为系杆，它们一起构成一个差动轮系。齿轮 3′、齿轮 4 和齿轮 5 一起构成一个定轴轮系。对于差动轮系 1 - 2 - 2′- 3 - 5 由式(8 - 3)得

$$i_{13}^5 = \frac{\omega_1 - \omega_5}{\omega_3 - \omega_5} = -\frac{z_2 z_3}{z_1 z_2'} = -\frac{33 \times 78}{24 \times 21} \quad \text{(a)}$$

对于定轴轮系部分按式(8 - 1)得

$$i_{3'5} = \frac{\omega_{3'}}{\omega_5} = \frac{\omega_3}{\omega_5} = -\frac{z_5}{z_{3'}}$$

即

$$\omega_3 = -\omega_5 \frac{z_5}{z_3'} = -\frac{78}{18}\omega_5 = -\frac{13}{3}\omega_5 \quad \text{(b)}$$

将式(b)代入式(a)得

$$\frac{\omega_1 - \omega_5}{-\frac{13}{3}\omega_5 - \omega_5} = -\frac{143}{28}$$

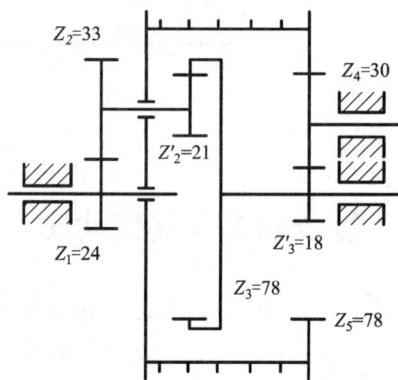

图 8.10 电动卷扬机运动简图

解得：$i_{15} = \dfrac{\omega_1}{\omega_5} = 28.24$

8.5 轮系的应用

轮系广泛应用于各种机械传动中，它的主要功用如下。

1. 实现变速传动

在主轴转速不变的条件下，利用轮系可以使从动轴获得若干个不同的转速，这种传动称为变速传动。在图 8.11 所示的三轴变速器中，三联齿轮 a 和 b 分别和轴Ⅰ、轴Ⅲ通过花键动连接，可以沿轴向滑移。因此，轴Ⅰ和轴Ⅱ之间齿轮的啮合有 1 - 2′，1′- 2″及 1″- 2‴三种可能；轴Ⅱ和轴Ⅲ之间齿轮的啮合也有 2‴- 3、2″- 3′及 2′- 3″三种可能。故轴Ⅰ和轴Ⅲ之间的传动比共可以得到 9 种不同的传动比。

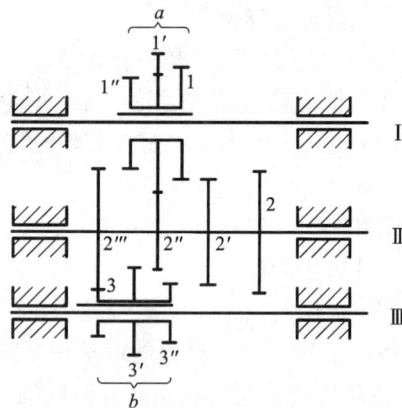

图 8.11 三轴变速器

2. 实现分路传动

利用轮系可以使一个主动轴带动若干从动轴同时转动，实现动力多路输出，带动多个附件同时工作。如图 8.12 所示的机械钟表轮系结

实现分路传动

构中，E 为擒从轮，在发条盘 N 的带动下，该轮系按预定的传动比分别驱动时针 H、分针 M 和秒针 S 转动。

3. 实现换向传动

在主动轴转向不变的条件下，利用轮系可改变从动轴的转向。图 8.13 所示的车床走刀丝杆的三星轮换向机构，通过改变手柄的位置，使齿轮 2 与输入轴上的齿轮 1 啮合 [图 8.13(a)] 或不啮合 [图 8.13(b)]，从而改变了输入轴齿轮 1 和丝杆轴齿轮 4 之间外啮合的次数，在输入轴转向不变的情况下，改变了丝杆轴 4 的转动方向。

换向传动

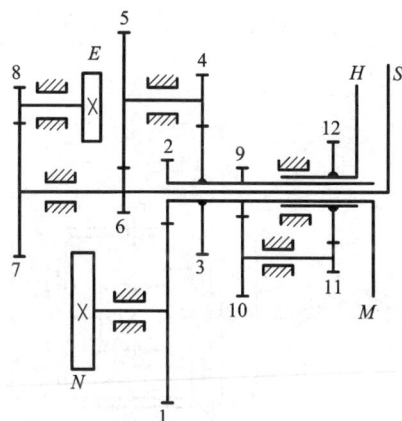

图 8.12 机械钟表轮系

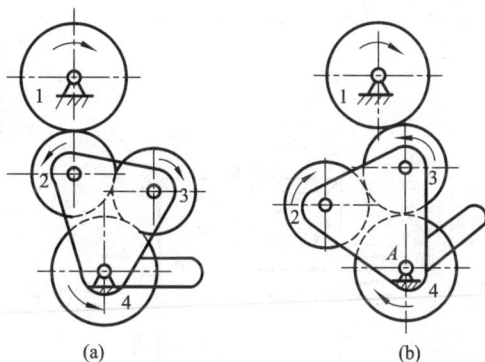

(a)   (b)

图 8.13 换向传动

实现大传动比传动

4. 实现大传动比传动

当两轴之间需要较大传动比时，仅用一对齿轮传动，必然会使两轮的尺寸相差过大，这时小齿轮容易损坏。利用轮系就可以避免这个缺陷。

利用周转轮系可以由很少几个齿轮获得较大的传动比，而且机构十分紧凑。如图 8.14 所示的行星轮系，只用了四个齿轮，其传动比可达 $i_{H1} = 10000$。

$$i_{1H} = 1 - i_{13}^H，而 \ i_{13}^H = \frac{z_2 z_3}{z_1 z_{2'}} = \frac{101 \times 99}{100 \times 100} = \frac{9999}{10000}$$

所以 $i_{1H} = \dfrac{1}{10000}$ 或 $i_{H1} = 10000$

不过，传动比越大，传动的机械效率越低，在增速时一般都具有自锁性，故这种轮系只适用于辅助装置的传动机构，不宜作大功率的传动。

5. 实现运动的合成及分解

对于差动轮系来说，它的三个基本构件都是运动的，必须给定其中两个基本构件的运动，第三个构件才有确定的运动，即第三个构件的运动是另两个构件运动的合成。或者将一个基本构件的运动按比例分解为另两个基本构件的运动。这就是说，差动轮系可实现运动的合成和分解。

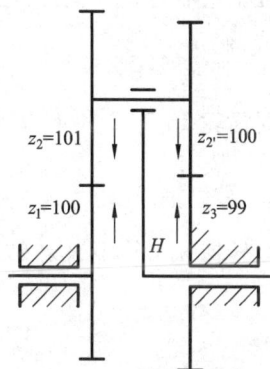

图 8.14 大传动比行星轮系

（1）运动的合成。最简单的用作合成运动的轮系如图 8.15 所示，其中 $z_1 = z_3$。由式（8−3）得

$$i_{13}^H = \frac{n_1 - n_H}{n_3 - n_H} = -\frac{z_3}{z_1} = -1$$

解得：$n_H = (n_1 + n_3)/2$

上式表明行星架 H 的转速是齿轮 1 和齿轮 3 转速的合成。该轮系可作和差运算，在机床、计算机和补偿调节等中有广泛的应用。

（2）运动的分解。

图 8.16 所示的汽车后桥差速器是差动轮系实现运动分解的实例。在不同的行驶状态时，可以将发动机通过传动轴传给齿轮 5 的运动，自动地按合适的比例分解为左右两车轮的转速，以减少轮胎与地面的滑动。

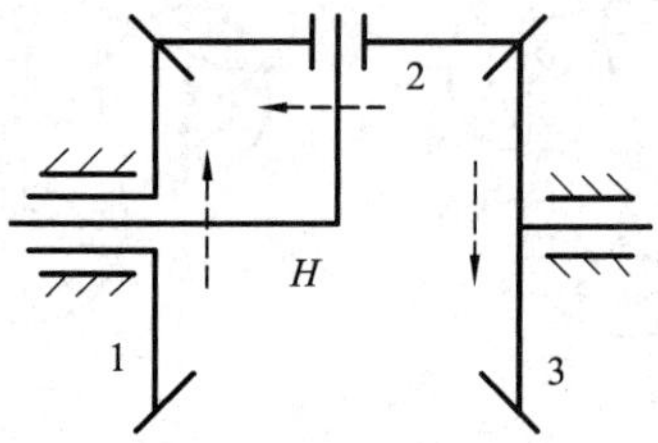

汽车后桥差速器

图 8.15　运动合成

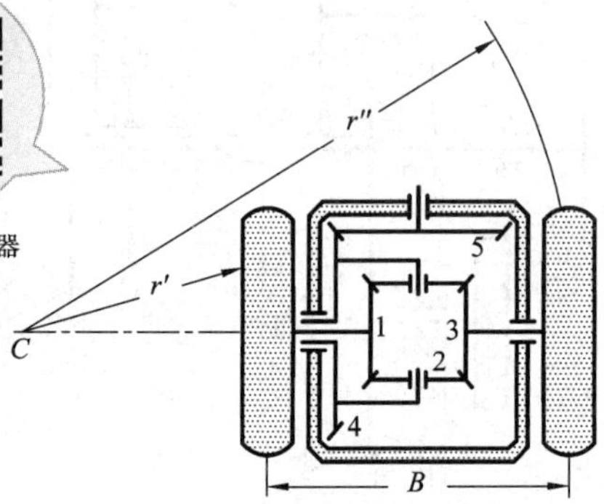

图 8.16　汽车后桥差速器

当汽车在平坦的路面直线行驶时，左右两车轮的转速相同，此时，仅有锥齿轮 5 和 4 发挥作用，齿轮 1，2，3 和 4 连接在一起称为一个整体，一起转动。

当汽车整车绕 C 点向左转弯时，左车轮的转弯半径为 r'，右车轮的转弯半径为 $r'' = r' + B$，要保证车轮不侧滑，左右两轮的转速应与转弯半径成正比，即

$$\frac{n_1}{n_3} = \frac{r'}{r' + B} \qquad\qquad （\text{a}）$$

而此时齿轮 1、2、3 和 4(H) 组成的差动轮系发挥作用，该差动轮系和图 8.15 所示的机构完全相同，故有

$$n_1 + n_3 = 2n_4 \qquad\qquad （\text{b}）$$

当转速 n_4、轮距 B 和转弯半径 r' 已知时，联立式（a）和式（b），即可求得左右两轮的转速。

8.6　减速器

减速器是用在原动机和工作机之间的一个独立的传动部件。它由封闭在刚性箱体内的齿轮或蜗杆传动组成。用来实现减速并相应地增大转矩的称为减速器，用来增速的称为增速器。

减速器具有结构紧凑、传动效率高、使用寿命长和结构简单等特点，所以应用广泛。其传递功率从 1 kW 到数万 kW，圆周速度最高可达 140 m/s，个别的在 200 m/s 以上。减速器的主要参数已标准化，并由专业工厂进行生产。一般情况下，可按工作条件和传动方案，根据所要求的传动比 i、输入轴转速 n 和功率 P（或转矩 T）等，选用标准减速器，必要时也可自行设计与制造。

减速器有通用减速器和专用减速器之分。专用减速器是适应某些机械设备的特殊要求而制作的，如轧钢机减速器、矿井提升减速器、水泥磨减速器等。这些减速器常常需要采用一些特殊结构，如飞轮、弹性支座、双层壁箱体等。本节只讨论通用减速器。

8.6.1　减速器的主要类型

减速器按传动原理可分为普通减速器和行星减速器两类。

纯属定轴轮系传动的减速器称为普通减速器；主要由行星轮系传动的减速器称为行星减速器。在没有特殊说明的情况下，减速器一般都是泛指普通减速器。

1. 普通减速器

普通减速器的形式有多种多样，其分类方法也各不相同。它主要有：

（1）按传动类型和齿轮的形式，可分为圆柱齿轮减速器、圆锥齿轮减速器、蜗杆减速器、圆锥齿轮－圆柱齿轮减速器和蜗杆－圆柱齿轮减速器。

（2）按传动的级数，可分为单级、二级、三级和多级减速器。

（3）按传动的布置形式，可分为卧式、立式、水平轴式和立轴式减速器。

（4）按功率的传递路线，可分为展开式、分流式和同轴式减速器。

尽管减速器有多种形式，但它们在结构上没有本质的差别，都是由齿轮、蜗杆和蜗轮、轴、轴承、箱体等基本零件配置而成，都需要考虑润滑、密封、调整等问题。有关减速器的具体结构与设计方面的知识，可参见有关文献。

2. 行星减速器

行星减速器的突出特点是传动效率高，传动比范围广，传递功率可从几瓦到几十万千瓦，当传递的功率相同时，比普通减速器的体积和质量要小得多。

行星减速器器的主要类型有渐开线（或圆弧）行星齿轮减速器、少齿差渐开线行星齿轮减速器、行星摆线针轮减速器和谐波齿轮减速器等。它们都具有传动比大、结构紧凑、相对体积小等特点。但总体来说，行星减速器结构比较复杂，对制造精度要求较高。

行星减速器的类型很多，选择时应考虑结构尺寸、传动比范围、传动的功率和效率等因素。一般来说，转化机构传动比为负的行星轮系总比传动比为正的行星轮系效率高，当传功率较大时，需要优先考虑其效率问题。

8.6.2　通用标准减速器

减速器是通用部件，除有特殊要求需专门设计以外，均可以从标准规定中选用。

1. 通用标准减速器系列

（1）ZDY，ZLY 和 ZSY 型外啮合渐开线圆柱齿轮减速器和 ZDH，ZLH 和 ZSH 型圆弧圆柱齿轮减速器。其中，H 专门表示圆弧齿轮，D 表示单级（一级），L 表示二级，S 表示三级，Y 表示硬齿面。两种齿轮减速器仅齿形不同，其他参数全部相同。这两种齿轮减速器常用于冶金、矿山、水泥、建筑、化工、轻纺等行业，其适用范围为：齿轮圆周速度 v 不大于 18 m/s，高速轴转速 n 不大于 1500 r/min，工作环境在 $-40 \sim 45℃$，可以正、反方向运转。

（2）NGW 型行星齿轮减速器。N 表示内啮合，G 表示共用齿轮，W 表示外啮合。这种减速器属 2K－H 行星机构，有单级、二级和三级 3 个系列，具有体积小、效率高、承载能力大等优点；主要应用于起重运输、冶金矿山等机械设备，适用范围除齿轮圆周速度 v 不大于 10 m/s 外，其余同上。

（3）普通圆柱蜗杆减速器。这种减速器蜗杆为阿基米德圆柱蜗杆，有蜗杆下置（WD）和蜗杆上置（WS）两种类型。适用于蜗杆啮合处相对滑动速度中不大于 7.5 m/s，蜗杆转速 n 不大于 1500 r/min，工作环境在 $-40 \sim 40℃$，可用于正、反方向运转。

（4）圆弧齿圆柱蜗杆减速器。这种减速器采用轴向截面为圆弧形的圆柱蜗杆，蜗轮齿形为与蜗杆相共轭的圆弧，与普通圆柱蜗杆减速器相比，有承载能力大、体积小、效率高、温升低等优点，蜗杆安装形式也有下置式、上置式和侧置式。其适用范围为输入轴转速不大于 1500 r/min，工作环境在 $-40 \sim 45℃$，高速轴可正、反方向运转。

（5）摆线针轮减速器。这种减速器应用摆线针轮啮合行星传动原理构成，传动比大、体积小、效率高、承载能力也大。它主要有四个系列：BW 型为双轴型卧式安装、BL 型为双轴型立式安装、BWY 型为异步电动机直联型卧式安装、BLY 型为异步电动机直联型立式安装，也有单级和二级减速。其适用范围为：高速轴转速不大于 1500 r/min，工作环境在 $-40 \sim 40℃$，对直联型在海拔 1000 m 以下为 $-10 \sim 40℃$，均可用于正、反方向运转。

标准减速器的代号通常由型号、低速级中心距、公称传动比、机型等组成，根据代号可以从标准减速器承载能力表中查出许用输入功率、外形及安装尺寸，或反过来根据计算功率来选择标准型号。

例如 ZLY112－9－Ⅱ型减速器，表示二级圆柱齿轮减速器，低速级中心距 $a = 112$ mm，公称传动比为 9，第Ⅱ种装配型式，圆柱形轴端。当高速轴转速 $n_1 = 1000$ r/min，工作类型为重型时，高速轴许用功率 $P = 20$ kW。

又如 NCD450－9－Ⅰ型减速器，表示 2K－H 型行星齿轮减速器，NGW 简写为 N，三级减速（C）底座联结（D），公称传动比 $i = 9$，第Ⅰ装配型式。当高速轴转速 $n_1 = 750$ r/min 时，高速轴许用输入功率 $P = 154.1$ kW。

2. 标准减速器的选用步骤

（1）根据工作条件和传动方案要求，确定选用减速器的类型，是采用圆柱齿轮还是蜗杆蜗轮，是用单级还是多级减速器等。

（2）根据所需要的传递功率 P（或转矩 T）和传动比 i 以及工作类型，选择具体型号、尺寸。

（3）确定拟用减速器机型（装配或布置形式）、轴端形式以及齿轮精度等。

（4）必要时应验算短时间作用下的尖峰载荷是否超过许用值以及传动比误差是否在容许范围之内，通常可用下式计算传动比误差 Δ_i：

$$\Delta_i = \left| \frac{i - i_{减}}{i} \right|$$

式中：$i_{减}$ 为选用减速器的传动比。i 为要求的传动比。

传动比误差的容许范围根据工作要求来定，其值为 $0.02 \sim 0.05$。

180

思考题及习题

8.1　何谓定轴轮系? 何谓周转轮系? 行星轮系与差动轮系有何区别?

8.2　在给定轮系主动轮的转向后, 可用什么方法来确定定轴轮系从动件的转向? 周转轮系中主、从动件的转向关系又用什么方法来确定?

8.3　如何划分复合轮系的定轴轮系部分和周转轮系部分? 在图 8.10 中, 齿轮 5 已作为周转轮系的系杆, 在计算周转轮系的传动比时, 是否应把齿轮 5 的齿数 z_5 计入?

8.4　在计算行星轮系的传动比时, 公式 $i_{aH} = 1 - i_{ab}^H$ 只有在什么情况下才是正确的?

8.5　应用式(8-3)时齿数比前的" $\pm$ "如何确定? i_{ab}^H 和 i_{ab} 的大小和方向是否相同?

8.6　试举出几个实际应用轮系的例子。

8.7　在图 8.17 所示轮系中, 已知: 蜗杆 1 为单头且右旋, 转速 $n_1 = 1440$ r/min, 转动方向如图示, 其余各轮齿数为: $z_2 = 40$, $z_2' = 20$, $z_3 = 30$, $z_3' = 18$, $z_4 = 54$, 试:

(1)说明轮系属于何种类型;

(2)计算齿轮 4 的转速 n_4;

(3)在图中标出齿轮 4 的转动方向。

8.8　如图 8.18 所示为一手摇提升装置, 其中各轮齿数均为已知, 试求传动比 i_{15}, 并指出当提升重物时手柄的转向。

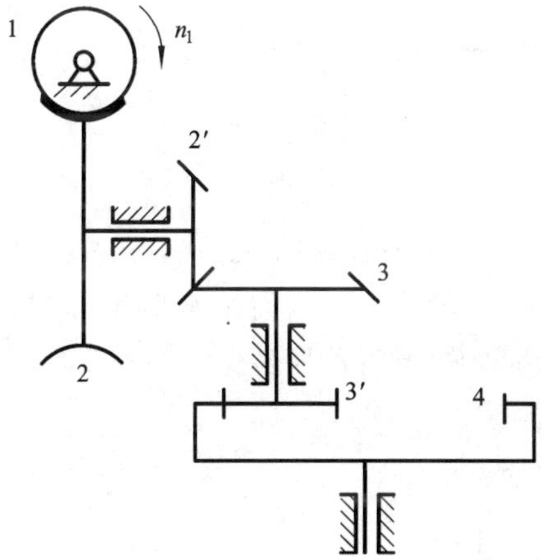

图 8.17 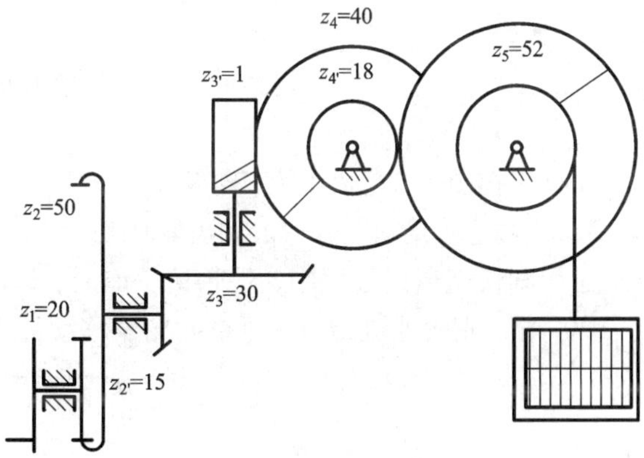　　　　图 8.18

8.9　在图 8.19 所示万能刀具磨床工作台横向微动进给装置中, 运动经手柄输入, 由丝杆传给工作台。已知丝杆螺距 $p = 50$ mm, 且单头。$z_1 = z_2 = 19$, $z_3 = 18$, $z_4 = 20$, 试计算手柄转一周时工作台的进给量 s。

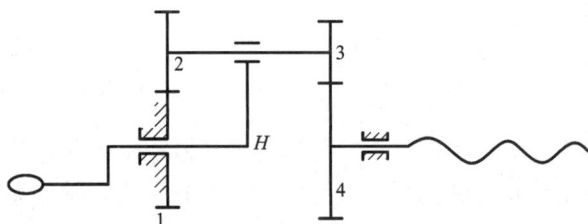

图 8.19

8.10 在图 8.20 所示行星搅拌机构简图中，已知 $z_1 = 40$，$z_2 = 40$，$\omega_H = 31\ \mathrm{rad/s}$，方向如图。试求：

(1) 机构自由度 F；

(2) 搅拌轴的角速度 ω_F 及转向。

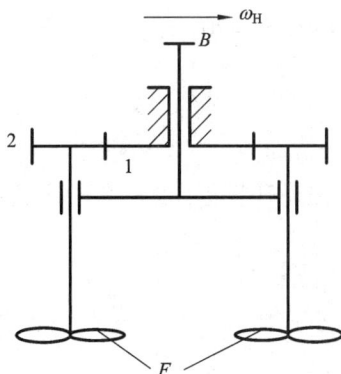

图 8.20

8.11 在图 8.21 所示磨床砂轮架微动进给机构中，$z_1 = z_2 = z_4 = 16$，$z_3 = 48$，丝杠导程 $s = 4\ \mathrm{mm}$，慢速进给时，齿轮 1 和齿轮 2 啮合；快速退回时，齿轮 1 与内齿轮 4 啮合，求慢速进给过程和快速退回过程中，手轮转一圈时，砂轮横向移动的距离各为多少？如手轮圆周刻度为 200 格，则慢速进给时，每格砂轮架移动量为多少？

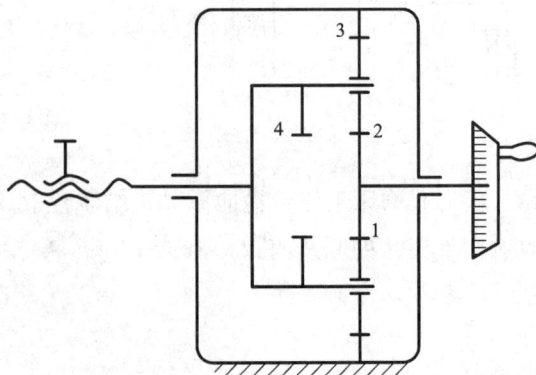

图 8.21

8.12　在图 8.22 所示的轮系中，已知 $z_1 = 24$，$z_2 = 18$，$z_3 = 15$，$z_3' = 30$，$z_4 = 105$，$n_1 = 19$ r/min 时，试求轴 II 和轮 2 的转速 n_{II} 和 n_2。

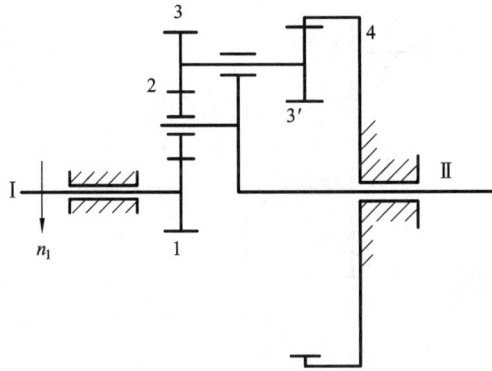

图 8.22

8.13　图 8.23 所示轮系中，$z_1 = 20$，$z_2 = 30$，$z_3 = z_4 = z_5 = 25$，$z_6 = 75$，$z_7 = 25$，$n_A = 100$ r/min，方向如图，求 n_B。

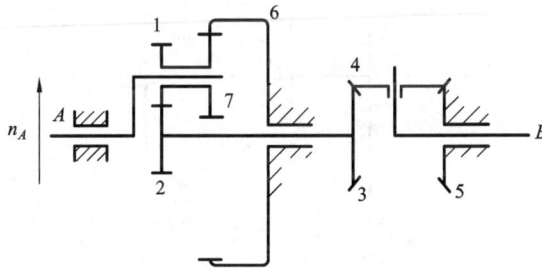

图 8.23

8.14　在图 8.24 所示轮系中，已知各轮齿数为 $z_1 = 22$，$z_3 = 88$，$z_4 = z_6$。试求传动比 i_{16}。

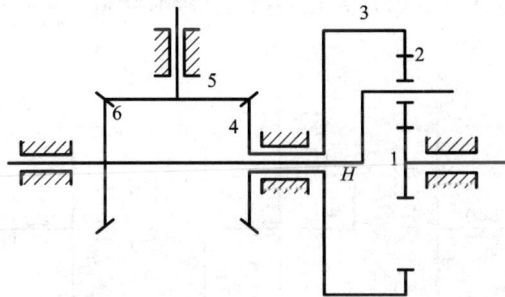

图 8.24

8.15 在图 8.25 所示轮系中，已知各轮齿数为 $z_1 = z_3' = 20$，$z_2 = 40$，$z_2' = 50$，$z_3 = z_4 = 30$，$n_A = 1000$ r/min，试求：轴 B 的转速 n_B 的大小，并指出其转向与 n_A 的转向是否相同。

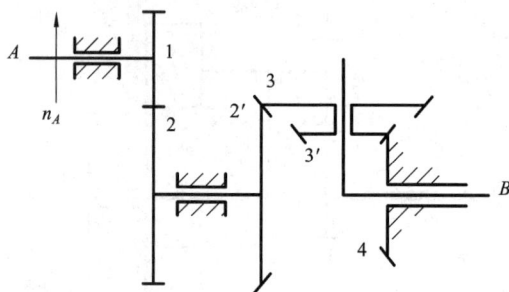

图 8.25

8.16 图 8.26 所示轮系中，已知 $z_1 = z_3 = z_4 = z_4' = 20$，$z_2 = 80$，$z_5 = 60$，$n_A = 1000$ r/min，求 n_B 的大小及方向。

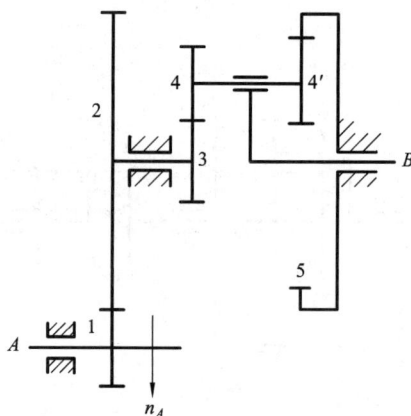

图 8.26

8.17 在图 8.27 示轮系中，已知各轮齿数为 $z_1 = z_4 = 60$，$z_2 = z_5 = 20$，$z_2' = z_5' = 30$，$z_3 = z_6 = 70$，试求传动比 i_{16}。

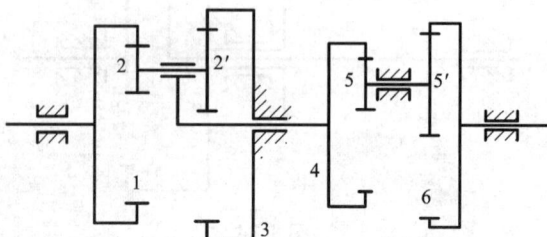

图 8.27

184

第9章 轴 承

【概述】 本章主要介绍滑动轴承与滚动轴承。要求:了解滑动轴承与滚动轴承的结构、材料、特点及应用;了解液体润滑滑动轴承;了解滚动轴承的类型选择及组合设计;掌握非全液体摩擦滑动轴承的设计计算;掌握滚动轴承的代号及寿命计算;熟悉形成液体动力润滑的必要条件;熟悉滚动轴承的失效形式、基本额定寿命、基本额定动载荷、当量动载荷等基本概念。

9.1 轴承的作用和类型

轴承的作用,一是为了支承轴及轴上零件,并保持轴的旋转精度;二是为减少转轴与支承之间的摩擦和磨损。

1. 轴承的分类

根据轴承中的摩擦性质不同,轴承可分为滑动轴承和滚动轴承两大类。滑动轴承中的摩擦为滑动摩擦,滚动轴承中的摩擦为滚动摩擦。根据轴承承受外载荷的方向不同,轴承可分为向心轴承和止推轴承,向心轴承主要承受径向载荷,止推轴承只能承受轴向载荷。

滑动轴承根据其滑动表面间摩擦状态的不同,可分为无润滑轴承(干摩擦状态)、非全液体润滑轴承(处于边界摩擦和混合摩擦状态)和全液体润滑轴承(处于液体摩擦状态)。根据液体润滑承载机理的不同,又可分为液体动力润滑滑动轴承和液体静压润滑滑动轴承。

2. 轴承的特点及应用

滚动轴承已经标准化,具有摩擦阻力小、起动灵敏、效率高、润滑简便、易于互换等优点,因此滚动轴承在一般机器中应用相当广泛。但滚动轴承抗冲击能力较差,高速时出现噪声,工作寿命也不及液体润滑滑动轴承,在高速、高精度、重载、结构上要求剖分等场合下,滑动轴承就显示出它的优异性能,因而在汽轮机、离心式压缩机、内燃机、大型电机中多采用滑动轴承。此外,在低速而带有冲击的机器中,如水泥搅拌机、滚筒清砂机、破碎机等也常采用滑动轴承。

9.2 滑动轴承

9.2.1 滑动轴承的结构型式和特点

1. 径向滑动轴承

1)整体式径向滑动轴承

典型的滑动轴承由轴承座和轴套组成。轴承座用螺栓与机座连接,顶部设有安装油杯的螺纹孔。当轴承座与机架的固定面和轴承孔的轴线平行时,则称为普通盘滑动轴承(图9.1);当轴承座与机架的固定面和轴承孔的轴线垂直时,常用法兰盘滑动轴承(图9.2)。

轴套(图9.3)压装在轴承座孔中,分为不带挡边和带挡边的两种结构。轴套上开有油孔,并在其内表面开油沟以输送润滑油。这种轴承结构简单、制造成本低,但当滑动表面磨损后无法修整,而且装拆轴的时候只能做轴向移动,有时很不方便。所以,整体式滑动轴承多用于低速、轻载和间歇工作的场合,例如手动机械、农业机械中。这类轴承座称为整体有衬正滑动轴承座(JB/T 2560—2007),标记为:HZ×××JB/T2560,其中H表示滑动轴承座,Z表示整体式,×××表示轴承内径(单位 mm)。标准规格为:HZ020~140。

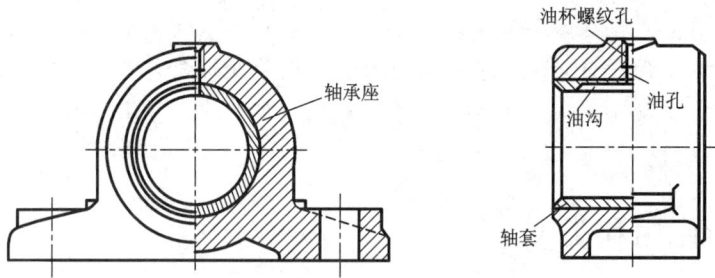

图9.1 整体式径向滑动轴承

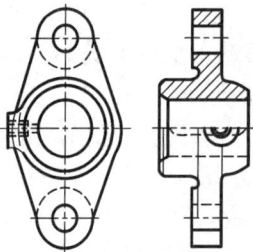

图9.2 法兰盘轴承座

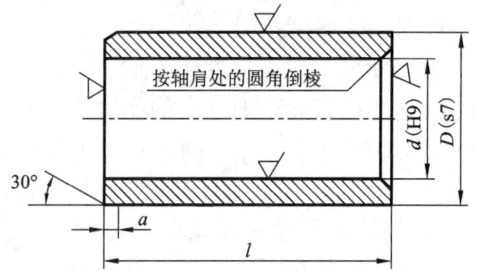

图9.3 整体式轴套

2)对开式滑动轴承

如图9.4所示,对开式滑动轴承由轴承盖、轴承座、对开轴瓦和螺栓连接组成。轴承的剖分面常为水平方向,当载荷方向有较大偏斜时,剖分面也可倾斜45°布置,使剖分面垂直于

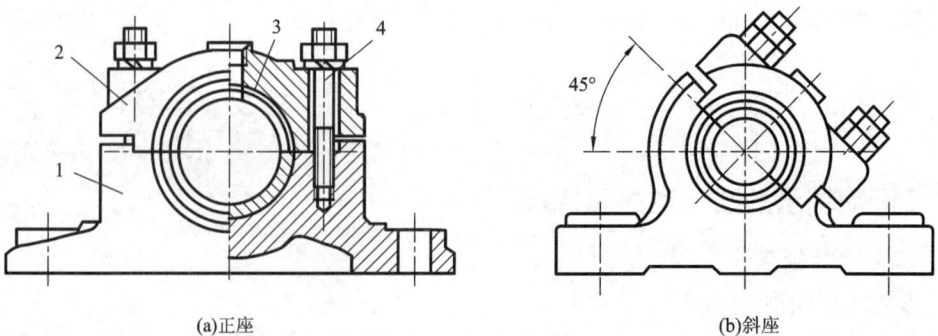

(a)正座　　　　　　　　　　　(b)斜座

图9.4 对开式径向滑动轴承

1—轴承座;2—轴承盖;3—轴瓦;4—螺栓连接

186

或接近垂直于载荷方向。对开式轴瓦(图 9.5)由上下两半组成。若载荷的方向向下,则上轴瓦为非承载区,下轴瓦为承载区。为了将润滑油从非承载区引入,在轴瓦顶部开设油孔,在轴瓦内表面以进油口为中心开设纵向油沟、斜向油沟或横向油沟(图 9.6),以便将润滑油均匀分布在整个轴颈上。

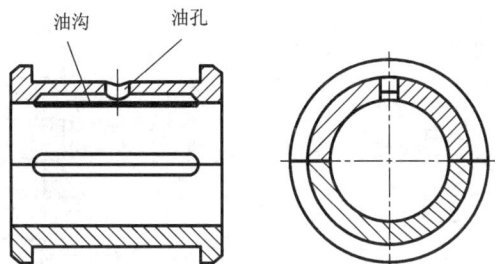

图 9.5　剖分式轴瓦

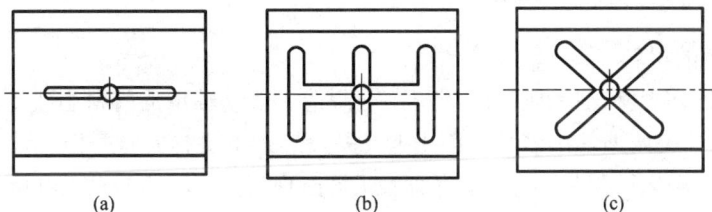

(a)　　　　　　　　　(b)　　　　　　　　　(c)

图 9.6　油孔和油沟

为了防止轴承盖和轴承座横向错动和便于装配时对中,轴承盖和轴承座的剖分面做成阶梯状。对开式滑动轴承在装拆轴时,轴颈不需要轴向移动,装拆方便。另外,适当增减轴瓦剖分面间的调整垫片,可以调节轴颈与轴承之间的间隙。对开式二螺柱正滑动轴承座见 JB/T 2561—2007。对开式四螺柱正滑动轴承座见 JB/T 2562—2007。对开式四螺柱斜滑动轴承座见 JB/T 2563—2007。标记为:H2 × × × JB2561(或 H4 × × JB2561),其中 H 表示滑动轴承座,2(4)表示螺栓数,× × × 表示轴承内径(单位 mm)。标准规格为 H2030 ~ H2160 (H4050 ~ H4220)。

另外,还可将轴瓦的瓦背制成凸球面,并将其支承面制成凹球面,从而组成自位轴承(自动调心),用于支承挠度大或多支点的长轴。

轴瓦宽度与轴颈直径之比 B/d 称为宽径比,它是径向滑动轴承中的重要参数之一。对于全液体润滑滑动轴承,常取 $B/d = 0.5 \sim 1.0$,对于非全液体摩擦的滑动轴承,常取 $B/d = 0.8 \sim 1.5$,有时可以更大些。

2. 止推滑动轴承

图 9.7 所示为一简单的止推滑动轴承结构,它由轴承座、套筒、径向轴瓦、止推轴瓦等组成。为了便于对中,止推轴瓦底部制成球面形式,并用销钉来防止它随轴颈转动,润滑油从底部进入,上部流出。

由于工作面上相对滑动速度不等,越靠近边缘处相对滑动速度越大,磨损越严重,会造成工作面上压强分布不均匀,相对滑动端面通常采用环状端面。当载荷较大时,可采用多环式轴颈，如图9.8所示，这种结构能够承受双向轴向载荷。

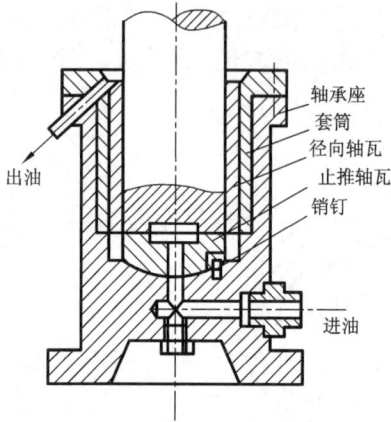

图9.7 止推滑动轴承

轴承座
套筒
径向轴瓦
止推轴瓦
销钉
出油
进油

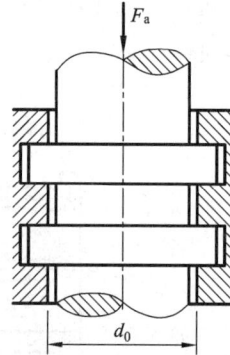

图9.8 多环式

F_a

d_0

9.2.2 滑动轴承的材料和润滑

1. 滑动轴承的材料

滑动轴承的轴承盖和轴承座一般用灰铸铁制造。滑动轴承的材料主要指轴瓦或轴承衬的材料。滑动轴承的失效通常由多种原因引起，失效形式主要有磨粒磨损、刮伤、胶合（也称为烧瓦）、腐蚀，由于工作条件不同，滑动轴承还可出现气蚀、流体侵蚀、电侵蚀和微动磨损等损伤。有时几种失效形式并存，相互影响。因此，轴瓦和轴承衬的材料需具有：良好的减摩性、耐磨性和抗胶合性；良好的摩擦顺应性、嵌入性和磨合性；足够的强度和抗腐蚀能力；良好的导热性、工艺性、经济性等。

常用的轴瓦和轴承衬的材料可以分为两大类，一是金属材料，二是非金属材料。

1）金属材料

使用最广泛的金属材料是青铜和轴承合金，其次是多孔质金属材料。

轴承合金又称白合金，主要是锡、铅、锑及其他金属的合金，其耐磨性好、塑性高、跑合性能好、导热性好、抗胶合性能好、与油的吸附性好，故适用于重载、高速及中速的情况下。轴承合金强度较小，价格较贵，使用时必须浇铸在青铜、钢带、铸钢或铸铁的轴瓦上，形成较薄的涂层(0.1~2 mm 厚)，这一层就称为轴承衬。

青铜主要是铜与锡、铅或铝的合金。铜与锡的合金称锡青铜，铜与铅的合金称铅青铜，铜与铝的合金称铝青铜。青铜比轴承合金硬、耐磨性好、机械强度较高、跑合性较差。适用于重载及中速的情况下，如电动机、离心泵、压缩机、金属切削机床、起重机、内燃机、轧机等机器的轴承。

此外还有灰铸铁或耐磨铸铁，它们适用于轻载及低速的情况下。但是采用时必须注意：轴颈的硬度要高于铸铁轴瓦的硬度。

多孔质金属材料是用铁粉和石墨粉或铜粉和石墨粉调匀后，直接压制成轴瓦，然后在高温下焙烧，即成为多孔性的陶瓷结构形状的金属。使用前先把轴瓦在加热的润滑油中浸渍数小时，使烧结微孔中充满润滑油，便成了含油轴承。工作时，由于轴颈转动的抽吸作用及轴瓦发热油的膨胀作用，油被挤入摩擦表面间进行润滑。在不运转时，部分油又吸入微孔中，

188

故在很长时间内，不必添加润滑油而能很好地工作。由于其韧性较小，只适用于平稳无冲击载荷及中小速度的情况下工作。多孔质铁常用来制作磨粉机轴套、机床油泵衬套、内燃机凸轮轴衬套等，多孔质青铜常用来制作电唱机、电风扇、纺织机械及汽车发电机的轴承。

2）非金属材料

常用来制作轴套(瓦)的非金属材料有酚醛树脂、尼龙、聚四氟乙烯、橡胶、硬木等。

塑料轴承衬有较大的抗压强度和耐磨性，摩擦系数小，抗腐蚀性好，例如聚四氟乙烯(PTEE)能抗强酸和弱碱；具有一定的自润滑性，可以在无润滑条件下工作，在高温条件下具有一定的润滑能力；具有包容异物的能力(嵌入性好)，不宜擦伤配合零件表面。因此使用日益广泛，但导热性差，故可以用水润滑，常用在辗轧机及水压机上。

橡胶轴承衬是用硬化橡胶制成的。橡胶轴套的内壁上带有纵向沟槽，便于润滑剂的流通、加强冷却效果并冲走脏物。由于橡胶弹性大，因而可以在轴有振动、倾斜时和有磨料性的灰尘或泥沙中工作，它也用水润滑，常用在离心泵、水轮机上。

木材具有多孔质结构，可用填充剂来改善其性能。填充聚合物能提高木材的尺寸稳定性和减少吸湿量，并能提高强度。采用木材(以溶于润滑油的聚乙烯作填充剂)制成的轴承，可在灰尘极多的条件下工作，例如用作建筑、农业中使用的带式输送机支撑滚子的滑动轴承。

表9.1 常用轴瓦及轴承衬材料的性能

材料名称	材料牌号	[p]/MPa		[pv]/(MPa·m·s⁻¹)	[v]/(m·s⁻¹)	材料硬度	最高工作温度/℃	轴颈硬度
5－5－5 锡青铜	ZCuSn5Pb5Zn5	8		15	3	60~65HBS	250	45HRC
10－1 锡青铜	ZCuSn10P1	15		15	10	80~90HBS	250	45HRC
10－3 铝青铜	ZCuAl10Fe3	15		12	4		300	45HRC
10－3－2 铝青铜	ZCuAl10Fe3Mn2	20		15	5	110~140HBS	280	
锡锑轴承合金	ZSnSb11Cu6	平稳	25	20	80	27HBS	110	150HBS
		冲击	20	16	60			
铅锑轴承合金	ZPbSb16Sn16Cu2	15		10	12	29HBS(100℃)	120	150HBS
酚醛塑料		39~41		0.18~0.5	12~13		120	
聚四氟乙烯(PTFE)		3.5		0.04(0.05 m/s) 0.06(0.5 m/s) <0.09(5 m/s)	0.25~1.3		250	

2. 润滑剂和润滑装置

润滑的目的主要是减少摩擦，降低磨损，提高轴承效率，同时还有散热冷却、缓冲吸振、密封和防锈的作用。

1）润滑剂及其选择

润滑剂分为润滑油、润滑脂和固体润滑剂三类。

润滑油是滑动轴承中应用最广的润滑剂，目前使用的润滑油多为矿物油。润滑油最重要的性能指标是黏度，它也是选择润滑油的主要依据。黏度标志着液体流动的内摩擦性能。黏度越大，内摩擦阻力越大，液体的流动性越差。黏度的大小可用动力黏度（又称绝对黏度）或运动黏度来表示。

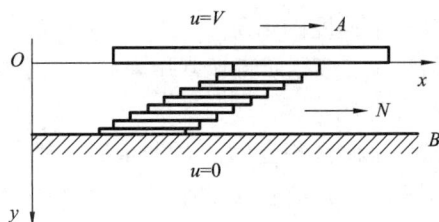

图9.9　动力黏度的含义

牛顿的黏性流体摩擦定律指明，流体分层流动，每层之间存在流体剪应力，剪应力的大小与该处流体的速度梯度成正比，比例系数就是流体的动力黏度。以 η 表示，其单位是 N·s/m^2，或 Pa·s（帕秒）。

运动黏度 ν 为动力黏度 η 与同温度下该润滑油的密度 ρ 的比值，其单位为 m^2/s，该单位偏大，工程上多用 mm^2/s，即 cSt（厘斯）。

工业上多用运动黏度标定润滑油的黏度。根据国家标准，润滑油牌号一般按40℃时的运动黏度平均值来划分。低速、重载、工作温度高时，应选择黏度较高的润滑油；反之，可选用黏度较低的润滑油。具体选择时，可按轴承压强、滑动速度、工作温度按表9.2选取。

表9.2　滑动轴承润滑油的选择

轴颈圆周速度 v/(m·s^{-1})	轻载($p<3$ MPa)		中载($p=3\sim7.5$ MPa)		重载($p>7.5$ MPa)	
	运动黏度 /(10^{-6} mm^2·s^{-1})	润滑油牌号	运动黏度 /(10^{-6} mm^2·s^{-1})	润滑油牌号	运动黏度 /(10^{-6} mm^2·s^{-1})	润滑油牌号
<0.1	80~150	L-AN68、100、150	140~220	L-AN150、220	47~1000	L-AN460、680、1000
0.1~0.3	65~120	L-AN68、100	120~170	L-AN100、150	250~600	L-AN220、320、460
0.3~1	45~75	L-AN46、68	100~125	L-AN100	90~350	L-AN100、150、220、320
1.0~2.5	40~75	L-AN32、46、68	65~90	L-AN68、100		
2.5~5.0	40~55	L-AN32、46				
5.0~9.0	15~50	L-AN15、22、32、46				
>9.0	5~23	L-AN7、10、15、22				

润滑脂是在润滑油中添加稠化剂（如钙、钠、铝、锂等金属皂）后形成的胶状润滑剂。根据金属皂不同分别称为钙基、钠基、锂基、铝基润滑脂。通常用针入度（稠度）、滴点及耐水性来衡量润滑脂的特性。因为它稠度大，不易流失，所以承载能力较大，但它的物理、化学性质不如润滑油稳定，摩擦功耗也大，故不宜在温度变化大或高速条件下使用（一般在轴承相对滑动速度低于 1~2 m/s 时或不便注油的场合使用）。

目前使用最多的是钙基润滑脂，它有耐水性，常用于60℃以下的各种机械设备中的轴承润滑。钠基润滑脂可用于 115~145℃ 以下，但抗水性较差。锂基润滑脂性能优良，抗水性好，在 -20~150℃ 范围内广泛使用，可以代替钙基、钠基润滑脂。滑动轴承润滑脂的选择见表9.3。

表9.3　滑动轴承润滑脂的选择

轴承压强 p/MPa	轴颈圆周速度 v/(m·s^{-1})	最高工作温度/℃	润滑脂牌号
≤1.0	≤1.0	75	钙基脂 ZG – 3
1.0~6.5	0.5~5.0	55	钙基脂 ZG – 2
≥6.5	≤0.5	75	钙基脂 ZG – 1
≤6.5	0.5~5.0	120	钠基脂 ZN – 2
1.0~6.5	≤0.5	110	钙钠基脂 ZGN – 1
1.0~6.5	≤1.0	50~100	锂基脂 ZL – 2
>5.0	≤0.5	60	压延基脂 ZJ – 2

常用的固体润滑剂有石墨和二硫化钼。在滑动轴承中主要以粉剂加入润滑油或润滑脂中，用于提高其润滑性能，减少摩擦损失，提高轴承使用寿命。尤其高温、重载下工作的轴承，采用添加二硫化钼的润滑剂，能获得良好的润滑效果。

2)润滑方法和润滑装置

润滑方法有分散润滑和集中润滑。根据供油的方式不同润滑油的润滑方法有间歇供油和连续供油两种。间歇供油有手工油壶注油和油杯注油供油。这种方法只适用于低速不重要的轴承或间歇工作的轴承。对于重要的轴承必须采用连续供油润滑，连续供油方法及装置主要有以下几种：

①针阀滴油杯滴油润滑。

如图9.10所示，润滑油经过针阀流到轴颈和轴套(瓦)的接合面，靠手柄的卧倒或竖立来控制针阀的启闭，通过调节螺母调节针阀的开口大小来调节供油量。它使用可靠，可以观察油的供给情况，但要保持均匀供油，必须经常观察和调节。

②芯捻(纱线)油杯滴油润滑。

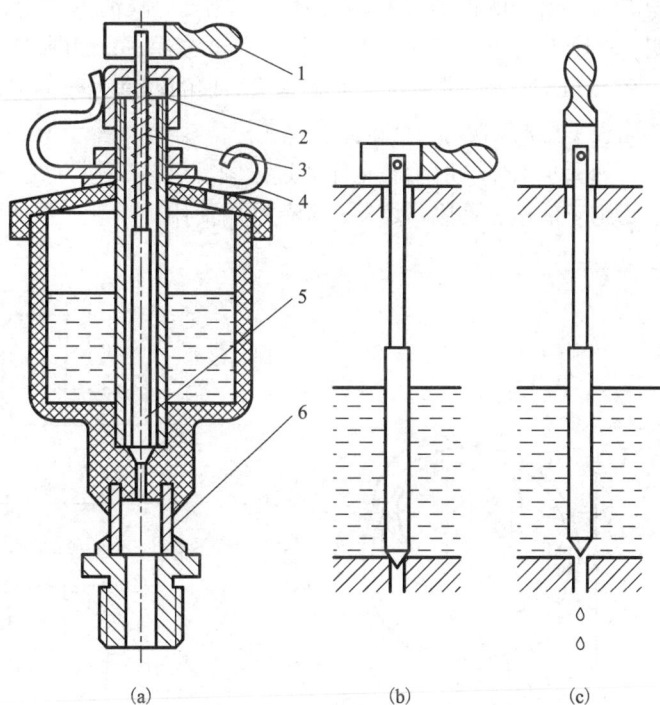

图9.10　针阀滴油油杯

1—手柄；2—调节螺母；3—弹簧；
4—油孔遮盖；5—针阀杆；6—观察孔

图9.11所示的芯捻或纱线油杯装在滑动轴承座的注油孔上，其中有一管子内装有用毛线或棉线做成的芯捻(油绳)，芯捻的一端浸在杯中的油内，另一端在管子内和轴颈不接触。

利用毛细管作用，把油吸到轴颈和轴套(瓦)的接合面上。这种装置能使润滑油连续而又均匀供应，但是不易调节供油量，在机器停车时仍供应润滑油，不适用于高速轴承。

③飞溅润滑和油环润滑。

飞溅润滑通常直接利用转动零件将油池中的润滑油带起溅到轴承或箱体壁上，然后经油沟导入轴承工作面进行润滑。当转动零件的回转半径较小，不足以浸入油中时，可采用甩油环。主要用于减速器、内燃机等机械中轴承的润滑。

甩油环根据安装特点分为松环和固定环两种，如图9.12所示。松环是指油环松套在轴上，如图9.12(a)所示。靠摩擦力随轴转动，将附着在油环上的油溅到箱体壁上，然后经油沟导入轴承和直接甩到轴承工作面上进行润滑。当轴承转速较低时，环和轴同步运动；转速增加，由于在环和轴的接触部位有油润滑，摩擦力降低，油环会出现滞后。松环的供油量与环的质量、宽度、浸油深度以及润滑油的黏度有关。大量实验证明，松环的供油量对轴承的润滑是完全够用的。如果在油环的内表面上开出窄的沟槽，如图9.12(c)所示，供油量会明显增大，轴的温度也会明显降低。松环适用于 $v \leqslant 20$ m/s，运转比较平稳的轴承。

如图9.12(b)所示，油环通过紧固螺钉或其他方式固定在轴上，称为固定环。这种结构主要用于低速，通常 $v \leqslant 13$ m/s 范围内使用。

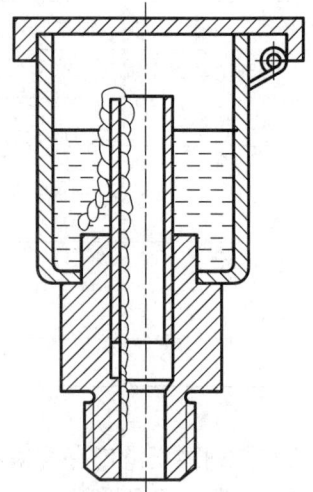

图9.11 芯捻油杯

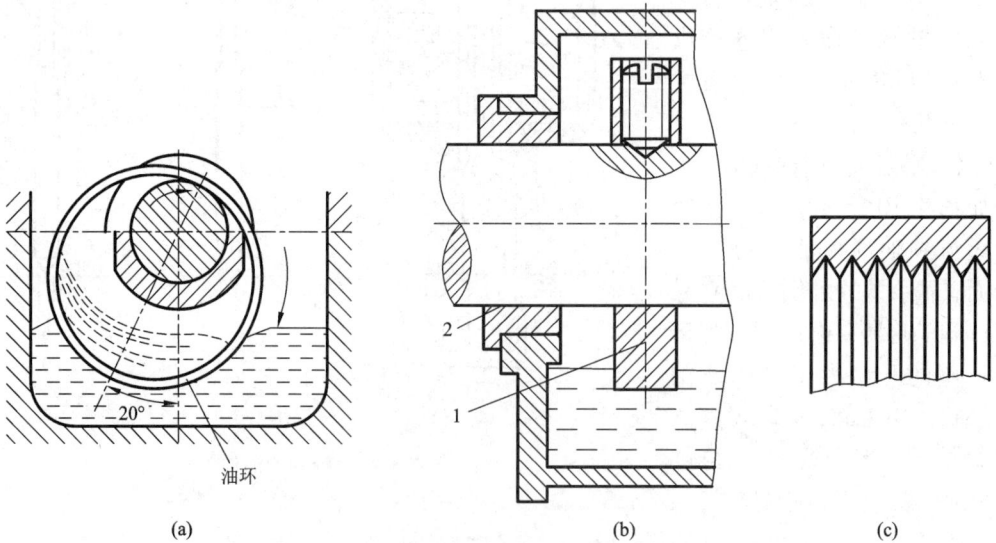

油环

(a)   (b)   (c)

图9.12 飞溅和油环润滑

1—甩油环；2—轴承

192

4)压力循环润滑

如图 9.13 所示,压力循环润滑是一种强制润滑方法。润滑油泵将高压力润滑油经油路导入轴承,润滑油经轴承两端流回油池,构成一个循环润滑。这种润滑方法供油量充足,润滑可靠,并有冷却和冲洗轴承的作用。但结构复杂、费用较高。常用于重载、高速和载荷变化较大的轴承当中。

润滑脂只能间歇供给。常用的装置有旋盖油杯[图 9.14(a)]和压注油嘴[图 9.14(b)]。旋盖油杯靠旋紧杯盖将杯内润滑脂压入轴承工作面。压注油嘴靠油枪顶开钢球压注润滑脂至轴承工作面。

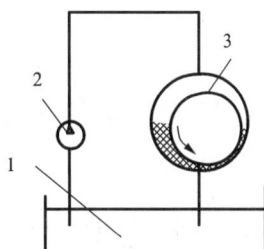

图 9.13 压力循环润
1—油箱;2—油泵;3—轴承

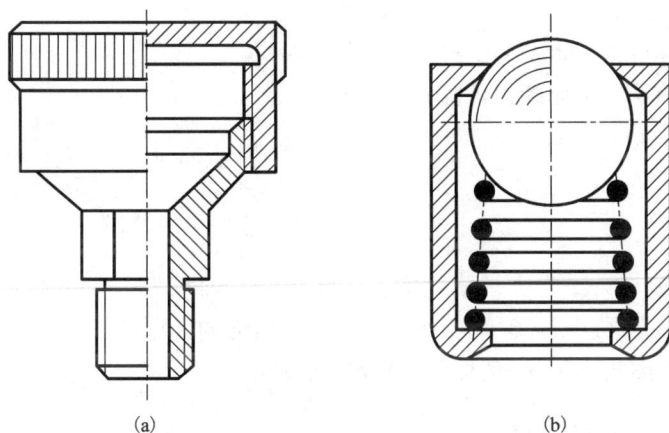

(a)   (b)

图 9.14 脂润滑装置

9.2.3 非全液体润滑滑动轴承的计算

非全液体润滑滑动轴承的主要失效形式为工作表面的磨损和胶合,所以其设计计算准则是维持边界油膜不破裂。由于影响非全液体润滑滑动轴承承载能力的因素十分复杂,所以目前所采用的计算方法是条件性地计算工作面上的压强 p、压强和速度的乘积 pv 和轴颈速度 v,均要求不大于许用值。

1. 向心滑动轴承的工作能力计算

已经轴颈直径 d,转速 n,轴承承受的径向载荷 F_R,一般取宽径比 $B/d = 0.5 \sim 1.5$ 确定 B。

1)校核压强 p

对于低速或间歇工作的轴承,为了防止润滑油从工作表面挤出,保证良好的润滑而不致过渡磨损,压强 p 应满足下列条件:

$$p = \frac{F_R}{dB} \leqslant [p] \qquad (9-1)$$

式中:F_R 为轴承径向载荷,N;$[p]$ 为许用压强,MPa,见表 9.1;d 为轴颈的直径,mm;B 为轴套(瓦)的宽度,mm。

2)校核压强速度值 pv

压强和速度的乘积 pv 间接反映轴承的温升,对于载荷较大和速度较高的轴承,为了保证轴承工作时不致过渡发热产生胶合失效,pv 值应满足下列条件:

$$pv = \frac{F_R}{dB} \cdot \frac{\pi dn}{60 \times 1000} = \frac{F_R n}{19100 B} \leqslant [pv] \qquad (9-2)$$

式中: n 为轴的转速,r/min;$[pv]$ 为 pv 的许用值,见表9.1。

3)校核速度 v

对于压强 p 小的轴承,即使 p 和 pv 值验算合格,由于滑动速度过高,也会产生加速磨损而使轴承报废。因此,还要作速度的验算,其条件式为

$$v = \frac{\pi dn}{60000} \leqslant [v] \qquad (9-3)$$

式中: $[v]$ 为许用速度值,m/s,见表9.1。

2. 推力滑动轴承的工作能力计算

1)校核压强 p

$$p = \frac{F}{z \frac{\pi}{4}(d_2^2 - d_1^2)K} \leqslant [p] \qquad (9-4)$$

式中: F 为轴向载荷,N;z 为支承面的数目,单环推力轴承为1;d_1 和 d_2 为轴环的内外径(图9.15),mm,一般取 $d_1 = (0.4 \sim 0.6)d_2$;$[p]$ 为压强的许用值,MPa,见表9.1;K 为考虑油槽使支撑面积减小的系数,一般取 $K = 0.90 \sim 0.95$。

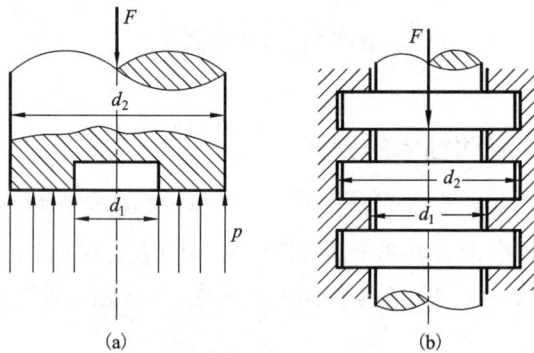

图9.15 推力滑动轴承简图

2)校核 pv_m

$$pv_m \leqslant [pv] \qquad (9-5)$$

式中: v_m 为轴环的平均速度,m/s;$v_m = \frac{\pi d_m n}{60000}$,$d_m = \frac{1}{2}(d_1 + d_2)$ 为轴环平均直径,mm;$[pv]$ 为许用值,MPa·m/s,见表9.1。

3. 计算示例

例9-1 用于离心泵的向心滑动轴承,轴颈 $d = 60$ mm,转速 $n = 1500$ r/min,承受的径向载荷 $F_R = 2500$ N,轴承材料为ZCuSn5Zn5Pb5。根据非液体摩擦滑动轴承计算方法校核该

轴承是否可用? 如不可用,应如何改进?

解: 查表 9.1 得到 ZCuSn5Zn5Pb5 的许用值: $[p] = 8$ MPa, $[v] = 3$ m/s, $[pv] = 15$ MPa·m/s

取 $B/d = 1$, 则 $B = 60$ mm, 得

$$v = \frac{\pi dn}{60000} = \frac{\pi \times 60 \times 1500}{60000} = 4.71 \text{ (m/s)}$$

$$p = \frac{F_R}{dB} = \frac{2500}{60 \times 60} = 0.694 \text{ (MPa)}$$

$$pv = 0.694 \times 4.71 = 3.27 \text{ (MPa·m/s)}$$

由以上计算可知: $v > [v]$,该种材料的轴承不满足性能要求。改选轴套材料,在铜合金轴瓦上浇铸轴承合金 ZPbSb16Sn16Cu2,查表 9.1 得: $[p] = 15$ MPa, $[v] = 12$ m/s, $[pv] = 10$ MPa·m/s。其他参数不变,可满足使用要求。

9.2.4　全液体润滑滑动轴承简介

根据摩擦面间油膜形成的原理,可把全液体润滑分为液体动力润滑(利用摩擦面间的相对运动形成承载油膜的润滑)和液体静压润滑(从外部将加压的油送入摩擦面间,强迫形成承载油膜的润滑)。

1. 液体动力润滑轴承

两个作相对运动物体的摩擦表面,用借助于相对速度而产生的油膜将两摩擦表面完全隔开,由油膜产生的压力来平衡外载荷,称为液体动力润滑。液体动力润滑摩擦力小,磨损小,并可以缓和冲击,减轻振动。

向心滑动轴承形成液体动力润滑的过程可以通过图 9.16 来描述。首先,轴颈与轴承孔间有间隙,如图 9.16(a)所示,当轴颈静止时,轴颈处于轴承孔的最低位置,并与轴瓦接触。此时,两表面间自然形成一收敛的楔形间隙,当轴颈开始转动,速度较低时,带入轴承间隙中的油量较少,这时轴瓦对轴颈摩擦力方向与轴颈表面圆周速度方向相反,迫使轴颈在摩擦力作用下沿孔壁向右爬升[图 9.16(b)]随着转速的增大,轴颈表面的圆周速度增大,带入楔形空间的油量也逐渐加多。这时右侧楔形油膜产生了一定的动压力,将轴颈向左浮起。当轴颈达到稳定运转时,轴颈便稳定在一定的偏心位置上[图 9.16(c)]。这时,轴承处于液体动力润滑状态,油膜产生的动压力与外载荷 F 相平衡。此时,由于轴承内的摩擦阻力仅为液体的内阻力,故摩擦系数很小。

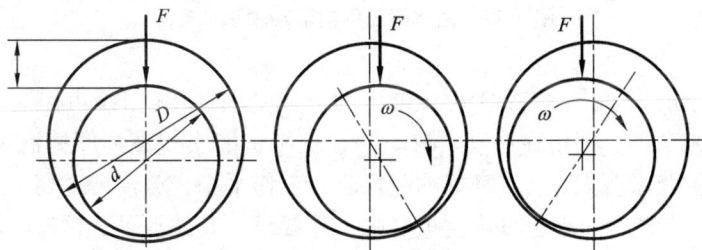

图 9.16　液体动力润滑滑动轴承形成动压的过程

综上所述，形成液体动力润滑(即形成动压油膜)的必要条件是：

(1)相对滑动的两表面间必须形成收敛的楔形间隙；

(2)被油膜分开的两表面必须有足够的相对滑动速度，其运动方向必须使润滑油由大口流进，从小口流出；

(3)润滑油必须有一定的黏度，且供油要充分。

2. 液体静压滑动轴承

液体静压轴承是利用外部供油装置将高压油送到轴承间隙里，强制形成静压承载油膜，从而将轴颈与轴承表面完全隔开，实现液体静压润滑，并靠液体的静压来平衡外载荷。

液体静压径向轴承的工作原理如图 9.17 所示。压力为 p_s 的高压油经节流器分别进入四个油腔。当轴承未受径向载荷时，四个油腔内油压相等，轴颈中心与轴承孔中心重合。当轴承受径向载荷 F_r 时，轴颈将下沉，使得各油腔附近的间隙发生变化。下部油腔处的间隙减小，因而流经节流器的油流量也减小，由于节流器的作用，油腔 3 内的油压将增大为 p_3，同时上油腔由于流量增大，在节流器的作用下，油压将减小为 p_1。从而在上、下油腔间形成一压力差($p_3 - p_1$)，产生一向上的合力与加在轴颈上的径向载荷 F_r 相平衡。液体静压原理也可用于止推滑动轴承。

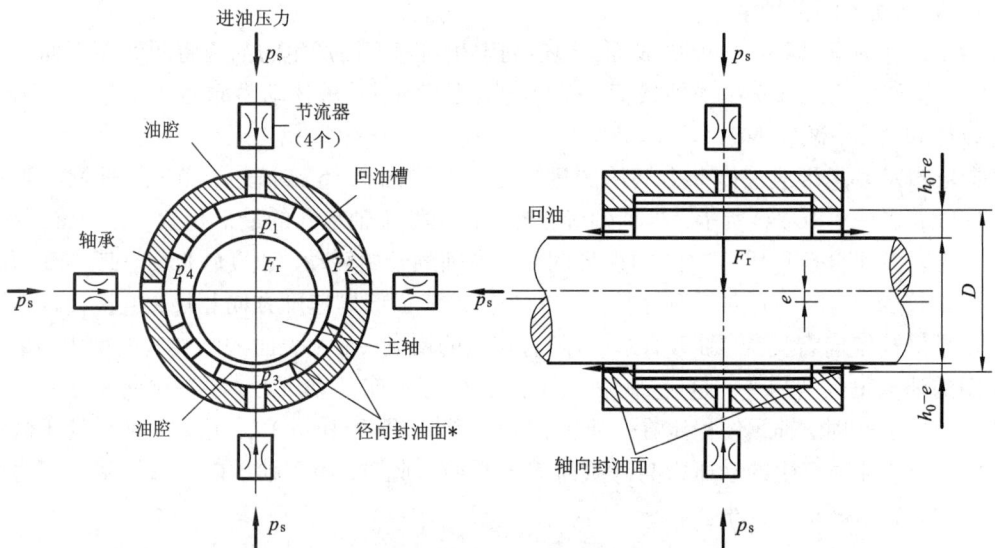

图 9.17　液体静压径向滑动轴承示意图

液体静压轴承的主要优点是：①静压油膜的形成受轴颈转速的影响很小，因而可在极广的转速范围内正常工作。即使在启动、制动的过程中也能实现液体摩擦润滑，轴承磨损小，使用寿命长。②油膜刚度大，具有良好的吸振性，工作平稳，旋转精度高。③承载能力可通过供油压力调节，在低转速下也可满足重载的工作要求。其缺点是必须有一套较复杂的供油系统，因而成本高，管理、维护也较麻烦。液体静压轴承适用于回转精度要求高、低速重载的场合，还可用来配合液体动压轴承的启动，在各种机床、轧钢机及天文望远镜中都有广泛的应用。

196

9.3　滚动轴承

9.3.1　滚动轴承的结构、类型和特点

1. 结构

　　滚动轴承一般由内圈、外圈、滚动体和保持架组成(图 9.18)。内圈通常装配在轴上,并与轴一起旋转,外圈通常安装在轴承座孔内或机械部件壳体中起支承作用,但在某些应用场合也有外圈旋转,内圈固定或者内、外圈都旋转的。滚动体是实现滚动摩擦的滚动元件,在内圈和外圈的滚道之间滚动,常见的滚动体形状如图 9.19 所示,滚动体的大小和数量直接影响轴承的承载能力。保持架的作用是将轴承中的滚动体等距隔开,引导滚动体在正确的轨道上运动,改善轴承内部载荷分配和润滑性能。为了减小轴承的径向尺寸,有的轴承可以无内圈或无外圈,这时的轴颈或轴承座要起到内圈或外圈的作用,为了适应某些使用要求,有的轴承还可以加带防尘盖或密封圈等元件。

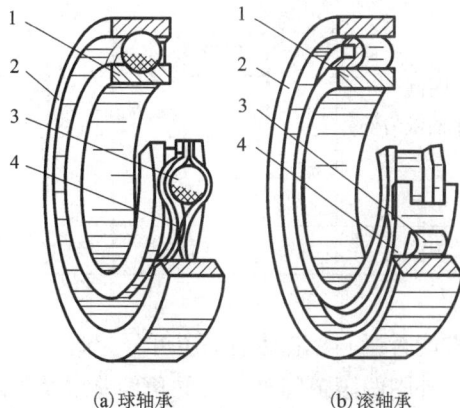

图 9.18　滚动轴承的基本结构
1—内圈;2—外圈;3—滚动体;4—保持架

　　滚动轴承内、外圈与滚动体均采用硬度高、抗疲劳性强、耐磨性好的高碳铬轴承钢制造,如 GCr15、GCr15SiMn 等,热处理后硬度应达到 60 ~ 65HRC。保持架多用低碳钢板冲压而成,也可用有色金属(如黄铜)、塑料等材料制作。

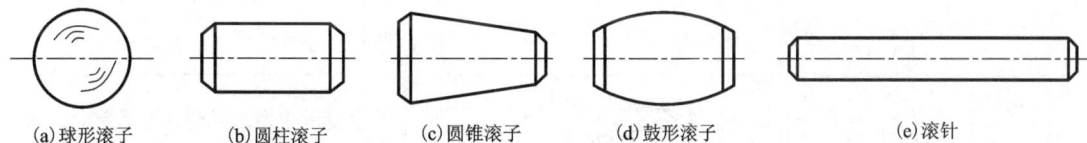

图 9.19　常用的滚动体

2. 类型

　　按照滚动体的形状,可分为球轴承和滚子轴承两大类。球轴承的滚动体与内、外圈是点接触,运转时摩擦损耗小,但承载能力和抗冲击能力差;滚子轴承为线接触,承载能力和抗冲击能力大,但运转时摩擦损耗大。

　　滚动轴承公称接触角 α 是指轴承的径向平面(垂直于轴线)与滚动体和外圈滚道接触中点的公法线之间的夹角,α 越大滚动轴承承受轴向载荷的能力越大。按滚动轴承承受的载荷方向或公称接触角 α 的不同,滚动轴承可分为向心轴承和推力轴承,见表 9.4。向心轴承又可分为径向接触轴承和角接触向心轴承;推力轴承又可分为角接触推力轴承和轴向接触

197

轴承。

表9.4 各类轴承的公差接触角

轴承种类	向心轴承		推力轴承	
	径向接触轴承	角接触向心轴承	角接触推力轴承	轴向接触轴承
公称接触角 α	$\alpha = 0°$	$0° < \alpha \le 45°$	$45° < \alpha < 90°$	$\alpha = 90°$
图例（以球轴承为例）	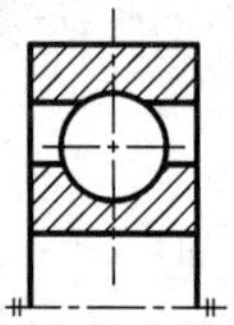	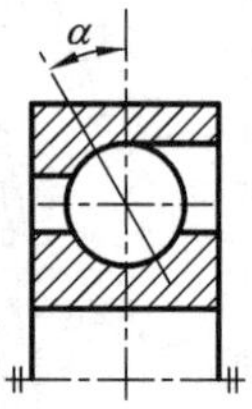	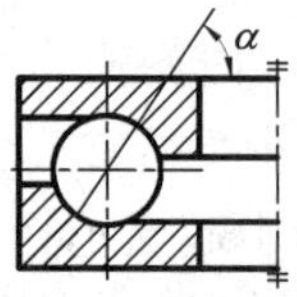	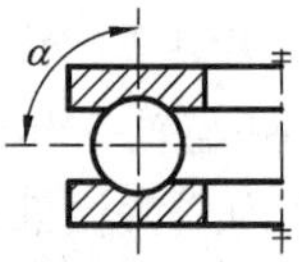
承载能力	只能承受径向载荷	径向(主要)+轴向	轴向(主要)+径向	只能承受轴向载荷

按能否调心，滚动轴承还可分为调心轴承和非调心轴承。调心轴承滚道是球面形的，能适应内外圈两滚道间轴心线的角偏差以及角运动。

综合多种分类方法，GB/T 271—2008 规定了滚动轴承的类型名称和代号，常用的滚动轴承的类型名称和代号其特性见表9.5。

表9.5 滚动轴承的主要类型和特点

轴承类型	类型代号	结构简图和承载方向	特性
双列角接触球轴承	0	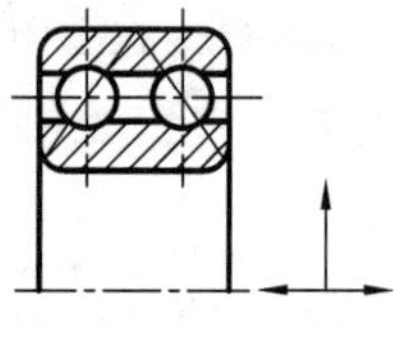	同时能承受径向负荷和双向的轴向负荷，比角接触球轴承具有较大的承载能力，与双联角接触球轴承相比，在同样负荷作用下其能使轴在轴向更紧密地固定
调心球轴承	1	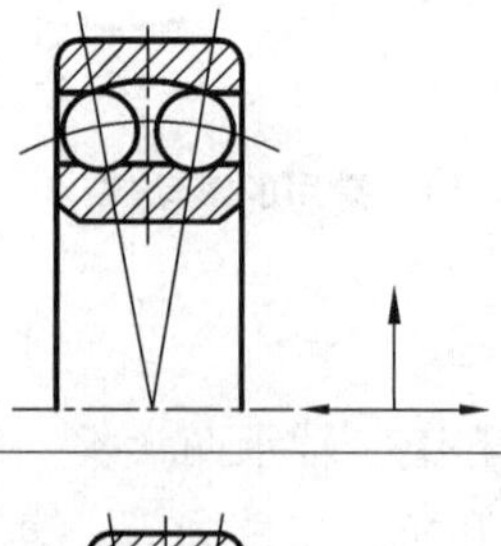	主要承受径向载荷，能承受少量的轴向载荷，不宜承受纯轴向载荷，极限转速高，外圈滚道为内球面形具有自动调心的性能，可以补偿轴的两支点不同心产生的角度偏差
调心滚子轴承	2	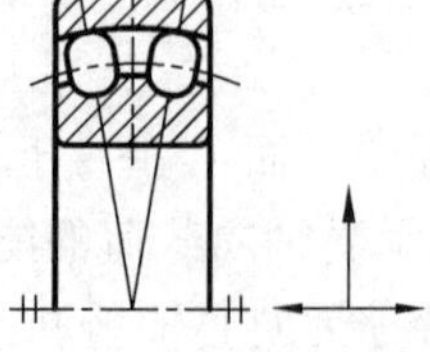	主要用于承受径向载荷，同时也能承受一定的轴向载荷，特别适用于重载或振动载荷下工作，但不能承受纯轴向载荷，调心性能良好，能补偿同轴度误差

198

轴承类型	类型代号	结构简图和承载方向	特性
推力调心滚子轴承	2	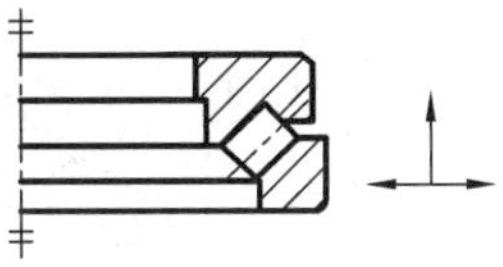	用于承受轴向载荷为主的轴、径向联合载荷，但径向载荷不得超过轴向载荷的 55%，并具有调心性，与其他推力滚子轴承相比，此种轴承摩擦系数较低，转速较高
圆锥滚子轴承	3	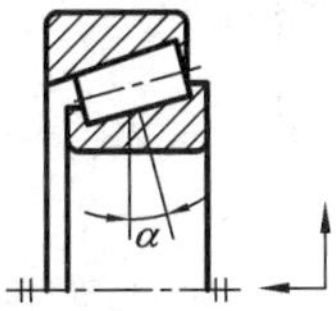	主要承受以径向载荷为主的径向与轴向联合载荷，而大锥角圆锥滚子轴承可以用于承受以轴向载荷为主的径、轴向联合载荷，轴承内、外圈可分离，装拆方便，成对使用
双列深沟球轴承	4	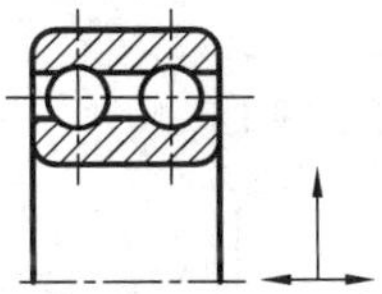	主要承受径向负荷，也能承受一定的双向轴向负荷，比深沟球轴承有较大的承载能力
推力球轴承	5	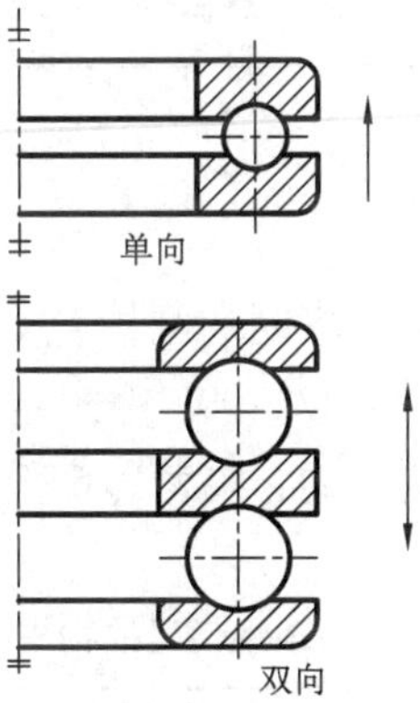 单向 双向	分离型轴承，单向的只能承受单方向的轴向载荷，双向的能承受两个方向的轴向载荷，中圈与轴配合，另两个圈为松圈。高速时离心力大，滚动体与保持架摩擦发热严重，寿命较短，常用于轴向负载不大、转速不高的场合
深沟球轴承	6	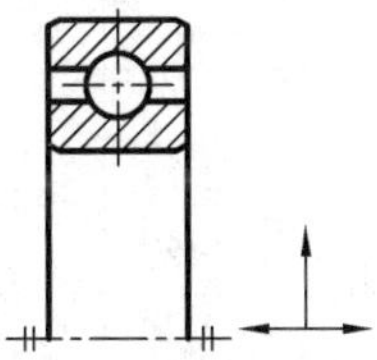	主要用于承受径向载荷，也可承受一定的双向轴向载荷，轴承摩擦系数小，极限转速高，在转速较高不宜采用推力球轴承的情况下，可用该类轴承受纯轴向载荷。结构简单、使用方便，是生产批量大、制造成本低、使用极为普遍的一类轴承
角接触球轴承	7	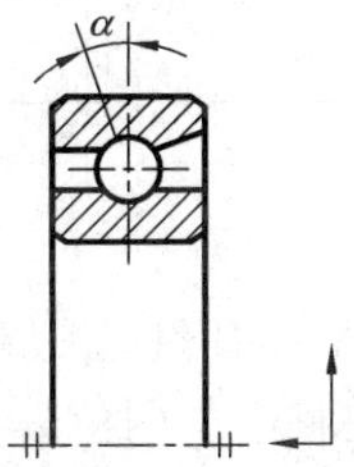	可以同时承受径向载荷和轴向载荷，也可以承受纯轴向载荷，其轴向载荷能力由接触角决定，并随接触角增大而增大，极限转速较高，通常成对使用

轴承类型	类型代号	结构简图和承载方向	特性
推力圆柱滚子轴承	8	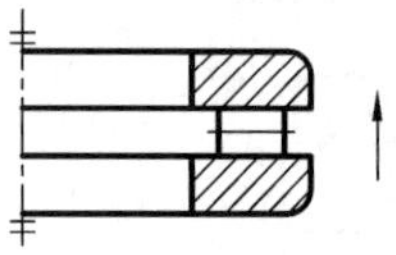	能承受较大的单向轴向载荷,轴向刚度大,占用轴向空间小,极限转速低
圆柱滚子轴承	N	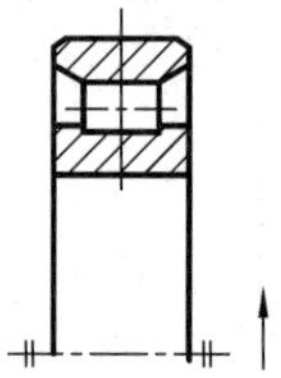	只能承受径向载荷,且径向承载能力大,内、外圈可分离,装拆比较方便,极限转速高,除图示外圈无挡边(N)结构外,还有内圈无挡边(NU)、外圈单挡边(NF)、内圈单挡边(NJ)等结构形式
滚针轴承	NA	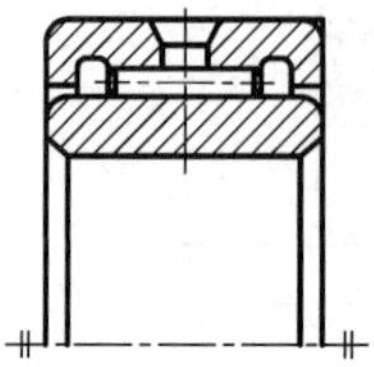	只能承受径向载荷,且径向承载能力大,与其他类型的轴承相比,在内径相同的条件下,其外径尺寸最小,内、外圈可分离极限转速较低

9.3.2 滚动轴承的代号及类型选择

由于滚动轴承类型繁多,各类型中又有不同的结构、尺寸、公差等级、技术要求等差别,为了便于组织生产和选用,国家标准 GB/T 272—93 中规定了轴承代号的表示方法,它是由前置代号、基本代号和后置代号三部分构成的,如表9.6所示。

表9.6 滚动轴承代号的构成

前置代号	基本代号					后置代号(组)							
						1	2	3	4	5	6	7	8
	万	千	百	十	个								
成套轴承分部件代号	类型代号	尺寸系列代号		内径代号		内部结构	密封与防尘套圈变型	保持架及其材料	轴承材料	公差等级	游隙	配置	其他
		宽度系列代号	直径系列代号										

1. 基本代号

基本代号用来表明轴承(滚针轴承除外)的内径、直径系列、宽度系列和类型。

（1）内径代号:一般用基本代号的个位和十位两位数字表示,表示方法见表9.7。

表 9.7　滚动轴承的内径代号

内径尺寸/mm	代号	举例	
		代号	内径/mm
0.6～10（非整数）	内径	618/2.5	2.5
1～9（整数）	内径，对深沟球和角接触球的 7，8，9，在尺寸系列后加	625 618/5	5 5
10	00	6200	10
12	01	6201	12
15	02	6202	15
17	03	6203	17
20～480（5 的倍数）	内径/5 的商	22208	40
22，28，32 及 500 以上	内径	62/22 230/500	22 500

（2）尺寸系列代号：为了适应不同承载能力的需要，同一内径的滚动轴承，选用不同大小的滚动体，因而具有不同的外径和宽度。基本代号的百位数为直径系列代号，基本代号的千位数为宽度系列代号，多数轴承宽度代号中不标出代号"0"，但对于调心滚子轴承和圆锥滚子轴承，宽度系列代号"0"应标出。图 9.20 表示部分尺寸系列代号的尺寸对比。具体的尺寸系列代号表示方法见表 9.8。

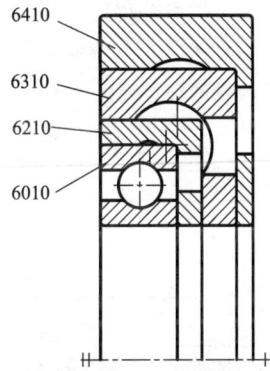

图 9.20　尺寸系列的对比

表 9.8　向心轴承和推力轴承尺寸系列代号表示方法

直径系列代号	向心轴承							推力轴承			
	宽度系列代号							高度系列代号			
	窄 0	正常 1	宽 2	特宽 3	特宽 4	特宽 5	特宽 6	特低 7	低 9	正常 1	正常 2
	尺寸系列代号										
超特轻 7	—	17	—	37	—	—	—	—	—	—	—
超轻 8	08	18	28	38	48	58	68	—	—	—	—
超轻 9	09	19	29	39	49	59	69	—	—	—	—
特轻 0	00	10	20	30	40	50	60	70	90	10	—
特轻 1	01	11	21	31	41	51	61	71	91	11	—
轻 2	02	12	22	32	42	52	62	72	92	12	22
中 3	03	13	23	33	—	—	63	73	93	13	23
重 4	04	—	24	—	—	—	—	74	94	14	24

（3）类型代号：轴承类型代号用基本代号的万位数或字母表示，表示方法见表9.5。代号为"0"（双列角接触球轴承）则省略。

2. 前置和后置代号

前置代号是成套轴承的分部件代号，其含义可参阅 GB/T 272—1993。

轴承的后置代号用字母（或加数字）表示，置于基本代号的右边并与基本代号空半个汉字距或用符号"－"、"／"隔开，具有多组后置代号时，则按表9.6所列从左至右的顺序排列，4组（含4组）以后的内容则在其代号前用"／"与前面代号隔开。后置代号的内容很多，常见的轴承内部结构代号见表9.9，公差等级代号见表9.10，其他代号（组）的含义参阅GB/T 272—1993。

表9.9 轴承的内部结构代号

代号	含义	示例
C	角接触球轴承公称接触角 $\alpha = 15°$ 调心球轴承 C 型	7005C 23122C
AC	角接触球轴承公称接触角 $\alpha = 25°$	7210AC
B	角接触球轴承公称接触角 $\alpha = 40°$ 圆锥滚子轴承接触角加大	7210B 32310B
E	加强型	NU207E

表9.10 轴承公差等级代号

代号	含义	示例
/P0	公差等级符合标准规定的 0 级（可省略不标注）	6205
/P6	公差等级符合标准规定的 6 级	6205/P6
/P6X	公差等级符合标准规定的6X 级	6205/P6X
/P5	公差等级符合标准规定的 5 级	6205/P5
/P4	公差等级符合标准规定的 4 级	6205/P4
/P2	公差等级符合标准规定的 2 级	6205/P2

例9－2 试说明滚动轴承6208，30206/C4 和7305CJ 的含义。

6(0)208 表示内径 $d = 40$ mm，直径系列为2（轻）系列，宽度系列为0（窄）系列的深沟球轴承，正常结构，0 级公差等级；

30206 表示内径 $d = 30$ mm，直径系列为2（轻）系列，宽度系列为0（窄）系列的圆锥滚子轴承，正常结构，0 级公差等级；

7305CJ/P4 表示内径 $d = 25$ mm，直径系列为3（中）系列，宽度系列为0（窄）系列的角接触球轴承，$\alpha = 15°$，4 级公差等级，J 表示酚醛胶布实体保持架。

4. 类型选择

各类滚动轴承有不同的特性，因此选择滚动轴承类型时，必须根据轴承实际工作情况合理选择。一般考虑下列因素：

1）载荷的性质、大小和方向

①载荷的性质和大小：在相同外廓尺寸条件下，滚子轴承一般比球轴承承载能力和抗冲击能力大，故载荷大、有振动和冲击时应选用滚子轴承；载荷小、无振动和冲击时应选用球轴承。

②载荷的方向：纯径向载荷可以选用各类向心轴承。纯轴向载荷选用推力球轴承或推力圆柱滚子轴承。联合载荷一般选用角接触球轴承或圆锥滚子轴承；若径向载荷较大而轴向载荷较小，可选用深沟球轴承；若轴向载荷较大而径向载荷较小时，可选用推力角接触球轴承；也可将向心轴承和推力轴承进行组合，分别承受径向和轴向载荷。

2）轴承的转速

通常球轴承的极限转速高于滚子轴承，各种推力轴承的极限转速均低于向心轴承，每个型号的轴承其极限转速值均列于轴承样本中，选用时应保证工作转速低于极限转速，向心球轴承的极限转速高，高速时应优先选用。

3）轴承的自动调心性

当轴的支点跨距大、刚性差或由于加工安装等原因造成轴承有较大不同心时，应选用能适应内、外圈轴线有较大相对偏斜的调心轴承。在使用调心轴承的同一轴上，一般不宜使用其他类型轴承，以免受其影响而失去了调心作用。

4）经济性

球轴承轴承比滚子轴承价廉，调心轴承轴承相对价格最高。同型号的 P0，P6，P5 和 P4 级轴承价格比约为 1∶1.8∶2.7∶7。派生型轴承的价格一般又比基本型的高。在满足使用要求的前提下，应尽量用低精度、价格便宜的轴承。

9.3.3　滚动轴承的寿命计算及实例

1. 失效形式

1）疲劳点蚀

滚动轴承工作时，滚动体与内、外圈接触处承受周期性变化的接触应力。这样，经过一定的运转期后，工作表面上就会发生疲劳点蚀，导致轴承旋转精度降低和温升过高，引起振动和噪声，使机器丧失正常的工作能力。这是滚动轴承最主要的失效形式。

2）塑性变形

在过大的静载荷或冲击载荷作用下，轴承元件间接触应力超过元件材料的屈服极限，导致元件上接触点处的塑性变形，形成凹坑，使轴承摩擦阻力矩增大，运转精度下降及出现振动和噪声，直至失效。这种失效多发生在转速极低或作往复摆动的轴承中。

3）磨损

由于密封不良或润滑油不纯净，以及多尘的环境下，轴承中进入了金属屑和磨粒性灰尘，使轴承发生严重的磨粒性磨损，从而导致轴承间隙增大及旋转精度降低而报废。

除上述失效形式外，轴承还可能发生胶合、元件锈蚀、断裂等失效形式。

2. 滚动轴承的计算准则

针对上述失效形式，目前主要是通过强度计算以保证轴承可靠地工作，其计算准则如下：

（1）对一般转速（$n > 10$ r/min）的轴承，主要是疲劳点蚀失效，故应进行疲劳寿命计算。

（2）对于极低转速（$n \leqslant 10$ r/min）的轴承或作低速摆动的轴承，主要失效形式是表面塑性变形，应进行静强度计算。

（3）对于转速较高的轴承，主要失效形式为由发热引起的磨损、烧伤，故应进行疲劳寿命计算和校验极限转速。

3. 滚动轴承的寿命计算

1）基本概念

①轴承的寿命：对单个轴承，其中一个套圈或滚动体的材料出现第一个疲劳扩展迹象之前，一个套圈相对于另一个套圈的转数或一定转速下的工作小时数，称为轴承的寿命。

大量试验表明，一批型号相同的轴承，即使是在相同的工作条件下，各个轴承的寿命也是相当离散的，有些相差可达几十倍。因此，绝不能以某一个轴承的寿命代表同型号一批轴承的寿命。计算轴承寿命时，必须指明是相对于某一可靠度时的寿命。

②基本额定寿命：一批型号相同的轴承，在相同条件下运转，其中 10% 的轴承发生疲劳点蚀破坏而 90% 的轴承未发生点蚀破坏前，轴承转过的总转数或一定转速下工作的小时数，称为轴承的基本额定寿命，以 L_{10}（单位为 10^6 r）及 L_{10h}（单位为 h）表示。

由于基本额定寿命与可靠度有关，所以实际上按基本额定寿命计算和选择出来的轴承，在额定寿命期内可能有 10% 的轴承提前发生疲劳点蚀，而 90% 的轴承在超过额定寿命期后还能继续工作，甚至相当多的轴承还能工作一个、两个或更多的额定寿命期。对于一个具体的轴承而言，它能顺利地在额定寿命期内正常工作的概率为 90%，而在额定寿命到达之前即发生点蚀破坏的概率为 10%。

③基本额定动载荷：滚动轴承的额定寿命恰好等于 10^6 r 时所能承受的载荷称为基本额定动载荷，用 C 表示。对向心轴承，基本额定动载荷指的是稳定的纯径向载荷，并称为径向基本额定动载荷，用 C_r 表示；对推力轴承，基本额定动载荷指的是稳定的纯轴向载荷，用 C_a 表示；对角接触球轴承和圆锥滚子轴承，指的是使套圈间产生纯径向位移的载荷的径向分量。显然，在基本额定动载荷 C 的作用下，轴承工作寿命为 10^6 r 的可靠度为 90%。

基本额定动载荷 C 与轴承的类型、规格、材料等有关，其值可查阅有关标准。这些额定动载荷值是在一定条件下经反复试验并结合理论分析得到的。

④当量静载荷 C_0：GB/T 4662—2003 规定，使受载最大的滚动体与内外圈滚道接触处中心的接触应力达到某一定值时（如对于向心轴承为 4200 MPa），滚动轴承承受的载荷称为基本额定静载荷。它是滚动轴承的一个基本性能参数，其值可查设计手册。

⑤当量动载荷 P：将轴承承受的实际工作载荷转化为基本额定动载荷规定条件下的一假想载荷，称为当量动载荷。在当量动载荷作用下，滚动轴承具有与实际载荷作用下相同的寿命。

滚动轴承当量动载荷的计算公式

$$P = f_p(XF_r + YF_a) \tag{9-6}$$

式中：f_p 为载荷系数，是考虑到实际载荷可能有冲击、振动等，与基本额定动载荷的条件不一致而引进的系数，其值查表 9.11；X 和 Y 分别为径向载荷系数和轴向载荷系数，查表 9.12；F_r 和 F_a 分别为轴承受到的径向载荷和轴向载荷。

表 9.11　载荷系数 f_p

载荷性质	载荷系数 f_p	举例
无冲击或轻微冲击	1.0 ~ 1.2	电机、汽轮机、通风机
中等冲击	1.2 ~ 1.8	车辆、动力机械、起重机、造纸机、冶金机械、选矿机械、水力机械、卷扬机、木材加工机械、传动装置、机床等
强烈冲击	1.8 ~ 3.0	破碎机、轧钢机、钻探机、振动筛

表 9.12　径向载荷系数 X 和轴向载荷系数 Y

轴承类型	代号	$\dfrac{F_a}{C_0}$	e	$F_a/F_r > e$		$F_a/F_r \leq e$	
				X	Y	X	Y
深沟球轴承	6××××	0.014	0.19	0.56	2.3	1	0
		0.028	0.22		1.99		
		0.056	0.26		1.71		
		0.084	0.28		1.55		
		0.11	0.30		1.45		
		0.17	0.34		1.31		
		0.28	0.38		1.15		
		0.42	0.42		1.04		
		0.56	0.44		1.00		
角接触球轴承（单列）	7××××C $\alpha = 15°$	0.015	0.38	0.44	1.47	1	0
		0.029	0.40		1.40		
		0.056	0.43		1.30		
		0.087	0.46		1.23		
		0.12	0.47		1.19		
		0.17	0.50		1.12		
		0.29	0.55		1.02		
		0.44	0.56		1.00		
		0.58	0.56		1.00		
	7××××AC $\alpha = 25°$	—	0.68	0.41	0.87	1	0
	7××××B $\alpha = 40°$	—	1.14	0.35	0.57	1	0
圆锥滚子轴承（单列）	3××××	—	$1.5\tan\alpha$	0.4	$0.4\cot\alpha$	1	0
调心球轴承（单列）	1××××	—	$1.5\tan\alpha$	0.65	$0.65\tan\alpha$	1	$0.42\tan\alpha$

2)寿命计算公式

大量试验表明,滚动轴承的基本额定寿命与基本额定动载荷和当量动载荷的关系为

$$L_{10} = \left(\frac{C}{P}\right)^{\varepsilon} \tag{9-7}$$

式中:L_{10} 为滚动轴承的基本额定寿命,10^6 r;C 为基本额定动载荷,N;P 为当量动载荷,N;ε 为寿命指数(球轴承 $\varepsilon = 3$,滚子轴承 $\varepsilon = 10/3$)。

实际计算时用小时数表示寿命比较方便,上式可改为

$$L_{10h} = \frac{10^6}{60n}\left(\frac{C}{P}\right)^{\varepsilon} \tag{9-8}$$

式中:L_{10h} 为用小时数表示的滚动轴承的基本额定寿命,h;n 为轴承工作转速,r/min。

当轴承的工作温度超过120℃时,会使轴承表面软化而降低轴承承载能力,故在计算时引入温度系数 f_t(表9.13)进行修正,此时轴承寿命计算公式为

$$L_{10h} = \frac{10^6}{60n}\left(\frac{f_t C}{P}\right)^{\varepsilon} \tag{9-9}$$

表 9.13　温度系数

工作温度/℃	≤120	125	150	175	200	225	250	300
f_t	1.00	0.95	0.90	0.85	0.80	0.75	0.70	0.60

3)角接触轴承和圆锥滚子轴承轴向载荷 F_a 的计算

①派生轴向力产生的原因、大小和方向。

角接触轴承和圆锥滚子轴承由于存在接触角,当它们承受径向载荷时,承载区各滚动体的法向反力 F_i 并不指向轴承半径方向,而应分解为径向反力 F_{ri} 和轴向反力 F_{si},如图9.21所示。其中所有径向反力 F_{ri} 的合力与径向外载荷 F_r 相平衡;所有轴向分力 F_{si} 的合力组成轴承的内部派生轴向力 F_s。由此可知,轴承的派生轴向力是由轴承内部的轴向分力 F_{si} 引起的,其方向总是由轴承外圈的厚边一端指向窄边一端,使轴承内圈和外圈有分离趋势。

一般保证滚动轴承的下半圈滚动体同时受载,此时,角接触球轴承和圆锥滚子轴承的内部派生轴向力 F_s 的大小可查表9.14。

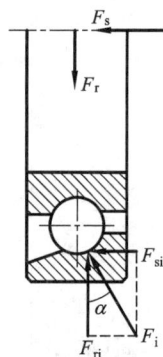

图 9.21　派生轴向力

表 9.14　角接触球轴承和圆锥滚子轴承的派生轴向力

轴承类型	角接触球轴承			圆锥滚子轴承
	7×××C	7×××AC	7×××B	
派生轴向力 F_s	eF_r	$0.68F_r$	$1.14F_r$	$F_r/(2Y)$

②安装方式。

由于角接触球轴承和圆锥滚子轴承承受径向载荷后会产生派生轴向力,因此,为保证正

常工作,这两类轴承均需成对使用。以角接触球轴承为例,图 9.22(a)和图 9.22(b)所示便是其两种安装方式。图 9.22(a)中,两端轴承外圈窄边相对,称为正装或面对面安装。它使两支反力作用点 O_1 和 O_2 相互靠近,支承跨距缩短。图 9.22(b)中,两端轴承外圈厚边相对,称为反装或背对背安装。这种安装方式使两支反力作用点 O_1 和 O_2 相互远离,支承跨距加大。支反力作用点 O_1 和 O_2 距其轴承端面的距离 a_1 和 a_2 可从轴承样本或有关标准中查得。但对于跨距较大的安装,为简化计算,可取轴承宽度的中点为支反力作用点,由此引起的计算误差是很小的。

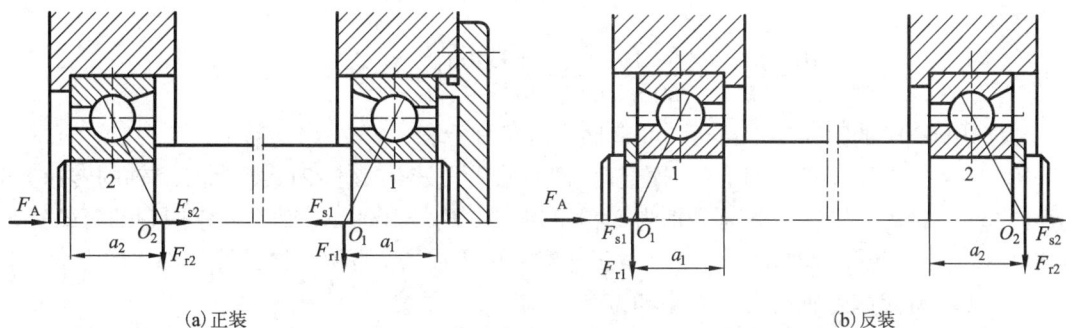

(a)正装　　　　　　　　　　　　　　　　　　(b)反装

图 9.22　角接触球的两种安装方式

③轴向载荷 F_a 的计算。

图 9.22 中 F_A 为轴系所受的轴向外载荷。现以图 9.22(a)所示的典型情况为例来分析。

a. 若 $F_A + F_{s2} \geqslant F_{s1}$,这时滚动体、轴承内圈与轴的组合体被挤向右端,轴承 1 被"压紧",轴承 2 被"放松"。根据力平衡条件,轴承 1 上所受的轴向载荷 $F_{a1} = F_A + F_{s2}$,轴承 2 上的轴向力仅为其内部派生轴向力 F_{s2}。

b. 若 $F_A + F_{s2} < F_{s1}$,这时滚动体、轴承内圈与轴的组合体被挤向左端,轴承 1 被"放松",轴承 2 被"压紧"。根据力平衡条件,轴承 1 上所受的轴向载荷为 F_{s1},轴承 2 上受到的轴向力为除了其自身派生轴向力外,其他各轴向力的代数和,即 $F_{a2} = F_{s1} - F_A$。

综上所述,计算角接触轴承和圆锥滚子轴承轴向力的步骤:一是确定各轴承内部派生轴向力的大小和方向;二是确定轴线方向向左的合力和向右的合力哪个大,从而判断哪个轴承被"压紧",哪个轴承被"放松";三是被"放松"轴承的轴向力等于其自身派生轴向力,被"压紧"轴承的轴向力等于除自身派生轴向力外其他所有轴向力的代数和。

4)寿命计算举例

例 9-3　一农用水泵,决定选用深沟球轴承,轴颈直径 $d = 35$ mm,转速 $n = 2900$ r/min,径向载荷 $F_r = 1770$ N,轴向载荷 $F_a = 720$ N,预期使用寿命 $L_{10h} = 6000$ h,试选择轴承的型号。

解:根据题意拟采用深沟球轴承同时承受径向载荷和较小的轴向载荷,但由于轴承型号未定,基本额定静载荷 C_0 的值未定,因此 F_a/C_0、e 及 Y 都无法确定,必须采用试算法。试算的方法有三种:①预选某一型号的轴承,②预选某一 e(或 F_a/C_0),③预选某一 Y。由于已知轴颈直径 $d = 35$ mm,现采用预选轴承型号的方法。

试选 6307 的滚动轴承,由手册查得 $C = 33400$ N,$C_0 = 19200$ N,则

$$\frac{F_a}{C_0} = \frac{720}{19200} = 0.038$$

$$\frac{F_a}{F_r} = \frac{720}{1770} = 0.407$$

查表9.12，利用线性插值计算得 $e = 0.23$，由于 $F_a/F_r > e$，则 $X = 0.56$，线性插值计算得 $Y = 1.89$，由表9.11和表9.13取载荷系数和温度系数分别为 $f_p = 1.2$，$f_t = 1.0$，故当量动载荷 P 为

$$P = f_p(XF_r + YF_a) = 1.2 \times (0.56 \times 1770 + 1.89 \times 720) = 2822.4 \ (N)$$

预期寿命为

$$L_{10h} = \frac{10^6}{60n}\left(\frac{f_t C}{P}\right)^\varepsilon = \frac{10^6}{60 \times 2900}\left(\frac{1 \times 33400}{2822.4}\right)^3 = 9524 \ (h) > 6000 \ h$$

故选用6307的滚动轴承可行，可满足使用寿命要求。

例9-4 如图9.22(b)所示，轴上两端"背靠背"安装一对7211AC轴承，轴的转速 $n = 1750$ r/min，轴承所受径向载荷分别为 $F_{r1} = 3300$ N，$F_{r2} = 1000$ N，轴上还作用有轴向载荷 $F_A = 900$ N，方向如图9.22(b)所示，轴承工作时有中等冲击，常温。试计算两轴承的寿命。

解： (1)确定派生轴向力的大小和方向

对7211AC型轴承，按表9.14，有

$$F_{s1} = 0.68F_{r1} = 0.68 \times 3300 = 2244 \ (N)；$$

$$F_{s2} = 0.68F_{r2} = 0.68 \times 1000 = 680 \ (N)；$$

方向如图9.22(b)所示。

(2)求轴承的轴向载荷

因 $F_A + F_{s2} = 900 + 680 = 1580$ N $< F_{s1}$，故轴承1被"放松"，轴承2被"压紧"，则

$$F_{a1} = F_{s1} = 2244 \ (N)$$

$$F_{a2} = F_{s1} - F_A = 2244 - 900 = 1344 \ (N)$$

(3)计算当量动载荷

由表9.12查得7211AC型轴承($\alpha = 25°$)的判别系数 $e = 0.68$，故

$$\frac{F_{a1}}{F_{r1}} = \frac{2244}{3300} = 0.68 = e，\quad \frac{F_{a2}}{F_{r2}} = \frac{1344}{1000} = 1.344 > e$$

查表9.12得，$X_1 = 1$，$Y_1 = 0$；$X_2 = 0.41$，$Y_2 = 0.87$；由表9.11取载荷系数 $f_p = 1.5$，则当量动载荷为

$$P_1 = f_p(X_1F_{r1} + Y_1F_{a1}) = 1.5 \times (1 \times 3300 + 0 \times 2244) = 4950 \ (N)$$

$$P_2 = f_p(X_2F_{r2} + Y_2F_{a2}) = 1.5 \times (0.41 \times 1000 + 0.87 \times 1344) = 2369 \ (N)$$

(4)计算轴承的寿命

由于 $P_1 > P_2$，按 P_1 计算这对轴承的寿命。查表9.13，取温度系数 $f_t = 1.0$，由手册查得7211AC轴承的基本额定动载荷 $C = 38800$ N，则

$$L_{10h} = \frac{10^6}{60n}\left(\frac{f_t C}{P}\right)^\varepsilon = \frac{10^6}{60 \times 1750}\left(\frac{1 \times 38800}{3300}\right)^3 = 4730 \ (h)$$

即这对滚动轴承的寿命为4730 h。

4. 滚动轴承的静强度校核

为防止滚动轴承在静载荷或冲击载荷作用下产生过大塑性变形，应进行轴承的静强度计

算,其计算公式为

$$P_0 \leqslant \frac{C_0}{S_0} \qquad (9-10)$$

式中: C_0 为滚动轴承的额定静载荷, N; S_0 为静强度安全系数,可查轴承手册或标准; P_0 为当量静载荷, N。 P_0 由下式计算:

$$P_0 = X_0 F_r + Y_0 F_a \qquad (9-11)$$

式中: X_0 和 Y_0 为当量静载荷的静径向载荷系数和静轴向载荷系数,可查轴承手册或标准。

9.3.4　滚动轴承的组合设计

要保证轴承顺利工作,除正确选择轴承的类型和尺寸外,还必须合理地进行轴承的组合设计,即考虑滚动轴承的定位和固定、支承方式、润滑和密封、配合和装拆等问题。

1. 滚动轴承的轴向固定与定位

轴承内圈和轴、外圈和座孔间的轴向固定及定位方法的选择取决于载荷的大小、方向、性质、转速的高低、轴承的类型及其在轴上的位置等因素。

1)内圈与轴的定位和固定方式

①轴用弹性挡圈,如图 9.23(a)所示。主要用于轴向载荷不大及转速不高的场合。

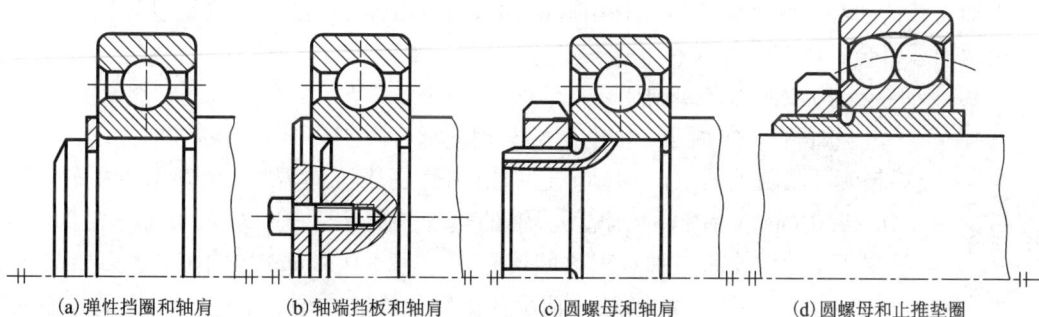

(a)弹性挡圈和轴肩　　(b)轴端挡板和轴肩　　(c)圆螺母和轴肩　　(d)圆螺母和止推垫圈

图 9.23　轴承内圈轴向固定及定位的常用方法

②轴端挡板,如图 9.23(b)所示。可承受双向轴向载荷,并可在高速下承受中等轴向载荷。

③圆螺母和止动垫圈锁紧,如图 9.23(c)所示。主要用于转速较高、轴向载荷较大的场合。

④开口圆锥紧定套、止动垫圈和圆螺母,如图 9.23(d)所示。主要用于光轴上轴向载荷和转速都不大的调心轴承的轴向固定及定位。

内圈的另一端面通常是以轴肩、轴环或套筒作为轴向定位面。为使端面贴紧,轴肩处的圆角半径必须小于轴承内圈的倒角半径。同时,轴肩的高度不要大于轴承内圈的厚度,否则轴承不易拆卸。

2)外圈与轴承座孔的定位和固定方法

①孔用弹性挡圈,如图 9.24(a)所示。主要用于轴向力不大且需要减小轴承装置尺寸的场合。

②止动环，如图9.24(b)所示。当轴承座孔不便做凸肩且外壳为剖分式结构时，轴承外圈需带止动槽。

③轴承端盖，如图9.24(c)所示。用于转速高、轴向力大的各类轴承。

④螺纹环紧固，如图9.24(d)所示。用于转速高、轴向力大，而不适于用轴承端盖紧固的场合。

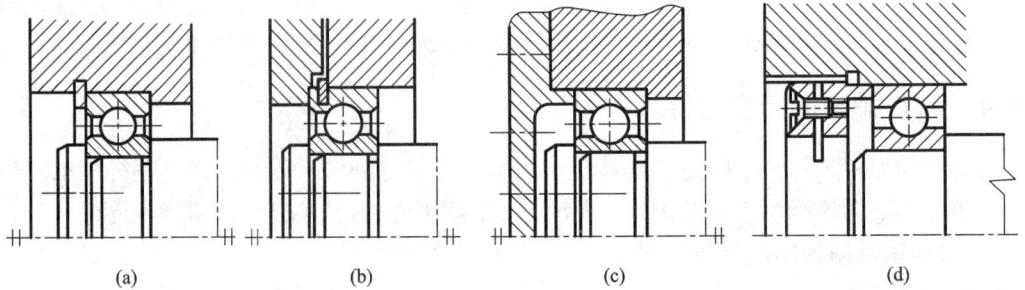

(a)　　　　　(b)　　　　　(c)　　　　　(d)

图9.24　轴承外圈轴向固定及定位的常用方法

2. 轴与轴承组合的支承方式

为了使轴、轴承和轴上零件相对机座有确定的位置，防止轴与轴上零件的轴向窜动，并能承受轴向载荷和补偿因工作温度变化引起的轴系的自由伸缩，必须正确地设计轴承组合结构。滚动轴承组合常用支承方式有下列三种：

1）双支点各单向固定

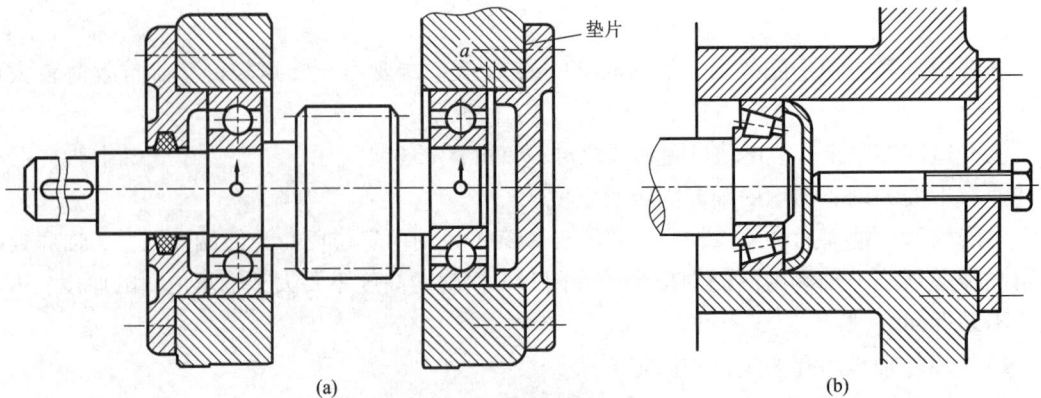

双支点各单项固定

如图9.25所示，轴的两端滚动轴承各限制一个方向的轴向移动，合在一起就可限制轴的双向移动。这种结构适用于工作温度 $t \leq 70\,℃$ 的短轴（跨度 $L \leq 350\text{ mm}$）。在这种情况下，轴的热伸长量不大，一般可由轴承游隙补偿，或者在轴承外圈与轴承盖之间留有 $a = 0.2 \sim 0.4\text{ mm}$ 的间隙补偿，如图9.25(a)所示。当采用角接触球轴承和圆锥滚子轴承时，轴的热伸长量只能由轴承游隙补偿，间隙 a 和轴承游隙的大小可用垫片或用调整螺钉等调节，如图9.25(b)所示。

垫片

(a)　　　　　　　　　　(b)

图9.25　双支点各单向固定

210

2)单支点双向固定(另一端游动支承)

如图 9.26(a)所示,左端轴承内、外圈都为双向固定,以承受双向轴向载荷。右端为游动支承,轴承外圈和机座孔间采用动配合,以便当轴受热膨胀伸长时能在孔中自由游动,而内圈用弹性挡圈锁紧。

图 9.26(b)中,游动端采用一个外圈无挡边的圆柱滚子轴承。当轴受热伸长时,内圈连带滚动体可沿外圈内表面游动,而外圈作双向固定。这种固定方式适用于支承跨距较大($L >$ 350 mm)或工作温度较高($t > 70℃$)的轴。

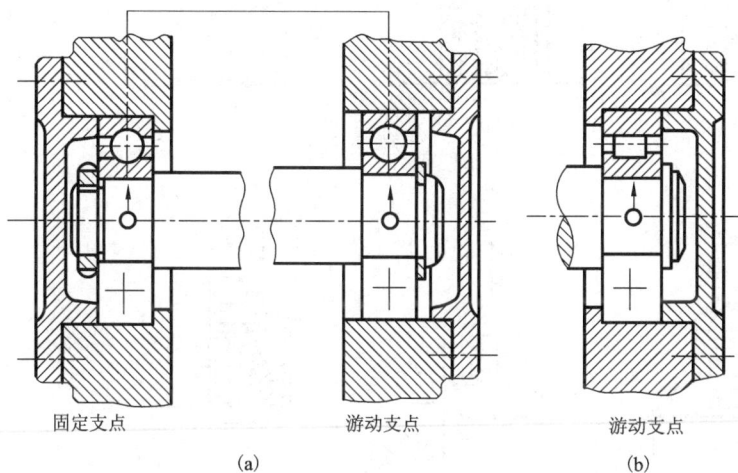

固定支点　　　游动支点　　　游动支点

(a)　　　　　　　　　　　(b)

单支点双向固定

图 9.26 单支点双向固定

3)两端游动支承

如图 9.27 所示,人字齿轮小齿轮轴,两端均为游动支座结构。由于人字齿轮轴的左、右螺旋角加工不容易保持完全一样,两轴向力不能完全抵消。啮合传动时,小齿轮轴可以左右游动,使得两边轴向力趋于均匀化。但是,为确保轴系有确定位置,大齿轮轴必须做成两端固定支承。此种支承方式只在这些特殊情况下使用。

3. 滚动轴承的润滑和密封

润滑的主要作用为降低摩擦阻力和减少磨损、吸振冷却、防锈和减小工作时的噪声等。

滚动轴承中使用的润滑剂主要为润滑脂和润滑油。润滑脂用在温度低于 100℃,圆周速度不大(4 ~ 5 m/s)处。润

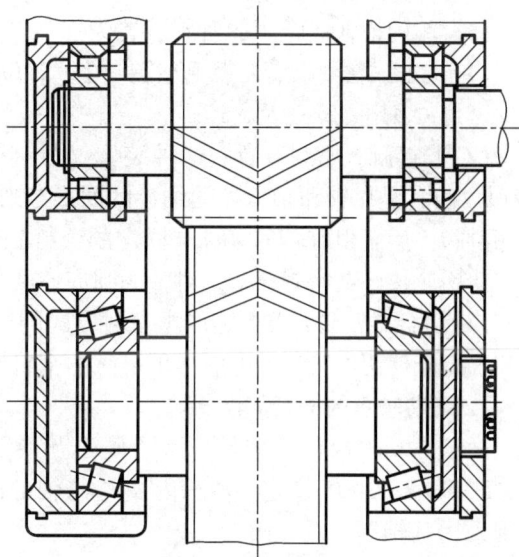

两端游动支承

图 9.27 两端游动支承

211

滑脂只能充填轴承内自由空间的 1/3~1/2。润滑油用在温度较高(可达 120~150℃)、圆周速度较大处。轴承载荷愈大、温度愈高，此时就应选用黏度较大的润滑油；反之，轴承载荷愈小，温度愈低和转速高，就可以选用黏度小的润滑油。用油浴润滑时，只能使最下部的滚动体浸到中心为止。

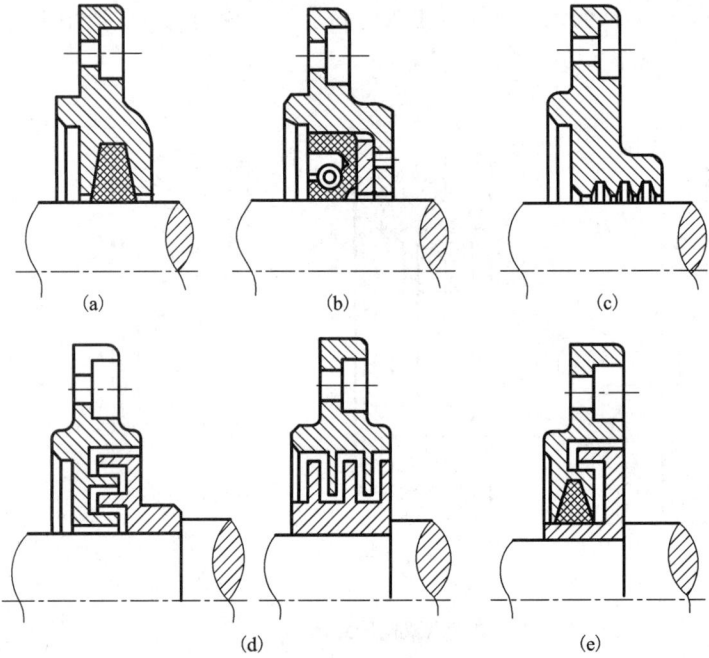

图 9.28　滚动轴承的密封装置

密封的作用，一是保护轴承不受外界灰尘、水分等的侵入；二是防止润滑剂的流出，以减少润滑剂的损耗。常用的密封装置为：

(1)接触式密封装置：靠毛毡圈[图 9.28(a)]或密封圈[图 9.28(b)]与轴的紧密接触来保证密封，多用于低速及中速。

(2)非接触式密封装置：这种装置又分缝隙式装置[图 9.28(c)]和迷宫装置[图 9.28(d)]。前者是靠轴和轴承盖间细小的圈形缝来密封，为了防止杂质的侵入，圈形缝隙内应注满润滑脂。后者由旋转的零件与固定的密封零件间的形成曲折的小隙缝，在隙缝内注满润滑脂。使用非接触式密封装置，对轴的圆周速度可不受限制。

(3)组合式密封：将上述两类密封方式同时使用。图 9.28(e)所示的为毛毡圈与迷宫密封装置组合使用的装置，可取得更可靠的密封效果。这类密封常用于重载作条件下。

4.滚动轴承的配合和装拆

由于滚动轴承是标准件，为了便于互换及适应大量生产，滚动轴承的公差与配合按GB/T 307.1—2005 规定，轴承内圈孔与轴的配合采用基孔制，轴承外圈与轴承座孔的配合则采用基轴制。

选择配合时，应考虑载荷的方向、大小和性质，以及轴承类型、转速和使用条件等因素。当外载荷方向不变时，转动套圈应比固定套圈的配合紧一些。一般情况下是内圈随轴一起转动，外圈固定不动，故内圈与轴常取具有过盈的过渡配合，如轴的公差采用 k6，m6，n6 和 js6；外圈与座孔常取较松的过渡配合，如座孔的公差采用 H7，J7 或 JS7。当轴承作游动支承时，外圈与座孔应取保证有间隙的配合，如座孔公差采用 G7，G8 和 G9。

由于滚动轴承的内圈与轴颈的配合较紧，安装时为了不损伤轴承及其他零件，对大型或过盈较大的轴承，可用压力机压入，如图 9.29(a)所示。有时，为了方便安装，可将轴承在油池中加热到 80～100℃后再进行热装。对中、小型轴承可用手锤敲击装配套筒(铜套)装入轴承，如图 9.29(b)所示。拆卸轴承时，也需有专门拆卸工具，如图 9.29(c)所示的顶拔器。为便于拆卸，应使轴承内圈在轴肩上露出足够的高度，并要有足够的空间位置，以便安放顶拔器。

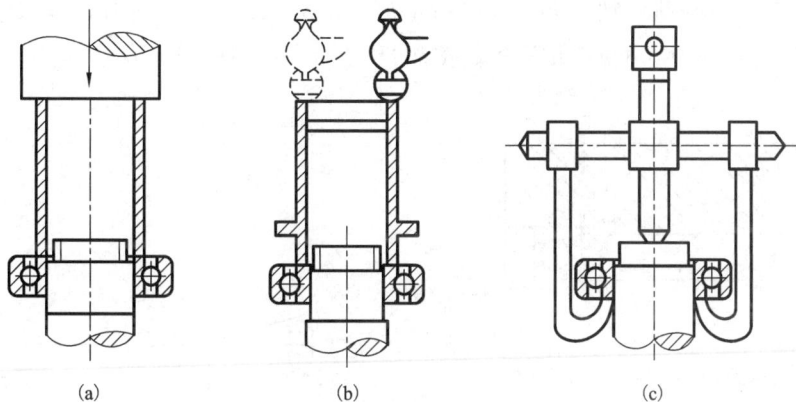

(a)   (b)   (c)

图 9.29 滚动轴承的装拆

思考题及习题

9.1 对开式滑动轴承由哪几部分组成？

9.2 对轴瓦的材料有哪些基本要求？

9.3 非全液体润滑滑动轴承设计要进行哪几项校核？试说明其理由，pv 值表示什么意义？

9.4 形成液体动力润滑的必要条件有哪些？

9.5 滚动轴承由哪些基本元件组成？各元件的作用是什么？

9.6 试比较球轴承和滚子轴承的优缺点。

9.7 查手册，说明下列轴承的类型名称、内径、外径与宽度尺寸，以及基本额定动载荷、基本额定静载荷和极限转速：1206/P5，32210E，52411/P5，61805，7312AC，NU2204E。

9.8 试说明滚动轴承的基本额定寿命、基本额定动载荷、基本额定静载荷、当量动载荷的意义。

9.9 球轴承所承受的外载荷增加一倍，寿命将降低多少？滚子轴承的转速增加一倍，承受的载荷将降低多少？

9.10 已知支承起重机卷筒的滑动轴承所承受的径向载荷 $F = 25000\text{N}$，轴颈直径 $d = 80$ mm，轴的转速 $n = 18.3$ r/min，试设计此轴承。

9.11 校核铸件清理滚筒的一对滑动轴承。已知装载加自重为 18000N，转速为 40 r/min，两端轴颈的直径为 100 mm，宽径比 $B/D = 1.2$，轴瓦用青铜 ZCuSn5Pb5Zn5，用润滑脂润滑。

9.12 有一非全液体润滑向心滑动轴承，已知轴颈直径为 100 mm，轴瓦宽度为 100 mm，轴的转速为 1200 r/min，轴承材料为 ZCuSnlOP1，试问它允许承受多大的径向载荷？

9.13 某机械传动装置中轴的两端各用一个 6213 深沟球轴承，每一轴承各承受径向载荷 $F_r = 5500$ N，轴的转速 $n = 970$ r/min，工作平稳，常温下工作，试计算该轴承的寿命。

9.14 根据工作条件，某机械传动装置中轴的两端各采用一个深沟球轴承支承，轴颈 $d = 35$ mm，转速 $n = 2000$ r/min，每个轴承承受径向载荷 $F_r = 2000$ N，常温下工作，载荷平稳，预期寿命 $L_{10h} = 8000$ h，试计算选择轴承。

9.15 据工作条件决定在某传动轴上安装一对角接触球轴承，反装排列，如图 9.30 所示。已知两个轴承的载荷分别为 $F_{r1} = 1470$ N，$F_{r2} = 2650$ N，外加轴向力 $F_A = 1000$ N，轴颈 $d = 40$ mm，转速 $n = 5000$ r/min，常温下运转，有中等冲击，预期寿命 $L_{10h} = 2000$ h，试计算选择轴承型号。

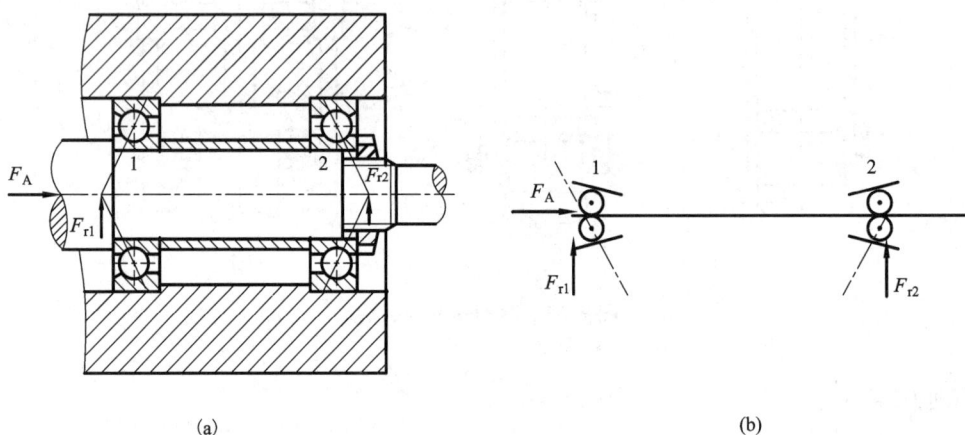

(a)   (b)

图 9.30

9.16 根据工作要求，选用内径 $d = 40$ mm 的圆柱滚子轴承。轴承的径向载荷 $F_r = 39200$ N，轴的转速 $n = 85$ r/min，运转条件正常，预期寿命 $L_{10h} = 1250$ h，试计算选择轴承型号。

9.17 某轴系部件用一对型号为 30311 的圆锥滚子轴承支承，轴承面对面安装。已知轴承 1 和轴承 2 的径向载荷分别为 $F_{r1} = 4000$ N，$F_{r2} = 5000$ N；轴的转速 $n = 750$ r/min，轴上作用的轴向载荷 $F_A = 2000$ N，方向如图 9.31 所示。轴承有中等冲击，工作温度不大于 120℃。试求：(1)确定两轴承内部派生轴向力的大小和方向；(2)轴承 1 和轴承 2 的轴向载荷 F_{a1} 和 F_{a2}；(3)轴承 1 和轴承 2 的当量动载荷 P_1 和 P_2；(4)这对滚动轴承的寿命。

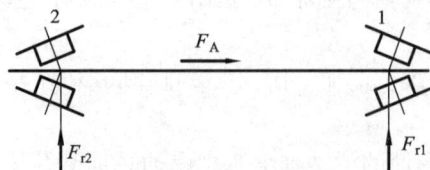

图 9.31

214

第 10 章　轴

【概述】　本章主要介绍轴的功用、类型、常用材料、结构设计及强度计算。要求：了解轴的功用、类型及常用材料；掌握轴的结构设计及强度计算；熟悉轴上零件的定位与固定方法；熟悉转轴、传动轴、心轴、轴肩等基本概念。

10.1　轴的功用、分类及设计主要内容

10.1.1　轴的功用及分类

轴是机器中的重要零件之一，用来支持旋转的机械零件，并传递运动和扭矩。

根据承受载荷的不同，轴可分为转轴、传动轴和心轴三种。转轴既传递转矩又承受弯矩，如齿轮减速器中的轴(图 10.1)；传动轴只传递转矩而不承受弯矩或弯矩很小，如汽车的传动轴(图 10.2)；心轴只承受弯矩而不传递转矩，如自行车的前轴(图 10.3)、铁路车辆轴(图 10.4)。

按轴线的形状轴还可分为：直轴、曲轴和挠性钢丝轴。曲轴常用于往复式机械中。挠性钢丝轴是由几层紧贴在一起的钢丝层构成的，可以把转矩和旋转运动灵活地传到任何位置，常用于振捣器等设备中。本章只研究直轴。

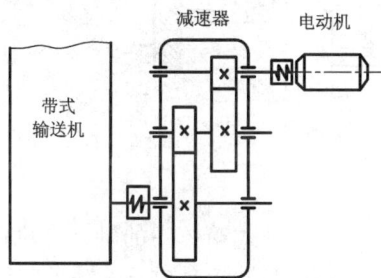

图 10.1　减速器中的轴

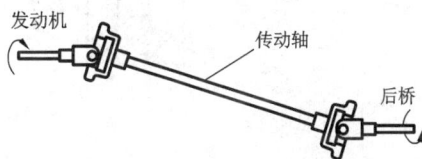

图 10.2　汽车传动轴

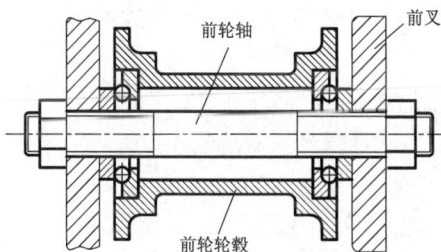

图 10.3　自行车前轴

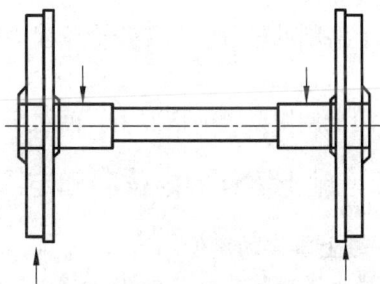

图 10.4　铁路车辆轴

10.1.2 轴设计主要内容

轴的设计,主要是根据工作要求并考虑制造工艺等因素,选用合适的材料,进行结构设计,经过强度和刚度计算,定出轴的结构形状和尺寸,必要时还要考虑振动稳定性。

10.2 轴的结构设计

10.2.1 拟定轴上零件的装配方案

轴的结构设计就是使轴的各部分具有合理的形状和尺寸。其主要要求是:①轴应便于加工及轴上零件要易于装拆;②轴和轴上零件要有准确的工作位置;③各零件要牢固而可靠地相对固定;④改善受力状况,减小应力集中。

下面逐项讨论这些要求,并结合下图所示的单级齿轮减速器的高速轴为例加以说明。

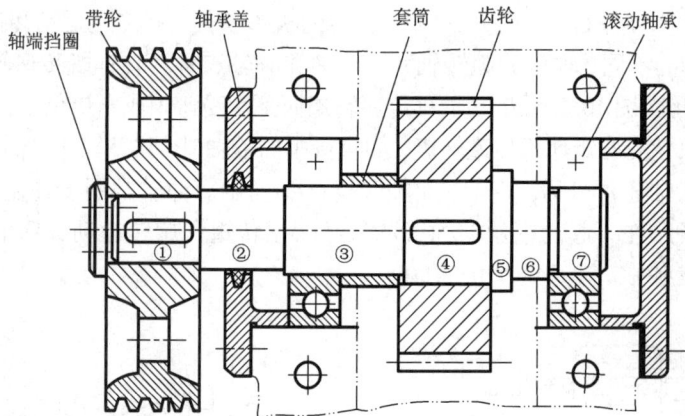

图 10.5 轴的结构设计

为便于轴上零件的装拆,常将轴做成阶梯形。对于一般剖分式箱体中的轴,它的直径从轴端逐渐向中间增大。如图 10.5 所示,可依次将齿轮、套筒、左端滚动轴承、轴承盖和带轮从轴的左端装拆,另一滚动轴承从右端装拆。为使轴上零件易于安装,轴端及各轴段的端部应有倒角。

轴上磨削的轴段,应有砂轮越程槽(图 10.5 中⑥与⑦的交界处);车制螺纹的轴段,应有退刀槽。

在满足使用要求的情况下,轴的形状和尺寸应力求简单,以便于加工。

10.2.2 轴上零件的定位和固定

1. 轴上零件的定位

阶梯轴上截面变化处叫做轴肩,起轴向定位作用。在图 10.5 中,④和⑤间的轴肩使齿轮在轴上定位;①和②间的轴肩使带轮定位;⑥和⑦间的轴肩使右端滚动轴承定位。

216

有些零件依靠套筒定位,如图 10.5 中的左端滚动轴承。

2. 轴上零件的固定

轴上零件的轴向固定,常采用轴肩、套筒、螺母或轴端挡圈(又称压板)等形式。在图 10.5 中,齿轮能实现轴向双向固定,齿轮受轴向力时,向右是通过④和⑤间的轴肩,并由⑥和⑦间的轴肩顶在右端滚动轴承内圈上;向左则通过套筒顶在左端滚动轴承内圈上。无法采用套筒或套筒太长时,可采用圆螺母加以固定(图 10.6)。带轮的轴向固定是靠①和②间的轴肩以及轴端挡圈。图 10.7 所示是轴端挡圈的一种型式。

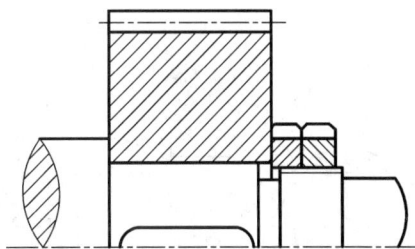

图 10.6 圆螺母加以固定

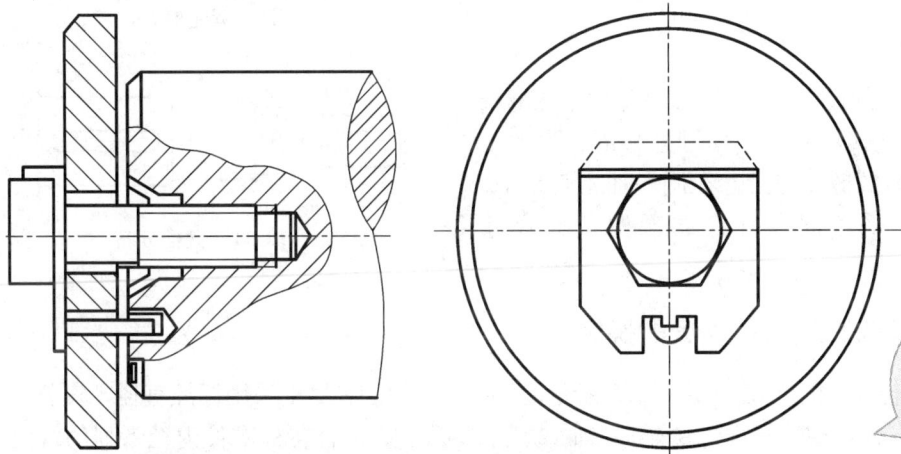

图 10.7 轴端挡圈固定

轴端挡圈固定

采用套筒、螺母、轴端挡圈作轴向固定时,应把装零件的轴段长度做得比零件轮毂短 2~3 mm,以确保套筒、螺母或轴端挡圈能靠紧零件端面。

为了保证轴上零件紧靠定位面(轴肩),轴肩的圆角半径 r 必须小于相配零件的倒角 C_1 或圆角半径 R,轴肩高 h 必须大于 C_1 或 R(图 10.8)。

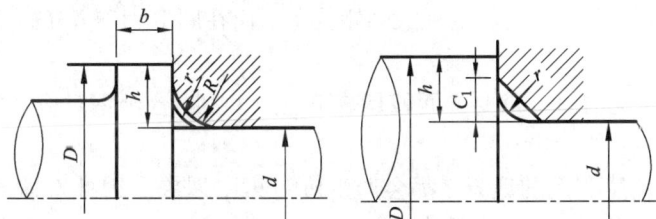

$$h \approx (0.07d+3) \sim (0.1d+5) \text{ mm}$$

图 10.8 轴肩的圆角与倒角

217

轴向力较小时，零件在轴上的固定可采用弹性挡圈(图10.9)或紧定螺钉(图10.10)。

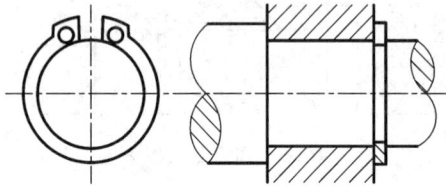

图10.9 弹性挡圈固定

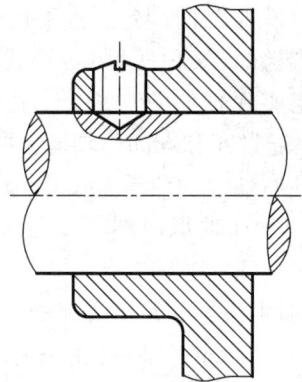

图10.10 紧定螺钉固定

轴上零件的周向固定，大多采用键、花键或过盈配合等连接形式。采用键连接时，为加工方便，各轴段的键槽应设计在同一加工直线上，并应尽可能采用同一规格的键槽截面尺寸(图10.11)。

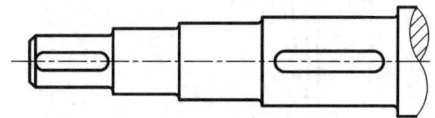

图10.11 键槽分布

10.2.3 各轴段直径和长度的确定

凡有配合要求的轴段，如图10.5所示的①段和④段，应尽量采用标准直径。安装滚动轴承、联轴器、密封圈等标准件的轴段，如②段和⑦段，应符合各标准件内径系列的规定。套筒的内径应与相配的轴径相同，并采用过度配合。

10.2.4 提高轴强度的常用措施

合理布置轴上的零件可以改善轴的受力状况。例如，图10.12所示为起重机卷筒的两种布置方案，图10.12(a)所示的结构中，大齿轮和卷筒联成一体，转矩经大齿轮直接传给卷筒，故卷筒轴只受弯矩而不传递扭矩，在起重同样载荷 W 时，轴的直径可小于图10.12(b)的结构。再如，当动力从一齿轮输入两齿轮输出时，为了减小轴上载荷，应将输入齿轮布置在中间，如图10.13(a)所示，这时轴的最大转矩为 T_1；而在图10.13(b)的布置中，轴的最大转矩为 $T_1 + T_2$。

改善轴的受力状况的另一重要方面就是减小应力集中。合金钢对应力集中比较敏感，尤需加以注意。

零件截面发生突然变化的地方，都会产生应力集中现象。因此对阶梯轴来说，在截面尺寸变化处应采用圆角过渡，圆角半径不宜过小，并尽量避免在轴上(特别是应力大的部位)开横孔、切口或凹槽。必须开横孔时，孔边要倒圆。在重要的结构中，可采用卸载槽 B [图10.14(a)]、过渡肩环[图10.14(b)]或凹切圆角[图10.14(c)]。在轮毂上做出卸载槽 B [图10.14(d)]，也能减小过盈配合处的局部应力。

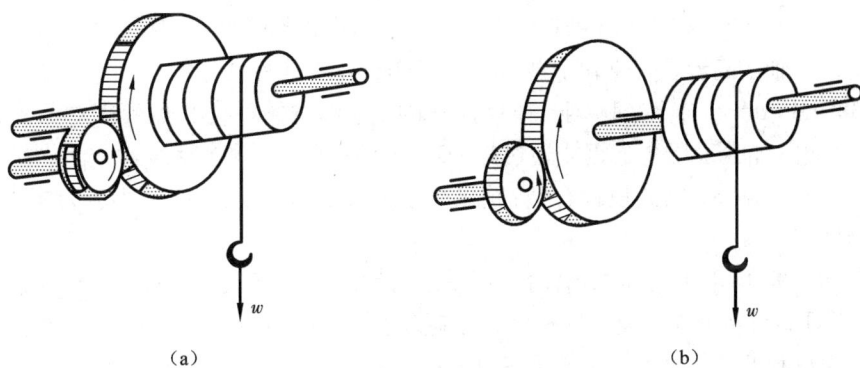

图 10.12　起重机卷筒的两种布置方案

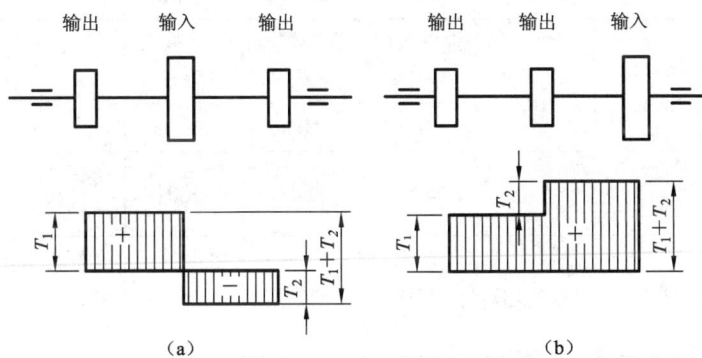

图 10.13　输入输出齿轮布置方案

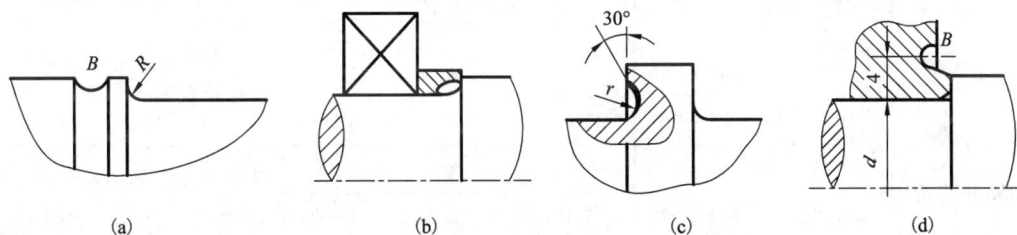

图 10.14　减小应力集中方法

10.3　轴的材料与工作能力计算

10.3.1　轴的材料

轴的材料常采用碳素钢和合金钢。

35、45 和 50 号等优质碳素结构钢因具有较高的综合力学性能，应用较多，其中以 45 号钢用得最为广泛。为了改善其力学性能，应进行正火或调质处理。不重要或受力较小的轴，可采用 Q235 和 Q275 等碳素结构钢。

合金钢具有较高的力学性能，但价格较贵，多用于有特殊要求的轴。例如：采用滑动轴承的高速轴，常用 20Cr 和 20CrMnTi 等低碳合金结构钢，经渗碳淬火后可提高轴颈耐磨性；汽轮发电机转子轴在高温、高速和重载条件下工作，必须具有良好的高温力学性能，常采用 40CrNi 和 38CrMoAlA 等合金结构钢。值得注意的是：钢材的种类和热处理对其弹性模量的影响甚小，因此，如欲采用合金钢或通过热处理来提高轴的刚度并无实效。此外，合金钢对应力集中的敏感性较高，因此设计合金钢轴时，更应从结构上避免或减小应力集中，并减小其表面粗糙度。

轴的毛坯一般用圆钢或锻件，有时也可采用铸钢或球墨铸铁。例如，用球墨铸铁制造曲轴、凸轮轴，具有成本低廉、吸振性较好、对应力集中的敏感性较低、强度较好等优点。

轴的常用材料及其主要力学性能见表 10.1。

表 10.1　轴的常用材料及其主要力学性能

材料及热处理	毛坯直径 /mm	硬度 HBS	强度极限 σ_B	屈服极限 σ_s	弯曲疲劳极限 σ_{-1}	应用说明
			MPa			
Q235			440	240	200	用于不重要或载荷不大的轴
35 正火	≤100	149~187	520	270	250	有好的塑性和适当的强度，可做一般曲轴、转轴等
45 正火	≤100	170~217	600	300	275	用于较重要的轴，应用最为广泛
45 调质	≤200	217~255	650	360	300	
40Cr 调质	25		1000	800	500	用于载荷较大，而无很大冲击的重要轴
	≤100	241~286	750	550	350	
	>100~300	241~265	700	550	350	
40MnB 调质	25		1100	800	485	性能接近于 40Cr，用于重要的轴
	≤200	241~286	750	500	335	
20Cr 渗碳淬火回火	15	表面 56~62HRC	850	550	375	用于要求强度、韧性及耐磨性均较高的轴
	≤60		650	400	280	

10.3.2　轴的强度计算及实例

轴的强度计算应根据轴的承载情况，采用相应的计算方法。常见的轴的强度计算方法有以下两种。

1. 按扭转强度计算

这种方法适用于只承受转矩的传动轴的精确计算，也可用于既受弯矩又受扭矩的轴的近似计算。

对于只传递转矩的圆截面轴,其强度条件为

$$\tau = \frac{T}{W_T} = \frac{9.55 \times 10^6 P}{0.2 d^3 n} \leqslant [\tau] \qquad (10-1)$$

式中:T 为轴所传递的转矩,N·mm;W_T 为轴的抗扭截面系数,mm^3;P 为轴所传递的功率,kW;n 为轴的转速,r/min;τ、$[\tau]$ 分别为轴的剪应力、许用剪应力,MPa;d 为轴的估算直径,mm。

对于既传递转矩又承受弯矩的轴,也可用上式初步估算的直径,设计公式为

$$d \geqslant \sqrt[3]{\frac{9.55 \times 10^6}{0.2[\tau]}} \sqrt[3]{\frac{P}{n}} \geqslant C \sqrt[3]{\frac{P}{n}} \qquad (10-2)$$

轴的常用材料的 C 值和 τ 值见表 10.2。

表 10.2 轴的常用材料的 C 值和 τ 值

轴的材料	Q235	35	45	40Cr, 35SiMn
$[\tau]$/MPa	12~20	20~30	30~40	40~52
C	135~160	118~135	107~118	98~107

注:当作用在轴上的弯矩比传递的转矩小或只传递转矩时,C 取较小值;否则取较大值。

此外,也可采用经验公式来估算轴的直径。例如在一般减速器中,高速输入轴的直径可按与其相连的电动机轴的直径 D 估算,$d = (0.8 \sim 1.2)D$;各级低速轴的轴径可按同级齿轮中心距 a 估算,$d = (0.3 \sim 0.4)a$。

2. 按弯扭合成强度计算

图 10.15 所示为一单级圆柱齿轮减速器的设计草图,图中各符号表示有关的长度尺寸。显然,当零件在草图上布置妥当后,外载荷和支承反力的作用位置即可确定。由此可作轴的受力分析及绘制弯矩图和转矩图。这时就可按弯扭合成强度计算轴径。

对于一般钢制的轴,可用第三强度理论(即最大切应力理论)求出危险截面的当量应力 σ_e,其强度条件为

$$\sigma_e = \sqrt{\sigma_b^2 + 4\tau^2} \leqslant [\sigma_b] \qquad (10-3)$$

式中:σ_b 为危险截面上弯矩 M 产生的弯曲应力,MPa;τ 为转矩 T 产生的扭切应力,MPa。对于直径为 d 的圆轴,

$$\sigma_b = \frac{M}{W} = \frac{M}{\pi d^3/32} \approx \frac{M}{0.1 d^3}, \quad \tau = \frac{T}{W_T} = \frac{T}{2W}$$

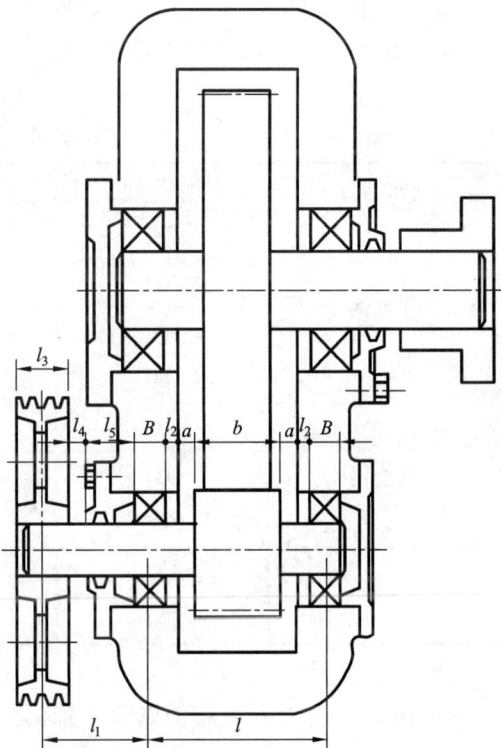

图 10.15 单级圆柱齿轮减速器的设计草图

式中：W 和 W_T 分别为轴的抗弯截面系数和抗扭截面系数，mm^3。

将 σ_b 和 τ 代入的强度条件式(10 – 3)，得

$$\sigma_e = \sqrt{\left(\frac{M}{W}\right)^2 + 4\left(\frac{T}{2W}\right)^2} = \frac{1}{W}\sqrt{M^2 + T^2} \leqslant [\sigma_b] \qquad (10-4)$$

由于一般转轴的弯曲应力为对称循环变应力，而扭切应力的循环特性往往不同，考虑两者循环特性不同的影响，对式(10 – 4)中的转矩 T 乘以折合系数 α，即

$$\sigma_e = \frac{M_e}{W} = \frac{1}{0.1d^3}\sqrt{M^2 + (\alpha T)^2} \leqslant [\sigma_{-1b}] \qquad (10-5)$$

式中：M_e 为当量弯矩，$M_e = \sqrt{M^2 + (\alpha T)^2}$；$\alpha$ 为根据转矩性质而定的折合系数。对不变的转矩，$\alpha = \dfrac{[\sigma_{-1b}]}{[\sigma_{+1b}]} \approx 0.3$；当转矩脉动变化时，$\alpha = \dfrac{\sigma_{-1b}}{\sigma_{0b}} \approx 0.6$；对于频繁正反转的轴，$\tau$ 可作为对称循环变应力，$\alpha = 1$。若转矩的变化规律不清楚，一般也按脉动循环处理；$[\sigma_{-1b}]$，$[\sigma_{0b}]$ 和 $[\sigma_{+1b}]$ 分别为对称循环、脉动循环及静应力状态下的许用弯曲应力。轴的许用弯曲应力见表 10.3。

对于有键槽的截面，应将计算出的轴径加大 4% 左右。若计算出的轴径大于结构设计初步估算的轴径，则表明结构图中轴的强度不够，必须修改结构设计；若计算出的轴径小于结构设计的估算轴径，且相差不很大，一般就以结构设计的轴径为准。

对于一般用途的轴，按上述方法设计计算即可。对于重要的轴，尚须作进一步的强度校核（如安全系数法），其计算方法可查阅有关参考书。

表 10.3 轴的许用弯曲应力

材料	σ_B/MPa	$[\sigma_{+1b}]$/MPa	$[\sigma_{0b}]$/MPa	$[\sigma_{-1b}]$/MPa
碳素钢	400	130	70	40
	500	170	75	45
	600	200	95	55
	700	230	110	65
合金钢	800	270	130	75
	900	300	140	80
	1000	330	150	90
铸钢	400	100	50	30
	500	120	70	40

例 10 – 1 试计算某减速器输出轴[图 10.16(a)]危险截面的直径。已知作用在齿轮上的圆周力 $F_t = 17400$ N，径向力 $F_r = 6410$ N，轴向力 $F_a = 2860$ N，齿轮节圆直径 $d = 146$ mm，作用在轴右端带轮上外力 $F = 4500$ N，$L = 193$ mm，$K = 206$ mm[图 10.16(b)]。

解：（1）求垂直面的支反力[图 10.16(c)]

$$R_{1V} = \frac{F_r \cdot \dfrac{L}{2} - F_a \cdot \dfrac{d}{2}}{L} = \frac{6410 \times \dfrac{193}{2} - 2860 \times \dfrac{146}{2}}{193} = 2123 \text{（N）}$$

$$R_{2V} = F_r - R_{1V} = 6410 - 2123 = 4287 \text{（N）}$$

（2）求水平面的支反力［图 10.16（e）］

$$R_{1H} = R_{2H} = \frac{F_t}{2} = \frac{17400}{2} = 8700 \text{（N）}$$

（3）F 力在支点产生的反力［图 10.16（g）］

$$R_{1F} = \frac{F \cdot K}{L} = \frac{4500 \times 206}{193} = 4803 \text{（N）}$$

$$R_{2F} = F + R_{1F} = 4500 + 4803 = 9303 \text{（N）}$$

外力 F 作用方向与带传动的布置有关，在具体布置尚未确定前，可按最不利的情况考虑，见本例（7）的计算。

（4）绘垂直面的弯矩图［图 10.16（d）］

$$M_{aV} = R_{2V} \cdot \frac{L}{2} = 4287 \times \frac{0.193}{2} = 414 \text{（N·m）}$$

$$M_{a'V} = R_{1V} \cdot \frac{L}{2} = 2123 \times \frac{0.193}{2} = 205 \text{（N·m）}$$

（5）绘水平面的弯矩图［图 10.16（f）］

$$M_{aH} = R_{1H} \cdot \frac{L}{2} = 8700 \times \frac{0.193}{2} = 840 \text{（N·m）}$$

（6）F 力产生的弯矩图［图 10.16（h）］

$$M_{2F} = F \cdot K = 4500 \times 0.206 = 927 \text{（N·m）}$$

$a-a$ 截面 F 力产生的弯矩为

$$M_{aF} = R_{1F} \cdot \frac{L}{2} = 4803 \times \frac{0.193}{2} = 463 \text{（N·m）}$$

（7）求合成弯矩图［图 10.16（i）］

考虑到最不利的情况，把矢量和 $\sqrt{M_{aV}^2 + M_{aH}^2}$ 与 M_{aF} 直接相加。

$$M_a = \sqrt{M_{aV}^2 + M_{aH}^2} + M_{aF} = \sqrt{414^2 + 840^2} + 463 = 1400 \text{（N·m）}$$

$$M_a' = \sqrt{M_{a'V}^2 + M_{aH}^2} + M_{aF} = \sqrt{205^2 + 840^2} + 463 = 1328 \text{（N·m）}$$

$$M_2 = M_{2F} = 927 \text{（N·m）}$$

（8）求轴上所受的扭矩［图 10.16（j）］

$$T = F_t \cdot \frac{d}{2} = 17400 \times \frac{0.146}{2} = 1270 \text{（N·m）}$$

（9）求危险截面的当量弯矩

从图可见，$a-a$ 截面最危险，其当量弯矩为

$$M_e = \sqrt{M_a^2 + (\alpha T)^2}$$

如认为轴的扭剪应力是脉动循环变应力，取折合系数 $\alpha = 0.6$，代入上式可得

$$M_e = \sqrt{1400^2 + (0.6 \times 1270)^2} \approx 1600 \text{（N·m）}$$

223

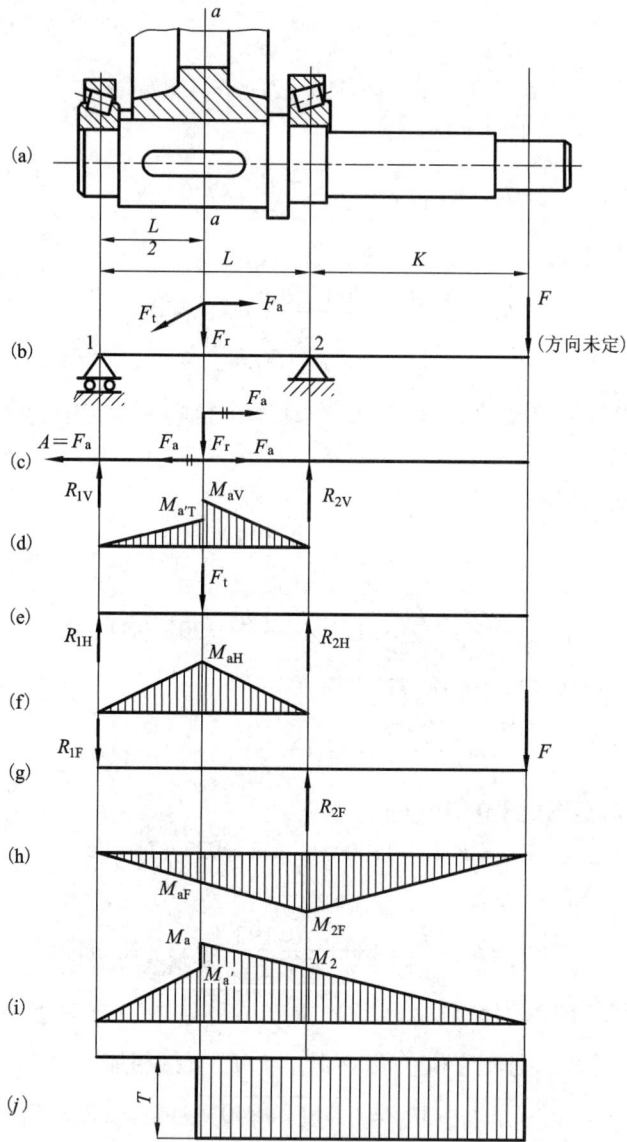

图 10.16 轴的强度计算

(10)计算危险截面处的直径

轴的材料选用45钢，调质处理，许用弯曲应力$[\sigma_{-1b}] = 60$ N/mm²，则

$$d \geqslant \sqrt[3]{\frac{M_e}{0.1[\sigma_{-1b}]}} = \sqrt[3]{\frac{1600 \times 10^3}{0.1 \times 60}} = 64.4 \ (\text{mm})$$

考虑到键槽对轴的削弱，将 d 加大4%，故

$$d = 1.04 \times 64.4 \approx 67 \ (\text{mm})$$

224

10.3.3　轴的刚度计算

轴受弯矩作用会产生弯曲变形(图 10.17),受转矩作用会产生扭转变形(图 10.18)。如果轴的刚度不够,就会影响轴的正常工作。例如电机转子轴的挠度过大,会改变转子与定子的间隙而影响电机的性能。又如机床主轴的刚度不够,将影响加工精度。因此,为了使轴不致因刚度不够而失效,设计时必须根据轴的工作条件限制其变形量,即

$$\left.\begin{array}{l} 挠度\ y \leqslant [y] \\ 转角\ \theta \leqslant [\theta] \\ 扭角\ \varphi \leqslant [\varphi] \end{array}\right\} \qquad (10-6)$$

式中:$[y]$,$[\theta]$ 和 $[\varphi]$ 分别为许用挠度、许用转角和许用扭角。

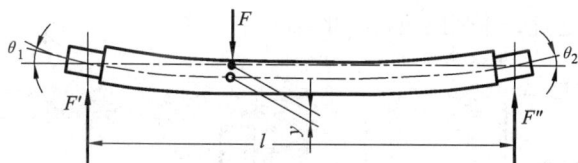

图 10.17　轴的弯曲变形

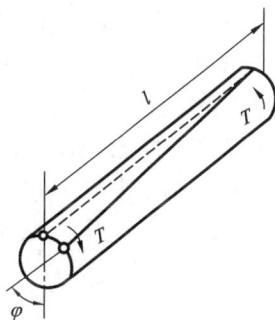

图 10.18　轴的扭转变形

计算轴在弯矩作用下所产生的挠度 y 和转角 θ 的方法很多。在材料力学课程中已研究过两种:①按挠度曲线的近似微分方程式积分求解;②变形能法。轴的许用变形量见表 10.4。

表 10.4　轴的许用变形量

变形种类	适用场合	许用值	变形种类	适用场合	许用值
挠度 /mm	一般用途的轴	$(0.0003 \sim 0.0005)l$	转角 /rad	滑动轴承	$\leqslant 0.001$
	刚度要求较高的轴	$\leqslant 0.0002l$		向心球轴承	$\leqslant 0.05$
	感应电机轴	$\leqslant 0.1\Delta$		调心球轴承	$\leqslant 0.05$
	安装齿轮的轴	$(0.01 \sim 0.05)m_a$		圆柱滚子轴承	$\leqslant 0.0025$
	安装蜗轮的轴	$(0.02 \sim 0.05)m$		圆锥滚子轴承	$\leqslant 0.0016$
	l——支承间跨距; Δ——电机定子与转子间的气隙; m_a——齿轮法面模数; m——蜗轮模数			安装齿轮处轴的截面	$0.001 \sim 0.002$
			每米长的扭角 /[(°)·m⁻¹]	一般传动	$0.5 \sim 1$
				较精密的传动	$0.25 \sim 0.5$
				重要传动	< 0.25

思考题及习题

10.1 根据载荷性质不同,轴可分为哪几类?试举例说明。

10.2 轴的结构设计的目的和主要要求是什么?

10.3 轴上零件的周向固定和轴向固定方式有哪几种?各适用于什么场合?

10.4 已知一传动轴传递的功率为 17 kW,转速 $n = 900$ r/min,如果轴上的扭切应力不许超过 40 MPa,试求该轴的直径。

10.5 已知一传动轴直径 $d = 32$ mm,转速 $n = 1725$ r/min,如果轴上的扭切应力不许超过 50 MPa,问该轴能传递多少功率?

10.6 已知一单级直齿圆柱齿轮减速器,用电动机直接驱动,电动机功率 $P = 22$ kW,转速 $n_1 = 1470$ r/min,齿轮的模数 $m = 4$ mm,齿数 $z_1 = 18$,$z_2 = 82$,若支承间跨距 $l = 180$ mm(齿轮位于跨距中央),轴的材料用 45 号钢调质,试计算输出轴危险截面处的直径 d。

10.7 轴的强度计算有几种方法?各适用于什么场合?

10.8 指出图 10.19 结构的不合理之处,并画出改进后的轴系结构图。

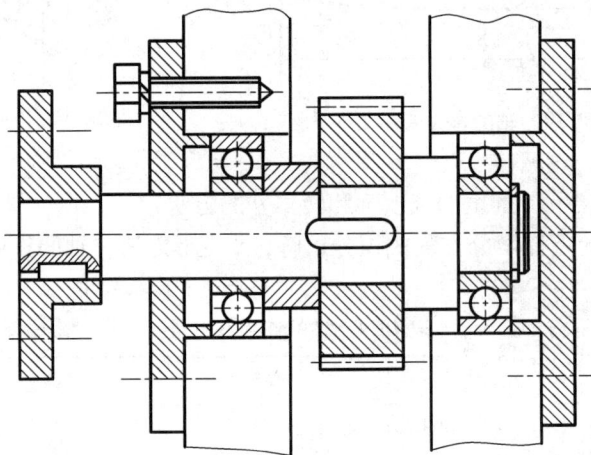

图 10.19 轴结构改错

第 11 章 键连接与销连接

【概述】 本章主要介绍键连接及销连接。要求：了解平键连接、半圆键连接、楔键连接、切向键连接、花键连接及销连接的结构与类型；掌握平键连接的尺寸选择及强度校核。

11.1 键连接

11.1.1 键连接的功用、分类、结构型式及应用

键连接主要用来连接轴和轴上零件使两者之间周向固定，从而传递运动和动力，有些类型的键还可以实现轴上零件的轴向固定或轴向移动。

键的类型很多，而且大多数已经标准化了，即键为标准零件。因此键连接的设计主要问题是：①选择类型即根据机器的特点和连接的具体使用要求以及各类键的特点选择；②选择尺寸即根据轴的尺寸 d 由标准选取键的剖面尺寸；③必要时进行强度校核；④决定公差和表面粗糙度。

1. 平键连接

特点：如图 11.1 所示，键的两侧面与轴及轮毂上的键槽配合较紧，工作时靠两侧面的挤压来传递扭矩，故两侧面为工作面，而键的上表面与轮毂槽底之间有间隙。平键结构简单、对中性好、装拆方便、加工容易，故应用广泛，但不能实现轴上零件的轴向固定。平键连接类型如下。

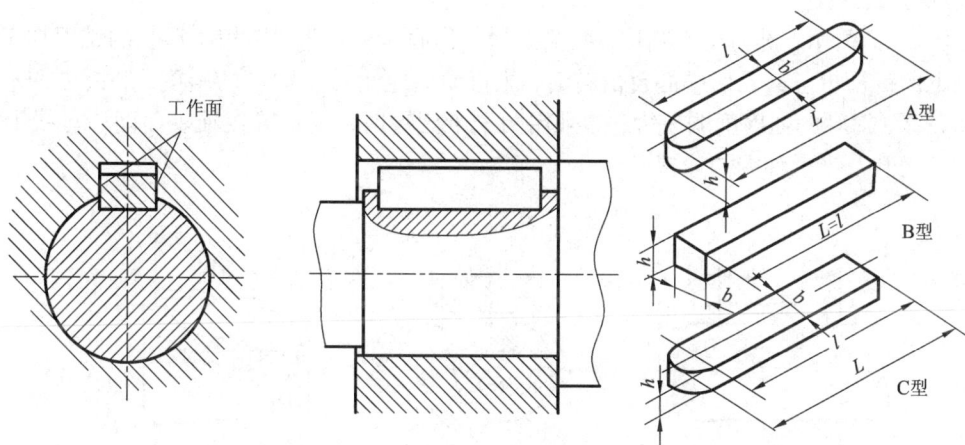

图 11.1 普通平键连接

（1）普通平键连接

如图 11.1 所示，用于静连接即轴与毂之间无相对轴向移动的连接，按键端部形状分为：

A 型：圆头，轴槽用端面铣刀加工，键在槽中固定良好，但槽端应力集中较大。

B 型：方头，轴槽用盘形铣刀加工，轴槽应力集中较小，但键需用紧定螺钉紧固在轴上。

C 型：半圆头，常用于轴端连接。

（2）导向平键和滑键

用于动连接即轴与毂之间有相对滑动的连接。

导向平键：如图 11.2（a）所示，键的长度是轮毂长度的两倍以上，其用螺钉固定在轴上，轴上零件能沿键作轴向移动，常用于轴上零件轴向移动量不大的场合。为便于键的拆卸，键中可加工一个起键螺孔。

滑键：如图 11.2（b）所示，键固定在轮毂上，轴上零件带着键在轴槽上作轴向移动，常用于轴上零件轴向移动量较大的场合。

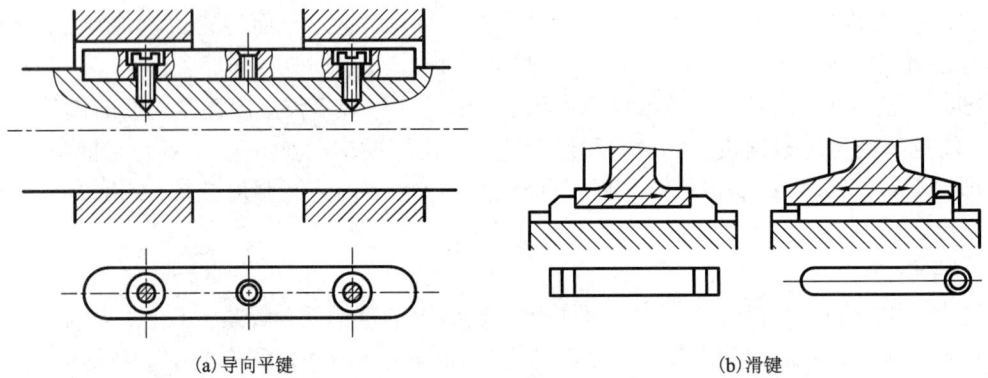

(a)导向平键　　　　　　　　　　　(b)滑键

图 11.2　导向平键和滑键

2. 半圆键连接

如图 11.3 所示，键为小半圆形，两侧面为工作面，轴上键槽用相应形状的铣刀加工，键可在轴上的键槽中绕其几何中心自由转动，能自动适应轮毂上键槽的斜度，装配方便。因轴上键槽较深，对轴的强度削弱较大，故采用两个半圆键时，应布置在轴表面同一母线上。主要适用于轻载及锥形轴端的连接。

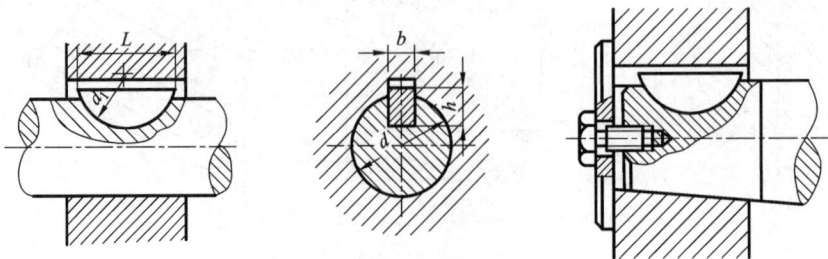

图 11.3　半圆键连接

228

3. 楔键连接

如图 11.4 所示，楔键连接的特点是键的上下面是工作面，键的上表面和轮毂底槽面有 1：100 的斜度，装配时需将键打入，靠楔紧作用传递扭矩，能轴向固定零件或承受较小的单向轴向力。缺点：轴和轮毂的配合产生偏心与偏斜。主要用在定心精度要求不高，载荷平稳和低速场合。其分为普通楔键和钩头楔键。

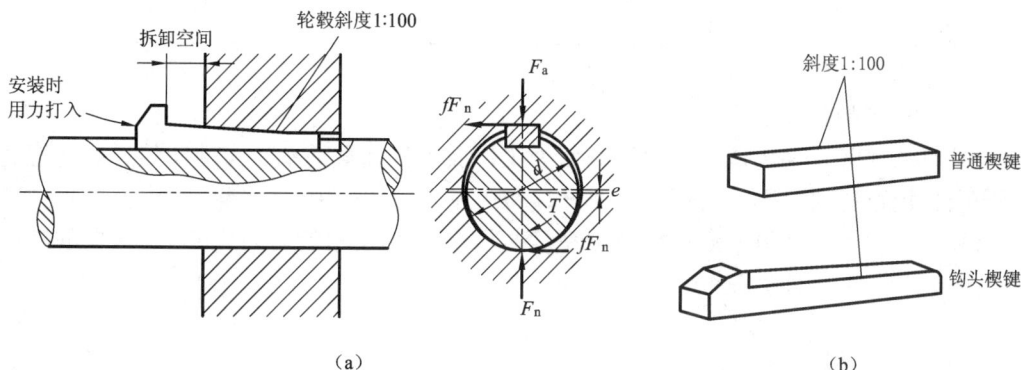

（a）　　　　　　　　　　　　　　　　　　（b）

图 11.4　楔键连接

4. 切向键连接

如图 11.5 所示，切向键连接由两个楔键组成，其上下面为工作面，其中之一的工作面通过轴心线的平面，使工作面上压力沿轴的切向作用，能传递很大的扭矩。当传递双向扭矩时，需用两个切向键成 120°～135°分布。主要用于轴径大于 100 mm 对中要求不高而载荷很大的重型机械中。

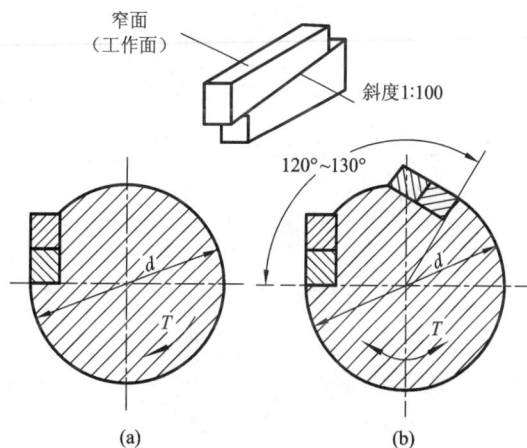

(a)　　　　　　　　　(b)

图 11.5　切向键连接

11.1.2　键连接的选择和平键连接的强度校核

1. 键连接的选择

（1）类型选择：键的类型应根据键连接的结构、使用特性及工作条件来选择。选择时应考虑：

①需传递扭矩的大小；

②轴上零件是否需轴向滑动及滑动距离的长短；

③对中性要求；

④是否需具有轴向固定作用；

⑤键在轴上的位置等。

（2）尺寸选择：键的主要尺寸为键的宽度 b、高度 h 和长度 L。设计时键的剖面尺寸 $b \times h$ 通常是根据轴的直径 d 由标准中选定（表 10.1），而键长 L 一般可根据轮毂宽度 B 而定，键长略短于轮毂宽度 5～10 mm，但必须符合（表 10.1）键的长度系列。

表 10.1　普通平键和普通楔键的主要尺寸   mm

轴的直径 d	6~8	>8~10	>10~12	>12~17	>17~22	>22~30	>30~38	>38~44
键宽 b × 键高 h	2×2	3×3	4×4	5×5	6×6	8×7	10×8	12×8
轴的直径 d	>44~50	>50~58	>58~65	>65~75	>75~85	>85~95	>95~110	>8110~130
键宽 b × 键高 h	14×9	16×10	18×11	20×12	22×14	25×14	18×16	32×18
键的长度系列 L	6, 8, 10, 12, 14, 16, 18, 20, 22, 25, 28, 32, 36, 40, 45, 50, 56, 63, 70, 80, 90, 100, 110, 125, 140, 180, 200, 220, 250, …							

2. 平键连接的强度校核

如图 11.6 所示，平键是以键的两侧面为工作面来传递载荷的，当轴所传递的扭矩为 T 时，键的两侧面受到挤压力 F 的作用，$F=2T/d$。在 F 力的作用下，键和键槽的侧面受挤压，键的剖面 a—a 受剪切，故平键连接的失效形式为：键、轴及轮毂上键槽三者中最弱的工作面被压溃；键沿 a—a 剖面剪断。

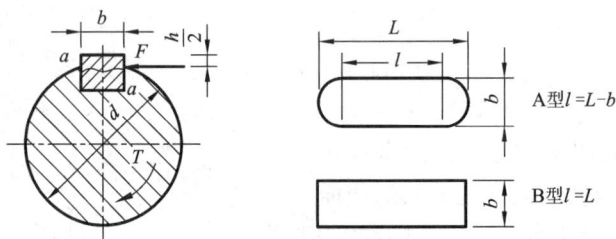

图 11.6　平键连接受力分析

挤压强度条件：

$$\sigma_p = \frac{F}{A} = \frac{\dfrac{2T}{d}}{\dfrac{lh}{2}} = \frac{4T}{dlh} \leqslant [\sigma]_p \qquad (11-1)$$

剪切强度条件：

$$\tau = \frac{2T}{dbl} \leqslant [\tau] \qquad (11-2)$$

对于动连接主要失效为磨损，故应进行耐磨性校核，所以耐磨性条件为：

$$p = \frac{4T}{dlh} \leqslant [p] \qquad (11-3)$$

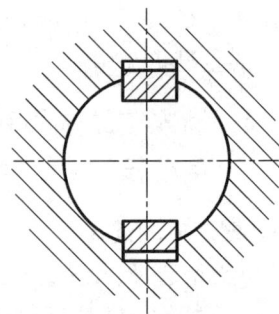

图 11.7　两个平键组成的连接

式中：l 为键的有效工作长度，mm。对普通平键连接：A 型 $l=L-b$，B 型 $l=L$，C 型 $l=L-b/2$。$[\sigma]_p$ 为许用挤压实力，MPa。$[\tau]$ 为许用剪应力，MPa。$[p]$ 为许用压力，MPa。$[\sigma]_p$ 和 $[p]$ 见表 11.2。

当用一个键强度不够时，则采用两个键，如图 11.7 所示，两个键按 180°布置，考虑到双键载荷分布不均匀性，在强度校核公式中按 1.5 个键计算。如果轮毂宽度能加宽，也可适当增加键长，但轮毂宽度一般不宜超过 2.5d，否则载荷沿键长的分布不均匀严重。当采用两个键仍不能满足要求时，则应采用花键连接。

表 11.2　键连接的许用挤压应力、许用压力　　　　　　　　　　　　　MPa

许用值	轮毂材料	载荷性质		
		静载荷	轻微冲击	冲击
$[\sigma_\text{p}]$/MPa	钢	125 ~ 150	100 ~ 120	60 ~ 90
	铸铁	70 ~ 80	50 ~ 60	30 ~ 45
$[p]$/MPa	钢	50	40	30

11.2　花键连接

11.2.1　花键连接的类型、特点和应用

如图 11.8 所示,花键连接由多个键齿构成,相当于多个平键组合起来作用,工作时靠齿的侧面受挤压来传递扭矩,工作面为两侧面。花键具有承载能力高、齿浅、对轴的削弱轻、应力集中小、定心好、导向性好等优点,但加工需专门设备、量具和刀具,成本高,它适用于重载或变载和定心精度要求较高的静、动连接,尤其适用于经常滑移的场合。

花键连接可分为矩形花键和渐开线花键。

(1)矩形花键。如图 11.9 所示,加工方便,并可用磨削方法获得较高的精度,故一般最常用。它有三种定心方式:外径定心[图 11.10(a)],定心精度高、成本低、轮毂硬度小于 40HRC;内径定心[图 11.10(b)],定心精度高、成本高、轮毂硬度大于 40HRC;齿侧定心[图 11.10(c)],定心精度低、各齿受力均匀。

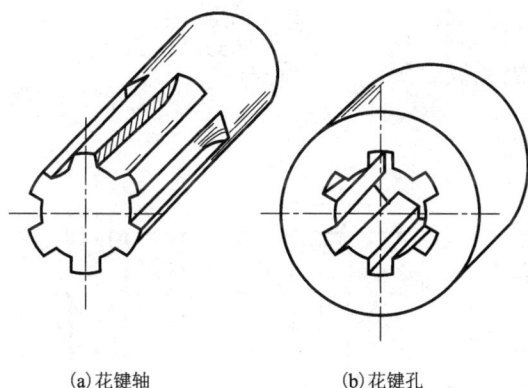

(a)花键轴　　　　　(b)花键孔

图 11.8　花键连接

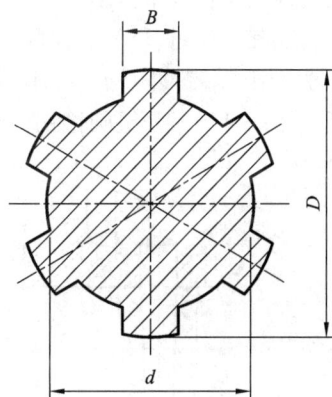

图 11.9　矩形花键

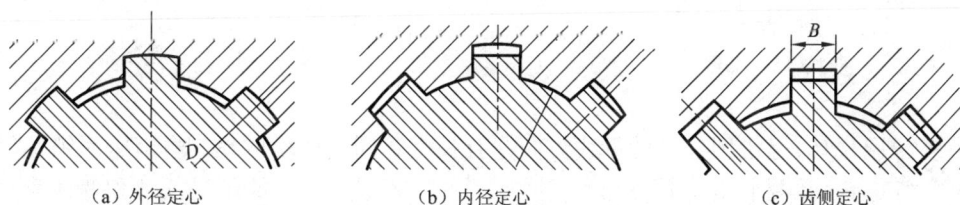

（a）外径定心　　　　　　（b）内径定心　　　　　　（c）齿侧定心

图 11.10　矩形花键定心方式

231

（2）渐开线花键。如图 11.11 所示，齿根较厚、齿根圆角较大、连接强度高、寿命长，可利用制造齿轮的各种加工方法，工艺性好，当尺寸较小时拉刀成本高。适用于载荷较大，定心精度要求高及尺寸较大的连接。定心方式为齿侧定心。

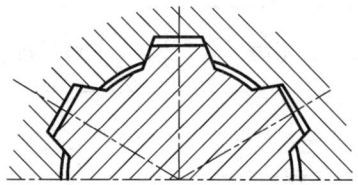

图 11.11　渐开线花键

11.2.2　花键连接强度计算

　　花键连接的设计与平键连接的设计步骤相同，首先也是根据连接的结构特点、使用要求和工作条件选定花键的类型和尺寸，然后进行必要的强度校核。其主要失效形式仍是：工作面被压溃（静连接）及工作面过度磨损（动连接），一般只验算挤压强度和耐磨性。具体计算方法可参考有关设计手册。

11.3　销连接

　　销连接通常只传递不大的载荷或作为安全装置，另一作用是固定零件的相互位置，它是组合加工和装配时的重要辅助零件。

　　销可分为圆柱销、圆锥销、开口销、槽销及特殊形状的销。

　　圆柱销（图 11.12）靠过盈固定在孔中，不能多次装拆，否则定位精度下降。

　　圆锥销（图 11.13）有 1∶50 的锥度，可反复多次拆装。为便于拆装及防松，可用特殊形状的销如螺纹圆锥销（图 11.14）、开尾圆锥销（图 11.15）等。

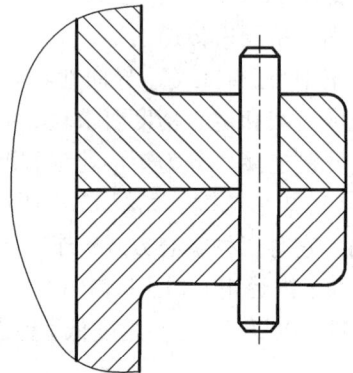

图 11.12　圆柱销

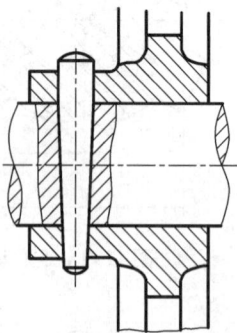

图 11.13　圆锥销

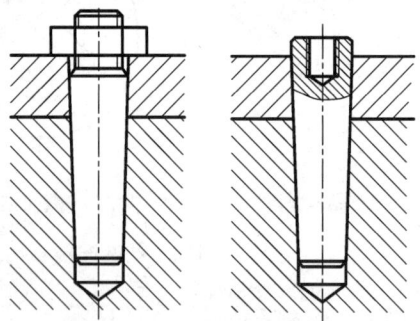

图 11.14　螺纹圆锥销

　　槽销（图 11.16）是沿圆柱面的母线方向开有长度不同的凹槽的销，槽销压入销孔后，凹槽产生收缩变形，借材料的弹性变形固定在销孔中，不易松动，能承受振动和变载荷，不铰孔，可多次装拆。槽销有圆柱槽销（图 11.17）、圆锥槽销（图 11.18）等。

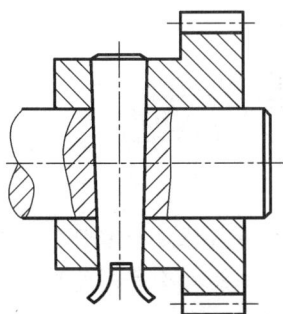

图 11.15　开尾圆锥销

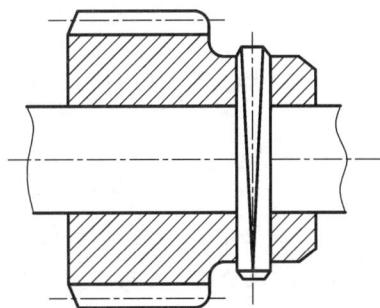

图 11.16　槽销

图 11.17　圆柱槽销

图 11.18　圆锥槽销

思考题及习题

11.1　试述平键连接和楔键连接的工作特点及应用场合。

11.2　一个轴段上同时采用两个平键、半圆键、切向键时,应如何布置?

11.3　花键连接的应用特点是什么? 主要用于何种场合?

11.4　销连接的作用是什么? 有那些类型?

11.5　设计一齿轮与轴的平键连接。已知轴的直径 $d = 90$ mm, 轮毂宽 $B = 110$ mm, 轴传递的扭矩 $T = 1800$ N·m, 载荷平稳, 轴、键、齿轮材料均为钢。

第12章   其他连接零部件

【概述】   本章主要介绍联轴器、离合器、制动器及弹簧等其他连接零部件。要求：了解联轴器与离合器的功用、常用类型及结构；了解制动器的工作原理及常见类型；了解弹簧的功用及类型；熟悉联轴器的选用方法。

12.1   联轴器

联轴器应用

联轴器和离合器主要用于轴与轴之间的连接，使它们一起回转并传递转矩。用联轴器连接的两根轴，只有在机器停车后，经过拆卸才能把它们分离。用离合器连接的两根轴，在机器工作中就能方便地使它们分离或接合。

联轴器分刚性和弹性两大类。刚性联轴器由刚性传力件组成，又可分为固定式和可移式两类。固定式刚性联轴器不能补偿两轴的相对位移；可移式刚性联轴器能补偿两轴的相对位移。弹性联轴器包含有弹性元件，能补偿两轴的相对位移，并具有吸收振动和缓和冲击的能力。

联轴器和离合器大都已标准化了。一般可先依据机器的工作条件选定合适的类型，然后按照计算转矩、轴的转速和轴端直径从标准中选择所需的型号和尺寸。必要时还应对其中某些零件进行验算。

计算转矩 T_c 已将机器启动时的惯性力和工作中的过载等因素考虑在内。联轴器和离合器的计算转矩可按下式确定：

$$T_c = K_A T \qquad\qquad (12-1)$$

式中：T 为名义转矩；K_A 为工作情况系数，见表12.1。

表12.1   工作情况系数 K_A

工作机	原动机为电动机时
转矩变化的机械：如发电机、小型通风机、小型离心泵	1.3
转矩变化较小的机械：如透平压缩机、木工机械、输送机	1.5
转矩变化中等的机械：如搅拌机、增压机、有飞轮的压缩机	1.7
转矩变化和冲击载荷中等的机械：如织布机、水泥搅拌机、拖拉机	1.9
转矩变化和冲击载荷大的机械：如挖掘机、起重机、碎石机、造纸机械	2.3

1. 固定式刚性联轴器

联轴器的种类很多,本章仅介绍几种有代表性的结构。

固定式刚性联轴器中应用最广的是凸缘联轴器。如图 12.1 所示,它是用螺栓连接两个半联轴器的凸缘,以实现两轴连接的。这种联轴器有两种主要的结构型式:图 12.1(a)所示为普通凸缘联轴器,通常靠铰制孔用螺栓来连接并实现两轴对中;图 12.1(b)所示为有对中榫的凸缘联轴器,靠普通螺栓来连接并靠凸肩和凹槽(即对中榫)来实现两轴对中。

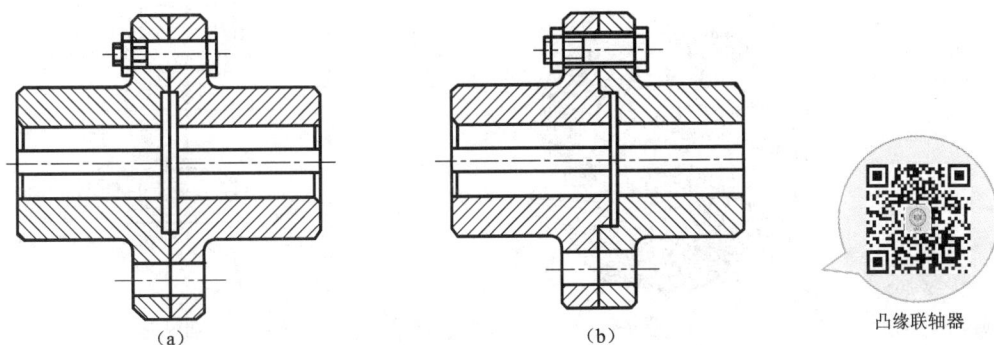

凸缘联轴器

(a)　　　　　　　　　　　　(b)

图 12.1　凸缘联轴器

制造凸缘联轴器时,应准确保持半联轴器的凸缘端面与孔的轴线垂直,安装时应使两轴精确对中。

半联轴器的材料通常为铸铁,当受重载或圆周速度 $v > 30$ m/s 时,可采用铸钢或锻钢。

凸缘联轴器的结构简单、使用方便、可传递的转矩较大,但不能缓冲减振。常用于载荷较平稳的两轴连接。

2. 可移式刚性联轴器

由于制造、安装误差或工作时零件的变形等原因,被连接的两轴不一定都能精确对中,因此就会出现两轴间的轴向位移 x[图 12.2(a)]、径向位移 y[图 12.2(b)]、角位移 α[图 12.2(c)],以及由这些位移组合的综合位移。如果联轴器没有适应这种相对位移的能力,就会在联轴器、轴和轴承中产生附加载荷,甚至引起强烈振动。

可移式刚性联轴器的组成零件间可构成动连接,它具有某一方向或几个方向的活动度,因此能补偿两轴的相对位移。常用的可移式刚性联轴器有以下几种:

1)齿式联轮器

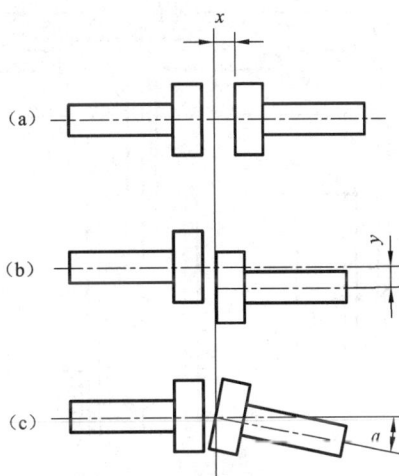

图 12.2　轴线的相对位移

齿式联轴器是由两个有内齿的外壳 3 和两个有外齿的套筒 4 所组成[图 12.3(a)]。套筒与轴用键相联,两个外壳用螺栓 2 联成一体,外壳与套筒之间设有密封圈 1。内齿轮齿数和外齿轮齿数相等。轮齿通常采用压力角为 20° 的渐开线齿廓。工作时靠啮合的轮齿传递转矩。由于轮齿间留有较大的间隙和外齿轮的齿顶制成球形[图 12.3(b)]，所以能补偿两轴的不对中和偏斜(图 12.4)。为了减小轮齿的磨损和相对移动时的摩擦阻力，在外壳内贮有润滑油。

齿式联轴器允许角位移在 30′以下，若将外齿轮做成鼓形齿[图 12.3(b)]，则允许角位移可达 3°。

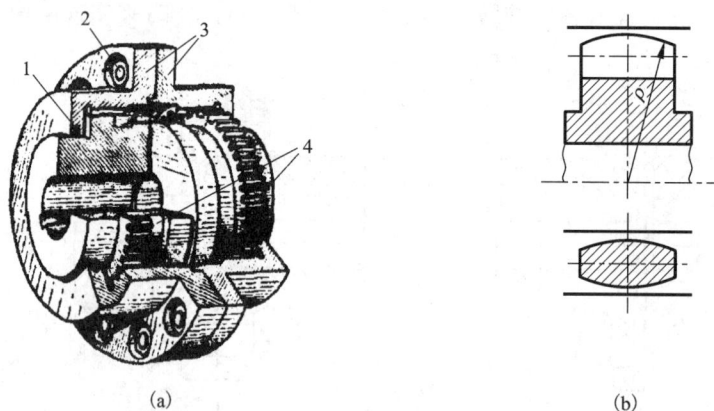

(a)

(b)

图 12.3　齿式联轴器

齿式联轴器的优点是能传递很大的转矩和补偿适量的综合位移，因此常用于重型机械中。但是，当传递巨大转矩时，齿间的压力也随着增大，使联轴器的灵活性降低，而且其结构笨重、造价较高。

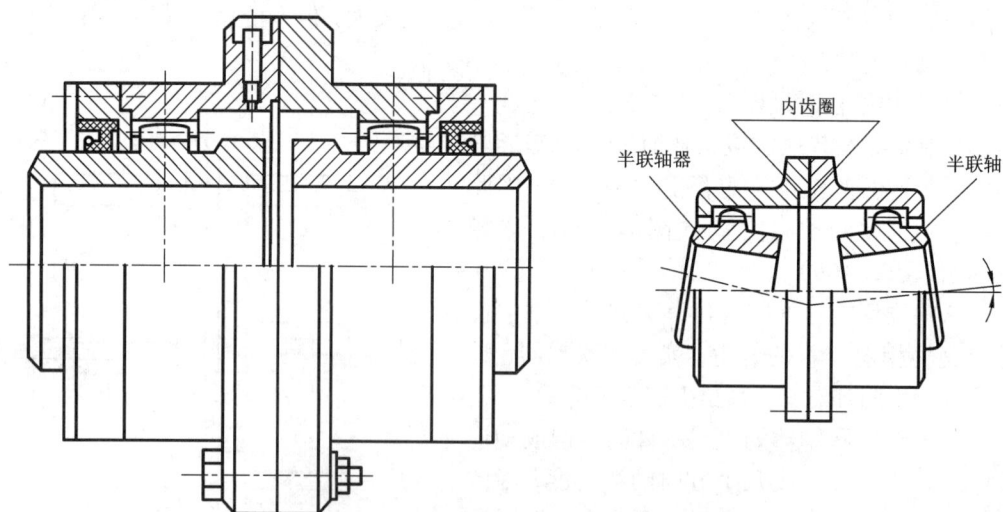

图 12.4　齿式联轴器补偿相对位移的情况

2)滑块联轴器

滑块联轴器是由两个端面开有径向凹槽的半联轴器 1 和 3 和两端各具凸榫的中间滑块 2 所组成(图 12.5)。中间滑块两端面上的凸榫相互垂直，分别嵌装在两个半联轴器的凹槽中，构成移动副。如果两轴线不对中或偏斜、运转时滑块将在凹槽内滑动，所以凹槽和滑块的工

236

作面间要加润滑剂。若两轴不对中，当转速较高时，由于滑块的偏心将会产生较大的离心力和磨损，并给轴和轴承带来附加动载荷，因此它只适用于低速，轴的转速一般不超过 300 r/min。滑块联轴器允许的径向位移（即偏心距）$y \leq 0.04d$（d 为轴的直径），角位移 $\alpha \leq 30°$。

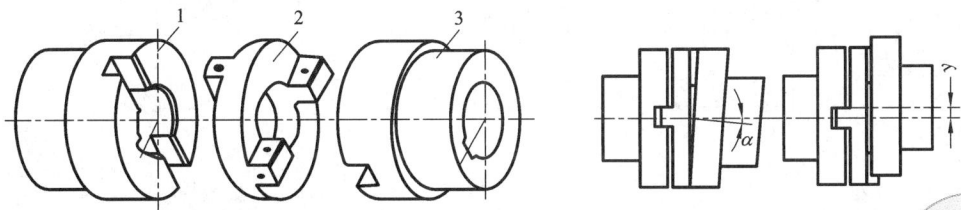

图 12.5　滑块联轴器

滑块联轴器

3）万向联轴器

图 12.6 所示为以十字轴为中间件的万向联轴器。十字轴的四端用铰链分别与轴 1、轴 2 上的叉形接头相联。因此，当一轴的位置固定后，另一轴可以在任意方向偏斜 α，角位移 α 可达 40°～45°。为了增加其灵活性，可在铰链处配置滚针轴承（图中未标出）。

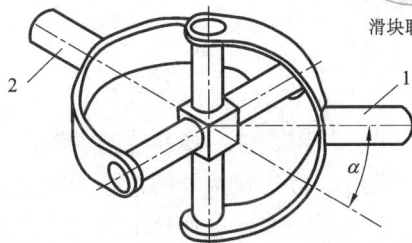

单个万向联轴器两轴的瞬时角速度并不是时时相等的，即当主动轴 1 以等角速度回转时，从

图 12.6　万向联轴器示意图

动轴 2 作变角速度转动，从而引起动载荷，对使用不利。为了克服单个万向联轴器的上述缺点，机器中常将万向联轴器成对使用，如图 12.7 所示。这种由两个万向联轴器组成的装置称为双万向联轴器。对于连接相交或平行二轴的双万向联轴器，欲使主、从动轴的角速度相等，必须满足两个条件：①主动轴 1、从动轴 2 与中间件 C 的夹角必须相等，即 $\alpha_1 = \alpha_2$，②中间件两端的叉面必须位于同一平面内。

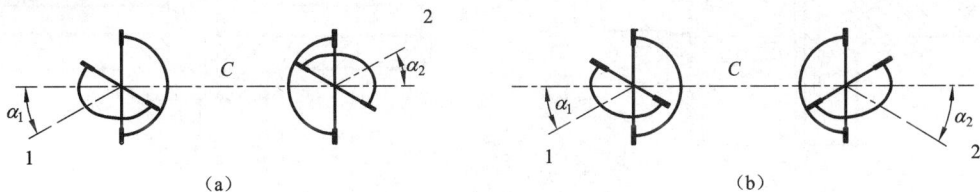

万向联轴器

图 12.7　双向联轴器示意图

显然，中间件本身的转速是不均匀的。但因它的惯性小，由它产生的动载荷、振动等一般不致引起显著危害。

小型双万向联轴器的实际结构如图 12.8 所示，通常用合金钢制造。

3. 弹性联轴器

1）弹性套柱销联轴器

弹性套柱销联轴器结构上和凸缘联轴器很近似，但是两个半联轴器的连接不用螺栓，而

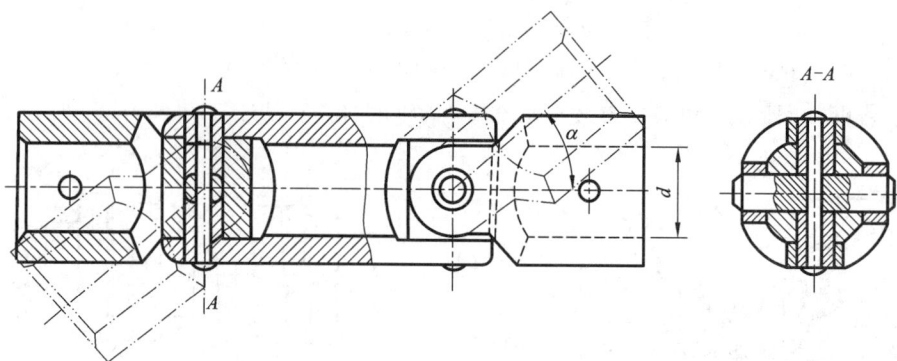

图 12.8　小型双万向联轴器结构图

小型双万向联轴器

是用带橡胶弹性套的柱销，如图 12.9 所示。为了更换橡胶套时简便而不必拆移机器，设计中应注意留出距离 A；为了补偿轴向位移，安装时应注意留出相应大小的间隙 c，弹性套柱销联轴器在高速轴上应用得十分广泛。

2）弹性柱销联轴器

如图 12.10 所示，弹性柱销联轴器是利用若干非金属材料制成的柱销置于两个半联轴器凸缘的孔中，以实现两轴的连接。柱销通常用尼龙制成，而尼龙具有一定的弹性。弹性柱销联轴器的结构简单，更换柱销方便。为了防止柱销滑出，在柱销两端配置挡板。装配挡板时应注意留出间隙。

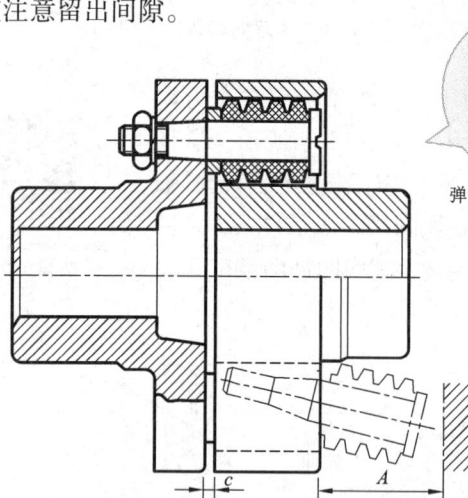

弹性套柱销联轴器

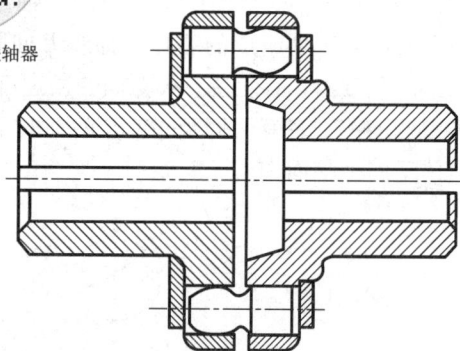

图 12.9　弹性套柱销联轴器

图 12.10　弹性柱销联轴器

上述两种联轴器中，动力从主动轴通过弹性件传递到从动轴。因此，它能缓和冲击、吸收振动。适用于正反向变化多、启动频繁的高速轴。最大转速可达 8000 r/min，使用温度范围为 $-20 \sim 60 ℃$。

这两种联轴器能补偿较大的轴向位移。依靠弹性柱销的变形，允许有微量的径向位移和角位移。但若径向位移或角位移较大，则会引起弹性柱销的迅速磨损，因此采用这两种联轴器时仍须较仔细地安装。

238

3）轮胎式联轴器

轮胎式联轴器的结构如图 12.11 所示，中间为橡胶制成的轮胎环，用止退垫板与半联轴器连接。它的结构简单可靠，易于变形，因此它允许的相对位移较大，角位移可达 5°~12°，轴向位移可达 0.02D，径向位移可达 0.01D，D 为联轴器外径。

轮胎式联轴器适用于启动频繁、正反向运转、有冲击振动、两轴间有较大的相对位移量、以及潮湿多尘之处。它的径向尺寸庞大，但轴向尺寸较窄，有利于缩短串接机组的总长度。它的最大转速可达 5000 r/min。

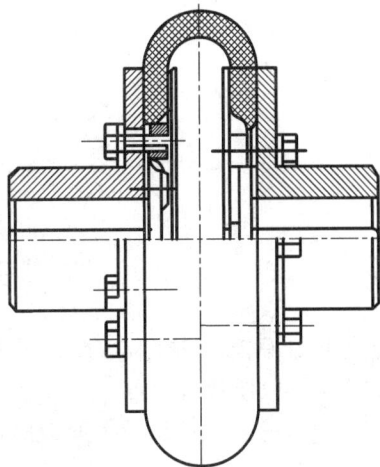

图 12.11　轮胎式联轴器

12.2　离合器

用离合器连接的两根轴，在机器工作中就能方便地使它们分离或接合。

离合器主要分牙嵌式和摩擦式两类。另外，还有电磁离合器和自动离合器。电磁离合器在自动化机械中作为控制转动的元件而被广泛应用。自动离合器能够在特定的工作条件下（如一定的转矩、一定的转速或一定的回转方向）自动接合或分离。

1．牙嵌离合器

牙嵌离合器是由两个端面带牙的套筒所组成（图 12.12），其中套筒 1 紧配在轴上，而套筒 2 可以沿导向平键 3 在另一根轴上移动。利用操纵杆移动滑环 4 可使两个套筒接合或分离。为避免滑环的过量磨损，可动的套筒应装在从动轴上。为便于两轴对中，在套筒 1 中装有对中环 5，从动轴端则可在对中环中自由转动。

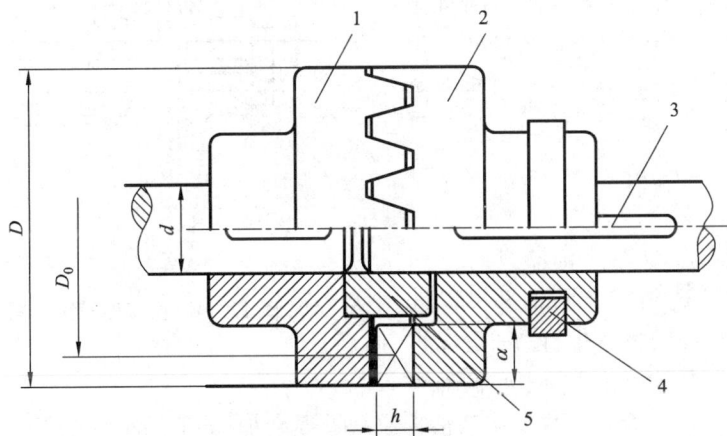

离合器应用
（超越离合器）

图 12.12　牙嵌离合器

离合器牙的形状有三角形、梯形和锯齿形（图 12.13）。三角形牙传递中、小转矩，牙数为 15~60，梯形、锯齿形牙可传递较大的转矩，牙数为 3~15。梯形牙可以补偿磨损后的牙侧间隙。

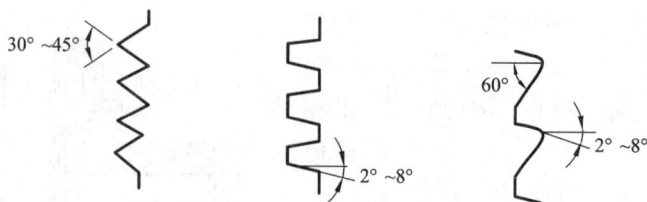

图 12.13　牙嵌离合器的牙形

锯齿形牙只能单向工作，反转时由于有较大的轴向分力，会迫使离合器自行分离。各牙应精确等分，以使载荷均布。

牙嵌离合器的承载能力主要取决于牙根处的弯曲强度。对于操作频繁的离合器，尚需验算牙面的压强，由此控制磨损。

牙嵌离合器结构简单，外廓尺寸小，能传递较大的转矩，故应用较多。但牙嵌离合器只宜在两轴不回转或转速差很小时进行接合，否则牙齿可能会因受撞击而折断。

牙嵌离合器的常用材料为低碳合金钢（如 20Cr，20MnB），经渗碳淬火等处理后使牙面硬度达到 56～62HRC。有时也采用中碳合金钢（如 40Cr，45MnB），经表面淬火等处理后硬度达 48～58HRC。

牙嵌离合器可以借助电磁线圈的吸力来操纵，称为电磁牙嵌离合器。电磁牙嵌离合器通常采用嵌入方便的三角形细牙。它依据信息而动作，所以便于遥控和程序控制。

2. 圆盘摩擦离合器

圆盘摩擦离合器有单片式和多片式两种。

图 12.14 所示为单片式摩擦离合器的简图，其中圆盘 1 紧配在主动轴上，圆盘 2 可以沿导键在从动轴上移动。移动滑环 3 可使两圆盘接合或分离。工作时轴向压力 F_a 使两圆盘的工作表面产生摩擦力。设摩擦力的合力作用在摩擦半径 R_f 的圆周上，则可传递的最大转矩为

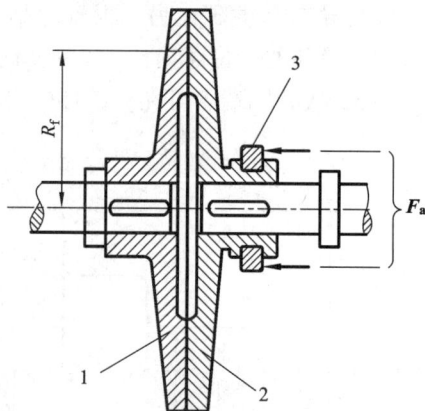

图 12.14　圆盘摩擦离合器

$$T_{max} = F_a f R_f \qquad (12-2)$$

式中：f 为摩擦系数。

与牙嵌离合器比较，摩擦离合器具有下列优点：①在任何不同转速条件下两轴都可以进行接合；②过载时摩擦面间将发生打滑，可以防止损坏其他零件；③接合较平稳，冲击和振动较小。

摩擦离合器在正常的接合过程中，从动轴转速从零逐渐加速到主动轴的转速，因而两摩擦面间不可避免地会发生相对滑动。这种相对滑动要消耗一部分能量，并引起摩擦片的磨损和发热。

单片式摩擦离合器多用于转矩在 2000 N·m 以下的轻型机械（如包装机械、纺织机械）。

图 12.15（a）所示为多片式摩擦离合器，图中主动轴 1 与外壳 2 相连接，从动轴 3 与套筒 4 相连接。外壳内装有一组摩擦片 5 如图 12.15（b）所示，它的外缘凸齿插入外壳 2 的纵向凹

槽内，因而随外壳 2 一起回转，它的内孔不与任何零件接触。套筒 4 上装有另一组摩擦片 6 如图 12.15(c) 所示，它的外缘不与任何零件接触，而内孔凸齿与套筒 4 上的纵向凹槽相连接，因而带动套筒 4 一起回转。这样，就有两组形状不同的摩擦片相间叠合，如图 12.15(a) 所示。图中位置表示杠杆 8 经压板 9 将摩擦片压紧，离合器处于接合状态。若将滑环 7 向右移动，杠杆 8 逆时针方向摆动，压板 9 松开，离合器即分离。若把图 12.15(c) 中的摩擦片改用图 12.15(d) 的形状，则分离时摩擦片能自行弹开。另外，调节螺母 10 用来调整摩擦片间的压力。

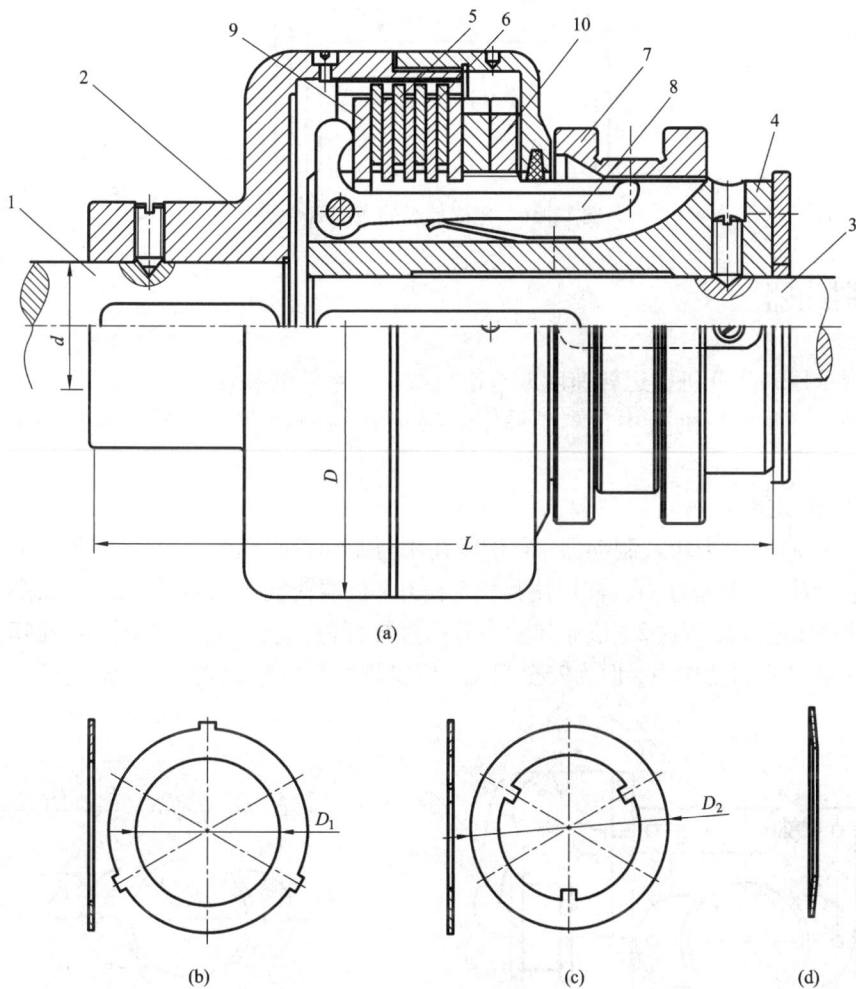

(a)

(b)　　　　　　　　　　　(c)　　　　　　　　(d)

图 12.15　多片式离合器

摩擦片材料常用淬火钢片或压制石棉片。摩擦片数目多，可以增大所传递的转矩。但片数过多，将使各层间压力分布不均匀，所以一般不超过 12～15 片。

摩擦离合器也可用电磁力来操纵。如图 12.16 所示，在电磁操纵的摩擦离合器中，当直流电经接触环 1 导入电磁线圈 2 后，产生磁力吸引衔铁 5 将两组摩擦片 3 和 4 压紧，离合器处于接合状态。当电流切断时，磁力消失，依靠复位弹簧 6 将衔铁推开，使两组摩擦片松开。离合器处于分离状态。

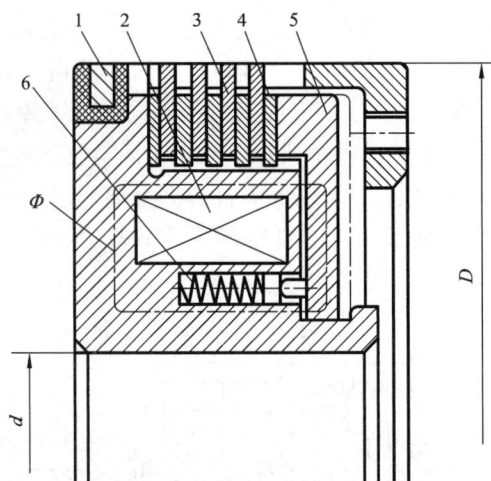

图 12.16 电磁操纵的摩擦离合器

12.3 制动器

制动器是用来降低机械运转速度或迫使机械停止运转的装置。

在车辆、起重机等机械中，广泛采用各种形式的制动器。以下介绍几种常见的结构形式。

1. 块式制动器

图 12.17(a)所示为块式制动器，它借助瓦块与制动轮间的摩擦力来制动。通电时，励磁线圈 1 吸住衔铁 2，再通过一套杠杆使瓦块 5 松开，机器使能自由运转。当需要制动时，则切断电流，励磁线圈释放衔铁 2，依靠弹簧力并通过杠杆使瓦块 5 抱紧制动轮 6。制动器也可以安排为在通电时起制动作用，但为安全起见，应安排在断电时起制动作用。

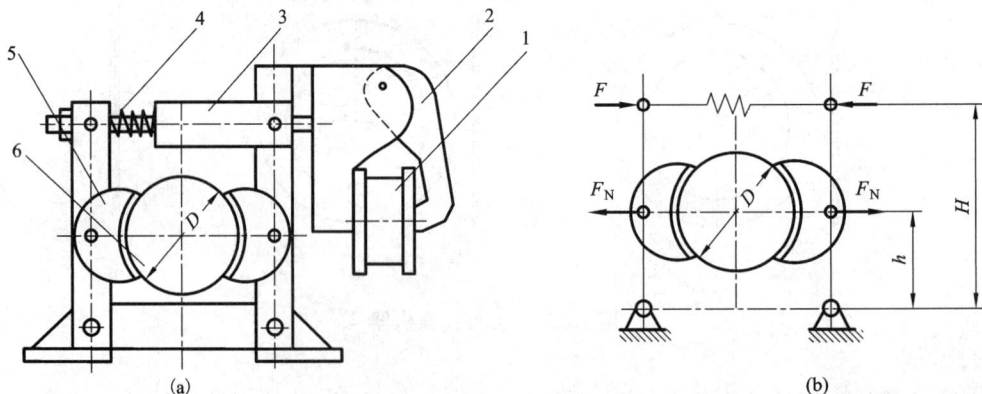

图 12.17 块式制动器

简化的力学计算如图 12.17(b)所示，F 为弹簧力，F_N 为瓦块压向制动轮时的反力，i 为弹簧至瓦块部分的杠杆比，即 $i = H/h$，则 $F_N = 0.95Fi$。式中 0.95 是考虑杠杆连接处的摩擦耗损而采取的系数。瓦块的材料常用铸铁，也可在铸铁上复以皮革或石棉带。

瓦块制动器已规范化，其型号应根据所需的制动力矩在产品目录中选取。

242

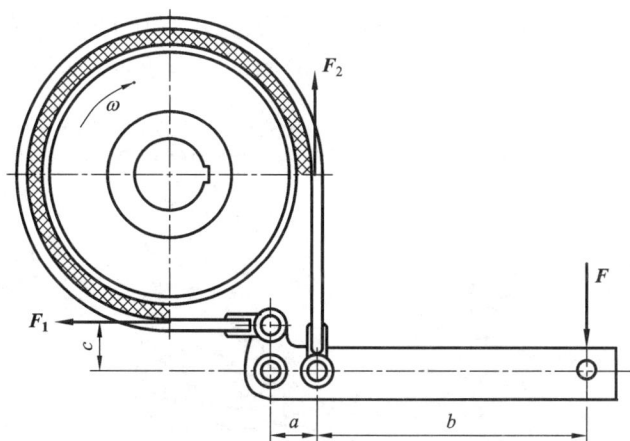

图 12.18 带式制动器

2. 带式制动器

图 12.18 所示为带式制动器。当杠杆上作用外力 F 后,闸带收紧且抱住制动轮,靠带与轮间的摩擦力达到制动目的。这种制动器结构简单、紧凑。

3. 内胀蹄式制动器

内胀蹄式制动器如图 12.19 所示。两个制动蹄 1 与分别与机架的制动底板铰接,制动轮 3 与被制动轴连接。制动轮内圆柱面装有耐磨材料制的摩擦瓦 6。当压力油进入液压缸 4 后,推动左右两个活塞,两制动蹄在活塞的推动力 F 作用下,压紧制动轮内圆柱面,从而实现制动。松闸时,将油路卸压,弹簧 5 收缩,使制动蹄离开制动轮,实现松闸。这种制动器结构紧凑,尺寸小,且具有自动增力的效果,故广泛用于结构尺寸受限制的机械设备和运输车辆上。

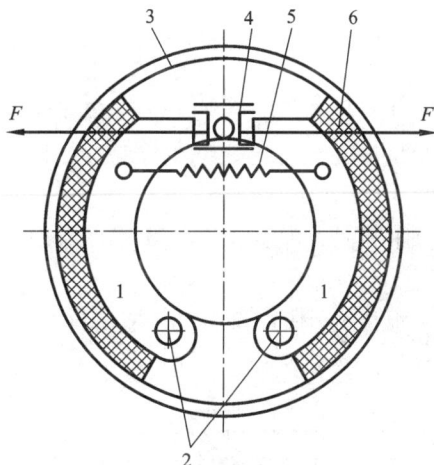

图 12.19 内胀蹄式制动器

1—制动蹄;2—销轴;3—制动轮;
4—液压缸;5—弹簧;6—摩擦瓦

12.4 弹簧

1. 弹性元件的功用和类型

弹簧受外力作用后能产生较大的弹性变形,在机械设备中广泛应用弹簧作为弹性元件。弹簧的主要功用有:①控制机构的运动或零件的位置,如凸轮机构、离合器、阀门以及各种调速器中的弹簧;②缓冲及吸振,如车辆弹簧和各种缓冲器中的弹簧;③储存能量,如钟表、仪器中的弹簧;④测量力的大小,如弹簧秤中的弹簧。

弹簧的种类很多,从外形看,有螺旋弹簧、环形弹簧、碟形弹簧、平面涡卷弹簧和板弹簧等。

螺旋弹簧是用金属丝(条)按螺旋线卷绕而成,由于制造简便,所以应用最广。按其形状可分为:圆柱形[图12.20(a),(b)和(d)]、截锥形[图12.20(c)]等。按受载情况又可分为拉伸弹簧[图12.20(a)]、压缩弹簧[图12.20(b)和(c)]和扭转弹簧[图12.20(d)]。

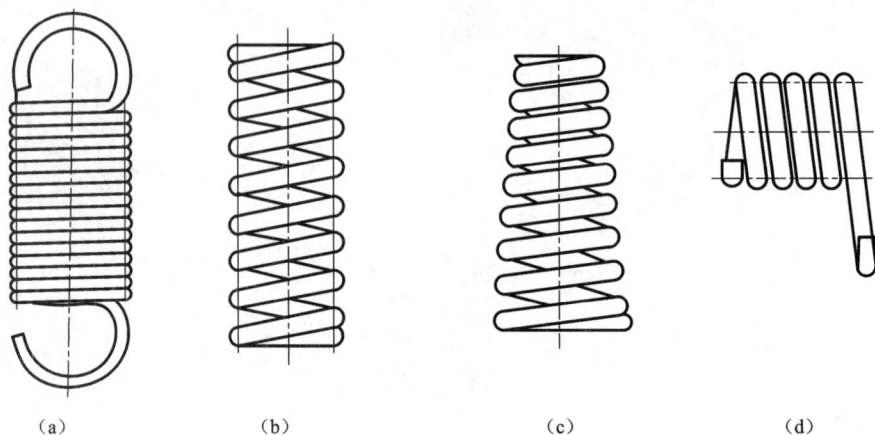

图 12.20　螺旋弹簧

环形弹簧[图12.21(a)]和碟形弹簧[图12.20(b)]都是压缩弹簧,在工作过程中,一部分能量消耗在各圈之间的摩擦上,因此具有很高的缓冲吸振能力,多用于重型机械的缓冲装置。

平面涡卷弹簧或称盘簧[图12.21(c)],它的轴向尺寸很小,常用作仪器和钟表的储能装置。

板弹簧[图12.21(d)]是由许多长度不同的钢板叠合而成,主要用作各种车辆的减振装置。

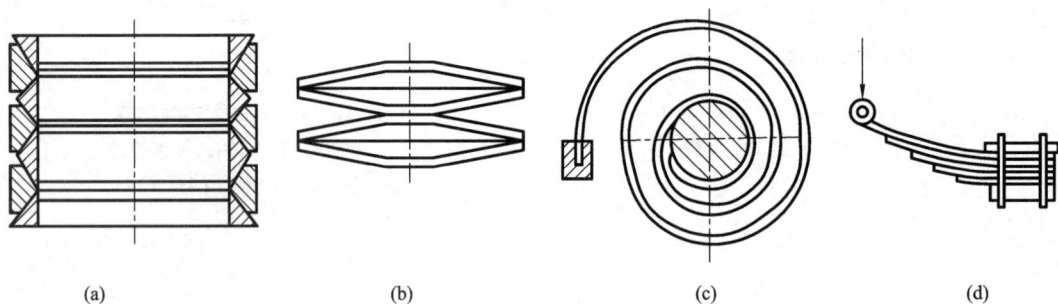

图 12.21　其他形式弹簧

2. 弹簧的制造及材料

1)弹簧的制造

螺旋弹簧的制造过程包括:卷绕、两端面加工(指压平)或挂钩的制作(指拉簧和扭簧)、热处理和工艺性试验等。

大批生产时,弹簧的卷制是在自动机床上进行的。小批生产则常在普通车床上或者手工卷制。弹簧的卷绕方法可分为冷卷和热卷两种。当弹簧丝直径小于 10 mm 时,常用冷卷法。

244

冷卷时,一般用冷拉的碳素弹簧钢丝在常温下卷成,不再淬火,只经低温回火消除内应力。热卷的弹簧卷成后须经过淬火和回火处理。弹簧在卷绕和热处理后要进行表面检验及工艺性试验,以鉴定弹簧的质量。

弹簧制成后,如再进行强压处理,可提高承载能力。强压处理是将弹簧预先压缩到超过材料的屈服极限,并保持一定时间后卸载,使簧丝表面层产生与工作应力方向相反的残余应力,受载时可抵消一部分工作应力,因此提高了弹簧的承载能力。经强压处理的弹簧,不宜在高温、变载荷及有腐蚀性介质的条件下应用。因为在上述情况下,强压处理产生的残余应力是不稳定的。受变载荷的压缩弹簧,可采用喷丸处理提高其疲劳寿命。

　2)弹簧的材料

弹簧在机械中常承受具有冲击性的变载荷,所以弹簧材料应具有高的弹性极限、疲劳极限、一定的冲击韧性、塑性和良好的热处理性能等。常用的弹簧材料有优质碳素弹簧钢、合金弹簧钢和有色金属合金。

碳素弹簧钢:指含碳量在 0.6% ~0.9% 之间,如 65,70 和 85 号等碳素弹簧钢。这类钢价廉易得,热处理后具有较高的强度、适宜的韧性和塑性,但当弹簧丝直径大于 12 mm 时,不易淬透,故仅适用于小尺寸的弹簧。

合金弹簧钢:承受变载荷、冲击载荷或工作温度较高的弹簧,需采用合金弹簧钢,常用的有硅锰钢和铬矾钢等。

有色金属合金:在潮湿、酸性或其他腐蚀性介质中工作的弹簧,宜采用有色金属合金,如硅青铜、锡青铜、铍青铜等。

选择弹簧材料时应充分考虑弹簧的工作条件(载荷的大小及性质、工作温度和周围介质的情况)、功用及经济性等因素,一般应优先采用碳素弹簧钢丝。常用弹簧材料的性能列于表 12.2 中。

表 12.2　常用弹簧材料的性能

材料		许用切应力/MPa			推荐使用温度/℃	推荐硬度范围	特性及用途
名称	牌号	Ⅰ类弹簧 $[\tau_Ⅰ]$	Ⅱ类弹簧 $[\tau_Ⅱ]$	Ⅲ类弹簧 $[\tau_Ⅲ]$			
碳素弹簧钢丝 Ⅰ,Ⅱ,Ⅱ$_a$,Ⅲ	65,70	$0.3\sigma_B$	$0.4\sigma_B$	$0.5\sigma_B$	-40 ~120		强度高,性能好,但尺寸大了不易淬透,只适用于微小弹簧
合金弹簧钢丝	60Si2Mn	480	640	800	-40 ~200	45 ~50HRC	弹性和回火稳定性好,易脱碳。用于制造受重载的弹簧
	50CrVA	450	600	750	-40 ~210	45 ~50HRC	有高的疲劳极限,弹性、淬透性和回火稳定性好,常用于承受变载荷的弹簧
	4Cr13	450	600	750	-40 ~300	48 ~53HRC	耐腐蚀,耐高温,适用于做较大的弹簧
青钢丝	QSi3 -1	270	360	450	-40 ~120	90 ~100HBS	耐腐蚀,防磁好
	QSn4 -3	270	360	450			

注:①钩环式拉伸弹簧许用切应力取为表中数值的 80% 。②对重要的、其损坏会引起整个机械损坏的弹簧,许用切应力 $[\tau]$ 应适当降低。例如受静载荷的重要弹簧,可按Ⅱ类选取许用应力。③经强压、喷丸处理的弹簧,许用切应力可提高的 20% 。④极限切应力可取为:Ⅰ类 $\tau_s =1.67[\tau_Ⅰ]$;Ⅱ类 $\tau_s =1.25[\tau_Ⅱ]$;Ⅲ类 $\tau_s =1.12[\tau_Ⅲ]$ 。

3. 圆柱螺旋压缩弹簧的结构参数简介

如图 12.22 所示为普通圆柱螺旋压缩弹簧的示意图。压缩弹簧两端有 3/4～5/4 圈并紧并磨平，以使弹簧站立平直，这部分不参与变形，称为支承圈或死圈。压缩弹簧在自由状态下，各圈之间留有一定间距 δ，即使受最大载荷，也要保证留有一定间隙。压缩弹簧主要参数包括弹簧丝直径 d、弹簧中径 D、弹簧大径 D_2、弹簧小径 D_1、有效圈数 n、自由高度 H_0、螺纹升角 α、螺距 t、相邻两圈间间距 δ 等。

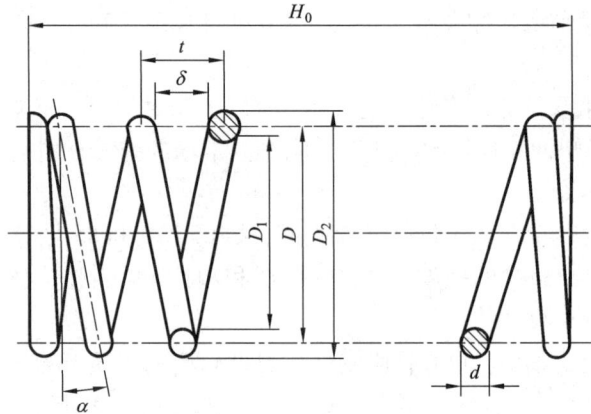

图 12.22　普通圆柱螺旋压缩弹簧的示意图

思考题及习题

12.1　联轴器和离合器的功用有何异同？

12.2　在选择联轴器、离合器时，引入工作情况系数 K_A 的目的是什么？K_A 与哪些因素有关？如何选取？

12.3　联轴器所连接两轴的偏移形式有哪些？综合位移指何种位移形式？

12.4　固定式联轴器与可移式联轴器有何区别？各适用于什么工作条件？刚性可移式联轴器和弹性联轴器的区别是什么？各适用于什么工作条件？

12.5　制动器应满足哪些基本要求？

12.6　弹簧有哪些用途？按外形来分，弹簧的种类有哪些？

12.7　弹簧的常用材料有哪些？常规制造工艺是怎样的？

第 13 章　螺纹连接与螺旋传动

【概述】　本章主要介绍螺纹连接的类型、主要参数、受力分析、预紧及防松、结构设计及强度计算，还简单介绍了螺旋传动。要求：了解螺纹连接的类型、主要参数、受力分析及自锁条件；了解螺旋传动的类型、结构、特点及应用；掌握螺纹连接的预紧及防松、结构设计及强度计算。

13.1　螺纹的类型与参数

13.1.1　螺纹的类型

螺纹的类型可根据螺旋线绕行的方向、螺纹的线数、螺纹牙的形状进行分类。

1）按螺旋线方向分类

根据螺旋线绕行的方向，分为右旋螺纹和左旋螺纹两种，如图 13.1 所示。其中右旋螺纹在工程上得到广泛采用。

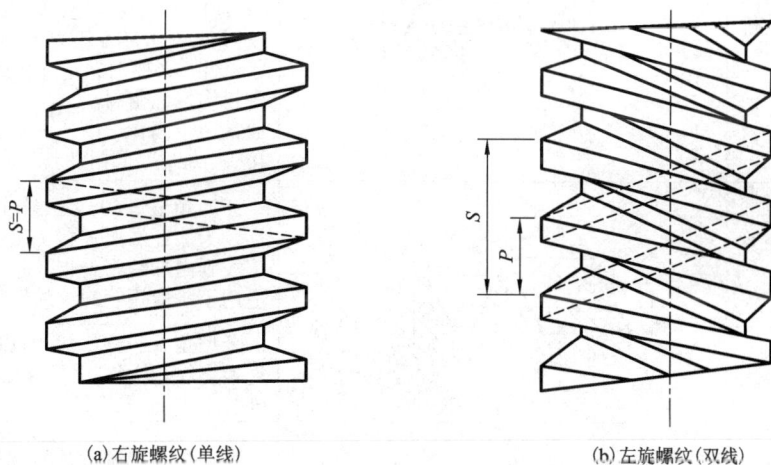

(a)右旋螺纹(单线)　　　　　　　　　　(b)左旋螺纹(双线)

图 13.1　螺纹的旋向和线数

2）按螺纹的线数分类

根据螺纹的线数，分为单线螺纹[图 13.1(a)]、双线螺纹[图 13.1(b)]、多线螺纹等。其中由于加工制造的原因，多线螺纹的线数要求一般不超过 4。

3）按螺纹的牙形分类

根据螺纹牙的形状不同，分为三角螺纹、管螺纹、矩形螺纹、梯形螺纹、锯齿螺纹和圆弧螺纹。其中三角螺纹、管螺纹、圆弧螺纹主要用作螺纹连接，其余用于螺纹传动，但在我国，管螺纹为英制，其余螺纹为米制，其特点和应用见表13.1。

表 13.1　常用螺纹的牙形、特点及应用

种类		牙型图	特点及应用
普通螺纹		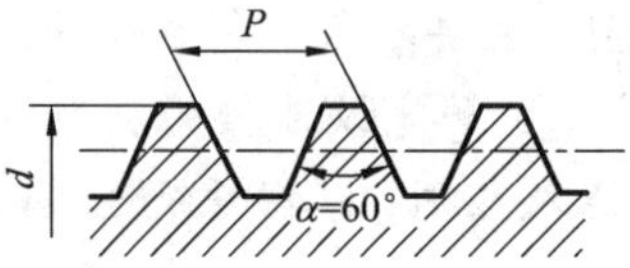	牙型角 $\alpha=60°$，按其螺距不同，分为粗牙与细牙两种，一般连接多用粗牙螺纹。细牙的自锁性能较好，但易滑扣，多用于薄壁或细小零件，以及受变载、冲击和振动的连接中，还可用于作轻载和精密的微调机构中的螺旋副
管螺纹	非螺纹密封的55°圆柱管螺纹	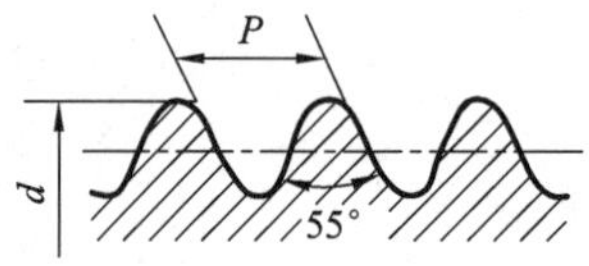	牙型角 $\alpha=55°$。公称直径近似为管子内径，内外螺纹公称牙型间没有间隙，螺纹副本身不具有密封性，当要求连接后有一定的密封性能时，可压紧被连接件螺纹副外的密封面，或添加密封物。 多用于压力为 1.568 Pa 以下的水、煤气管路、润滑和电线管路系统
	用螺纹密封的55°圆锥管螺纹	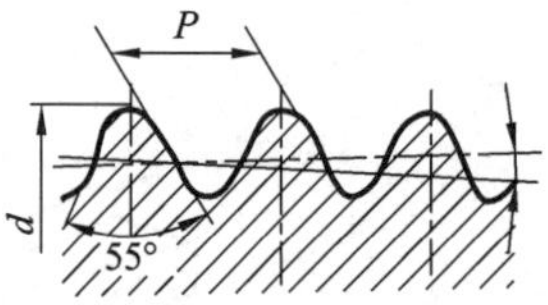	牙型角 $\alpha=55°$。公称直径近似为管子内径，螺纹分布在 1:16 的圆锥管壁上，内外螺纹公称牙型间没有间隙，不用填料可保证螺纹连接的不漏性。当与55°圆柱管螺纹配用(内螺纹为圆柱管螺纹)时，在 1 MPa 压力下，可保证足够的紧密性，必要时，允许在螺纹副内添加密封物保证密封。 通常用于高温、高压系统，如管子、管接头、旋塞、阀门及其他附件
	60°圆锥管螺纹	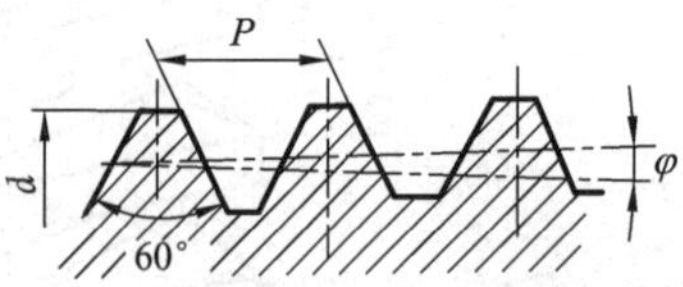	牙型角 $\alpha=60°$，螺纹本身具有密封性。为保证螺纹连接的密封性，也可在螺纹副内加绒密封物。 适用于一般用管螺纹的密封及机械连接
	米制锥螺纹		牙型角 $\alpha=60°$，用于依靠螺纹密封的连接螺纹(但水、煤气管道用管螺纹除外)
梯形螺纹		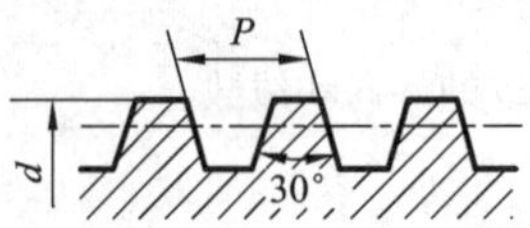	牙型角 $\alpha=30°$，牙根强度高、工艺性好、螺纹副对中性好，采用剖分螺母时可以调整间隙，传动效率略低于矩形螺纹 用于传动，如机床丝杠等

248

种类	牙型图	特点及应用
矩形螺纹		牙型为正方形，传动效率高于其他螺纹，牙厚是牙距的一半，强度较低（螺距相同时比较），精确制造困难，对中精度低 用于传力螺纹，如千斤顶、小型压力机等
锯齿螺纹		牙型角 $\alpha = 33°$，牙的工作面倾斜 3°、牙的非工作面倾斜30°。传动效率及强度都比梯形螺纹高，外螺纹的牙底有相当大的圆角，减小应力集中。螺纹副的大径处无间隙，对中性良好 用于单向受力的传动螺纹，如轧钢机的压下螺旋、螺旋压力机等
圆弧螺纹		牙型角 $\alpha = 36°$，牙粗，圆角大、螺纹不易碰损，积聚在螺纹凹处的尘垢和铁锈易消除 用于经常和污物接触及易生锈的场合，如水管闸门的螺旋导轴等

4）按牙的粗、细分类

按牙的粗细一般分为粗牙螺纹和细牙螺纹两类，连接多用粗牙螺纹。当公称直径相同时，细牙螺纹的螺距小，故母体强度高，多用于对强度影响较大的轴上螺纹、仪表接头螺纹及微调螺纹或其他特殊场合所使用的螺纹。

粗牙普通螺纹的代号用字母"M"及"公称直径"表示，细牙普通螺纹用字母"M"及"公称直径×螺距"表示。如 M25 表示公称直径为 25 mm 的粗牙普通右旋螺纹；M25×1.5 表示公称直径为 24 mm、螺距为 1.5 mm 的细牙普通右旋螺纹。

13.1.2　螺纹的主要参数

在圆柱体外表面上形成的螺纹称为外螺纹，在圆柱体孔壁上形成的螺纹称为内螺纹，如图 13.2 所示。

以图 13.2 所示的内、外螺纹为例，普通圆柱螺纹的主要参数为：

（1）大径。螺纹的公称直径。内螺纹的大径又称底径，用 D 表示，外螺纹的大径又称顶径，用 d 表示；

图 13.2　螺纹的主要参数

（2）小径。螺纹的最小直径。内螺纹的小径又称顶径，用 D_1 表示，外螺纹的小径又称底径，用 d_1 表示；

（3）中径。中径为螺纹假想的圆柱直径，是配合性质的直径。内螺纹的中径用 D_2 表示，外螺纹的中径用 d_2 表示，螺纹中径的牙间宽和牙厚相等。中径近似等于螺纹的平均直径，即

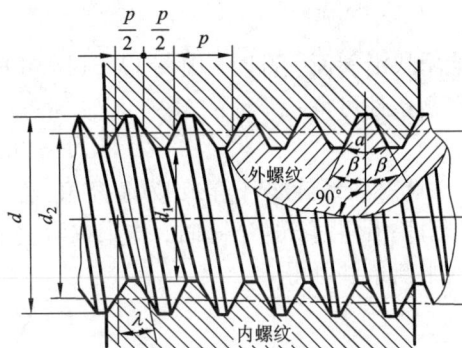

$$D_2 \approx \frac{D + D_1}{2}, \; d_2 \approx \frac{d + d_1}{2} \qquad\qquad (13-1)$$

（4）线数 n。线数即为螺纹的螺旋线数目。单线普通螺纹有自锁性，常用于连接；多线螺纹的传动效率高，常用于螺旋传动；

（5）螺距 P。螺距即螺纹相邻两牙上对应点间的轴向距离；

（6）导程 S。即在同一条螺旋线上相邻两螺纹牙之间的轴向距离。单线螺纹 $S = P$，多线螺纹 $S = nP$；

（7）升角 λ。即螺旋线的切线与螺纹轴线的垂直平面间的夹角，$\lambda = \arctan \dfrac{S}{\pi d_2}$；

（8）牙型角 α。即在螺纹轴向剖面内螺纹牙形两侧边的夹角。而螺纹牙型的侧边与螺纹轴线垂直平面的夹角称为牙侧角，对称牙型的牙侧角 $\beta = \dfrac{\alpha}{2}$；

（9）工作高度 h。指内、外螺纹旋合后接触面的径向高度，普通螺纹 $h = \dfrac{5}{8}H$，式中 H 为牙形原始三角形的高。

国际标准中规定的螺纹大部分是米制。从英、美国家引进的机械采用英制，英制螺纹的牙型角为 $\alpha = 55°$，螺距以每英寸的牙数表示。这就要求在更换螺纹零件时，必须注意米制与英制螺纹尺寸的差异，否则将会损伤机体上的螺纹。

13.2 螺旋副的受力分析、效率和自锁

13.2.1 矩形螺纹的受力分析

根据螺纹的形成原理，将图 13.3（a）所示的矩形螺纹螺旋副沿螺纹中径展开，即得图 13.3（b）和图 13.3（c）所示的斜面机构。图中滑块沿斜面等速上升或下降运动，相当于螺母在螺杆上等速旋转，滑块上的载荷 Q 相当于作用在螺母中径上的总轴向力，水平推力 F 相当于拧动螺母时加于螺纹中径上的圆周力。这样螺旋副的受力分析就转变成斜面机构的受力分析。

当滑块沿斜面上升时，由图 13.3（b）可知，作用在滑块上的摩擦力 fN 沿斜面向下，根据力的平衡条件可得

$$F = Q\tan(\lambda + \rho) \qquad\qquad (13-2)$$

式中：λ 为螺纹螺旋线升角；ρ 为摩擦角（全反力 R 与正压力 N 间的夹角）；f 为摩擦系数。

当滑块沿斜面等速下降时，作用在滑块上的摩擦力 fN 沿斜面向上，如图 13.3（c）所示，由力的平衡条件可得

$$F = Q\tan(\lambda - \rho) \qquad\qquad (13-3)$$

13.2.2 非矩形螺纹的受力分析

非矩形螺纹是指牙侧角 $\beta \neq 0°$ 的三角形螺纹、梯形螺纹和锯齿形螺纹。

非矩形螺纹的螺旋副受力分析与矩形螺纹相似。由于非矩形螺纹的牙侧角不等于零，所以在同样的轴向载荷 Q 作用下，螺纹工作表面上的法向反力与矩形螺纹工作表面上的法向反

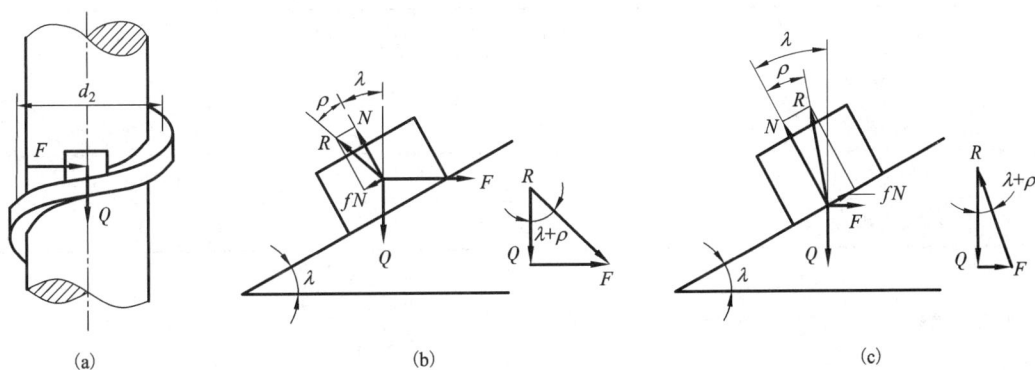

图 13.3　矩形螺纹螺旋副受力分析

力不相等。现以三角形螺纹为例，讲述非矩形螺纹的受力分析。

如图 13.4(a)所示的三角形螺纹，当拧紧螺母时，可视为楔形重物沿槽型斜面运动，如图 13.4(b)所示，若作用在重物上的摩擦力为 F' 时，则由图 13.4(c)可知

$$F' = 2N'f = N \cdot \frac{f}{\cos\beta} = N \cdot f_v$$

式中：f_v 为当量摩擦系数，$f_v = \dfrac{f}{\cos\beta}$。与当量摩擦系数 f_v 所对应的摩擦角 ρ_v 称为当量摩擦角，$\rho_v = \arctan f_v$。

因此，只要将矩形螺纹受力计算公式中的 f 和 ρ 对应改为当量摩擦系数 f_v 和当量摩擦角 ρ_v，则可得到三角形螺纹副中上升和下降时力的关系式分别为

$$\begin{cases} F = Q\tan(\lambda + \rho_v) & (13-4) \\ F = Q\tan(\lambda - \rho_v) & (13-5) \end{cases}$$

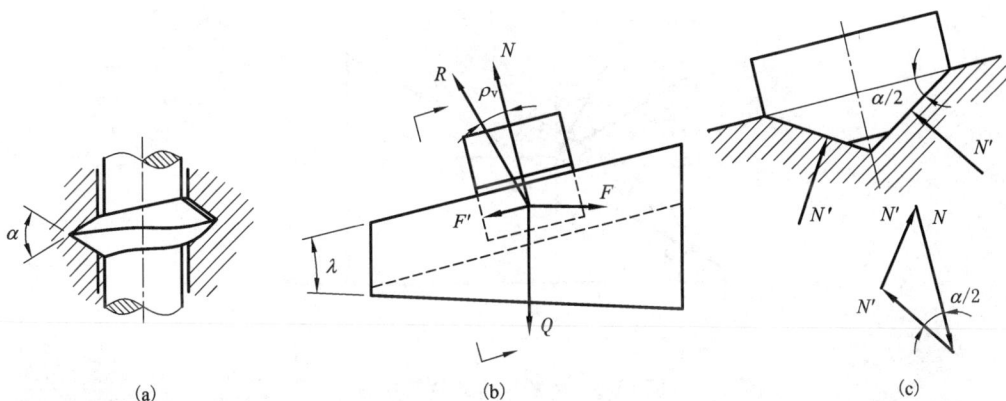

图 13.4　三角形螺纹受力分析

式(13-4)和式(13-5)同样可用于梯形螺纹、锯齿形螺纹等场合，各种不同螺纹的当量摩擦系数见表 13.2。

表 13.2　各种不同螺纹的当量摩擦系数

螺纹类型	牙侧角 $\beta/(°)$	当量摩擦系数 f_v
矩形螺纹	0	$f_v = f$
梯形螺纹	15	$f_v = 1.035f$
三角形螺纹	30	$f_v = 1.155f$
锯齿形螺纹	1.5	$f_v = 1.001f$

13.2.3　螺旋副的自锁条件

螺旋副被拧紧后，如不加外力矩，不论轴向载荷 Q 有多大，螺母也不会在其作用下自动松脱，此现象称为螺旋副的自锁。

由式(13-5)知，当 $\lambda \leqslant \rho_v$ 时，则 $F \leqslant 0$，此时需加反方向的作用力 F 才能使重物下滑。这说明重物在没有外力作用下，无论自身重力(轴向力)有多大，均不会自行下滑，即处于自锁状态。因此，螺旋副的自锁条件为

$$\lambda \leqslant \rho_v \qquad\qquad (13-6)$$

需要注意的是，当设计螺旋副时，对要求正反转自由运动的螺旋副，应避免自锁现象，工程中也可以应用螺旋副的自锁特性，如起重螺旋做成自锁螺旋，可以省去制动装置。

13.2.4　螺旋副的效率

效率作为衡量机械对能量有效利用程度的指标，是有效功和输入功的比值。在图 13.5 中，当旋紧螺母推动重物 Q 上升时，作用在螺旋副上的驱动力矩 T 可表示为

$$T = F \cdot \frac{d_2}{2} = Q\tan(\lambda + \rho_v) \cdot \frac{d_2}{2} \qquad\qquad (13-7)$$

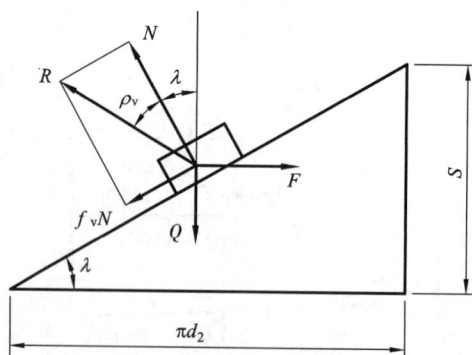

图 13.5　螺旋副传动效率分析

螺母旋转一周，推力 F 所做的输入功可表示为

$$W_1 = T \cdot 2\pi \qquad\qquad (13-8)$$

这时重物上升的距离为 S，其有效功为

$$W_2 = Q \cdot S = Q \cdot \pi d_2 \tan\lambda \qquad (13-9)$$

综合式(13-7)~式(13-9)可得螺旋副的效率如下

$$\eta = \frac{W_2}{W_1} = \frac{Q \cdot \pi d_2 \tan\lambda}{Q\pi d_2 \tan(\lambda+\rho_v)} = \frac{\tan\lambda}{\tan(\lambda+\rho_v)} \qquad (13-10)$$

由式(13-10)知,效率 η 与螺纹升角 λ 和当量摩擦角 ρ_v 有关,螺旋线的线数多、升角大,则效率高,反之亦然。当 ρ_v 一定时,对式(13-10)求极值,可得当升角 $\lambda \approx 40°$ 时效率最高。但螺纹升角过大,螺纹制造很困难,而且当 $\lambda > 25°$ 后,效率增长不明显,因此,升角通常不超过25°。

再结合式(13-6)和式(13-10)进行分析,可得到螺旋升角 λ 越小且当量摩擦角 ρ_v 越大,螺纹的自锁越可靠,但效率越低。因此,单头三角螺纹适于连接,矩形螺纹和梯形螺纹适于传动。

13.3　螺纹连接的基本类型及螺纹紧固件

13.3.1　螺纹连接的基本类型

螺纹连接的基本类型有螺栓连接、双头螺栓连接、螺钉连接和紧定螺钉连接,其特点和应用见表13.3所示。

表 13.3　螺纹连接的基本类型、特点与应用

类型	结构图	尺寸关系	特点与应用
普通螺栓连接	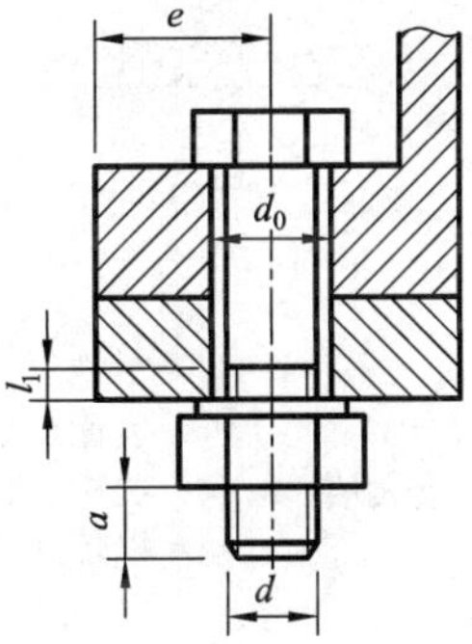	普通螺栓的螺纹余量长度 l_1 为静载荷: $l_1 \geqslant (0.3 \sim 0.5)d$ 变载荷: $l_1 \geqslant 0.75d$ 铰制孔用螺栓在静载荷情况下的 l_1 应尽可能小于螺纹伸出长度 a, $a = (0.2 \sim 0.3)d$ 螺纹轴线到边缘的距离 e 为: $e = d + (3 \sim 6)$ 螺栓孔直径 d_0 为: 普通螺栓 $d_0 = 1.1d$ 铰制孔用螺栓: d_0 按 d 查有关标准。	结构简单,装拆方便,对通孔加工精度要求低,应用最广泛
铰制孔用螺栓连接	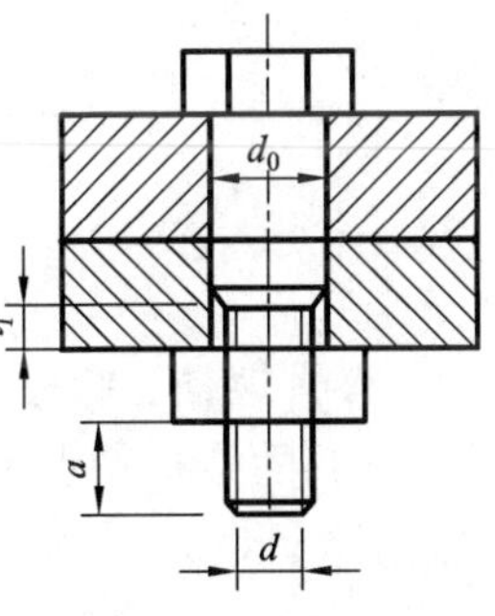		孔与螺栓杆之间没有间隙,采用基孔制过渡配合。用螺栓杆承受横向载荷或者固定被连接件的相对位置

类型	结构图	尺寸关系	特点与应用
螺钉连接	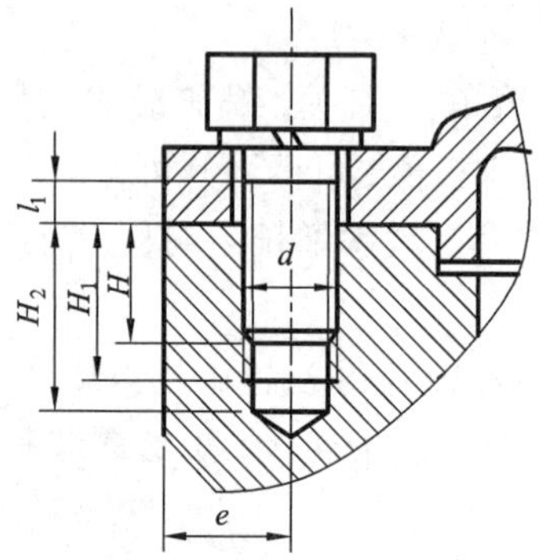	螺纹拧入深度 H 为钢或青铜：$H \approx d$ 铸铁： $H = (1.25 \sim 1.5)d$ 铝合金： $H = (1.5 \sim 2.5)d$ 螺纹孔深度： $H_1 = H + (2 \sim 2.5)P$ 钻孔深度： $H_2 = H_1 + (0.5 \sim 1)P$ l_1，a 和 e 与普通螺栓连接相同	不用螺母，直接将螺钉的螺纹部分拧入被连接件之一的螺纹孔中构成连接。其连接结构简单，用于被连接件之一较厚不便加工通孔的场合，但如果经常装拆，易使螺纹孔产生过度磨损而导致连接失效
双头螺栓连接	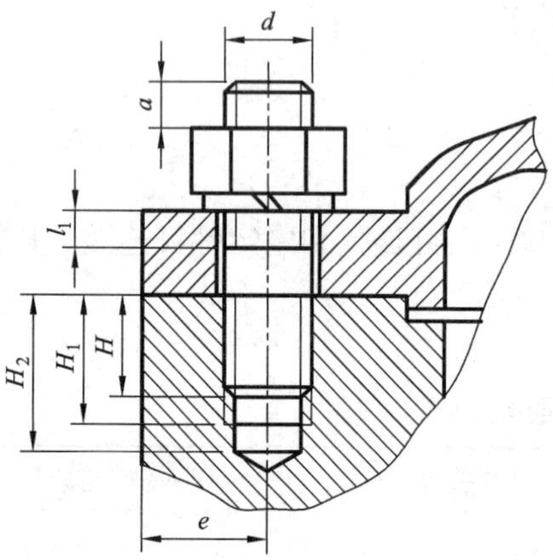		螺栓的一端旋紧在一被连接件的螺纹孔中。另一端则穿过另一被连接件通孔，通常用于被连接件之一太厚不便穿孔、结构要求紧凑或者经常装拆的场合
紧定螺钉连接	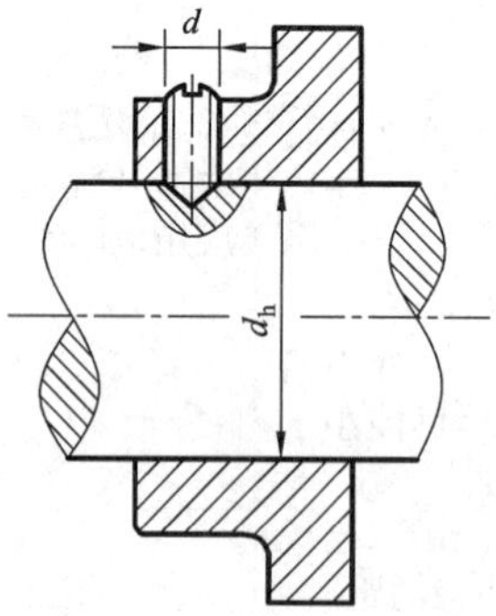	$d = (0.2 \sim 0.3)d_h$，当力和转矩较大时取较大值	螺钉的末端顶住零件的表面或者顶入该零件的凹坑中，将零件固定；它可以传递不大的载荷

13.3.2　标准螺纹连接件

螺纹连接件的类型很多，常见的螺纹连接件有螺栓、双头螺柱、螺钉、螺母和垫圈等。这类零件的结构形式和尺寸都已经标准化，设计时可根据它们的结构特点及应用场合，参照机械设计手册和相关标准选用。它们的结构特点和应用见表 13.4。

254

表 13.4　常用标准螺纹连接件的类型、结构特点和应用

类型	图例	结构特点及应用
六角头螺栓		应用最广。螺杆可制成全螺纹或者部分螺纹，螺距有粗牙和细牙。螺栓头部有六角头和小六角头两种。其中小六角头螺栓材料利用率高、机械性能好，但由于头部尺寸较小，不宜用于装拆频繁、被连接件强度低的场合
双头螺栓		螺栓两头都有螺纹，两头的螺纹可以相同也可以不同，螺栓可带退刀槽或者制成腰杆，也可以制成全螺纹的螺柱，螺柱的一端常用于旋入铸铁或者有色金属的螺纹孔中，旋入后不拆卸，另一端则用于安装螺母以固定其他零件
螺钉		螺钉头部形状有圆头、扁圆头、六角头、圆柱头和沉头等。头部的起子槽有一字槽、十字槽和内六角孔等形式。十字槽螺钉头部强度高、对中性好，便于自动装配。内六角孔螺钉可承受较大的扳手扭矩，连接强度高，可代替六角头螺栓，用于要求结构紧凑的场合
紧定螺钉		紧定螺钉常用的末端形式有锥端、平端和圆柱端。锥端适用于被紧定零件的表面硬度较低或者不经常拆卸的场合；平端接触面积大，不会损伤零件表面，常用于顶紧硬度较大的平面或者经常装拆的场合；圆柱端压入轴上的凹槽中，适用于紧定空心轴上的零件位置

类型	图例	结构特点及应用
自攻螺钉	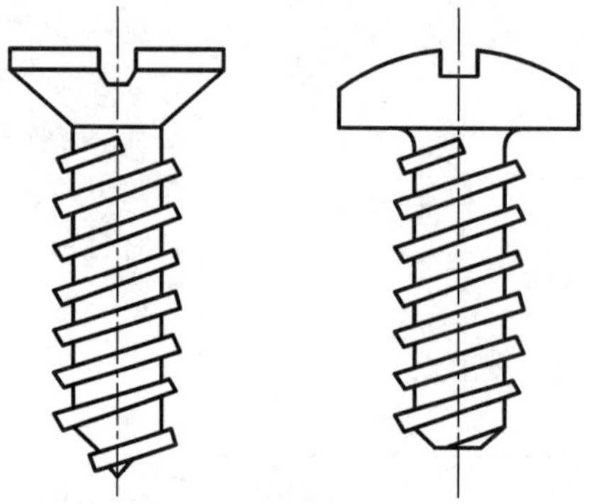	螺钉头部形状有圆头、六角头、圆柱头、沉头等。头部的起子槽有一字槽、十字槽等形式。末端形状有锥端和平端两种。多用于连接金属薄板、轻合金或者塑料零件，螺钉在连接时可以直接攻出螺纹
六角螺母	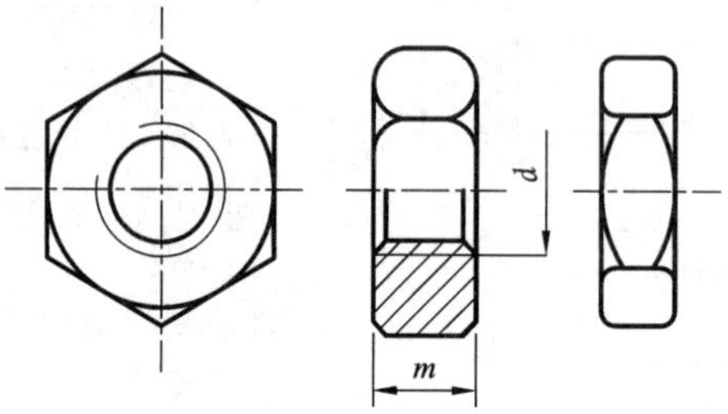	根据螺母厚度不同，可分为标准型和薄型两种，薄螺母常用于受剪力的螺栓上或者空间尺寸受限制的场合
圆螺母	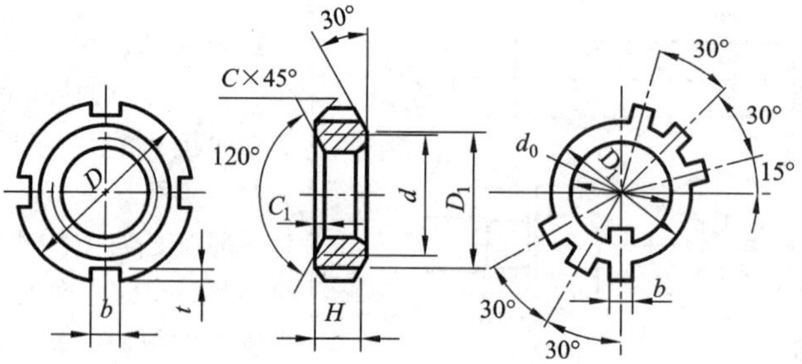	圆螺母常与止退垫圈配用，装配时将垫圈内舌嵌入圆螺母的槽内，即可锁紧螺母，起到防松作用，常用于滚动轴承的轴向固定
垫圈	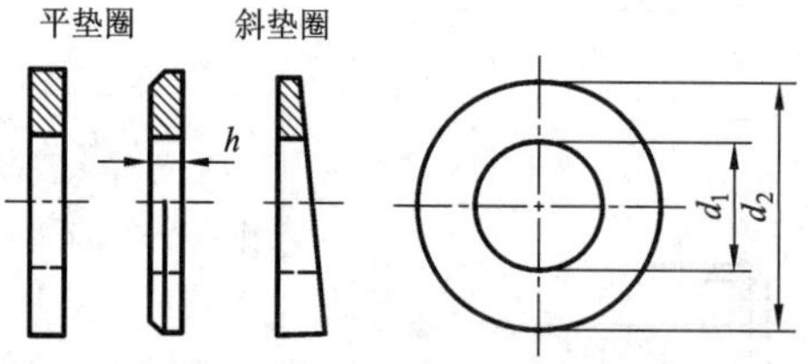	保护被连接件的表面不被擦伤，增大螺母与被连接件间的接触面积。斜垫圈用于倾斜的支承面

选用螺纹连接件时，需注意以下几点：

（1）螺栓和螺钉的头部形状。螺栓和螺钉的头部有六角头、方头、圆柱头、盘头、沉头、半圆头等。不同头部形状的螺钉在拧紧时所能承受的拧紧力矩不一样，因此，螺钉的头部形状需根据装配时拧紧螺钉所需的力矩来定。

（2）螺母形状。螺母形状有六角形、方形和圆形等。其中六角螺母应用最广，分为 A，B，C 三个精度等级。A 级精度最高，用于配合要求和防振要求高的重要零件连接；B 级精度用于受载较大且经常装卸的连接；C 级用于一般要求的零件连接。

（3）垫圈形状。垫圈是螺纹连接中常用的附件，放在螺母与被连接件支撑面之间，可以保护支撑面不因转动螺母而被刮伤，还可起防松作用。

13.4　螺纹连接的预紧和防松

13.4.1　螺纹连接的预紧

螺纹连接在装配时，一般都要在其承受工作载荷之前施加一作用力来拧紧螺纹，以增强螺纹连接的刚度、紧密性和防止其松脱，这个预加的作用力称为预紧力。对于受轴向载荷的螺栓连接，预紧力可以提高螺栓的疲劳强度；对于受横向载荷的螺栓连接，预紧力可以增大连接中的摩擦力，进而提高载荷的传递能力等。

为了保证连接所需的预紧力，同时又不使螺栓过载，通常规定拧紧后螺栓承受的预紧拉应力不得超过材料屈服极限 σ_s 的 80%。对于一般连接用的钢制螺栓连接，其预紧力 F_0 规定为：

合金钢螺栓

$$F_0 \leqslant (0.5 \sim 0.6)\sigma_s A_1 \tag{13-11}$$

碳素钢螺栓

$$F_0 \leqslant (0.6 \sim 0.7)\sigma_s A_1 \tag{13-12}$$

式中：σ_s 为螺栓材料的屈服极限；A_1 为螺栓危险截面的面积，$A_1 \approx \pi \dfrac{d_1^2}{4}$。

装配时，预紧力 F_0 的大小是通过拧紧力矩 T 来控制。根据图 13.6 知，拧紧力矩 $T(T = FL)$ 等于螺旋副间的摩擦阻力矩 T_1 和螺母环形端面与被连接件支承面间的摩擦阻力矩 T_2 之和，即

$$T = T_1 + T_2 \tag{13-13}$$

其中螺旋副间的摩擦力矩 T_1 为

$$T_1 = F_0 \frac{d_2}{2}\tan(\lambda + \rho_v) \tag{13-14}$$

螺母与支承面间摩擦力矩 T_2 为

$$T_2 = \frac{1}{3}f_0 F_0 \frac{D_0^3 - d_0^3}{D_0^2 - d_0^2} \tag{13-15}$$

式中：D_0 为螺母环形端面直径；d_0 被连接件上通孔直径；f_0 为螺母与被连接件支承面间的摩擦系数。

对于普通钢制螺栓，若螺栓直径为 d，则 $\lambda \approx 2°30'$，$d_2 = 0.9d$，$d_0 \approx 1.1d$，$D_0 \approx 1.7d$，$\rho_v \approx \arctan 1.15\rho$（$\rho$ 为摩擦系数，无润滑时 $\rho = 0.1 \sim 0.2$），$f_0 = 0.15$，将上述各参数代入式（13-15），整理后可得

$$T \approx 0.2F_0 d \tag{13-16}$$

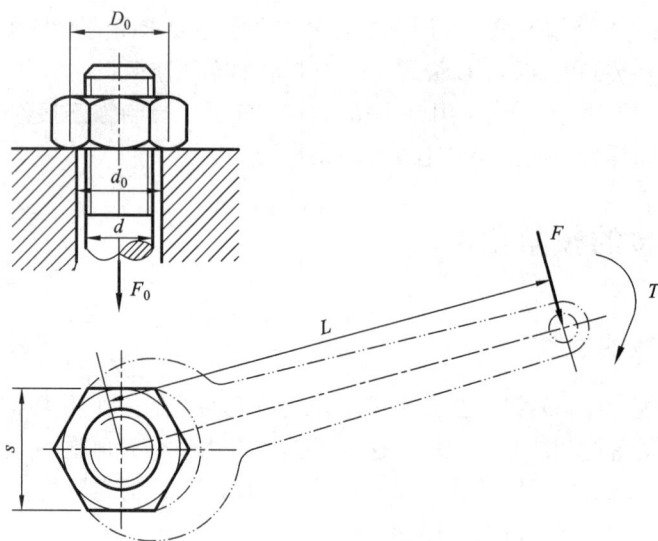

图 13.6 螺旋副的拧紧力矩

对于一定公称直径 d 的螺栓,当所需求的预紧力 F_0 已知时,即可按式(13-16)确定扳手的拧紧力矩 T。

但过大的预紧力会导致整个连接的结构尺寸增大,也会使螺栓在装配或在工作中偶然过载时被拉断。因此,在实际装配过程中,既要保证连接所必需的预紧力,又不使连接件过载,需要对预紧力进行控制。

在预紧力控制方法上,对一般的连接,多凭装配工人的经验控制;对重要的连接,多借助测力矩扳手或定力矩扳手来实现。

上述方法虽操作简便,但准确性差,对于一些更重要或大型的螺栓连接,常根据螺栓材料的性能,计算其在规定预紧力下的变形量,然后测量螺栓在拧紧后的伸长量来达到更精确的预紧力控制。

13.4.2 螺纹连接的防松

在冲击、振动或变载荷作用下,或者工作温度变化很大时,螺纹副间的摩擦力可能减少或者瞬时消失,致使螺纹连接产生自动松脱,引发连接失效,从而影响机器的正常运转,并可能造成重大事故的发生。因此,为了保证螺纹连接的安全可靠,防止松脱,设计时需采取有效的防松措施。

螺纹连接防松的根本目的在于防止螺旋副在受载时发生相对转动,防松的方法,按其工作原理可分为摩擦防松、机械防松和破坏螺旋副运动关系防松等多种方法。常用螺纹防松方法见表 13.5。

表 13.5　常用螺纹连接防松方法在

摩擦防松	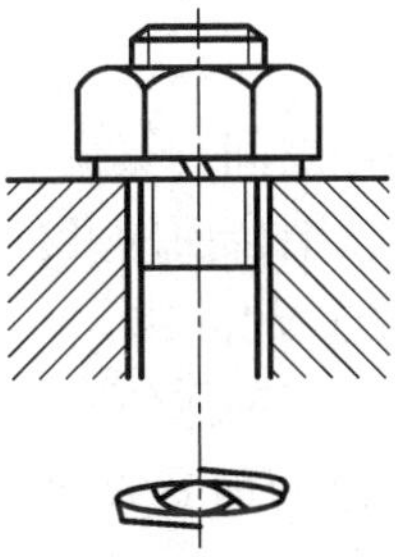 弹簧垫圈	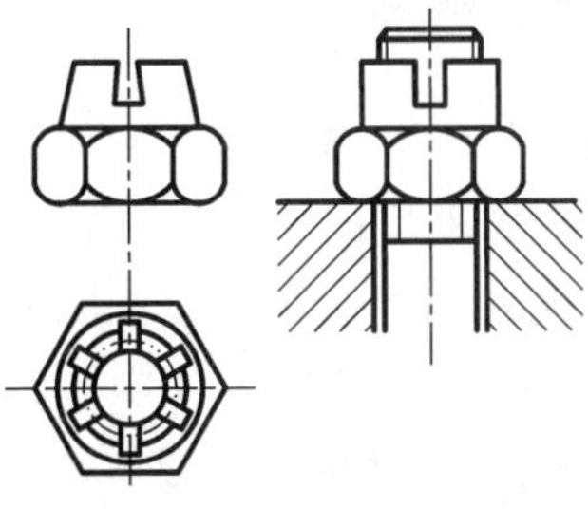 弹性圈螺母	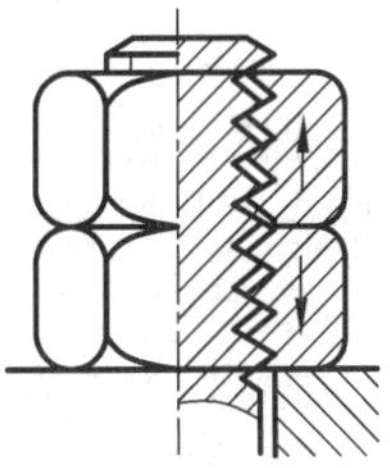 对顶螺母
	弹簧垫圈材料为弹簧钢，装配后垫圈被压平，其反弹力使螺纹副之间保持压紧力和摩擦力	螺纹旋入处嵌入纤维或者尼龙来增加摩擦力。该弹性圈还可以防止液体泄漏	利用两螺母的对顶作用使螺栓始终受附加拉力和附加摩擦力作用。结构简单，可用于低速重载场合
机械防松	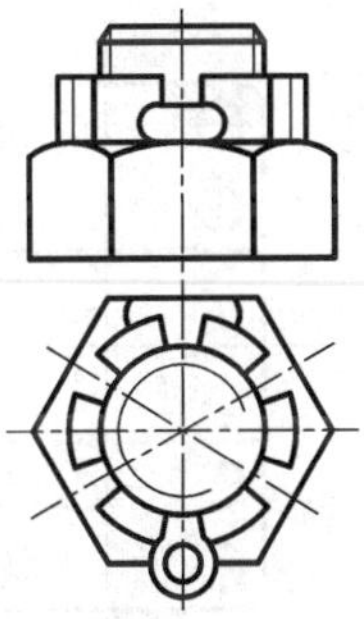 槽形螺母和开口销	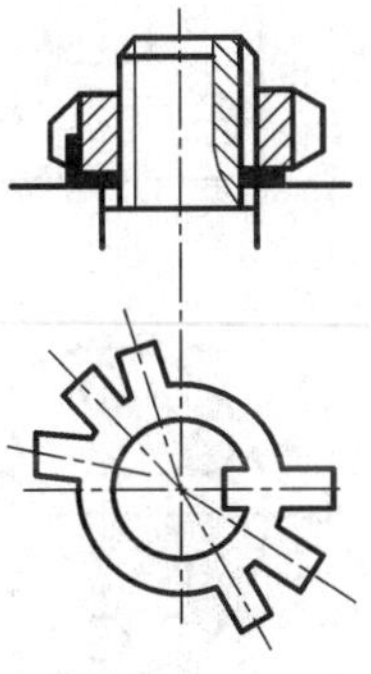 圆螺母用带翅垫片	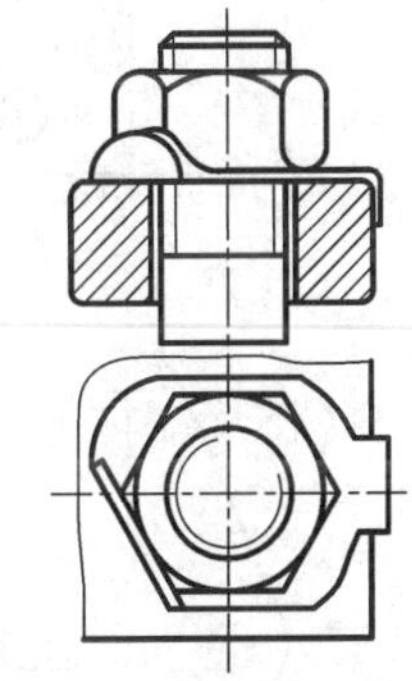 止动垫片
	槽型螺母拧紧后，用开口销穿过螺栓尾部小孔和螺母的槽，也可以用普通螺母拧紧后再配钻开口销孔	使垫片内翅嵌入螺栓（轴）的槽内，拧紧螺母后将垫片外翅之一折嵌于螺母的一个槽内	将垫片折边以固定螺母和被连接件的相对位置
破坏螺旋副运动关系防松	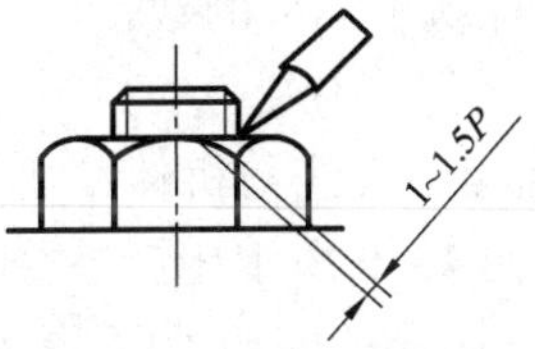 冲点法防松，用冲头冲 2~3 点	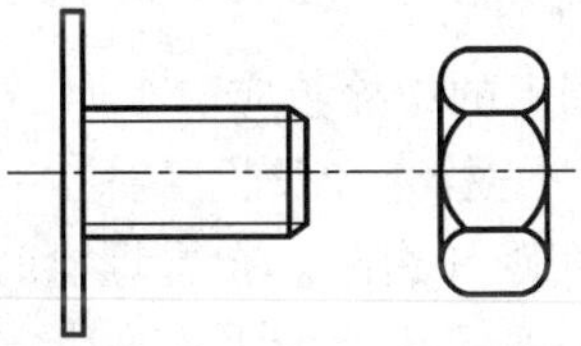 黏合法防松，用黏合剂涂于螺纹旋合表面，拧紧螺母后黏合剂能自行固化，防松效果良好	

13.5 螺栓组连接的结构设计

在工程实践上，常采用成组螺纹连接的方式来进行不同部件之间的紧固及载荷传递，因此，为防止工作时各个螺栓因受力不均而失效，除综合考虑连接结合面的几何形状、各螺栓位置的布置形式、方便加工装配外，设计时还需考虑以下几个方面的问题：

（1）螺栓组的布置应力求以结合面的形心为中心，进行均匀、对称分布，使螺栓组的对称中心与结合面的形心重合，如图13.7所示。这样不仅可以使结合面受力均匀，而且对于压力容器而言，更有利于垫圈的密封。

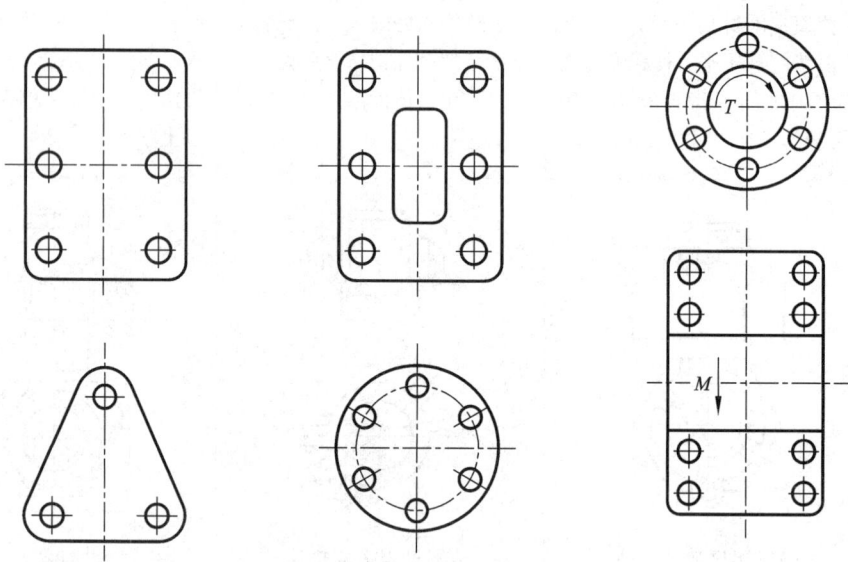

图 13.7　螺栓的布置

（2）螺栓的布置除应考虑对称性外，还应使各螺栓的受力合理。如当螺栓承受弯矩或扭矩时，螺栓需远离对称中心，以减小螺栓的受力，如图13.8(a)和图13.8(b)所示。如果螺栓承受较大横向载荷时，则采用键、套筒、销等零件来分担横向载荷，以减小螺栓的预紧力及结构尺寸，如图13.8(c)～(e)所示。

（3）为便于加工，同一圆周上的螺栓数应取3，4，6，8等易于等分的数；为了安装方便，同一组螺栓应采用相同的材料、螺栓直径及长度。

（4）螺栓布置应有合理的间距和边距。布置螺栓时，螺栓中心线与机体壁之间、螺栓相互之间的距离，要根据扳手活动所需的空间大小来决定，如图13.9所示。扳手空间可由机械设计手册查得。对于压力容器等紧密性要求高的重要连接，螺栓的间距 t_0 不得大于表13.6所给出的数值。

(a)合理　　　　　　　　　　　　　(b)不合理

(c)键受横向载荷　　　(d)套筒受横向载荷　　　(e)销受横向载荷

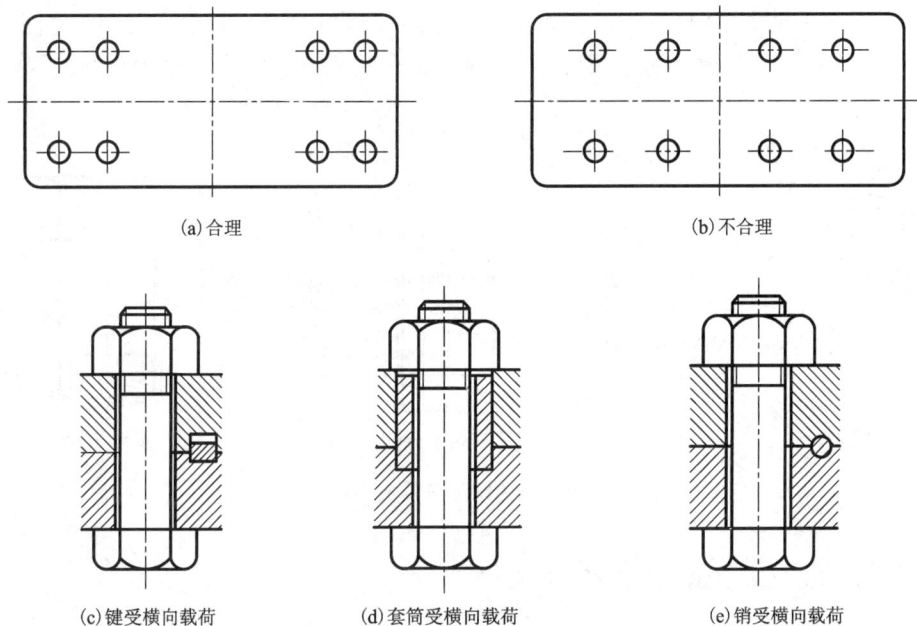

图 13.8　螺栓布置及减载图

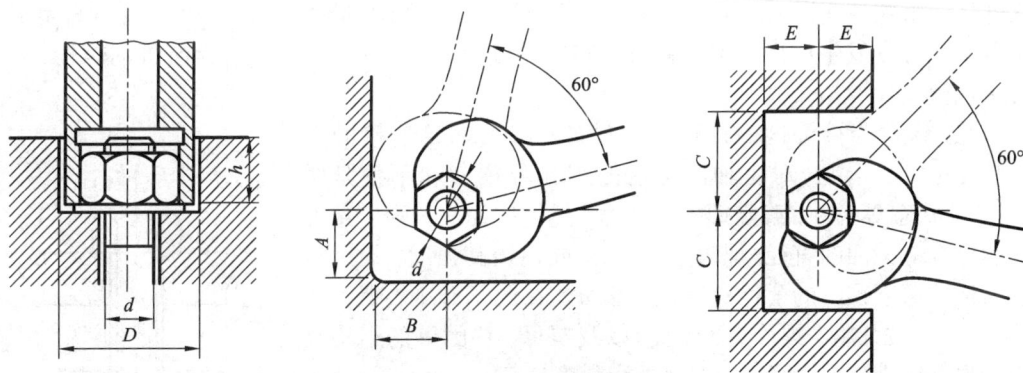

图 13.9　扳手空间尺寸

表 13.6　有紧密性要求的螺栓间距 t_0

	工作压力/MPa					
	≤1.6	1.6~4	4~10	10~16	16~20	20~30
	t_0/mm					
	7d	4.5d	4.5d	4d	3.5d	3d

261

（5）避免螺栓承受附加的弯曲应力。为了避免制造、安装误差及螺栓与螺母支撑面的不平或倾斜所引起的附加弯曲应力，应将支撑面做成凸台［图 13.10（a）］或凹坑［图 13.10（b）］，而对特殊的支撑面如倾斜面、球面等，需采用斜垫圈［图 13.10（c）］、球面垫圈［图 13.10（d）］等。

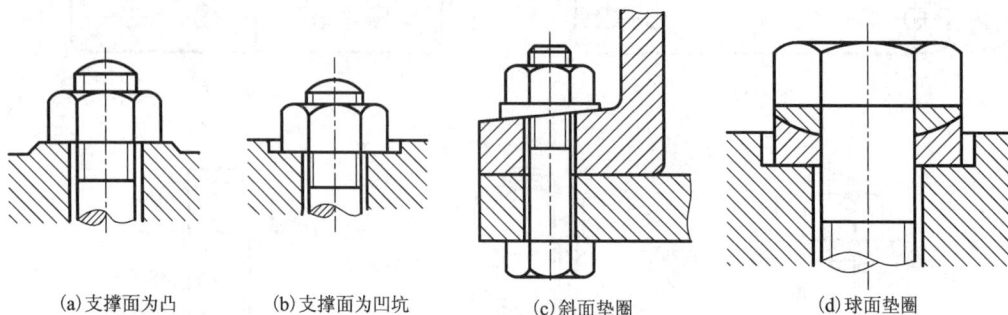

（a）支撑面为凸　　　（b）支撑面为凹坑　　　（c）斜面垫圈　　　　　（d）球面垫圈

图 13.10　避免附加弯曲应力的措施

13.6　螺栓连接的强度计算及实例

在工程实践中，常使用多个螺栓构成螺栓组以连接两不同零件，共同承受轴向载荷、横向载荷、弯矩、转矩等。但单个螺栓仅受轴向载荷或横向载荷的作用力。其中受轴向载荷的螺栓容易产生塑性变形或断裂；受横向载荷的螺栓，当采用铰制孔用螺栓时，螺栓杆和孔壁的贴合面上容易发生压溃或螺栓杆被剪断等失效形式。另外，对需要经常装拆的螺栓，因磨损易出现螺纹牙滑扣失效现象。

因此，螺栓连接强度的计算，首先需要根据螺纹连接的类型、连接的装配情况（对受轴向载荷的螺栓分预紧和不预紧两种）、载荷状态等条件，确定螺栓的受力，然后按相应的强度条件计算螺栓危险截面的直径（螺纹小径）d_1，或校核其强度，最后根据国家标准选定螺纹的公称直径（大径）d。在此基础上，螺栓的其他尺寸（螺纹牙型、螺栓头、光杆）以及螺母、垫圈等的结构尺寸均可根据标准选定，而不需要再进行强度计算。

13.6.1　松螺栓连接

松螺栓连接装配时，在工作前不需要预紧，因此螺栓不受力；工作时，螺栓承受轴向载荷。如图 13.11 所示的起重吊环松螺栓连接。设螺栓所承受的最大工作载荷为 F_Q，则螺栓危险截面的拉伸强度条件为

$$\sigma = \frac{F_Q}{A} = \frac{F_Q}{\pi d_1^2 / 4} \leqslant [\sigma] \qquad (13-17)$$

或

$$d_1 \geqslant 2\sqrt{\frac{F_Q}{\pi [\sigma]}} \qquad (13-18)$$

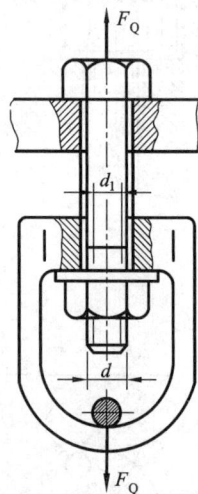

图 13.11　起重吊环的松螺栓连接

式中：d_1 为螺栓危险截面直径，mm；F_Q 为松连接时所能承受的最大工作载荷，N；$[\sigma]$ 为螺栓材料的许用拉应力，MPa。

13.6.2　紧螺栓连接

1）仅受预紧力的紧螺栓连接

螺栓在装配时，需要将螺母拧紧，在拧紧力矩的作用下，螺栓既受到预紧力所产生的拉应力作用，同时又受到螺纹副中摩擦阻力矩所产生的剪切应力作用。因此，螺栓受到拉伸与扭转复合应力的共同作用，在进行螺栓的强度校核时，需综合考虑拉伸应力与扭转切应力的作用。实际计算时，工程上对 M10 ~ M68 的钢制普通螺栓，为简化计算，只按拉伸强度计算，并将所受的预紧力增大 30% 来考虑剪切应力的影响。

此时，螺栓危险截面的拉伸强度条件可表述如下：

$$\sigma_{ca} = \frac{1.3F_0}{\dfrac{\pi d_1^2}{4}} \leqslant [\sigma] \tag{13 - 19}$$

式中：F_0 为螺栓所受的预紧力，N；d_1 为螺纹小径，mm；$[\sigma]$ 为螺栓的许用拉应力，MPa。

2）受预紧力和轴向工作载荷的紧螺栓连接

既受预紧力，又受轴向拉伸载荷作用的螺栓连接，在工程实际中得到广泛应用，如图 13.12(a) 所示的汽缸盖螺栓连接。

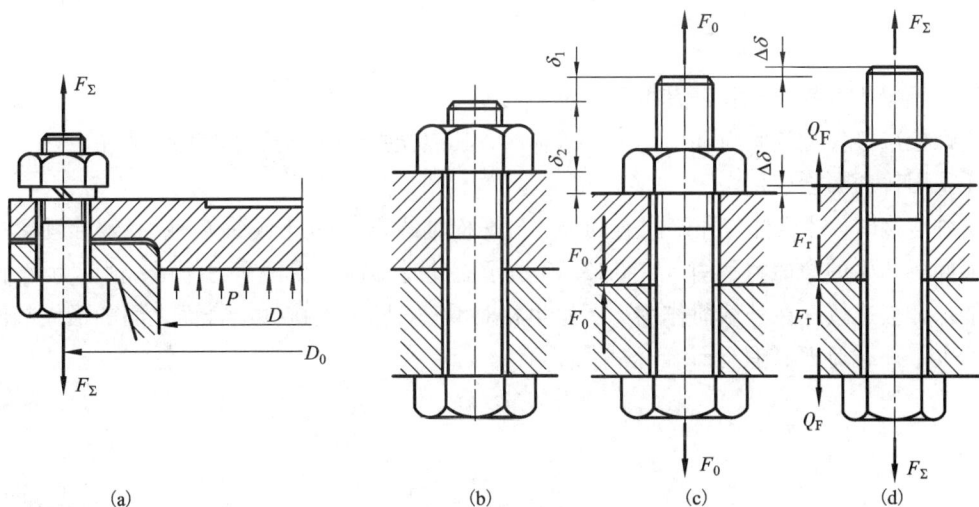

图 13.12　汽缸盖螺栓受力与变形分析

在图 13.12(a) 中，设 z 个螺栓沿汽缸盖圆周均匀分布，而汽缸直径为 D，汽缸内气体压强为 p，则汽缸内的气体通过汽缸盖对每个螺栓的工作压力 F_Q 可表示为

$$F_Q = \frac{\pi p D^2}{4z} \tag{13 - 20}$$

显然，螺栓的变形是螺栓受力作用的结果，而螺栓的整体受力是预紧力和气体压力两者的合力。于是，当螺栓未加预紧力时，其既不受力，也没有变形，如图 13.12(b) 所示。当加

上预紧力 F_0 时，螺栓产生拉伸变形量 δ_1，而被连接件产生压缩变形量 δ_2，如图 13.12(c)所示。考虑汽缸内气体压力对螺栓的影响，此时螺栓受力由 F_0 增至 F_Σ，其伸长量增加 $\Delta\delta$，则螺栓的总伸长量为 $\delta_1 + \Delta\delta$，如图 13.12(d)所示。同时，原来被压缩的连接件因螺栓伸长而回弹，其压缩量也随之减少，且回弹量与螺栓的伸长增量相等，于是被连接件的残余压缩变形量为 $\delta_2 - \Delta\delta$，其压缩力也由 F_0 减至 F_r，其中 F_r 称为残余预紧力。由此可知，加上外载荷后，螺栓所受的总拉力 F_Σ 为工作载荷 F_Q 与残余预紧力 F_r 之和，即

$$F_\Sigma = F_Q + F_r \tag{13-21}$$

对有密封性要求的螺栓连接，如压力容器及管道的螺栓连接等，为防止因工作载荷过大而导致被连接件的结合面出现缝隙，则要求被连接件的残余压缩变形量 $\delta_2 - \Delta\delta > 0$，即被连接件必须维持一定的残余预紧力，其值可按下确定

① 对有密闭性要求的螺栓连接，$F_r = (1.5 \sim 1.8)F_Q$；

② 对外载荷稳定的一般螺栓连接，$F_r = (0.2 \sim 0.6)F_Q$；

③ 对外载荷有变化的一般螺栓连接，$F_r = (0.6 \sim 1.0)F_Q$；

④ 对地脚螺栓连接，$F_r \geqslant F_Q$。

设计时，根据螺栓工作状态下的实际情况，首先求出工作载荷 F_Q，然后根据连接要求确定被连接件的残余预紧力 F_r，最后根据式(13-21)求得螺栓总的拉伸载荷 F_Σ，参照式(13-19)，求得在预紧力下受轴向载荷的螺栓强度条件为

$$\sigma_{ca} = \frac{1.3 F_\Sigma}{\dfrac{\pi d_1^2}{4}} \leqslant [\sigma] \tag{13-22}$$

3）受预紧力和横向工作载荷的紧螺栓连接

当螺栓连接仅受预紧力和横向工作载荷时，其螺栓强度计算又分为两种情况。

① 采用普通螺栓连接。

这种连接时，螺栓杆与孔壁间有间隙，与螺栓轴线垂直的外载荷 F_Q 依靠螺栓预紧后在结合面间所产生的摩擦力平衡，如图 13.13 所示。此时螺栓只受预紧力作用，预紧力 F_0 的大小要能保证被连接件在外载荷作用下不发生相对滑动，即被连接件结合面之间的最大静摩擦力必须大于外载荷 F_Q，具体计算公式如下：

$$z f F_0 n \geqslant k F_Q \tag{13-23}$$

或

$$F_0 \geqslant \frac{k F_Q}{n f} \tag{13-24}$$

式中：z 为连接螺栓数目；n 为结合面数目；f 为被连接件结合面之间的摩擦系数，对钢或铸铁零件，当结合面干燥时，$f = 0.1 \sim 0.16$；结合面沾油时，$f = 0.06 \sim 0.10$；k 为可靠性系数，通常取 $k = 1.1 \sim 1.3$。

② 采用铰制孔用螺栓连接。

这种连接时，螺栓杆与孔壁间没有间隙，横向载荷 F_Q 需要依靠螺栓杆的剪切及与被连接件孔壁间的挤压作用来平衡，如图 13.14 所示。此时因预紧力 F_0 较小，被连接件各结合面间所产生的摩擦力可以忽略不计，因此螺栓需按剪切和挤压强度进行计算，分别为

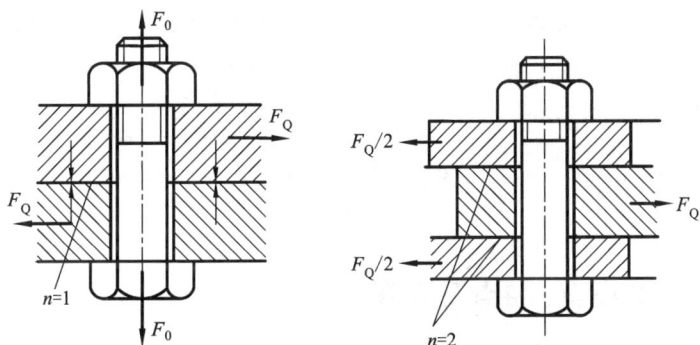

图 13.13 受横向载荷的普通螺栓连接

$$\begin{cases} \tau = \dfrac{4F_Q}{\pi d_0^2 n} \leqslant [\tau] \\[3mm] \sigma_p = \dfrac{F}{d_0 h} \leqslant [\sigma_p] \end{cases} \qquad (13-25)$$

式中：d_0 为螺栓杆的直径，mm；h 为螺栓杆与孔壁挤压面的最小高度，mm，设计时应使 $h \geqslant 1.25 d_0$；n 为螺栓的抗剪工作面数目；$[\sigma_p]$ 为螺栓与孔壁中较弱材料的许用挤压应力，MPa；$[\tau]$ 为螺栓材料的许用切应力，MPa。

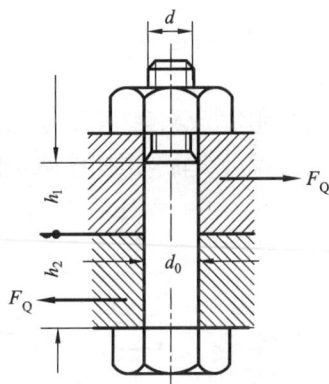

图 13.14 受横向载荷的铰制孔用螺栓连接

例 13-1 如图 13.12 所示，一钢制液压油缸，已知油压 $p = 1.8 \ \text{N/mm}^2$，$D = 200 \ \text{mm}$，采用 8 个 6.8 级螺栓，试计算其缸盖连接螺栓的直径和螺栓分布圆直径 D_0。

解：（1）确定螺栓工作载荷 F_Q

每个螺栓承受的平均轴向工作载荷 F_Q 为

$$F_Q = \frac{p \cdot \pi D^2 / 4}{z} = \frac{1.8 \times \pi \times 200^2}{4 \times 8} = 7.07 \ (\text{kN})$$

（2）确定螺栓总拉伸载荷 F_Σ

根据压力容器的密封性要求，取 $F_r = 1.8 F_Q$，由式（13-21）可得

$$F_\Sigma = F_Q + F_r = 2.8 F_Q = 2.8 \times 7.07 = 19.79 \ (\text{kN})$$

（3）求螺栓直径 d

查国家标准 GB/T 3098.1—2000，选取螺栓材料为 45 钢，则 $\sigma_s = 480 \ \text{N/mm}^2$，装配时无严格控制预紧力，查对应的国家标准得螺栓许用应力为

$$[\sigma] = 0.33 \times 480 = 158.4 \ (\text{N/mm}^2)$$

由式（13-22）可得螺纹的小径 d_1 为

$$d_1 = \sqrt{\frac{4 \times 1.3 F_\Sigma}{\pi [\sigma]}} = \sqrt{\frac{4 \times 1.3 \times 19.79 \times 10^3}{\pi \times 158.4}} = 14.38 \ (\text{mm})$$

查 GB/T 196—2003，取 M16 螺栓，$d = 16 \ \text{mm}$。

（4）确定螺栓分布圆直径 D_0

设油缸壁厚为 10 mm，查表 13.3，得 $e = d + (3 \sim 6)$ 可以确定螺栓分布圆直径 D_0 为

$$D_0 = D + 2e + 2 \times 10 = 200 + 2 \times [16 + (3 \sim 6)] + 2 \times 10 = 258 \sim 264 \ (\text{mm})$$

取 $D_0 = 260$ mm。

*13.7 螺旋传动

13.7.1 螺旋传动的类型、特点及应用

螺旋传动是利用螺杆和螺母所组成的螺旋副来实现直线与回转运动的相互转换，同时传递运动和动力的一种传动方式。

根据工作中螺杆与螺母的相对运动关系，采用螺旋传动能实现的运动转变方式主要包括以下几种：

（1）螺母固定，螺杆在旋转的过程中实现直线移动，如螺旋压力机等装置，见图 13.15(a)；

螺旋副

（2）螺杆旋转，螺母移动，如机床刀架或工作台的进给机构，见图 13.15(b)；

（3）螺母旋转，螺杆移动，如照相机的调焦机构，见图 13.15(c)；

螺旋传动的运动
转变方式(a)

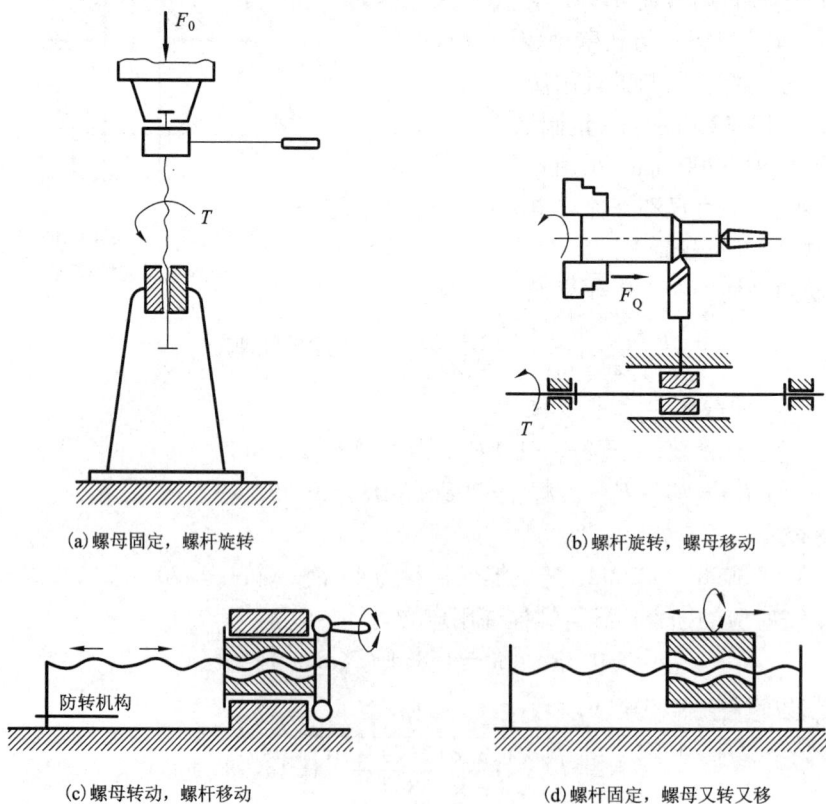

(a)螺母固定，螺杆旋转

(b)螺杆旋转，螺母移动

(c)螺母转动，螺杆移动

(d)螺杆固定，螺母又转又移

图 13.15 螺旋传动的运动转变方式

266

（4）螺杆固定，螺母在旋转的过程中实现直线移动，如密封螺母等，见图 13.15（d）。

而螺旋传动的分类，可以按其传动用途或按螺旋副内摩擦性质的不同进行分类。

（1）按传动用途，可以分为以下几种：

①传力螺旋。以传递动力为主，需要承受很大的轴向力。因此，为克服工作阻力，要求能以较小的转矩产生较大的轴向推力，以便将动力传递出去。如各种起重和加压装置的螺旋等。这种传力螺旋装置一般工作在低速、间歇性进给状态下，传递的轴向力很大，且需要自锁能力等。

②传导螺旋。以传递高速、高精度的运动为主，有时也需传递很大的轴向载荷，如机床进给机构的螺旋等。这种传导一般要求高速、高精度连续运行。

③调整螺旋。用于调整或固定零件的相对位置，常应用在受力小且不需要经常转动的工作环境下，如机床、仪器仪表中的微调螺旋等。

（2）按螺旋副的摩擦性质，可以分为以下几种：

①滑动螺旋。该种传动的传动比大，承载能力高，传动平稳且无噪声，易于自锁；但具有摩擦阻力大，效率低，低速时有爬行现象，寿命短等缺点。

②滚动螺旋。如图 13.16 所示，滚动螺旋传动是在螺杆与螺母之间相啮合的螺纹滚道内填充滚珠，并在螺母上安置回程通道，使滚珠在螺杆与螺母相对转动时，滚珠能在滚道内通过循环滚动来传递运动和动力。因采用滚动摩擦，所以滚动螺旋具有摩擦小，启动力矩低，

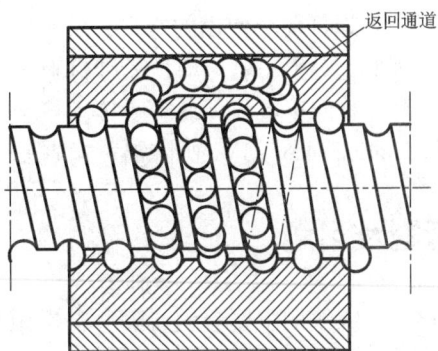

图 13.16 滚动螺旋传动

传动效率高，传动定位精度高，传动灵活平稳，不会出现低速爬行现象，且正、逆传动效率相同等优点。但螺旋传动也同时存在不能自锁，抗振性差，结构复杂，制造困难，成本较高等缺点。

③静压螺旋。即采用静压流体润滑的螺旋传动。在结构设计上，采用螺杆与螺母的螺牙之间引入压力油，从而在螺杆、螺母的螺纹牙间产生压力油膜而将彼此隔开，因此其摩擦性质为流体摩擦。这种流体摩擦传动具有摩擦系数小，效率高，工作稳定且定位精度高，无爬行现象，寿命长的优点，但同时也具有结构复杂，需要密封与供油装置，成本高的缺点。

13.7.2 滑动螺旋副的结构和材料

1）滑动螺旋的结构

螺旋传动的结构主要是指螺杆、螺母的固定与支承的结构形式。其支承的结构形式，取决于螺旋传动的刚度和精度要求。如起重及加压装置的传力螺旋，需要螺杆短而粗且垂直布置，并利用螺母自身作为支承；而对机床的传导螺旋（丝杠）等，因螺杆细长且需水平布置，为提高螺杆的工作刚度，所以需在螺杆两端或中间附加支承等。而对于一些特殊场合下轴向尺寸较大的螺杆，为降低制造工艺上的困难，宜采用对接的组合结构来代替整体结构的方式。

除螺杆外，螺旋传动的螺母有整体螺母、组合螺母、剖分螺母等形式。其中整体螺母结构简单，但不能补偿因磨损而产生的轴向间隙，因此只适合应用在精度较低的场合；对于需

经常双向传动的传导螺旋，为了消除轴向间隙和补偿旋合螺纹的磨损，避免反向传动时的空行程，常采用组合螺母或剖分螺母的形式。

滑动螺旋的螺纹牙型有矩形、梯形、锯齿形等。其中以梯形和锯齿形应用最广。螺杆除在某些特殊场合（如车床横向进给丝杠）采用左旋螺纹外，其余均采用右旋螺纹；而对要求自锁的传力螺旋和调整螺旋，常采用单线螺纹；为了提高传导螺旋的传动效率和直线运动速度，常采用多线螺纹，其线数 n 多在 3 ~ 4 线，最多可达到 6 线。

2）滑动螺旋的材料

显然，螺杆和螺母的材料均需要有良好的强度和耐磨性，同时要有良好的加工性能。对螺杆材料，因主要承受转矩及轴向载荷，所以对虽需要经常运动，但受力不大、转速比较低的应用场合时，螺杆可以不经过热处理，材料可以选用 Q235、Q275、40WMn、45、50 钢等；对需要传递重载、高速、高精密传动的场合，螺杆需要经过热处理，材料可以选用 40Cr、T12、20CrMnTi、9Mn2V、38CrMoAl 等。

对于与螺杆配合使用的螺母，从实用性能来说，要求螺母材料摩擦系数小，强度高，耐磨损。因此，对于一般传动，螺母材料可以选用 ZCuSn10Pl 和 ZCuSn5Pb5Zn5（铸锡青铜）等材料；而对于低速重载，或高速传动场合时，螺母材料可以选用 ZCuAl9Fe4Ni4Mn2（铸铝青铜）和 ZCuZn25Al6Fe3Mn3（铸铝黄铜）等。

思考题及习题

13.1 螺纹的主要参数有哪些？螺距和导程有什么区别？如何判断螺纹的线数和旋向？

13.2 螺纹连接防松的本质是什么？螺纹连接防松主要有哪几种方法？

13.3 受拉螺栓的松连接和紧连接有何区别？它们的设计计算公式是否相同？

13.4 试述螺旋传动的主要特点及应用，比较滑动螺旋传动和滚动螺旋传动的优缺点。

13.5 已知普通粗牙螺纹，大径 $d = 24$ mm，中径 $d_2 = 22.051$ mm，螺纹副间的摩擦系数 $f = 0.17$，求：

（1）螺纹升角 λ；

（2）该螺纹副能否自锁？若用于起重，其效率为多少？

13.6 图 13.17 所示汽缸盖螺栓连接中，已知汽缸内压力 $p = 2$ MPa，汽缸内径 $D = 500$ mm，螺栓分布在直径 $D_0 = 650$ mm 的圆周上，为保证气密性要求，残余预紧力 $F_r = 1.8 F_Q$。试设计此螺栓组连接。

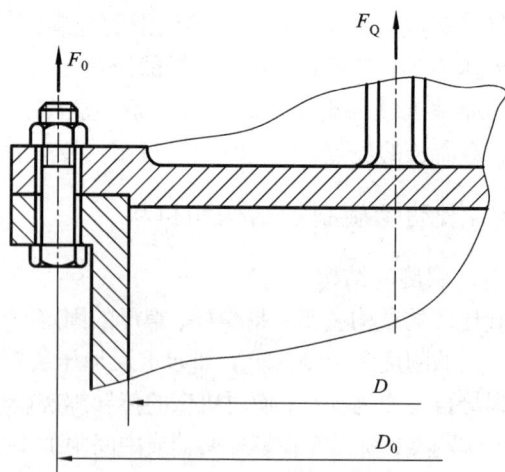

图 13.17 气缸盖螺栓连接

第 14 章　机械的调速与平衡

【概述】　本章主要介绍机械运转时速度波动的调节及机械的平衡。要求：了解机械运转速度波动的原因、飞轮调速的原理及尺寸确定；了解机械平衡的目的及方法；掌握周期性速度波动及非周期性速度波动的调节方法；掌握静平衡及动平衡的计算；熟悉机械运转的三个阶段、机械运转的速度不均匀系数、静平衡、动平衡等基本概念。

14.1　机械运转速度波动的调节

14.1.1　机械运转速度波动调节的目的与方法

1. 机械的运转过程

机械开始运动到终止运动所经过的时间过程称为机械的运转过程。根据能量守恒定律，机械在运转过程中的任一时间间隔内，作用在其上的驱动功和阻力功之差，应等于机械动能的增量。即

$$W_d - W_r = E_2 - E_1 \qquad (14-1)$$

式中：W_d 和 W_r 为该时间间隔内的驱动功和阻力功；E_1 和 E_2 为该时间间隔起始和终止时机械的动能。

典型机械的运转过程可分为三个阶段，即起动阶段、稳定运转阶段及停车阶段，如图 14.1 所示。

1）起动阶段

机械中原动件的速度由零逐渐增加到正常工作速度。在此阶段驱动功大于阻力功，其剩余部分用来增加机械的动能，使机械作加速运动。即

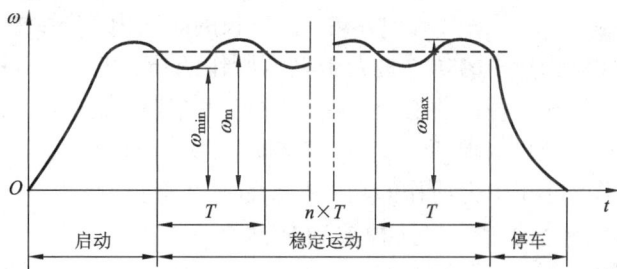

图 14.1　机械的运转过程

$$W_d - W_r = E_2 - E_1 > 0 \qquad (14-2)$$

2）稳定运转阶段

机械中原动件的平均速度保持稳定，为一常数。在一个运动循环周期内，驱动功总是等于阻力功，机械的动能保持不变。即

$$W_d - W_r = E_2 - E_1 = 0 \qquad (14-3)$$

但是对于一个运动周期内的某一时间间隔来说，驱动功不一定等于阻力功。

3）停车阶段

机械中原动件的速度从正常工作速度逐渐下降到零。在此阶段，一般没有驱动力，也没

有生产阻力，机械的动能被摩擦阻力的功所消耗，直至动能为零而停止运转。即

$$W_r = E_1 \qquad\qquad (14-4)$$

多数机械都有上述三个运转阶段，但也有像卷扬机、挖泥机等没有明显的稳定运转阶段。

2. 机械速度波动调节的目的

机械是在外力（驱动力和阻力）作用下运转的，在稳定运转阶段，由于驱动力所做的功并不时时与阻力所作的功相等，这样造成了机械的动能时增时减，由此形成了机械运转时速度的波动。这种波动会使运动副中产生附加的动压力，还会引起弹性振动，使机械的效率与可靠性降低，影响零件的强度与寿命，影响机械的工艺过程，使产品质量下降。因此必须设法对其加以调节，使其被控制在允许的范围之内。

3. 机械速度波动调节的方法

机械运转的速度波动分为两类：周期性速度波动与非周期性速度波动。

1）周期性速度波动及其调节

一些机械如内燃机、冲床、蒸汽机等，在稳定运转阶段内的任一运动循环中，驱动力所作的功等于阻力所作的功，但在每个运动循环内的某段时间间隔中，两者所作的功并不相等。因而机械系统的动能有时增加、有时减少。机械出现这种有规律的速度波动称为周期性速度波动。

周期性速度波动一般可用安装飞轮的方法加以调节，因为飞轮具有较大的转动惯量，当驱动功大于阻力功时，多余的能量被飞轮以动能的形式储存在机械系统中，从而使机械的速度增幅不大。当驱动功小于阻力功时，飞轮中贮存的动能释放出来，从而使机械的速度减幅不大。因此，采用飞轮可以减少机械系统周期性的速度波动，使运转趋于均匀。

2）非周期性速度波动及其调节

如果机械工作时，在一段较长的时间内，驱动力所作的功总是大于阻力所作的功，机械的速度将持续上升，甚至出现"飞车"现象而导致机械损坏。反之，若驱动力所作的功总是小于阻力所作的功，机械的速度将持续下降直至停车。这种波动是没有一定规律的，称为非周期性速度波动。

非周期性速度波动不能依靠飞轮来调节，只能用专用装置——调速器来进行调节。图 14.2 所示为一种机械式离心调速器的工作原理图。工作机 1 由原动机 2 带动，原动机 2 的输入功与供油量的大小成正比。当工作机 1 的负载突然增加时，工作机 1 与原动机 2 的主轴转速相应降低，通过齿轮传动使调速器主轴转速减小，因而使得重球离心惯性力减小而带动圆筒 6 右移，并通过套环和连杆机构将节流阀 V 开大，使输入油量增加，相应地工作机 1 及原动机 2 的转速上升。反之，若负载突然减少，原动机及调速器主轴转速上升，重球因离心惯性力增大，通过连杆机构关小节流阀，供油量下降，从而工作机 1 及原动机 2

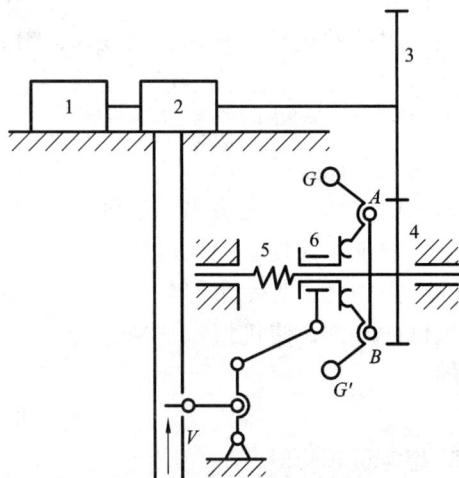

图 14.2　调速器工作原理图

270

主轴转速下降。因而达到调节速度波动的目的。

14.1.2　机械运转的平均角速度和不均匀系数

对具有周期性速度波动的机械,以 $\omega_{\max}$ 和 $\omega_{\min}$ 分别表示一个周期内机械主轴的最大角速度及最小角速度。其平均角速度 ω_m 可近似地表示为

$$\omega_m = \frac{\omega_{\max} + \omega_{\min}}{2} \tag{14-5}$$

机械速度波动的不均匀程度用不均匀系数 δ 来表示,其定义为

$$\delta = \frac{\omega_{\max} - \omega_{\min}}{\omega_m} \tag{14-6}$$

由式(14-6)可知:ω_m 一定时,δ 越小,角速度波动也越小。不同类型的机器对于运转速度均匀程度的要求是不一样的。表 14.1 列出一些常用机器运转速度不均匀系数的许用值,可供参考。

表 14.1　常用机械速度不均匀系数的许用值 $[\delta]$

机器名称	$[\delta]$	机器名称	$[\delta]$
破碎机	0.10 ~ 0.20	减速器	0.015 ~ 0.020
冲、剪床	0.05 ~ 0.15	内燃机	0.066 ~ 0.125
水泵、鼓风机	0.02 ~ 0.03	交流发电机	0.002 ~ 0.003

根据式(14-5)及式(14-6)可得:

$$\omega_{\max} = \omega_m \left(1 + \frac{\delta}{2}\right) \tag{14-7}$$

$$\omega_{\min} = \omega_m \left(1 - \frac{\delta}{2}\right) \tag{14-8}$$

$$\omega_{\max}^2 - \omega_{\min}^2 = 2\delta\omega_m^2 \tag{14-9}$$

14.1.3　飞轮设计的基本原理

在满足 $\delta \leq [\delta]$ 的情况下,飞轮转动惯量的确定就是飞轮设计的基本问题。在一般机械中,飞轮所具有的动能比其他构件的动能之和要大得多。因此,可用飞轮的动能来近视代替整个机械的动能。当机械主轴角速度分别为 $\omega_{\max}$ 及 $\omega_{\min}$ 时,对应飞轮具有最大动能 $E_{\max}$ 及最小动能 $E_{\min}$。在一个运动周期内机械主轴角速度从 $\omega_{\min}$ 到 $\omega_{\max}$ 过程中的能量变化称为最大盈亏功,以 $W_{\max}$ 表示,因此

$$W_{\max} = E_{\max} - E_{\min} = \frac{1}{2}J_F(\omega_{\max}^2 - \omega_{\min}^2)$$

式中:$W_{\max}$ 为最大盈亏功;J_F 为飞轮转动惯量。

将式(14-9)代入上式可得

$$J_F = \frac{W_{\max}}{\omega_m^2 \delta} = \frac{900 W_{\max}}{\pi^2 n^2 \delta} \tag{14-10}$$

式中：n 为飞轮转速，r/min。

由式(14-10)可知：

(1)当 W_{max} 与 ω_m 一定时，飞轮转动惯量 J_F 与速度不均匀系数 δ 成反比。由此可见，增大飞轮转动惯量可使机械主轴速度波动程度变小。然而在 δ 已经很小时，再略微减小 δ 的数值就会使 J_F 增大很多，从而导致机械笨重，成本增加。因此，设计飞轮时，不必过分追求机械运转的均匀性，只要满足机械运转不均匀系数的许用值即可。

(2)当 W_{max} 与 δ 一定时，飞轮转动惯量 J_F 与主轴转速 n 的平方成反比。因此，将飞轮安装于机械的高速轴上可减少 J_F，从而减少飞轮质量。

利用式(14-10)计算飞轮转动惯量，确定最大盈亏功 W_{max} 是关键。图14.3所示为机械在稳定运转一个周期内驱动力矩 M_d 与阻力矩 M_r 的变化曲线，两曲线之间所包围的面积代表相应区间驱动功与阻力功差值的大小，在相应区间上，若驱动力矩大于阻力矩，则称之为盈功，若驱动力矩小于阻力矩，则称之为亏功。最大盈亏功 W_{max} 则为对应于机械主轴角速度从 ω_{min} 变化到 ω_{max} 过程中功的变化量。可用如图14.4所示的能量指示图来表示。任选一水平基线代表运动循环开始时机械的动能，用垂直矢量代表各段的盈亏功，其中盈功为正，箭头向上，亏功为负，箭头向下，依次作向量 ab、bc、cd、de 和 ea 分别代表盈亏功 W_1，W_2，W_3，W_4 和 W_5，各段首尾相连，构成一封闭矢量图。由图14.4可以看出，点 e 处具有最大动能 E_{max}，对应于 W_{max}；点 b 处具有最小动能，对应于 W_{min}，则最大盈亏功 W_{max} 为

$$W_{max} = W_2 + W_3 + W_4$$

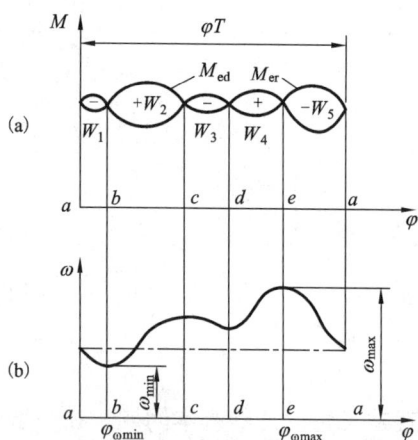

图 14.3 最大盈亏功的确定

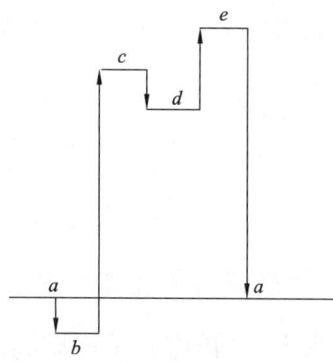

图 14.4 能量指示图

14.1.4 飞轮主要尺寸确定

确定飞轮转动惯量后，还要确定其尺寸。中小直径飞轮常采用辐板式结构，如图14.5所示。大直径的飞轮常采用轮辐式结构。飞轮由轮缘、轮毂和轮辐(或辐板)等三部分组成。轮毂、轮辐(或辐板)的转动惯量与轮缘相比较小，可忽略不计，因此，可近似地用飞轮轮缘的转动惯量来代替飞轮的转动惯量，因轮缘厚度 H 与其平均直径 $D_m = (D_1 + D_2)/2$ 相比甚小，故可认为轮缘的质量集中在平均直径为 D_m 的圆周上。

设 m 为轮缘质量,则飞轮转动惯量 J_F 为

$$J_F = m\left(\frac{D_m}{2}\right)^2 = \frac{mD_m^2}{4} \qquad (14-11)$$

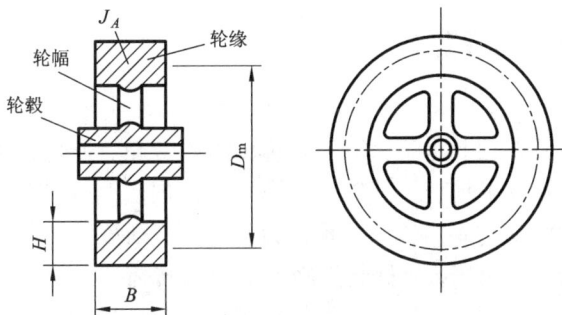

图 14.5　飞轮主要尺寸

设轮缘宽度为 B,材料密度为 γ,则 $m = \pi D_m H B \gamma$,于是

$$HB = \frac{m}{\pi D_m \gamma} = \frac{4J_F}{\pi D_m^3 \gamma} \qquad (14-12)$$

一般取 $H = (1.5 \sim 2)B$,根据已计算出的飞轮转动惯量 J_F,则在选定飞轮轮缘的平均直径 D 及飞轮材料后,由上式即可求得轮缘的剖面尺寸 H 和 B。

14.2　机械的平衡

14.2.1　机械平衡的目的与内容

1. 平衡的目的

机械运转时,有些作回转运动的构件,由于结构原因、材质不均匀、安装误差或制造误差等因素,其质心往往偏离其回转轴线,如凸轮、曲轴、偏心轮、齿轮、带轮、链轮、电机转子等。这样的构件在运动过程中都将产生惯性载荷即惯性力及惯性力偶,且惯性力及惯性力偶的大小与方向处于不断的变化之中。如果该构件转速很高,即使其质心与回转轴线之间的偏心距 r 很小,都会引起相当大的离心惯性力。离心惯性力会增大支座反力,引起附加摩擦力,加大轴承的磨损;离心惯性力会增加轴的弯曲应力,降低轴的强度;离心惯性力会使机械及其基础产生振动甚至共振,引起噪声;因此离心惯性力的存在降低了机械的工作精度、效率及可靠性,甚至使机械受到损坏,缩短了机械的使用寿命。

上述这种构件在运动时,其惯性载荷不为零的现象称之为不平衡。为了改善机械的工作性能和延长其使用寿命,就必须设法减少或消除机械的惯性载荷,即设法对其平衡。机械的平衡对现代机械,尤其是高速、精密机械具有特别重要的意义。

也可利用回转体不平衡的影响来进行某些工作,如振实机、按摩机、蛙式打夯机等就是利用惯性载荷来完成工作的。

2. 平衡的内容

本章只讨论刚性回转构件的平衡。刚性回转体的平衡又分为静平衡和动平衡。

（1）静平衡。各偏心质量分布于垂直于其轴线的同一平面内的回转构件的平衡。

（2）动平衡。各偏心质量分布于垂直于其轴线的不同平面内的回转构件的平衡。

14.2.2 刚性回转构件的平衡计算

1. 静平衡计算

轴向宽度 b 与其直径 D 之比 $b/D < 0.2$ 的回转体如带轮、齿轮、盘形凸轮等如有偏心质量，可以近似认为它们分布于垂直于其轴线的同一平面内。当其转动时，各偏心质量产生的离心惯性力构成一平面汇交力系，若该力系合力不为零，则该回转体不平衡。这种不平衡现象在回转体静止时即会表现出来，故称其为静不平衡回转体，对静不平衡回转体的平衡称为静平衡。静平衡的措施可采用在回转体上增加或减少一部分质量的方法来实现。

图 14.6（a）所示为一盘状回转体，已知其在同一平面内有不同方向上的偏心质量 m_1，m_2，m_3 和 m_4，其对应的向径分别为 r_1，r_2，r_3 和 r_4。当回转体以角速度 ω 回转时，各偏心质量所产生的离心惯性力为 $F_i = m_i \omega^2 r_i$，$i = 1，2，3，4$。为平衡这些离心惯性力，可在回转体上该平面内适当方位加一平衡质量 m_b，使其产生的离心惯性力 F_b 与各偏心质量的离心惯性力 F_i 相平衡，即使各惯性力的合力 F 为零。

$$F = F_b + F_1 + F_2 + F_3 + F_4 = 0 \tag{14-13}$$

或

$$m_b \omega^2 r_b + m_1 \omega^2 r_1 + m_2 \omega^2 r_2 + m_3 \omega^2 r_3 + m_4 \omega^2 r_4 = 0$$

即

$$m_b r_b + m_1 r_1 + m_2 r_2 + m_3 r_3 + m_4 r_4 = 0 \tag{14-14}$$

式中：$m_1 r_1$，$m_2 r_2$，$m_3 r_3$，$m_4 r_4$ 和 $m_b r_b$ 称为各偏心质量的质径积。

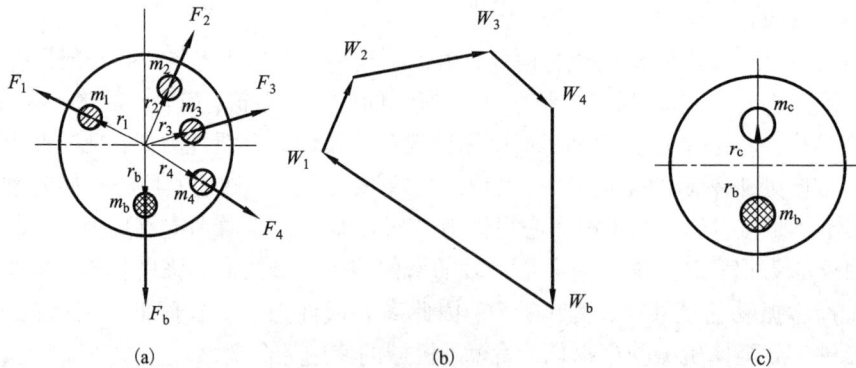

（a）　　　　　　　　（b）　　　　　　　　（c）

图 14.6　回转体的静平衡计算

平衡质量的质径积可用如图 14.6（b）所示图解法求得。根据回转体结构特点选定 r_b 大小后，所需平衡质量 m_b 的大小也就随之确定，安装方向与 r_b 方位一致。也可如图 14.6（c）所示在回转体上该平面内适当方位减一平衡质量 m_c，m_c 的大小与 r_c 方位可同理求得。

2. 动平衡计算

轴向长度 L 与其直径 D 之比 $L/D>0.2$ 的回转构件，如内燃机曲轴、凸轮轴、电机转子等回转体的偏心质量分布在垂直于其轴线的不同平面内，这些偏心质量在回转构件运动时产生的离心惯性力构成一空间力系，要使其平衡则必须使其合力及合力偶矩均为零。对此类回转构件的平衡称为动平衡。

图 14.7 所示为一作等速转动的构件，角速度为 ω，在垂于轴线的三个平面 1，2，3 上分布有三个偏心质量 m_1，m_2 和 m_3，其向径分别为 r_1，r_2 和 r_3，下面对此回转构件进行动平衡计算。

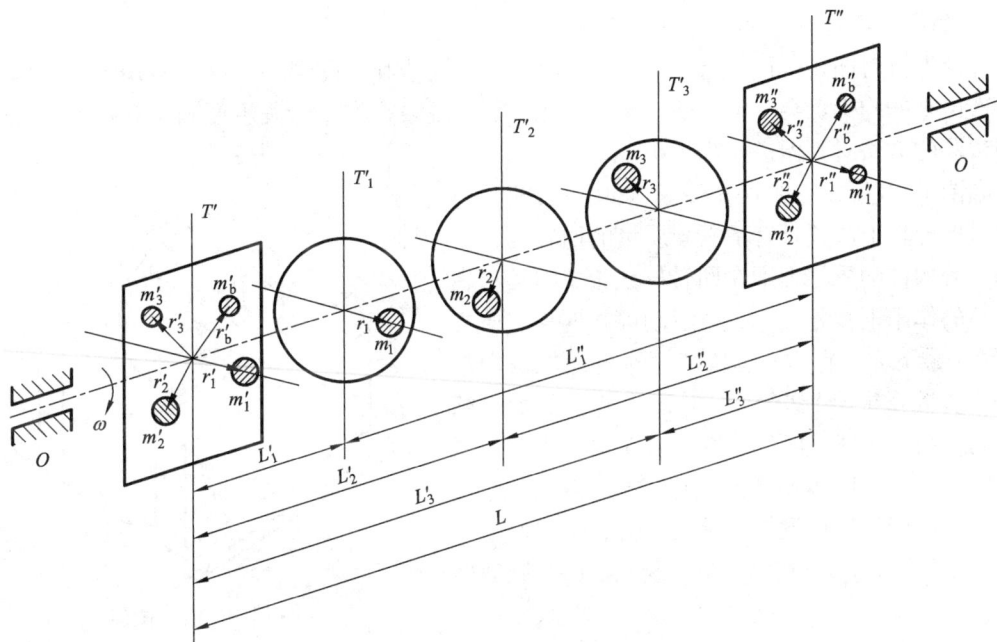

图 14.7　回转体动平衡计算

因为一个力可分解为与它相平行的两个分力，据此原理，首先根据回转体的结构，任意选定两个平面(如图 14.7 中的 T' 与 T'' 面)作为进行平衡工作的平面，称为平衡基面。两平衡基面间的距离为 L，各偏心质量所在平面到两平衡基面 T' 与 T'' 之间距离如图所示。然后将各偏心质量分别用两平衡基面内的两个质量来等效代替，且使各替代质量在平衡基面内的向径与其原来所在平面相同。在平衡基面内的替代质量可根据平行力系合成与分解的原理推得为：

$$m_1' = m_1 \frac{L_1''}{L}, \ m_1'' = m_1 \frac{L_1'}{L} \ (r_1' = r_1'' = r_1)$$

$$m_2' = m_2 \frac{L_2''}{L}, \ m_2'' = m_2 \frac{L_2'}{L} \ (r_2' = r_2'' = r_2)$$

$$m_3' = m_3 \frac{L_3''}{L}, \ m_3'' = m_3 \frac{L_3'}{L} \ (r_3' = r_3'' = r_3)$$

由上可知，可将分布在三个不同平面内的偏心质量的平衡问题，转化为两平衡基面 T' 与

T'' 内的静平衡问题。两平衡基面 T' 和 T'' 内的平衡质量 m_b' 和 m_b'' 的大小和方位的确定与前述静平衡计算的方法完全相同。因此只要在平衡基面 T' 与 T'' 内适当位置各加一平衡质量，使两平衡基面内的惯性力之和分别为零，这个回转构件便得以动平衡。

由于动平衡同时满足静平衡条件，所以经过动平衡的回转构件一定静平衡，反之，经过静平衡的回转构件不一定是动平衡的。

选择平衡基面时，在结构许可的条件下，两平衡基面应尽量靠近轴承，并应充分考虑其平衡质量易于安装。同时 r_b' 与 r_b'' 也要尽可能取得大一些，以使平衡质量 m_b' 和 m_b'' 较小。

14.2.3 刚性回转构件的平衡实验

1. 静平衡实验

理论上可对回转构件进行完全平衡，但是由于制造和装配误差及材质不均匀等原因，实际生产出来的构件仍会有不平衡现象，这种不平衡现象在设计阶段不便确定和消除，故还需要用试验的方法对其做进一步平衡。

如图 14.8 所示，在预先调整为水平的两平行钢制刃形导轨上放置具有不平衡质量的回转构件的转轴。若构件的质心 S 不在回转轴线上，则其将在重力矩的作用下往复滚动，当滚动停止时，其质心 S 必位于最下方。在质心位置的正对方用橡皮泥加一平衡质量，再继续作试验，并逐步调整所加平衡质量的大小和位置，直至该回转构件能在任意位置停止时为止。此时表明新质心已位于回转轴线上。最后再根据所加橡皮泥的质量及位置，在构件上相应位置增加(或减少)相同质量的材料，如此则回转构件达到了静平衡。

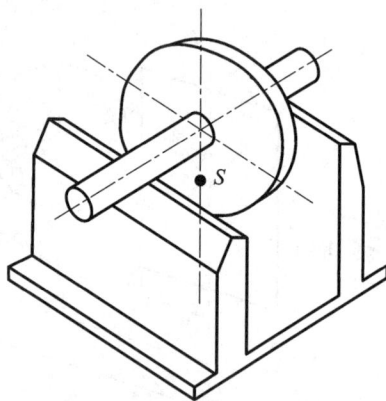

图 14.8 静平衡架

2. 动平衡实验

同样的道理，经过动平衡计算，在理论上已经平衡的回转构件，制成后必要时也还需要进行动平衡实验。动平衡实验常在专门的动平衡机上进行，有关这些动平衡机的详细情况，可参阅有关参考书或产品样本。

在实际工程中，过高的平衡要求是不必要的，同时，经过平衡的回转体，也并非能达到绝对的平衡。因此，要根据不同的工作要求，规定其许用不平衡量，作为平衡精度的指标。各种典型回转构件的平衡精度等级及许用不平衡量，可参阅有关手册。

思考题及习题

14.1 一般机械在运转过程中有哪几个阶段？各阶段功能关系如何？是否有无明显稳定运转阶段的机械？

14.2 周期性速度波动与非周期性速度波动各自的特点怎样？各用什么方法来调节？

14.3 何谓机械运转的速度波动不均匀系数？它表示机械运转的什么性质？是否不均匀系数越小越好？

14.4　机械的平衡与调速都是为了减轻机械的动载荷，它们是两类不同性质的问题吗？

14.5　刚性回转体的平衡有哪几种？其平衡的实质是什么？

14.6　在平衡计算后，为什么还要进行平衡实验？

14.7　某剪床由电动机驱动，已知作用在剪床主轴上的阻力矩 M_r 的变化规律如图 14.9 所示。设驱动力矩为常数，剪床主轴转速为 760 r/mm，不均匀系数 $\delta = 0.05$，求安装在主轴上的飞轮转动惯量 J_F。

14.8　图 14.10 所示为作用在多缸发动机曲柄上的驱动力矩 M_d 和阻抗力矩 M_r 的变化曲线，其阻力矩等于常数，其驱动力矩曲线与阻力矩曲线围成的面积依次是 +580，- 320，+390，- 520，+190，- 390，+260 及 - 190 mm²，该图的比例尺为 $\mu_M = 200$ N·M/mm，$\mu_\varphi = 0.01$ rad/mm，设曲柄平均转速为 150 r/min，其瞬时角速度不超过其平均角速度的 ±2.5%，求安装在该曲柄轴上的飞轮转动惯量。

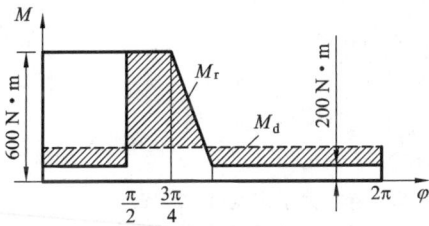

图 14.9

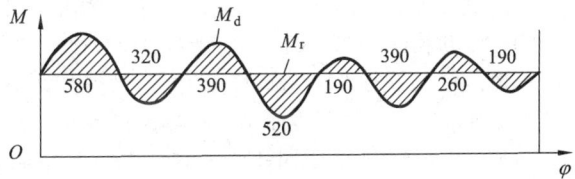

图 14.10

14.9　如图 14.11 所示，已知在同一平面内的三个偏心质量分别为 $m_1 = 2$ kg，$m_2 = 2$ kg，$m_3 = 1$ kg，它们的向径分别为 $r_1 = 0.15$ m，$r_2 = 0.2$ m，$r_3 = 0.18$ m。如果把平衡质量放在半径为 $r_b = 0.2$ m 处，试求其平衡质量的大小和安装方向？

14.10　在图 14.12 所示的转子中，已知各偏心质量 $m_1 = 20$ kg，$m_2 = 12$ kg，$m_3 = 28$ kg，$m_4 = 10$ kg，它们的回转半径分别为 $r_1 = 32$ cm，$r_2 = r_4 = 24$ cm，$r_3 = 16$ cm，方位如图所示且 $L_{12} = L_{23} = L_{34}$，若在平衡基面 T' 及 T'' 中回转半径均为 40 cm 处安装平衡质量，求平衡质量 m_b' 及 m_b'' 的大小和方位。

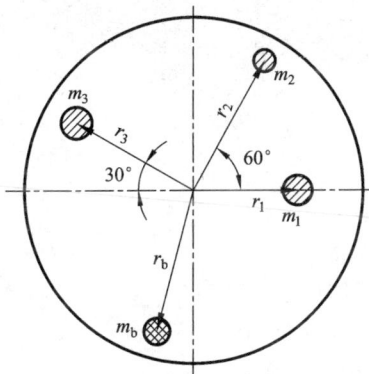

图 14.11

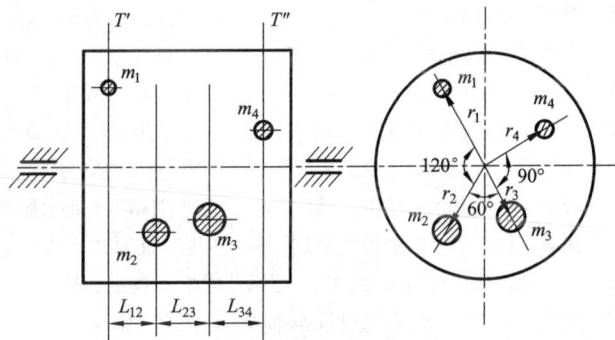

图 14.12

参考文献

[1] 濮良贵, 纪名刚. 机械设计[M]. 第 8 版. 北京：高等教育出版社, 2006.

[2] 吴宗泽. 机械设计[M]. 北京：高等教育出版社, 2001.

[3] 孙恒, 陈作模, 葛文杰. 机械原理[M]. 第 7 版. 北京：高等教育出版社, 2006.

[4] 申永胜. 机械原理教程[M]. 第 2 版. 北京：清华大学出版社, 2005.

[5] 杨可桢, 程光蕴, 李重生, 钱瑞明. 机械设计基础[M]. 北京：高等教育出版社, 2013.

[6] 徐灏. 机械设计手册[M]. 北京：机械工业出版社, 1998.

[7] 陈立德. 机械设计基础[M]. 第 2 版. 北京：高等教育出版社, 2008.

[8] 朱理. 机械设计基础[M]. 第 2 版. 大连：大连理工大学出版社, 2014.

[9] 徐锦康. 机械设计[M]. 北京：高等教育出版社, 2004.

[10] 刘扬, 王洪. 机械设计基础[M]. 北京：清华大学出版社, 2010.

[11] 朱龙英, 李贵三. 机械设计[M]. 北京：高等教育出版社, 2012.

[12] 黄平, 朱文坚. 机械设计基础——理论、方法与标准[M]. 北京：清华大学出版社, 2012.

[13] 陆凤仪, 钟守炎. 机械设计[M]. 北京：机械工业出版社, 2007.

[14] 彭文生, 李志明, 黄华梁. 机械设计[M]. 北京：高等教育出版社, 2002.

[15] 孔凌嘉, 王晓力. 机械设计[M]. 北京：北京理工大学出版社, 2006.

[16] 张磊, 王冠五. 机械设计[M]. 北京：冶金工业出版社, 2011.

[17] 郑江. 机械设计[M]. 北京：中国林业出版社, 2006.

[18] 龙振宇. 机械设计[M]. 北京：机械工业出版社, 2002.

[19] 杨明忠. 机械设计[M]. 北京：机械工业出版社, 2001.

[20] 张建中. 机械设计基础[M]. 北京：高等教育出版社, 2007.

[21] 刘江南, 郭克西. 机械设计基础[M]. 长沙：湖南大学出版社, 2009.

[22] 李学雷. 机械设计基础[M]. 北京：科学出版社, 2004

[23] 钱守铨, 白春林. 机械设计基础[M]. 北京：机械工业出版社, 1993.

[24] 陈晓南, 杨培林. 机械设计基础[M]. 北京：科学出版社, 2007.

[25] 李静, 杨梦辰. 机械设计基础[M]. 北京：电子工业出版社, 2007.

[26] 季明善. 机械设计基础[M]. 北京：高等教育出版社, 2005.

[27] 张文信. 机械设计基础[M]. 北京：北京大学出版社, 2007.

[28] 周家泽. 机械设计基础[M]. 北京：人民邮电出版社, 2003.

[29] 郑甲红. 机械设计基础[M]. 西安：西安电子科技大学出版社, 2008.

[30] 戴振东, 岳林. 机械设计基础[M]. 北京：国防工业出版社, 2005.

[31] 荣辉, 杨梦辰. 机械设计基础[M]. 北京：北京理工大学出版社, 2004.

[32] 李文荣. 机械设计基础[M]. 北京：化学工业出版社, 2012.

[33] 孙建东, 李春书. 机械设计基础[M]. 北京：清华大学出版社, 2007.

[34] 朱东华, 樊智敏. 机械设计基础[M]. 北京：机械工业出版社, 2005.

图书在版编目(CIP)数据

机械设计基础 / 王先安，陈玲萍，杨文敏主编.
—长沙：中南大学出版社，2020.12
ISBN 978 – 7 – 5487 – 4287 – 6

Ⅰ.①机… Ⅱ.①王… ②陈… ③杨… Ⅲ.①机械
设计—高等学校—教材 Ⅳ.①TH122

中国版本图书馆 CIP 数据核字（2020）第 237556 号

机械设计基础

主　编　王先安　陈玲萍　杨文敏
副主编　易定秋　丁超义　戴　娟
　　　　康辉民　吴艳英　吴　茵

□**责任编辑**　谭　平
□**责任印制**　周　颖
□**出版发行**　中南大学出版社
　　　　　　　社址：长沙市麓山南路　　　邮编：410083
　　　　　　　发行科电话：0731 – 88876770　　传真：0731 – 88710482
□**印　　装**　长沙雅鑫印务有限公司

□**开　　本**　787 mm×1092 mm 1/16　□**印张** 18.5　□**字数** 469 千字
□**版　　次**　2020 年 12 月第 1 版　□2020 年 12 月第 1 次印刷
□**书　　号**　ISBN 978 – 7 – 5487 – 4287 – 6
□**定　　价**　45.00 元